# 《合成树脂及应用丛书》编委会

“十二五”国家重点图书

合成树脂及应用丛书

# 聚酰胺树脂及其应用

朱建民 主编

化学工业出版社

·北京·

本书是《合成树脂及应用丛书》的一本，介绍了聚酰胺树脂及应用的相关知识，具体内容包括绪论，聚酰胺树脂的合成，聚酰胺树脂的结构与特性，聚酰胺树脂改性，聚酰胺树脂的加工成型技术，聚酰胺工程塑料的应用，聚酰胺树脂废料回收利用。

本书可作为聚酰胺领域的生产、科研、营销等人员的参考书，也可用做相关专业的教辅参考书。

**图书在版编目（CIP）数据**

聚酰胺树脂及其应用/朱建民主编．—北京：化学工业出版社，2011.11（2024.1重印）
（合成树脂及应用丛书）
ISBN 978-7-122-11901-8

Ⅰ．聚…　Ⅱ．朱…　Ⅲ．聚酰胺-应用　Ⅳ．TQ323.6

中国版本图书馆 CIP 数据核字（2011）第 144148 号

---

责任编辑：王苏平　　　　文字编辑：颜克俭
责任校对：宋　玮　　　　装帧设计：尹琳琳

---

出版发行：化学工业出版社（北京市东城区青年湖南街 13 号　邮政编码 100011）
印　　装：北京天宇星印刷厂
710mm×1000mm　1/16　印张 23¼　字数 440 千字　　2024 年 1 月北京第 1 版第 4 次印刷

---

购书咨询：010-64518888　　　　售后服务：010-64518899
网　　址：http://www.cip.com.cn
凡购买本书，如有缺损质量问题，本社销售中心负责调换。

---

**定　　价：108.00 元**　

京化广临字 2011——34 号

# Preface
# 序

合成树脂作为塑料、合成纤维、涂料、胶黏剂等行业的基础原料，不仅在建筑业、农业、制造业（汽车、铁路、船舶）、包装业有广泛应用，在国防建设、尖端技术、电子信息等领域也有很大需求，已成为继金属、木材、水泥之后的第四大类材料。2010年我国合成树脂产量达4361万吨，产量以每年两位数的速度增长，消费量也逐年提高，我国已成为仅次于美国的世界第二大合成树脂消费国。

近年来，我国合成树脂在产品质量、生产技术和装备、科研开发等方面均取得了长足的进步，在某些领域已达到或接近世界先进水平，但整体水平与发达国家相比尚存在明显差距。随着生产技术和加工应用技术的发展，合成树脂生产行业和塑料加工行业的研发人员、管理人员、技术工人都迫切希望提高自己的专业技术水平，掌握先进技术的发展现状及趋势，对高质量的合成树脂及应用方面的丛书有迫切需求。

化学工业出版社急行业之所需，组织编写《合成树脂及应用丛书》（共17个分册），开创性地打破合成树脂生产行业和加工应用行业之间的藩篱，架起了一座横跨合成树脂研究开发、生产制备、加工应用等领域的沟通桥梁。使得合成树脂上游（研发、生产、销售）人员了解下游（加工应用）的需求，下游人员了解生产过程对加工应用的影响，从而达到互相沟通，进一步提高合成树脂及加工应用产业的生产和技术水平。

该套丛书反映了我国“十五”、“十一五”期间合成树脂生产及加工应用方面的研发进展，包括“973”、“863”、“自然科学基金”等国家级课题的相关研究成果和各大公司、科研机构攻关项目的相关研究成果，突出了产、研、销、用一体化的理念。丛书涵盖了树脂产品的发展趋势及其合成新工艺、树脂牌号、加工性能、测试表征等技术，内容全面、实用。丛书的出版为提高从业人员的业务水准和提升行业竞争力做出贡献。

该套丛书的策划得到了国内生产树脂的三大集团公司（中国石化、中国石油、中国化工集团），以及管理树脂加工应用的中国塑料加工工业协会的支持。聘请国内20多家科研院所、高等院校和生产企业的骨干技术专家、教授组成了强大的编写队伍。各分册的稿件都经丛书编委会和编著者认真的讨论，反复修改和审查，有力地保证了该套图书内容的实用性、先进性，相信丛书的出版一定会赢得行业读者的喜爱，并对行业的结构调整、产业升级与持续发展起到重要的指导作用。

袁晴棠<br>

**2011年8月**

# Foreword
# 前言

聚酰胺家族自第一位成员——尼龙 66（PA66，聚酰胺 66）诞生以来，已经过了 70 多年的发展，目前开发出的品种有几十个，如 PA6、PA11、PA12、PA46、PA610、PA612、MXD6、PA6T、PA9T、PA1212、PPTA 等，成为了人们生产生活中非常重要的合成材料品种之一。2010 年全球聚酰胺产量已超过 620 万吨。聚酰胺工业起步之初主要作为纤维用于服装、装饰等领域，由于其原料成本一直高于与之竞争的涤纶、丙纶等纤维，近年来发展缓慢。2010 年聚酰胺纤维产量超过 370 万吨，今后仍将以较低的速度增长。与此相反，开发较晚的聚酰胺塑料，由于其优良的综合性能以及较佳的性价比，在工程塑料中得到了大力发展，曾被列为五大工程塑料之首。2010 年聚酰胺工程塑料产量达 270 万吨，预计今后仍将以 10%以上的速度增长。

我国早在 20 世纪 50 年代就已开始研究和开发聚酰胺，现已成为世界最大的聚酰胺纤维生产国和消费国。2009 年我国聚酰胺纤维产量达到 134 万吨，占世界产量的 38%，居全球首位。我国聚酰胺工程塑料起步较晚、发展缓慢，尽管进入 21 世纪后得到了较快发展，但整体产能仍然偏低，竞争能力偏弱。与国外大企业相比，我国聚酰胺工程塑料生产规模小、技术落后、产品档次不高、品种牌号不全，难以满足国内需求，每年需要大量进口。随着市场的国际化和产业竞争的加剧，我国聚酰胺企业应高度重视高性能、高档次产品的开发，不断推出新品种，以满足市场日益增长的需求。

本书是《合成树脂及应用》系列丛书之一，内容包括聚酰胺的合成方法、产品性能、改性技术、加工应用及回收处理等。在编写过程中，编者力求全面、准确反映国内外聚酰胺工程塑料的最新研究成果和技术发展水平。本书可作为聚酰胺领域的生产、科研、营销等人员的参考书，也可用做聚酰胺教学的辅助教材。

本书由朱建民主编，各章撰稿人为：第 1 章朱建民，第 2 章杨立新、李湘平、魏运方，第 3 章李湘平，第 4 章伍仟新、姚亮红，第 6 章宋超，第 5、7 章冯美平。本书邀请了国内聚酰胺行业知名的专家、教授审稿，他们是：四川大学王琪教授、湖南大学徐伟箭教授、郑州大学赵清香教授、北京化工大学苑会林教授、神马股份公司段文亮教授级高工、广东金华科技公司陈大华总监以及中石化巴陵石化公司熊远凡、旷志刚、肖朝辉等，在此对他们的辛勤劳动表示衷心的感谢。在本书编写过程中，承蒙化学工业出版社以及作者单位中石化股份公司聚酰胺技术开发中心和中石化巴陵石化公司技术中心的大力支持、关心和帮助，在此一并深表谢意！

由于编者水平有限，书中难免出现不当之处，敬请读者批评指正。

**编者于岳阳**

**2011 年 6 月**

Contents

# 目录

# 第1章 绪 论

聚酰胺（polyamide，简称PA）俗称尼龙（nylon），是一类多品种的高分子材料，其中聚酰胺66是最早实现工业化的品种，1939年由美国杜邦公司开始生产，距今已有70多年的历史，最初开发的应用领域是纤维。1952年聚酰胺66才被杜邦公司作为工程塑料使用，以取代金属满足下游工业制品轻量化、低成本的要求。材料是人类利用和改造自然的典型，高分子材料发展到今天，已经成为支持人类社会发展和科学技术进步的重要物质基础，聚酰胺工程塑料作为高分子材料的成员之一，也占有举足轻重的地位。本书将围绕聚酰胺工程塑料的合成、改性、成型加工、应用和回收利用等技术予以介绍。

聚酰胺是指在分子主链上含有酰胺基（—CONH—）的一类聚合物，主要有两种结构，一种是以内酰胺开环聚合或$\omega$-氨基酸自缩聚的树脂结构，另一种是有机二元酸和二元胺缩聚的树脂结构，其结构式分别如下：

$$\left[\mathrm{NH{-}R{-}\underset{\underset{O}{\|}}{C}}\right]_n \text{，} \quad \left[\mathrm{NH{-}R{-}NH{-}\underset{\underset{O}{\|}}{C}{-}R'{-}\underset{\underset{O}{\|}}{C}}\right]_n$$

一般R和R′为次甲基（$—CH_2—$）或者芳香基（如 —⟨苯环⟩— ）。

聚酰胺工程塑料发展过程中，相当长一段时间产量居五大工程塑料之首。目前，聚酰胺仍保持较强劲的发展，其主要原因是：①具有良好的综合性能；②原料来源广，品种多样；③易于改性，可大幅度提高其性能；④易于加工成型，特别适合注射成型；⑤应用领域广泛。

## 1.1 聚酰胺的命名、分类及特性

### 1.1.1 聚酰胺的命名

聚合物的命名方法，有习惯命名法和系统命名法。而到目前为止，聚酰胺还没有统一的命名原则。本书根据聚酰胺化学结构的特点，采用如下方法命名。

### 1.1.1.1 脂肪族聚酰胺命名

(1) 由 $\omega$-氨基酸自缩聚或内酰胺开环聚合制得的高聚物称为聚酰胺 $n$，也可称尼龙 $n$，记为 $PA_n$，其中 $n$ 为重复单元碳原子数目。其通式为：

$$\left[ NH-(CH_2)_{n-1}-\underset{\underset{O}{\|}}{C} \right]_p$$

(2) 由二元酸和二元胺缩聚而得聚酰胺，则要同时标记出两种单体的碳原子数，称为聚酰胺 $mn$，也可称尼龙 $mn$，记为 $PA_{mn}$，其中 $m$ 为二元胺碳原子数标记在前面，$n$ 为二元酸碳原子数。通式为：

$$\left[ NH-(CH_2)_m-NH-\underset{\underset{O}{\|}}{C}-(CH_2)_{n-2}-\underset{\underset{O}{\|}}{C} \right]_p$$

### 1.1.1.2 半芳香族聚酰胺命名

对于半芳香族聚酰胺，如果二元胺或二元酸是芳香族，以它们的 ISO 1874-1 缩写代号表示，再按上述原则组合命名，即重复单元的二元胺的碳原子数目或缩写代号在前、二元酸的碳原子或缩写代号在后组成聚酰胺的名称。如由己二胺和对苯二甲酸缩聚制得的聚酰胺称为尼龙 6T，由间苯二甲胺（ISO 1874-1 缩写代号 MXD）和己二酸缩聚而成的聚己二酰间苯二甲胺可记为 PAMXD6。聚酰胺合成中常用单体的通用名、化学文摘系统（CAS）名称和登记号、ISO 1874-1 缩写代号、所指符号以及合成原料汇总于表 1-1。

■表 1-1　常用聚酰胺单体的 CAS 名称、代号和登记号

| 通用及 CAS 名 | ISO 1874-1 代号 | 原料 | CAS 登记号 |
| --- | --- | --- | --- |
| 线型脂肪族单体 | | | |
| 己二酸 | 6 | 苯、甲苯 | 124-04-9 |
| 壬二酸 | 9 | 油酸 | 123-99-9 |
| 癸二酸 | 10 | 蓖麻油 | 111-20-6 |
| 十二烷二酸 | 12 | 丁二烯 | 693-23-2 |
| 四亚甲基二胺（1,4-丁二胺） | 4 | 丙烯腈＋HCN | 110-60-1 |
| 六亚甲基二胺（1,6-己二胺） | 6 | 丁二烯，丙烯 | 124-09-4 |
| 十二亚甲基二胺（1,12-十二碳二酸） | 12 | 丁二烯 | 2783-17-7 |
| 11-氨基十一酸 | 11 | 蓖麻油 | 2432-99-7 |
| 己内酰胺 | 6 | 苯，甲苯 | 105-60-2 |
| 十二内酰胺或月桂内酰胺 | 12 | 丁二烯、环己酮 | 947-04-6 |
| 侧链含甲基的脂肪族单体 | | | |
| 2-甲基五亚甲基二胺（2-甲基-1,5-戊二胺） | MPMD | | 15520-10-2 |
| 三甲基六亚甲基二胺（2,2,4-三甲基-1,6-己二胺和 2,4,4-三甲基-1,6-己二胺的混合物） | TMD | 丁二烯<br>丙酮 | 2,2,4-ND 为 3236-53-1<br>2,4,4-IND 为 3236-54-2 |
| 环状单体 | | | |
| 间苯二甲酸（1,3-苯二甲酸） | I | 间二甲苯 | 121-91-5 |
| 对苯二甲酸（1,4-苯二甲酸） | T | 对二甲苯 | 100-21-0 |
| 双（对氨基环己基）甲烷（4,4-亚甲基二环己基胺） | PACM | 苯胺＋甲醛 | 1761-71-3 |
| 间苯二甲胺（1,3-二甲胺基苯） | MXD | 间二甲苯 | 1477-55-0 |
| 对苯二甲胺（1,4-二甲胺基苯） | PXD | 对二甲苯 | 539-48-0 |

#### 1.1.1.3 共聚聚酰胺的命名

共聚聚酰胺的命名，通常要求标明每一种聚酰胺的代号，且代号之间用斜划线分开，把主要成分放在前面，例如以尼龙 6 为主的尼龙 6 和尼龙 66 的共聚体，表示为尼龙 6/66（PA6/66）；而尼龙 66/6（PA66/6），则表示以尼龙 66 为主的尼龙 66 和尼龙 6 的共聚体。

由异构体的混合物聚合而成的聚酰胺，除 ISO 1874-1 标准有指定代号的以外，要求记写时要同时标记出每一种异构体的代号，如三甲基己二胺[2,2,4-三甲基-1,6-己二胺（ND）和 2,4,4-三甲基-1,6-己二胺（IND）的混合物]和对苯二甲酸缩聚制备的聚酰胺，可记为 NDT/INDT。同时，由于甲基位置和键合形式的不同，还存在头-头（head to head，H-H）、头-尾（head to tail，H-T）、尾-尾（tail to tail，T-T）的多种异构体结构，为简明起见，可按表 1-1 中所示的 ISO 1874-1 编写代号简写为 TMDT。

#### 1.1.1.4 按学名命名

原则上所有聚酰胺都可以按学名进行命名。如聚酰胺 6 可以叫做聚己内酰胺，聚酰胺 66 又可叫做聚己二酰己二胺。对于全芳香族聚酰胺，一般采用学名命名或者以它们英文名第一个字母简称表示。如对苯二胺和对苯二甲酸缩聚的高聚物，称为聚对苯二甲酰对苯二胺或者 PPTA。

### 1.1.2 聚酰胺的分类

聚酰胺树脂的种类和品种很多，为了从整体上对各种聚酰胺树脂有一个基本认识，本节将对现行通用的聚酰胺树脂进行分类。

聚酰胺是一类多品种的高分子材料，按制备的化学反应来区分，可以分为两类：一类是由氨基酸缩聚或内酰胺开环聚合制得（也称为 AB 型尼龙），另一类是由二元胺和二元酸缩聚制得（也称为 AABB 型尼龙）。按分子链重复结构中所含有的特殊基团分类可以分为：脂肪族、半芳香、芳香、共聚聚酰胺 4 类。聚酰亚胺作为一种高性能的特种工程塑料，本书不作介绍。图1-1为聚酰胺的分类。

### 1.1.3 聚酰胺的特性与应用

#### 1.1.3.1 聚酰胺的特性

聚酰胺之所以得到如此快速的发展，与其独特的结构是分不开的：在聚酰胺的分子主链中含有大量极性酰胺基，这使聚酰胺分子间有较强的作用力，并能形成氢键（一般氢键密度越大，机械强度越好，碳原子数越多，强度越差），同时还使聚酰胺的分子排列整齐，具有结晶性；聚酰胺分子主链段中还含有亚甲基，使聚酰胺有一定柔性，能影响聚酰胺熔点和玻璃化温度（$T_g$）；另外，聚酰胺大分子主链末端含有氨基和羧基，在一定条件下，具有一定的反应活性，很容易被改性。这些含有酰胺基（—CONH—）结构的聚酰胺与其他材料相比，具有一系列优异的性能。几种聚酰胺的性能见表 1-2 所列。

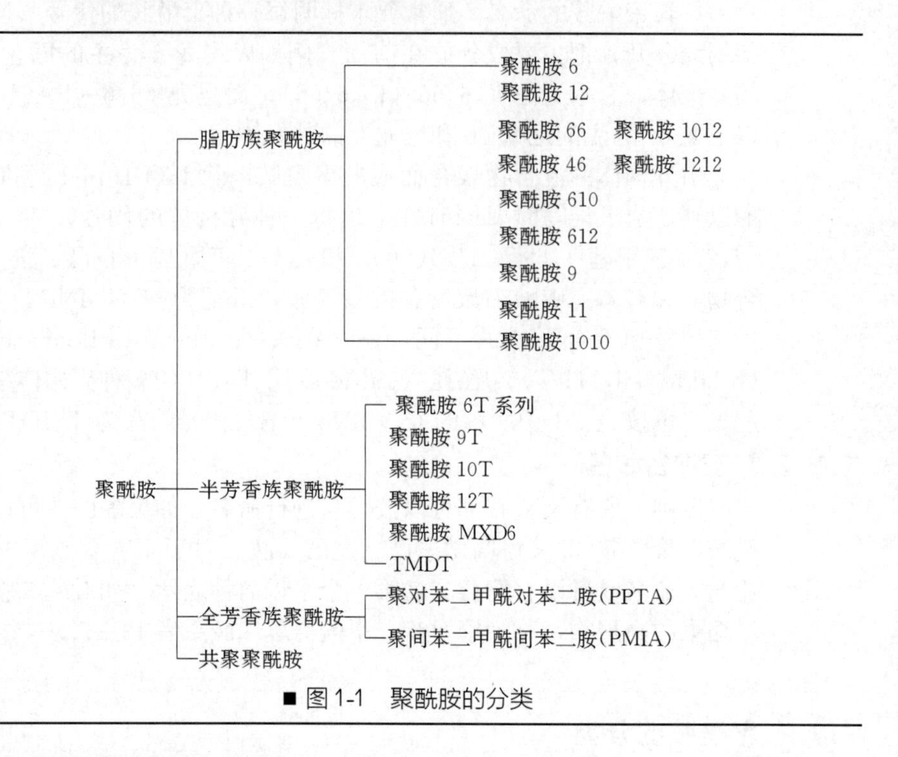


■ 图 1-1　聚酰胺的分类

■表 1-2　几种聚酰胺的力学性能

| 项　　目 | 聚酰胺 66 | 聚酰胺 6 | 聚酰胺 610 | 聚酰胺 612 | 聚酰胺 1010 | 聚酰胺 11 | 聚酰胺 12 |
|---|---|---|---|---|---|---|---|
| 密度/(g/m³) | 1.14 | 1.14 | 1.09 | 1.07 | 1.05 | 1.04 | 1.02 |
| 熔点/℃ | 260 | 220 | 213 | 210 | 200～210 | 187 | 178 |
| 成型收缩率/% | 0.8～1.5 | 0.6～1.6 | 1.2 | 1.1 | 1.0～1.5 | 1.2 | 0.3～1.5 |
| 拉伸强度/MPa | 80 | 74 | 60 | 62 | 55 | 55 | 50 |
| 拉伸模量/GPa | 2.9 | 2.5 | 2.0 | 2.0 | 1.6 | 1.3 | 1.3 |
| 伸长率/% | 60 | 200 | 200 | 200 | 250 | 300 | 300 |
| 弯曲模量/GPa | 3.0 | 2.6 | 2.2 | 2.0 | 1.3 | 1.0 | 1.4 |
| 缺口冲击/(J/m) | 40 | 56 | 56 | 54 | 40～50 | 40 | 50 |
| 洛氏硬度 | 118 | 114 | 116 | 114 | 95 | 108 | 106 |
| 热变形温度/℃ | 70 | 63 | 57 | 60 |  | 55 | 55 |
| 连续使用温度/℃ | 105 | 105 |  |  | 80 | 90 | 90 |
| 吸水率/% | 1.3 | 1.8 | 0.5 | 0.4 | 0.39 | 0.3 | 0.25 |

聚酰胺树脂是一种综合性能优良的材料，但也存在有明显的缺点，如物性对温度敏感、吸水性大影响尺寸稳定性、低温韧性差等。通过化学或物理方法进行改性可以大大改善其性能。例如，通过添加玻璃纤维材料后可以大幅度地改善吸水性及尺寸稳定性，并且能提高树脂的强度和韧度；通过与其他聚合物共混共聚可制成各种合金，替代金属、木材等传统材料。表 1-3 归纳了聚酰胺常用的改性方法和目的。

■表 1-3　聚酰胺常用的改性方法和目的

| 改性方法 | 主要目的 |
| --- | --- |
| 粒子尺寸 | 满足加工需要 |
| 分子量 | 满足加工或性能需要 |
| 共聚合 | 改变熔点、玻璃化温度、溶解性等 |
| 无机填料 | 提高表面性能 |
| 纤维增强 | 提高强度和硬度 |
| 金属、金属涂覆填料及碳粉 | 抗静电、电磁屏蔽 |
| 弹性体 | 提高韧性 |
| 阻燃剂 | 降低可燃性 |
| 增塑剂 | 增加柔性 |
| 润滑剂 | 降低摩擦 |
| 热稳定剂 | 避免氧化降解 |
| 光稳定剂 | 延长户外使用寿命 |
| 成核剂、脱模剂 | 改善加工性能 |
| 色料 | 美观，着色 |
| 各种助剂配合如：填料＋纤维 | 调整强度和挠曲 |
| 其他嵌段共聚物 | 热塑性弹性体 |
| 反应性原料（如醇类、醛类） | 涂料和胶黏剂 |

#### 1.1.3.2 聚酰胺的应用

聚酰胺主要用于纤维和树脂。用做纤维时，其最突出的优点是耐磨性优于其他纤维，在混纺织物中加入一些聚酰胺纤维，即可大大提高其耐磨性和拉伸强度。在民用上聚酰胺纤维可以混纺或纯纺成各种医疗及针织品。聚酰胺长丝多用于纺织及地毯领域，如服装、蚊帐、地毯等。聚酰胺短纤维大都用来与羊毛或其他化学纤维的毛型产品混纺，制成各种耐磨经穿的衣料等；在工业上聚酰胺纤维主要用于制造帘子线、工业用布、缆绳、传送带、帐篷、渔网、安全气囊等；还可用于降落伞及军用织物。

用做树脂时，聚酰胺可通过挤塑、注塑、浇注等成型加工方法制造从柔软性制品到刚性硬质制品，从热塑性弹性体到工程结构材料，具有广泛的应用领域，如汽车、电气、电子、家具、建材、生活用品、体育用品、包装材料、航空航天材料等，其中汽车部件、电气电子和包装业是聚酰胺树脂应用最大的 3 个领域。本书在第 6 章将着重讲述聚酰胺树脂在各领域的应用。

## 1.2 国外聚酰胺工程塑料的现状与发展

### 1.2.1 世界聚酰胺工程塑料的发展历程

聚酰胺的生产已有 70 多年历史，作为工程塑料使用也有 60 多年。世界聚酰胺材料的发展史按时间划分，大约经历了两个阶段：① 以聚酰胺新品种为主要的开发阶段（20 世纪 70 年代前）；② 以聚酰胺改性为主要的发展阶段（20 世纪 70 年代至今）。

如果按照主要聚酰胺原料来源又可以划分为：① 以煤化学品为主原料的阶段；② 以石油及衍生品为主要原料的阶段；③ 以生物质为原料的趋势。

聚酰胺树脂及其改性技术的发展，与其加工技术和应用开发是相互促进、不可分割的。进入 21 世纪，由于环境的要求和资源的限制，聚酰胺的生物质原料获取技术与加工再利用技术将备受关注。

#### 1.2.1.1 聚酰胺品种开发

**(1) 聚酰胺树脂开发阶段** 早在 1889 年，Gariel 和 Maass 两人首先在实验室合成出聚酰胺。1924 年，高分子之父、德国科学家 H. Staudinger 首先提出了大分子学说，1932 年他发表了第一部关于高分子有机化合物的专著，为 W. H. Carothers 研究高分子缩聚反应、开发聚酰胺树脂奠定了理论基础。表 1-4 列出了聚酰胺品种开发的年代。

■表 1-4 聚酰胺品种开发的年代

| 品　种 | 商品名称 | 开发和生产者 | 工业化年份① |
|---|---|---|---|
| 聚酰胺 66 | Zytel（初期为 Nylon） | 美国杜邦（Dupont） | 1939（1931） |
| 聚酰胺 6 | Ultramid B | 巴斯夫（BASF） | 1942（1937） |
| 聚酰胺 610 | Zytel | 美国杜邦 | 1941 |
| 聚酰胺 11 | Rilsan | 法国 Atochem | 1950（1944） |
| 聚酰胺 1010 | | 中国上海赛璐珞厂 | 1961（1958） |
| PI② | Pyre-ML, Vespel, Kapton | 美国杜邦 | 1962（1908） |
| 聚酰胺 12 | Vestamid | 德国许尔斯（Hüls） | 1966 |
| | Grilamid | 瑞士 Emser | |
| PMIA③ | Nomex | 美国杜邦 | 1967 |
| 透明聚酰胺 | Trogamit T | 德国 Dynamit Nobel | 1969 |
| 聚酰胺 612 | Zytel 151 | 美国杜邦 | 1970 |
| PPTA④ | Kevlar | 美国杜邦 | 1974（1968） |
| TPAE⑤ | | 德国许尔斯（Hüls） | 1980 |
| 聚酰胺 MXD6 | Reny | 日本三菱瓦斯化学 | 1983 |
| 聚酰胺 1212 | Zytel 151L | 美国杜邦 | 1990（1988） |
| 聚酰胺 46⑥ | Stanyl | 荷兰 DSM | 1990（1938） |
| 聚酰胺 9T | Genestar | 日本可乐丽 | 1999 年公布 |
| 聚酰胺 1012 | | 中国郑州大学 | 2001 年公布小试结果 |
| 聚酰胺 10T | Vicnyl | 中国广州金发科技 | 2006 |

① (　) 为发明或开发年份。

② PI 中的 Per-ML、Vespel、Kapton 分别是绝缘漆、模塑料、薄膜的商品名称。

③ PMIA 为聚间苯二甲酰间苯二胺。

④ PPTA 为聚对苯二甲酰对苯二胺。

⑤ TPAE 为聚酰胺热塑性弹性体。

⑥ PA46 是杜邦公司卡罗泽斯时 20 世纪 30 年代发明，1938 年公布。

**（2）聚酰胺品种改性阶段** 随着汽车、电器、机械、通信等相关行业的发展，人们对工程塑料的性能提出了更高更严格的要求。通过共混、共聚、嵌段、接枝、互穿网络、填充、增强、阻燃等方法对基础树脂进行改性，可以提高聚酰胺工程塑料的综合性能或赋予其某些特殊性能，不断推出新型的改性聚酰胺品种。聚酰胺的改性研究已经成为提高其性能的重要途径。表1-5列出了部分改性聚酰胺的开发情况。

■表1-5 部分改性聚酰胺的开发情况

| 名 称 | 商品名称 | 开发公司 | 工业化年份 |
|---|---|---|---|
| 玻璃纤维增强聚酰胺（GFPA） | 3/30，1/30，2/30 | 美国 Fiberfil | 1956（1952） |
| 聚酰胺亚胺（PAI） | AI,Torlon | 美国 Amoco | 1964，1976（1972） |
| 矿物填充聚酰胺 | Minlon | 美国杜邦 | 1972 |
| 双马来酰亚胺 | Kerimid601 | 法国 Rhone-poulence | 1969 |
| 增韧聚酰胺（聚酰胺66/EPDM） | Zytel-st801 | 美国杜邦 | 1976 |
| 阻燃尼龙 | 杜邦公司 Zytel FR | 美国，日本，欧洲 | 20世纪70年代 |
| 聚醚亚胺（PEI） | Ultem | 美国 GE | 1982（1972） |
| 阻隔尼龙（聚酰胺6/66） | Selar RB | 美国杜邦 | （1983） |
| ABS/聚酰胺合金 | Elemid | 美国 Borg Warner | 1984 |
| 非晶型聚酰胺/弹性体合金 | Bexloyc | 美国杜邦 | 1985 |
| PPO/聚酰胺合金 | Noryl GTX | 美国 GE | 1985 |
| 聚酰胺6/6T | <Ultramid>T | 德国 BASF | — |
| 聚酰胺/PPO合金 | アトリー | 日本住友化学 | 1986 |
| 聚酰胺66/6T/6I | Amodel | 美国 Amoco | — |
| 聚酰胺MCX-A（6T/6I） | Arlen | 日本三井石油化学工业 | 1987 |
| 聚酰胺/PP合金 | System S | 日本昭和电工 | 1989 |
| 聚酰胺6/黏土纳米复合材料 | NCH1015C2 | 日本丰田中央所和日本宇部兴产 | 1990（1987） |
| 聚酰胺6/黏土纳米复合材料 | UBE Nylon M1030D | 日本ユニチカ | 1996 |
| 聚酰胺6/云母纳米复合材料 | System FE 2010Z | 日本昭和电工 | （1996） |
| 聚酰胺66/锂蒙脱土纳米复合材料 | アミドCL | 日本大日本油墨 | （1998） |
| 抗菌GFPA6 | CM1016G30 | 日本东丽 | 1998 |

注：（ ）内为开发时间，聚酰胺6/黏土纳米复合材料是1987年日本丰田中央研究所首次公布的；PAI中AI，Torlon绝缘漆和模塑料的商品名称。

在聚酰胺共混（包括增强、填充、高聚物共混合金）改性中，双螺杆挤出机发挥了关键性作用。早在1935年意大利LMP公司就研制出商业化的同向双螺杆挤出机，1978年M. L. Booy首先将同向旋转双螺杆挤出机发展成为紧密啮合型同向双螺杆挤机，使其具有了自洁功能，混合效果好，产品均一性好，生产能力为单螺杆挤出机的3倍，能耗低，并具有很强的操作性，是聚酰胺工程塑料的改性研究和生产的重要设备。双螺杆挤出机的问世，大大促进了尼龙改性高分子材料工业的技术进步与发展。

#### 1.2.1.2 聚酰胺生产原料的变迁

聚酰胺品种较多，其中聚酰胺6和聚酰胺66占主导地位，它们的主要中间体是己内酰胺、1,6-己二胺和1,6-己二酸，同时这些中间体还是聚酰胺46、聚酰胺610、聚酰胺612、聚酰胺68和聚酰胺6T、聚酰胺MXD-6等的中间体。因此，生产这些中间体的原料对聚酰胺树脂的发展起着非常关键的作用。原料的变迁，经历了煤化学品和石油化学品为主要原料的发展阶段，现在有向以生物质为原料的发展趋势。

**(1) 以煤化学品为主要原料的发展阶段** 1937 年德国的 IG Farben 公司发明了聚酰胺 6，当时生产己内酰胺的原料是煤焦油中分离出来的苯酚，其产量较少，难于实现大规模生产。20 世纪 30 年代，美国杜邦公司发明尼龙 66 并实现了工业化生产，生产两个中间体的原料主要是从煤焦油中分离出的糠醛和苯酚。由于原料来源没有保证，加之生产工艺复杂，流程长，不能形成大规模生产，为此，美国杜邦公司从 1962 年起不再用糠醛作为原料，转向采用石油化学品芳烃为原料。

**(2) 以石油及衍生品为主要原料的发展阶段** 从 20 世纪 50 年代开始，己内酰胺的原料由煤化学品转向石油化学品——苯。表 1-6 为己内酰胺方法开发过程。

■表 1-6 己内酰胺生产方法的开发过程

| 方法/原料 | 开发和生产者 | 年份 |
|---|---|---|
| 苯酚法/苯酚 | 美国联信公司 | 1954 |
| HSO 法/苯 | 德国 BASF | 1960 |
| 环己烷硝化法/环己烷 | 美国 Du Pont 公司 | 1961 |
| 环己烷光亚硝化法/环己烷 | 日本东丽 | 1963 |
| NO 还原法/苯 | BASF 公司 | 1965 |
| HPO 法/苯 | 荷兰 DSM | 1971 |
| Snia 法/甲苯 | 意大利 Snia 公司 | 1972 |
| CO 工艺/丁二烯 | Du Pont 公司、DSM 公司 | 1994 |
| 甲烷工艺/丁二烯 | Du Pont 公司、BASF 公司 | 1995 |
| 环己酮氨肟化-气相工艺/苯、氨、双氧水 | 意大利 Enichem 公司、日本住友化学 | 2003 |
| 环己酮氨肟化法/苯、氨、双氧水 | 中国石化公司 | 2003 |
| 六氢苯甲酸-环己酮肟组合工艺/甲苯、氨、双氧水 | 中国石化公司 | 2009 |

另外，许多公司从尼龙废料中也提取出了己内酰胺。如 1998 年欧洲地毯回收公司（CRE）建立了一套 50kt/a 的废地毯处理装置。DSM 公司和联信（Allied-signal）公司合资在美国佐治亚州的奥古斯塔（Augusta）市，建成了一座大规模处理废尼龙地毯的工厂，1999 年 11 月建成并投产，处理废尼龙地毯能力为 90kt/a，可回收聚合级己内酰胺 45kt/a。

己二胺的生产主要是以己二腈为原料，而己二腈的生产是以己二酸、1,3-丁二烯或丙烯腈为原料。表 1-7 列出了己二腈生产方法的开发过程。

■表 1-7 己二腈生产方法的开发过程

| 方法/原料 | 开发和生产者 | 年代 |
|---|---|---|
| 己二酸催化氨化法/己二酸 | 美国杜邦公司 | 1930 |
| 间接氯化法/丁二烯 | 美国杜邦公司 | 20 世纪 50 年代初 |
| 电解溶液法/丙烯腈 | 美国孟山都公司 | 1965 |
| 电解乳液法/丙烯腈 | 日本旭化成公司 | 1971 |
| 直接氰化法/丁二烯 | 美国杜邦公司 | 1972 |

20世纪60年代初，以苯为原料，通过加氢制取环己烷，再氧化制取KA油，或者是由苯酚加氢制取环己醇，最后用$HNO_3$氧化制备己二酸的技术实现工业化。德国BASF、美国杜邦、ARCO等公司以1,3-丁二烯为主要原料，经加氢羰甲氧基化或加氢羰基酯化制备1,6-己二酸的研究，已取得重大成果，BASF公司已建立一套60kt/a的己二酸装置。

1,4-丁二胺也可以用丙烯腈为原料制备，1,9-壬二胺、十二内酰胺等也可用1,3-丁二烯为原料合成。

**(3) 以生物质为原料的发展趋势** 随着人口数量的剧增、人类需求的增加、工业经济的迅速发展，使得三废排放愈来愈多，已经严重危害到人类的生存环境和健康安全。绿色、低碳和环保成了21世纪发展的主题。

为减少对石油及其衍生品的依赖，满足改善环境和社会可持续性发展的要求，国际各大聚酰胺公司近几年来纷纷推出以蓖麻油为来源的聚酰胺产品，如荷兰DSM的PA410、EVonik公司的PA1010、Arkema公司的PA11和杜邦公司的PA610和PA1010等。蓖麻是一种可再生草本植物，在生长过程中要吸收大量$CO_2$进行光合作用，从而抵消了其在生产PA过程中排放的$CO_2$。蓖麻种子榨取可得到蓖麻油，蓖麻油中含有大量的蓖麻油酸和少量的油酸和亚油酸，是制备癸二酸的重要原料。另外，日本还以淀粉为原料，经水解成糖，糖蜜经过工业发酵法生成谷氨酸，然后在微生物作用下，转换为$\gamma$-氨基丁酸，环化成2-吡咯烷酮缩聚而成PA4。目前，这些生物质聚酰胺工程塑料已经在汽车、电子工业和日用消费品等领域得以应用。

可以看出：合成聚酰胺的主要中间体目前仍以石油化学品为主要原料，但有向以绿色环保的生物质为原料的发展趋势，这必将大大促进聚酰胺工业的可持续发展。

### 1.2.2 世界聚酰胺工程塑料的技术进展

PA系列产品中，由于PA6、PA66占总产量的90%以上，所以，各大公司仍着重于两大品种的生产技术改造。其中主要技术进展体现在以下几个方面。

#### 1.2.2.1 单体合成

**(1) 己内酰胺的生产技术进展** 目前工业上采用的传统己内酰胺工艺有DSM的HPO工艺、BASF的NO还原工艺、Inventa的NO还原工艺、波兰Capropol工艺、Allied Signal苯酚工艺、东丽的PNC工艺、Snia甲苯法工艺等，前5种工艺都是对Raschig法的改进。这些工艺各具特点：HPO工艺采用硝酸根加氢还原的方法制备羟胺，羟胺制取无硫酸铵副产；BASF、Inventa的NO还原工艺和波兰Capropol工艺的羟胺制备采用铂或Pt/C为催化剂，将$NH_3$氧化制得NO，然后用氢气还原制备，是对拉西法的改进；东丽的PNC工艺通过光化学法一步将环己烷生成环己酮肟再重排生成己内酰胺；Snia 甲苯法工艺采用甲苯为原料，经过甲苯氧化、加氢、酰胺化生成己内酰胺。

上述工艺都或多或少副产硫铵，为了减少硫铵副产，降低生产成本，各公司通过改善原有工艺或者开发新工艺，取得了一定成效。

① 氨肟化工艺　氨肟化一步合成环己酮肟技术以环己酮为原料，钛硅酸盐为催化剂进行肟化反应，不副产硫铵。日本住友化学采用气相贝克曼重排技术将环己酮肟转化成己内酰胺，此过程也无硫铵。该方法生产己内酰胺过程简单、环境污染少。

② HPO plus 工艺　该工艺是对 HPO 工艺的改进，降低了硫铵的生成量。

**(2) 己二酸的生产技术进展**　己二酸已工业化的路线有环己烷法、环己醇法、丁二烯羰基化法等，其中环己烷法约占全球己二酸总生产能力的 93%。但该路线产生大量的“三废”，特别是氮氧化物，严重污染环境，开发清洁的己二酸合成工艺成为发展的方向。

巴斯夫公司开发了以 1,3-丁二烯加氢羰基甲氧基化合成己二酸新工艺，目前已经建成 60kt/a 的工业化装置。

日本旭化成公司开发出苯部分加氢技术生产环己醇，该工艺（又称环己烯法）与环己烷法相比，碳资源的利用率由原来的 70%～80%提高到 90%，几乎没有副产物，废液和废气大为减少，产品纯度达 99.5%。

#### 1.2.2.2 聚合工艺

在聚酰胺聚合生产方面，聚酰胺 6 聚合工艺大多采用常压连续聚合和二段连续聚合法。有代表性的公司有瑞士的 Inventa 公司、意大利 NOY 公司、德国的 Karl. Fischer 公司、德国的 Zimmer 公司等。聚酰胺 66 的聚合有连续缩聚法和间歇缩聚法，目前工业上一般采用连续缩聚法；聚酰胺 1010、聚酰胺 612、聚酰胺 610 聚合过程与聚酰胺 66 基本相似，但大多采用间歇聚合；聚酰胺 11 与聚酰胺 12 缩聚工艺相似，工业上采用连续缩聚法；聚酰胺 46 可采用固相缩聚、界面缩聚、溶液缩聚、熔融聚合等方法制备；半芳香族聚酰胺通常使用高温高压溶液缩聚工艺，一般用水作溶剂。

聚酰胺 6 的聚合工艺已开始向规模化、低消耗、高质量发展，聚合单台生产能力由 0.5t/d 发展到今天的 250t/d。

另外，己内酰胺阴离子聚合采用螺杆反应挤出工艺也得到了发展。该工艺聚合时间短，单体可以直接回收使用，产品牌号可任意调整，特别适合于生产相对分子质量高的产品。

#### 1.2.2.3 聚酰胺改性

进入 21 世纪，随着汽车工业、电子工业的快速发展，聚酰胺的改性迎来了一个新的发展时期。主要体现在耐高温、高强度、超韧性、导电性、高耐磨性和高流动性等方面的改性。

**(1) 增强增韧聚酰胺**　聚酰胺的增强和填充改性技术研究历史较长，其技术已基本成熟。通常采用玻璃纤维、碳纤维和Kevlar等高性能纤维增强，还可用无机矿物，如滑石粉、高岭土、硅灰石和碳酸钙等增强改性。

**(2) 聚酰胺共混物** 聚酰胺与其他高分子材料形成的共混物，也称为聚酰胺合金。第一个聚酰胺合金品牌是1975年由美国杜邦公司开发的超韧PA Zytel ST，由尼龙和聚烯烃弹性体（EPDM）组成。目前，聚酰胺合金主要有聚酰胺/EPDM、聚酰胺/PPO、聚酰胺/ABS、聚酰胺/PBT、聚酰胺/乙烯基聚合物、聚酰胺/有机硅IPN（互穿聚合物网络）、聚酰胺/PC等，前三种合金发展较快，已形成系列化产品。

**(3) 高流动性、高耐热性聚酰胺** 为了降低成本、增强市场竞争力，提高树脂成型速度，近年来一些PA生产厂家纷纷推出了高流性的（或称快速成型）聚酰胺新牌号，如杜邦公司推出了Zytel ST 801 A（Advantage）系列牌号，被称为超韧聚酰胺66牌号的“革命”。该产品缩短了成型周期，改进了制品外观，降低了注塑机锁模力。

另外，高耐热性聚酰胺品种开发也有一定成效，特别是高耐热性的半芳香族聚酰胺，如聚酰胺6T、聚酰胺9T和聚酰胺6I等，推动了电子电器元件向小型化、轻薄化、轻量化、动能化、精密、消音、耐热等方向发展。

**(4) 无卤阻燃聚酰胺** 随着欧盟RoHS指令的颁布和美国、日本、中国等相应安全环保法规的实施，绿色环保的无卤阻燃聚酰胺产品成为发展的趋势，如德国Ulzenfeld的Frisetta聚合物公司开发的阻燃玻璃纤维增强尼龙系列材料Frianyl和罗地亚公司推出的TECHNYL®系列阻燃聚酰胺，均不含卤素和红磷成分，满足了欧盟的WEEE和RoHS两个指令要求，达到UL94 V-0的防火等级和850℃的灼热丝燃烧温度（GWIT），适应各种电气产品的严格要求。

#### 1.2.2.4 成型加工

聚酰胺树脂的加工成型技术有注射成型、挤出成型、吹塑成型、压制成型等，其中，注射成型是最主要的方法，约60%以上的聚酰胺树脂采用注射成型。

20世纪80年代，聚酰胺树脂的成型加工技术取得很大的进展，代表性的有美国孟山都公司开发出的尼龙反应注射成型技术（Nylon RIM），杜邦公司开发的Selar技术（层状成技术）等。而随着汽车工业的发展，围绕以汽车发动机周边部件为主的应用，一系列加工成型技术开始出现，如熔芯（Lost Core）法、振动熔接法、模具滑合注射成型法（Die Slide Injection，DSI）、模具旋转注射成型法（Die Rotary Injection DRI）等。其中激光焊接法（Laser）、无铅焊接法最引人注目。激光焊接与通用焊接方法比，具有很大的优势，如激光焊接基本上可以焊接各种接缝和各种形状的部件；激光焊接所消耗热能和机械能最低，而且所焊接部件不变形，还可焊接对热敏感的部件；激光焊接的部件表面不粗糙，完全保持了表面特性；制品生产率高，不合格率低等。无铅焊接法是随着人们对健康、安全环保意识的提高而出现的，铅在人体内沉积易造成中毒。因此人们提出电子产品铅含量不得超过0.1%（质量）的无铅标准，发达国家也相继在电子产品上制定了禁铅法规。采用新型的无铅焊接替代传统的铅锡焊接具有非常重要的意义。

#### 1.2.2.5 回收利用

大自然提供给人类可利用的资源是有限的，所以对自然资源的循环利用是我们的迫切要求。一些生产聚酰胺的大公司正在投入巨资，开展此方面的研究，如采取水解、醇解等方法，回收废旧聚酰胺 6、聚酰胺 66 原料，实现了资源的循环利用，现已初见成效，但要全面实现聚酰胺树脂循环使用，还要解决很多技术问题。

### 1.2.3 世界聚酰胺工程塑料的市场概况

#### 1.2.3.1 聚酰胺原料的生产和消费

**(1) 己内酰胺的生产和消费** 20 世纪 70 年代后，己内酰胺工业发展进入高潮，生产规模扩大，一些装置纷纷扩产或者新建，截至 2009 年，全球 CPL 生产能力已超过 4800kt/a，其中亚洲地区扩能是拉动全球增长的主要因素。预计今后几年，全球 CPL 的生产能力将以年均约 2.6%的速度增长，到 2012 年总生产能力将达约 5100kt/a。表 1-8 为 2009 年世界主要 CPL 生产厂家情况。

■表 1-8 2009 年世界主要 CPL 生产厂家情况 单位：kt/a

| 地区 | 公司 | 地址 | 生产能力 | 原料来源 |
|---|---|---|---|---|
| 美国 | BASF | Freeport | 275 | 环己烷 |
| 美国 | DSM | Augusta | 205 | 环己烷 |
| 美国 | Evergreeb NylonRecycling | Augusta, GA | 45 | — |
| 美国 | Honeywell | Hopewell | 400 | 苯酚 |
| 墨西哥 | Univex | Salamanca, Guanajuato | 85 | 环己烷 |
| 巴西 | Braskem | Camacari | 62 | 环己烷 |
| 哥伦比亚 | 哥伦比亚 | Barranquilla | 30 | 环己烷 |
| 比利时 | BASF | Antwerpen | 300 | 环己烷 |
| 比利时 | Lanxess | Antwerpen | 200 | 环己烷 |
| 德国 | BASF | Ludwigshafem | 165 | 环己烷 |
| 德国 | DOMO | Leuna | 100 | 苯酚 |
| 荷兰 | DSM | Geleen | 250 | 苯酚 |
| 西班牙 | Ube | El Grao | 95 | 环己烷 |
| 白俄罗斯 | Grodno zot | Grodno | 120 | 环己烷 |
| 捷克 | Spolana | Neratovice | 47 | 环己烷 |
| 波兰 | Zaklady Azotowe | Pulawy | 65 | 环己烷 |
| 波兰 | Zaklady Azotowe | Tarnow | 95 | 环己烷 |
| 俄罗斯 | 克麦罗沃氮 | Kemerovo | 110 | 环己烷 |
| 俄罗斯 | Kuybyshevazot | Tol yatti | 180 | 环己烷 |
| 俄罗斯 | Shchekinskoe Khimvolokno | Shchekino | 50 | 环己烷 |

续表

| 地区 | 公司 | 地址 | 生产能力 | 原料来源 |
|---|---|---|---|---|
| 乌克兰 | OJSC ZAot | Cherkassy | 50 | 环己烷 |
| 日本 | EMS-UBE | 山口 | 20 | 环己烷 |
| 日本 | 三菱 | 富岗 | 60 | 环己烷 |
| 日本 | 住友 | 爱媛 | 180 | 环己烷 |
| 日本 | 东丽 | 爱知 | 100 | 环己烷 |
| 日本 | Ube | 大阪 | 95 | 环己烷 |
| 日本 | Ube | 山口 | 90 | 环己烷 |
| 印度 | Fertilizers | Udyogamandal | 50 | 环己烷 |
| 印度 | Gujarat | Baroda | 25 | 环己烷 |
| 印度 | Gujarat | Vadodara | 50 | 环己烷 |
| 韩国 | Capro | 蔚山 | 270 | 环己烷 |
| 泰国 | Ube | 马培府 | 110 | 环己烷 |
| 中国 | DSM | 江苏南京 | 160 | 环己烷 |
| 中国 | 中国石化 | 湖南岳阳 | 200 | 环己烷 |
| 中国 | 中国石化 | 河北石家庄 | 160 | 甲苯 |
| 中国 | 浙江巨化 | 浙江衢州 | 15 | 环己烷 |
| 中国台湾 | CPDC | 孝康 | 200 | 环己烷 |
| 中国台湾 | CPDC | 头份 | 100 | 环己烷 |
| 合计 | | | 4814 | |

近几年，全球CPL需求一直保持稳定增长，其中亚洲地区增速最快，表1-9为2005～2008年亚洲（日本除外）己内酰胺供求量。

■表1-9　2005～2008年亚洲（日本除外）己内酰胺供求量　　单位：kt

| 地区 | 2005 | | 2006 | | 2007 | | 2008 | |
|---|---|---|---|---|---|---|---|---|
| | 供给 | 需求 | 供给 | 需求 | 供给 | 需求 | 供给 | 需求 |
| 韩国 | 261 | 259 | 224 | 247 | 268 | 248 | 262 | 245 |
| 中国 | 211 | 704 | 290 | 735 | 304 | 777 | 281 | 731 |
| 中国台湾 | 247 | 647 | 256 | 689 | 261 | 725 | 215 | 639 |
| 泰国 | 108 | 76 | 120 | 73 | 114 | 72 | 107 | 69 |
| 印度尼西亚 | 0 | 60 | 0 | 60 | 0 | 50 | 0 | 46 |
| 印度 | 110 | 92 | 110 | 96 | 105 | 90 | 92 | 104 |
| 马来西亚 | 0 | 25 | 0 | 32 | 0 | 24 | 0 | 17 |
| 巴基斯坦 | 0 | 1 | 0 | 1 | 0 | 1 | 0 | 1 |
| 伊朗 | 0 | 8 | 0 | 8 | 0 | 8 | 0 | 8 |
| 合计 | 937 | 1872 | 1000 | 1935 | 1052 | 1995 | 957 | 1860 |

**(2) 己二酸的生产和消费**　自1937年美国杜邦公司开始工业化生产己二酸以来，世界己二酸的生产发展很快。截止到2009年，世界己二酸的总生产能力已经达到约3380kt/a，比2007年增长约15.51%，新增产能主要来自中国大陆地区。随着亚洲多套己二酸新建或扩建装置的建成投产，预计到2013年，世界己二酸的总生产能力将超过3700kt/a，其中亚太地区将成为己二酸最主要的生产地区。2009年世界己二酸的主要生产厂家情况见表1-10所列。

■表 1-10 2009 年世界己二酸的主要生产厂家情况 单位：kt/a

| 生产厂家名称 | 地址 | 生产能力 | 原料来源 |
|---|---|---|---|
| 美国 Invista | Orange, TX; | 380 | 环己烷 |
| 美国 Invista | Victoria, TX | 220 | 环己烷 |
| 美国 Ascend Performances | Cantonment, FL | 420 | 环己烷及苯酚 |
| 加拿大 Invista | Maitland Ontario | 190 | 环己烷 |
| 巴西 Rhodia Poli | Sao Paulo | 87 | 环己烷 |
| 法国 Rhodia | Chalampe | 320 | 环己烷 |
| 德国 BASF | Ludwigshafen | 260 | 环己烷 |
| 德国 Lanxess | Krefeld | 68 | 苯酚 |
| 德国 Radici Chimica | Troglitz | 80 | 苯酚 |
| 意大利 Radici Chimica | Novara | 70 | 环己烷 |
| 英国 Invista | Wilton | 270 | 环己烷 |
| 乌克兰 Obedinenie Azot | Severodonetsk | 25 | 环己烷 |
| 乌克兰 Rovno Azot | Rovno | 30 | 环己烷 |
| 日本 Asahi Kasei | Nobeoka, Miyazaki Prtefecture | 120 | 己内酰胺副产物 |
| 日本 Sumitomo | Niihama, Ehime Prtefecture | 2 | 环己烷 |
| 韩国 Rodia Kofran | Onsan , Kyongsungamm do | 130 | 环己烷 |
| 新加坡 Invisa | Pulau Sakra | 114 | 环己烷 |
| 中石油辽阳化工 | 中国辽阳 | 140 | 环己烷 |
| 山东洪业化工 | 中国山东 | 160 | 环己烷 |
| 平顶山神马集团 | 中国河南 | 60 | 环己烷 |
| 天利高新 | 中国新疆 | 75 | 环己烷 |
| 山东博汇 | 中国山东 | 150 | 环己烷 |
| 合计 | | 3371 | |

近年来，世界己二酸的产量和消费量一直在稳步增长，2008 年消费量约为 2400kt。预计今后几年，全球己二酸消费有望以年均约 2.5%的速度增长，到 2013 年总消费量将达到约 2600kt。表 1-11 列出了 2008 年世界己二酸的供需状况和预期。

■表 1-11 2008 年世界己二酸的供需状况和预期 单位：kt

| 国家和地区 | 产量 | 进口量 | 出口量 | 消费量 | | |
|---|---|---|---|---|---|---|
| | | | | 2008 | 2013 | 增长率/% |
| 美国 | 745 | 48 | 110 | 683 | 684 | 0.3 |
| 加拿大 | 86 | 18 | 27 | 77 | 79 | 0.5 |
| 墨西哥 | 0 | 4 | | 4 | 3 | −5.6 |
| 北美小计 | 831 | 70 | 137 | 764 | 766 | 0.3 |
| 中南美 | 87 | 28 | 22 | 94 | 103 | 1.8 |
| 西欧 | 781 | 31 | 23 | 789 | 775 | −0.4 |
| 中东欧 | 45 | 21 | 43 | 23 | 28 | 4 |
| 非洲和中东 | 0 | 58 | 0 | 58 | 67 | 2.9 |
| 日本 | 97 | 46 | 15 | 128 | 127 | −0.2 |
| 亚洲其他地区 | 394 | 285 | 135 | 544 | 726 | 5.9 |
| 世界总计 | 2235 | 539 | 374 | 2400 | 2592 | 1.6 |

#### 1.2.3.2 聚酰胺树脂的生产和消费

聚酰胺 6 和聚酰胺 66 是最主要的聚酰胺工程塑料，2006～2009 年年均消费增长率约为 5.0%，快于 PA 纤维。表 1-12 为 2008 年世界聚酰胺 6 和聚酰胺 66 工程塑料生产能力，其中亚洲的聚酰胺 6 和聚酰胺 66 生产能力增速远远快于世界其他地区。

■表 1-12　2008 世界聚酰胺 6 和聚酰胺 66 工程塑料生产能力　单位：kt/a

| 国家和地区 | 聚酰胺 6 | 聚酰胺 66 |
|---|---|---|
| 美国 | 430 | 855 |
| 欧洲 | 560 | 130 |
| 日本 | 150 | 100 |
| 亚洲（不包括日本） | 700 | 290 |
| 总计 | 1840 | 1375 |

2008 年聚酰胺 6 和聚酰胺 66 工程塑料的应用结构见表 1-13 所列。

■表 1-13　2008 年聚酰胺 6 和聚酰胺 66 工程塑料的应用结构　单位：%

| 牌号 | 应用市场 | | | | | 加工方法 | |
|---|---|---|---|---|---|---|---|
| | 汽车 | 电子电器 | 一般机械 | 单丝、薄膜 | 其他 | 注塑 | 挤出成型 |
| 聚酰胺 6 | 33 | 5 | 19 | 23 | 20 | 65 | 35 |
| 聚酰胺 66 | 47 | 28 | — | — | 25 | 95 | 5 |

除了聚酰胺 6、聚酰胺 66 这两种常用的聚酰胺品种外，聚酰胺 11 和聚酰胺 12 以燃油管、软管为中心的应用，半芳香族聚酰胺以耐热部件、冷却系统部件和燃料系统部件为主的应用，聚酰胺 610 和聚酰胺 612 以高级牙刷、耐油绳索、军用电缆的应用发展也很迅速。

## 1.3 我国聚酰胺工程塑料的现状与发展

### 1.3.1 我国聚酰胺工程塑料的发展历程

我国对聚酰胺的研究比较晚，主要目标是为合成纤维提供原料。

20 世纪 50 年代在锦西化工厂建成了我国第一套己内酰胺（1000t/a）的装置，其后又在南京化学工业公司建立了己内酰胺生产装置。

1959 年从德国引进 300t/a 聚酰胺 6 的聚合及纺丝设备，建立了北京合成纤维试验厂，1964 年天津从原捷克斯洛伐克引进了聚酰胺 6 生产设备。

20 世纪 60 年代中期，上海燎原化工厂建立了我国第一套聚酰胺 66 盐生产装置，生能力为 600t/a。1973 年，辽阳石油化纤公司从法国罗纳普朗克公司引进技术和设备，建立了 46kt/a 聚酰胺 66 盐的生产装置。

20 世纪 80 年代末，中石化巴陵石化公司和南京东方帝斯曼化工有限公司，从荷兰 DSM 子公司 Stamicarbon 引进己内酰胺生产技术，装置规模为 50kt/a，1992 年建成投产。浙江衢化利用我国自己研发技术也建成了 4500t/a 的装置。

1994 年神马集团（原平顶山帘子布厂）从日本旭化成公司引进苯部分加氢、聚酰胺 66 盐等生产技术，装置实际生产能力为 60kt/a，1998 年 9 月建成投产。

1996 年，中石化石家庄炼化分公司引进意大利 Snia 公司以甲苯为原料生产己内酰胺的技术，1999 年 11 月建成投产。

以上生产装置主要生产聚酰胺 6 和聚酰胺 66 的中间体。这些装置为国内聚酰胺 6、聚酰胺 66 工业发展奠定了基础。

20 世纪 50 年代末，国内一些大专院校和科研单位，利用我国蓖麻油资源，开发了聚酰胺 1010。1961 年，上海赛璐路厂实现了工业化生产，其后又开发一系列改性聚酰胺 1010，如共聚尼龙（聚酰胺 6/1010 和聚酰胺 1010/66/6）、阻燃聚酰胺 1010、玻璃纤维增强聚酰胺 1010 等。

20 世纪 60～70 年代我国的聚酰胺工程塑料以聚酰胺 1010 为主，1973 年，我国共有 PA1010 生产装置 40 多套，总生产能力达 6000～7000t/a，实际最高产量为 2650t 左右。主要用于机械、纺织行业。80 年代，由于原料涨价与短缺，产量降至 1000t 左右。

除了上述之外，有关单位还研究开发了其他工程塑料，20 世纪 50 年代后，郑州大学、苏州市化工局、温州市化纤研究所等开发过聚酰胺 11。1992 年北京市化工研究院与江西省樟树市化工厂合作进行了聚酰胺 11 年产 100t 中试试验。

20 世纪 70 年代上海树脂研究所和江苏淮阴化工研究所合作，以 1,3-丁二烯为原料，进行聚酰胺 12 的研究，80 年代中石化巴陵石化用环己酮为原料开发聚酰胺 12。

60 年代中后期原化工部北京合成纤维研究所开发过聚间苯二甲酰间苯二胺，并在陕西有小量生产，70 年代后期我国很多科研院所还开展了合成聚对苯二甲酰对苯二胺的研究。

1965 年中国科学院化学研究所还开发了单体浇铸技术，并得到广泛应用。另外，我国还相继研制过聚酰胺 9、聚酰胺 610、聚酰胺 612，透明尼龙、聚酰胺 810、聚酰胺 MXD-10、聚酰胺 1212、聚酰胺 1313、聚酰胺 1012 等，其中聚酰胺 1212 是我国具有自主知识产权的新材料。

我国从 20 世纪 60 年代中期开始对聚酰胺工程塑料改性进行研究。黑龙江省化工研究所、上海胜德塑料厂、苏州塑料一厂、大连塑料厂、上海赛璐路厂等单位用单螺杆包覆法开展短切玻璃纤维增强聚酰胺 6、聚酰胺 1010 等的研究和生产。进入 20 世纪 80 年代，北京化工研究院、上海胜德塑料厂、中石化巴陵石化等单位相继引进德国双螺杆挤出机，先后开发和生产了一系列玻璃纤维增强聚酰胺6、聚酰胺66、聚酰胺1010、阻燃增强聚酰胺、阻燃聚酰胺和聚酰胺合金等改性品种，满足了市场部分需求。现在从事聚酰胺改性开发和生产的单位很多，但产量一般都比较低，质量有待提高。

## 1.3.2 我国聚酰胺工程塑料的技术进展

### 1.3.2.1 单体合成

进入21世纪，我国的聚酰胺生产技术取得了长足的进步，尤其是己内酰胺的生产工艺方面，经过消化、吸收引进技术，积累了丰富的经验，有了巨大的突破。

1995年中国石油化工科学院开始进行钛硅分子筛催化材料和环己酮肟新工艺的研究，1999年完成小试，2000年开始与中国石化巴陵公司共同进行中试和工程技术研究，2003年在巴陵公司建成了一条70kt/a氨肟化-己内酰胺生产线。该工艺以钛硅分子筛（HTS）为催化剂，采用单釜淤浆床连续反应-膜分离组合新工艺，将环己酮与氨、过氧化氢进行氨肟化反应，一步高选择性地制备环己酮肟，不产生和使用腐蚀性 $NO_x$，工艺简单，投资少。以氨肟化技术为主要内容的成套技术集成了环己酮氨肟化制环己酮肟及其催化剂制备和再生、环己酮肟贝克曼三级重排制己内酰胺、己内酰胺精制等新工艺，形成了由环己酮氨肟化技术路线生产己内酰胺的具有自主知识产权的140kt/a成套新工艺。另外，由中石化石科院和巴陵石化共同攻关的“环己酮肟气相重排新工艺技术研究”课题也取得突破性的新进展。

中石化石家庄炼化分公司和石油化工科学院等利用原SINA甲苯法己内酰胺工艺，开发出将原酰胺化反应液中的三氧化硫催化环己酮肟重排制备己内酰胺的六氢苯甲酸-环己酮肟联产己内酰胺的组合工艺，可提高己内酰胺的产量，不增加副产硫酸铵，降低了成本，该工艺已在石家庄炼化分公司160kt/a己内酰胺装置上进行工业应用。

南京东方帝斯曼公司己内酰胺装置采用荷兰DSM公司的最新专利技术HPO plus工艺，并于2010年将产能扩充到200kt/a。

我国己二酸的生产起步较晚，但发展很快。我国己二酸工业生产除中国神马集团引进日本旭化成工艺用苯部分加氢制环己烯到环己醇，然后用硝酸氧化生成己二酸外，大都采用环己烷路线，由纯苯催化加氢生成环己烷，环己烷再经空气氧化生成KA油，KA油硝酸氧化合成己二酸。这两种方法都采用硝酸氧化KA油合成己二酸，对环境污染较大。

### 1.3.2.2 聚合工艺

中国聚酰胺产业与国际先进水平相比存在较大差距。目前聚酰胺主要品种有聚酰胺6、聚酰胺66、聚酰胺1010、聚酰胺1212等，其中聚酰胺6和聚酰胺66占总产能的95%以上。

我国聚酰胺6的聚合工艺经过了几十年的发展，生产装置已开始向大型化、低消耗、高质量发展，主要有常压水解聚合工艺和二段连续聚合工艺，生产相对黏度在 3.5 以下的尼龙产品，而高黏度尼龙制品在我国的生产厂家并不多。聚酰胺 6 聚合装置的国产化已经成为我聚酰胺 6 行业发展的趋势。

聚酰胺 66 生产方式由过去采用釜式、间歇聚合，开始向连续聚合转变。

浓缩液回收利用技术、双螺杆挤出反应技术、固相增黏技术等的开发应用得到了进一步的发展。

#### 1.3.2.3 聚酰胺改性

虽然我国在聚酰胺改性研究方面起步较晚，但发展较快。中石化巴陵石化、上海华东理工大学、浙江大学、广州金发科技公司等企业和科研单位开展了大量的研究，在增强、增韧、阻燃、抗静电、抗氧化和纳米改性等方面都取得了一定成效，如中石化巴陵石化公司开发了纳米尼龙和原位聚合阻燃尼龙等新产品；北京纳盛通新材料科技有限公司在高性能连续长玻璃纤维增强粒料的开发方面，解决了熔融浸润与玻璃纤维分散的核心技术。今后我国 PA 的消费增长点将是汽车工业领域，因此要多开发汽车用改性聚酰胺。

### 1.3.3 我国聚酰胺工程塑料的市场概况

#### 1.3.3.1 聚酰胺原料的生产和消费

截至 2010 年，我国已建成了四套已内酰胺生产装置，分别是中石化巴陵石化公司 200kt/a 装置、南京东方帝斯曼 200kt/a 装置、中石化石家庄炼化分公司 160kt/a 装置、衢州巨化集团 15kt/a 装置，总产能已达到约 575kt/a，但仍存在巨大的需求缺口，对外依存度较高，是世界上最大的已内酰胺消费国，消费量占亚洲（除日本外）的近 50%。表 1-14 为 2005～2009 年我国 CPL 供需情况分析。

■表 1-14　2005～2009 年我国 CPL 供需情况分析

| 项目 \ 年份 | 2005 | 2006 | 2007 | 2008 | 2009 |
| --- | --- | --- | --- | --- | --- |
| 生产能力/（kt/a） | 365.0 | 365.0 | 365.0 | 380 | 380 |
| 产量/（kt/a） | 213.8 | 290.8 | 301.8 | 289.7 | 340.2 |
| 进口量/kt | 493 | 444.6 | 472.4 | 450.1 | 601.3 |
| 出口量/kt | — | — | — | — | — |
| 表观消费量/（kt/a） | 706.8 | 735.4 | 776.5 | 733.6 | 941.5 |
| 消费增长率/% | 4.0 | 4.1 | 5.7 | −5.52 | 22.1 |

注：产量数据来自各厂家的统计。

近年来，我国已二酸的生产发展迅速，一些已二酸装置陆续投产，到 2009 年，总生产能力约为 580kt/a，主要的生产企业有中石油辽阳石油化工公司（生产能力为 140kt/a）、山东洪业化工有限公司（生产能力为 160kt/a)、河南平顶山神马集团公司（生产能力为 60kt/a)、新疆天利高新股份公司（生产能力为75kt/a）、山东博汇集团公司（生产能力为140kt/a）、宁波敏特尼龙公司（生产能力为2kt/a）以及太原化工公司（生产能力为3kt/a）等。另外，中石油辽阳石油化工公司计划新建一套160kt/a的己二酸装置，使装置的总生产能力达到300kt/a；神马集团拟将现有己二酸产能扩建到160kt/a；山西太原化工拟建一套50kt/a己二酸生产装置。此外，国外厂家也抢滩中国市场，日本旭化成公司决定在我国东南沿海兴建一座200kt/a环己醇工厂，为生产己二酸提供原料。如果这些新建、扩建计划均能如期投产，预计到2012年我国己二酸的总生产能力将达到约915kt/a，将成为仅次于美国的世界第二大己二酸生产国。

2005～2009年，我国己二酸的生产能力、消费量一直在稳步增加。表1-15为2005～2009年我国己二酸的供需情况。

■表1-15　2005～2009年我国己二酸的供需情况　　单位：kt

| 年份 | 产能 | 产量 | 进口量 | 表观消费量 | 自给率/% |
|---|---|---|---|---|---|
| 2005 | 210 | 170.0 | 142.2 | 315.4 | 54.0 |
| 2006 | 250 | 204.0 | 182.3 | 379.9 | 53.1 |
| 2007 | 280 | 205.9 | 278.0 | 481.4 | 42.6 |
| 2008 | 500 | 280.0 | 162.3 | 442.8 | 63.3 |
| 2009 | 600 | 410.0 | 80.0 | 498.1 | 82.3 |

#### 1.3.3.2 聚酰胺树脂的生产和消费

我国尼龙树脂品种较少，主要以聚酰胺6和聚酰胺66为主，聚酰胺1212、聚酰胺1010等产品生产规模比较小，大多数在百吨级到千吨级水平。近几年，我国聚酰胺6、聚酰胺66工程塑料市场发展较快，国内生产不能满足需求，需大量进口，进口依存度高达40%以上。表1-16为1998～2008年我国聚酰胺工程塑料需求情况。

■表1-16　1998～2008年我国聚酰胺工程塑料需求情况　　单位：kt

| 项目 | 1998 | 1999 | 2000 | 2001 | 2002 | 2003 | 2004 | 2005 | 2006 | 2007 | 2008 |
|---|---|---|---|---|---|---|---|---|---|---|---|
| 聚酰胺 | 62 | 67 | 83.2 | 120 | 138 | 161.1 | 192.2 | 217 | 256.4 | 294 | 337 |

## 1.4 聚酰胺工程塑料的发展前景

21世纪是绿色、低碳、经济、环保的时代，聚酰胺树脂的发展，也应该遵循这个规律。但是，从聚酰胺树脂生产过程来看，存在着工艺流程长、工艺复杂、碳收率低、环境污染严重、能耗大等问题。采用绿色工艺、减少环境污染、简化工艺路线、采用先进的化工过程强化技术等已成为聚酰胺生产发展的方向，目前前景看好。

## 1.4.1 聚酰胺树脂生产工艺

### 1.4.1.1 合成工艺

环己烷氧化生产的KA油是聚酰胺单体的非常重要的中间体。环己烷氧化选择性制备环己醇、环己酮是典型的烃类氧化反应，但由于环己烷分子中碳氢键键能较大，分子结构稳定，不易氧化，同时，氧化生成的环己酮和环己醇比环己烷活泼，很容易被进一步氧化，因此，要同时获得较高的环己烷转化率和KA油选择性十分困难。目前，环己烷氧化工业生产中，大多控制环己烷单程转化率在4%～6%，以此来获得75%～85% KA油选择性，且生产过程中产生大量“三废”，消耗大量能源和资源。如果有一种反应器，能使反应产物瞬间分离促使反应向生成目标产物的方向移动，将很大程度上防止醇酮进一步氧化，在保持高的转化率的同时也能获得较高的选择性，避免生成大量的废碱液从而减少环境污染。清华大学化工系利用渗透汽化（一种用于液体混合物分离的新型膜分离技术）过程优先渗透某一种组分的特性，将其与反应过程耦合构成膜反应器，使环己烷氧化反应系统与KA油/环己烷膜分离系统结合起来，在进行氧化反应的同时，将目的产物KA油及时分离出去。尽管该工艺目前还处于一个探索试验阶段，但是它为提高环己烷氧化转化率并同时获得KA油高选择性提供了一条新的思路。

工业上，环己酮肟一般采用环己酮与羟胺盐反应制备，可是羟胺盐的生产是一个十分复杂的过程，而且生产过程中还伴随大量三废产生。氨肟化工艺以环己酮、氨和双氧水为原料，在催化剂作用下，一步直接制备环己酮肟，省略了传统工艺中羟胺的制备过程，缩短了工艺流程，减少了设备腐蚀，降低了生产成本，反应条件温和，对环境友好，是一种全新的反应过程与工艺。

### 1.4.1.2 改变原料路线

到目前为止，聚酰胺树脂的生产主要依赖石油，其结果是排出大量温室气体（主要是$CO_2$、$N_xO$），使地球气候变暖，采用生物质为原料生产聚酰胺工程塑料是解决这一问题的有效途径之一。已工业化生产，可完全以生物质为原料的聚酰胺有聚酰胺1010、聚酰胺11、聚酰胺4；部分单体以生物质为原料的聚酰胺有聚酰胺610、聚酰胺10T等。生物质是可再生循环型资源，生物在生长过程要吸收$CO_2$进行光合作用，抵消了在聚酰胺合成过程中排放的$CO_2$和能量消耗。

己二酸是重要的脂肪族二元羧酸，是生产聚酰胺的重要原料，目前工业上己二酸生产仍主要沿用产生大量三废和严重污染环境的$HNO_3$催化氧化工艺，不能满足21世纪原子经济和环境友好的要求，为此，人们进行了积极地探索和研究。以环己烯为原料，在催化剂存在下，用30% $H_2O_2$水溶液氧化生成己二酸，有望取代$HNO_3$氧化法成为今后己二酸生产的趋势。

另外，用可再生生物质资源替代石油资源制取己二酸也值得重视和关注。

#### 1.4.1.3 采用绿色溶剂和催化剂

在己内酰胺生产工艺中，环己酮肟重排制取己内酰胺过程都或多或少副产廉价的硫酸铵，浪费资源、腐蚀设备、污染环境，因此，开发一种绿色、环保的清洁工艺势在必行。日本住友化学公司采用一种具有 MFI 型高硅分子筛为催化剂、甲醇为溶剂，在 300℃以上的高温下，采用流化床反应器，将环己酮肟气相贝克曼重排制得己内酰胺。该工艺避免了硫铵副产，绿色环保，2003 年实现工业化。中国石化也正在开发环己酮肟气相贝克曼重排工艺，已经取得了较大进展。

离子液体是一类在室温或者接近室温下完全由阳离子和阴离子组成的有机液体物质，具有难挥发、不可燃、黏度低、热容大、导电性强、蒸气压小、性质稳定等特点，是一种绿色反应介质。我国中科院兰州化学物理所对用于环己酮肟贝克曼重排的离子液体和催化剂进行了深入地研究，开发出以己内酰氨基阳离子与［$BF_4$］阴离子组成的离子液体催化体系。与咪唑类离子液体比较该离子液体价格更便宜，反应条件温和，安全清洁，转化率和选择性较高，反应副产物只有环己酮，可循环利用，为实现 Beckmann 重排反应的清洁工艺提供了一条新思路。

另外，超临界流体技术在贝克曼重排方面的应用也取得了一定效果，采用超临界水，在 375℃、微量矿物酸作催化剂的环境下，环己酮肟 Beckmann 重排反应制得己内酰胺，转化率和选择性都达到 99%，不需要使用发烟硫酸作催化剂，环境友好。日本东北大学多久物质科学研究所和日本制铁化学公司开发成功以超临界 $CO_2$（大约 30℃和超过 8MPa）作抽提分离溶剂的低温己内酰胺合成工艺。该工艺采用一种 *N*-甲基咪唑盐离子液体催化剂，反应温度约 50℃，不副产硫酸铵，也不采用有机溶剂，是一种绿色化学工艺。

日本先进工业科学技术研究院（AIST）超临界流体研究中心开发了由苯酚制取 KA 油（环己醇和环己酮混合物）的新工艺。该工艺用苯酚与氢在超临界 $CO_2$（约 55℃和大于 1MPa）条件下，采用铑催化剂进行反应，一次转化率接近 90%，环己酮选择性约 34% ，环己醇选择性约 65%。此过程操作温度低，耗能少，催化剂寿命长，产品易分离。目前，该所正在研究进一步提高环己酮选择性和将工艺推向工业化的可行性。

### 1.4.2 聚酰胺树脂改性工艺

#### 1.4.2.1 用共聚法提高聚酰胺性能

随着对高性能材料、高附加值产品的需求越来越大，单一组分的聚酰胺远不能满足应用的需求，为了扩大扩大聚酰胺的应用范围，通过对现有聚酰胺进行共聚改性，赋予它新的结构，性能、和应用领域，是一项非常有前景的工作。如将两种以上的聚酰胺单体进行共聚，可制得多种共聚酰胺，得到具有特殊性能的聚酰胺新品种；引入低熔点的聚酯与聚酰胺共聚，使材料兼具聚酯、聚酰胺的优点等。

#### 1.4.2.2 用纤维增强改性聚酰胺树脂

用芳香族聚酰胺纤维、碳纤维、玻璃纤维增强聚酰胺树脂仍然是有效提高聚酰胺性能的重要手段，如聚酰胺树脂用长玻璃纤维增强后，提高了强度、刚性、尺寸稳定性等性能。

### 1.4.3 采用先进的化工过程强化技术

化工生产（原料→设备→产品）过程中，强化技术主要指：新设备方面的强化，包括新的反应器、热交换器和新型塔板等；生产过程的强化，如反应和分离的耦合、组合分离过程、外场作用（离心场、超声、太阳能等）以及其他新技术（如超临界流体、纳米、微化工技术等）的应用等。

己内酰胺加氢精制一般采用连续搅拌釜式反应器，工艺复杂，催化剂利用率低。针对这一缺点，中国石化石油化工科学研究院研制了磁稳定床加氢反应器和SRNA-4非晶态合金催化剂，应用于中石化巴陵公司70kt/a己内酰胺加氢精装置后，反应器体积由连续搅拌釜式反应器的10$m^3$减少为1.8$m^3$，加氢效率提高20%～30%。这种减少设备体积提高生产能力的技术是典型的化工过程加强技术。除此之外，己内酰胺生产过程中膜分离催化剂循环系统、转盘萃取塔装置等都能起到强化化工过程的作用，预计以后的聚酰胺生产过程中，这种强化技术将得到进一步的应用。

### 1.4.4 小结

21世纪，聚酰胺树脂在合成材料领域将继续发挥重要的作用，尽管在某些方面还有待改进，但我们坚信，随着合成、改性、加工、应用、回收循环等技术的创新提高以及新的生物质原料的开发应用，聚酰胺产业仍将保持较快的发展。品种多样、性能优异、绿色环保的聚酰胺材料将助推社会经济各个领域的发展、满足人们生活日益增长的需求。

## 参考文献

[1] 须藤正夫．中国和日本工程塑料用途需要构成及其变化．工业材料（日），2009，57（6）：6-11.

[2] 安田武夫．引人注目的新工程塑料动向．プテスチックス，2009，60（4）：101-107.

[3] Arkema公司．以植物为原料的工程塑料在汽车上的应用进展．工业材料（日），2009，57（5）：52-53.

[4] Chiso公司．长纤维增强热塑性树脂．フデソクスター．工业材料（日），2009，57（5）：64-65.

[5] Annon. Europe's PA Manufactures Strength. Plastics Engineering，2007，63（9）：6.

[6] Bernhard Rosenau. Polyamide（PA）. Kunststoffe，2007，97（10）：66-77.

[7] 唐伟家．蓖麻油为原料的可再生聚酰胺产品．聚酰胺通讯，2010，（1）：21-22.

[8] 吴汾，唐伟家．聚酰胺工程塑料生产、市场及其趋势．上海塑料，2009，（4）：17-22.

[9] 朱明乔．己内酰胺生产绿色化．合成纤维工业，2002，25（2）：38-41.

[10] Schuchardt U，Cardoso D. Cyclohexane Oxidation Continues to be challenge. Applied Catalysis A，General，2001，211：1-17.

[11] 付送保，朱泽华，吴巍．苯法生产己内酰胺新技术．合成纤维工业，2004，27（2）：35-38.

[12] 王洪波，付送保，吴巍．环己酮肟化新工艺与 HPO 工艺技术及经济对比分析．合成纤维工业，2004，27（3）：40-42.

[13] 蒋云峰，邓蜀平，董桂燕．己内酰胺生产技术发展与市场前景．合成纤维工业，1999，22（6）：36-38.

[14] 王镇．迎接 21 世纪超临界流体新技术的产业革命．化工进展，2001，（3）：21-22.

[15] 中国己二酸下游亟待拓展应用领域．化工科技市场，2010，（01）：10.

[16] 魏莉，陈梅，刘娜，王少君，王吉峰．清洁催化氧化合成己二酸．大连工业大学学报，2010，（03）：216-219.

[17] 周彩荣，石晓华，南慧芳，蒋登高．催化氧化环己烯制备己二酸．精细化工，2010，（05）：437-441.

[18] 李惠云，刘立新．清洁催化氧化环己烯/环己醇合成己二酸．安阳师范学院学报，2005，（05）.

[19] 井淑波，朱万春，管景奇，王国甲．环境友好氧化剂催化氧化合成己二酸研究进展．化工进展，2009，（01）.

[20] 于贵春，王俊荣．合成己二酸研究进展．化工生产与技术，2008，（03）.

[21] 张付利，杨诗敏，汤昆，张萌．过氧化氢氧化法合成己二酸．河南化工，2004，（11）.

[22] 许晓棠．国内己二酸供需格局变化及应对策略．聚氨酯，2010，（1）：70-72.

[23] 李玉芳，伍小明．国内外己二酸市场分析．化学工业，2009，27（9）：32-34.

[24] 章文．我国己二酸产业面临发展中的挑战．上海化工，2008，33（6）：35-37.

[25] 张会荣．己二酸“非理性”上涨后市场何去何从．聚氨酯，2009，（9）：18-19.

[26] ［日］福本修编，聚酰胺树脂手册．施祖培等译．北京：中国石化出版社，1994：1-9.

[27] W. E. Nelson. Nylon plastics technology，1976：2-3.

[28] クラレ，柏村次史．合成树脂（日）. 1998，44（10）：15-21，22-35.

[29] Kohan M I. Handbook of Nylon Plastics，Munich，Hanser Publishers，1995：2-7.

[30] 张知先主编．合成树脂和塑料牌号手册．北京：化学工业出版社，1994：891，908.

[31] 吉田博行. プラスチックス，2000，51（3）：102-104.

[32] 刘书根，陈中华．高分子材料科学与工程，1999，15（5）：13.

[33] Nelson W E. Nylon plastics technology，1976：7.

[34] Zimnol R. Leverkusen，kunststoffe，1998，88（5）：690-694.

[35] 朱泽华．合成纤维工业，2000，23（4）：27-30.

# 第 2 章 聚酰胺树脂的合成

## 2.1 聚酰胺 6

学名：聚己内酰胺

俗称：尼龙 6

英文：polycaprolactam，nylon6（PA6）

结构式：$\left[\!-\mathrm{NH}(\mathrm{CH_2})_5\mathrm{CO}-\!\right]_n$，是以 ε-己内酰胺开环聚合制备的。尼龙 6 是聚酰胺中产量最大的品种，尼龙 6 的生产成本与原料己内酰胺的工艺路线有密切关系。

### 2.1.1 己内酰胺生产工艺

己内酰胺全称 ε-己内酰胺（英文名称 caprolactam，缩写 CPL），是重要的中间体和化工原料，主要用于生产聚酰胺 6（PA6）。

1899 年，S. Gabriel 首先合成出 ε-己内酰胺。经历了一百多年的发展后，到 2010 年，全球己内酰胺产能已接近 5000kt/a。我国己内酰胺生产始于 20 世纪 60 年代初。截止 2010 年底，我国已建成了 4 套生产装置，分别是中国石化巴陵石化公司 200kt/a 装置、南京东方帝斯曼 200kt/a 装置、中国石化石家庄炼化分公司 160kt/a 装置、衢州巨化集团 15kt/a 装置，总产能约为 575kt/a。

己内酰胺已工业化的生产工艺主要有环己酮-羟胺工艺路线和非羟胺工艺路线。环己酮-羟胺工艺路线主要包括传统的拉西法（HSO、Rasching）、NO 还原法和 HPO 法，生产过程是通过苯加氢制得环己烷，再氧化生成 KA 油（环己酮和环己醇的混合物）；也可用苯酚加氢制环己醇或者环己烯水合生成环己醇，环己醇脱氢制环己酮。然后，环己酮再与羟胺反应生成环己酮肟并经贝克曼（Beckmann）重排制得己内酰胺。目前工业上 90%的己内酰胺是通过这条路线生产。非羟胺路线主要有环己酮氨肟化法、环己烷光亚硝化法、甲苯法（SNIA 法）以及非芳烃路线等制备方法。图 2-1 为己内酰胺生产工艺示意。

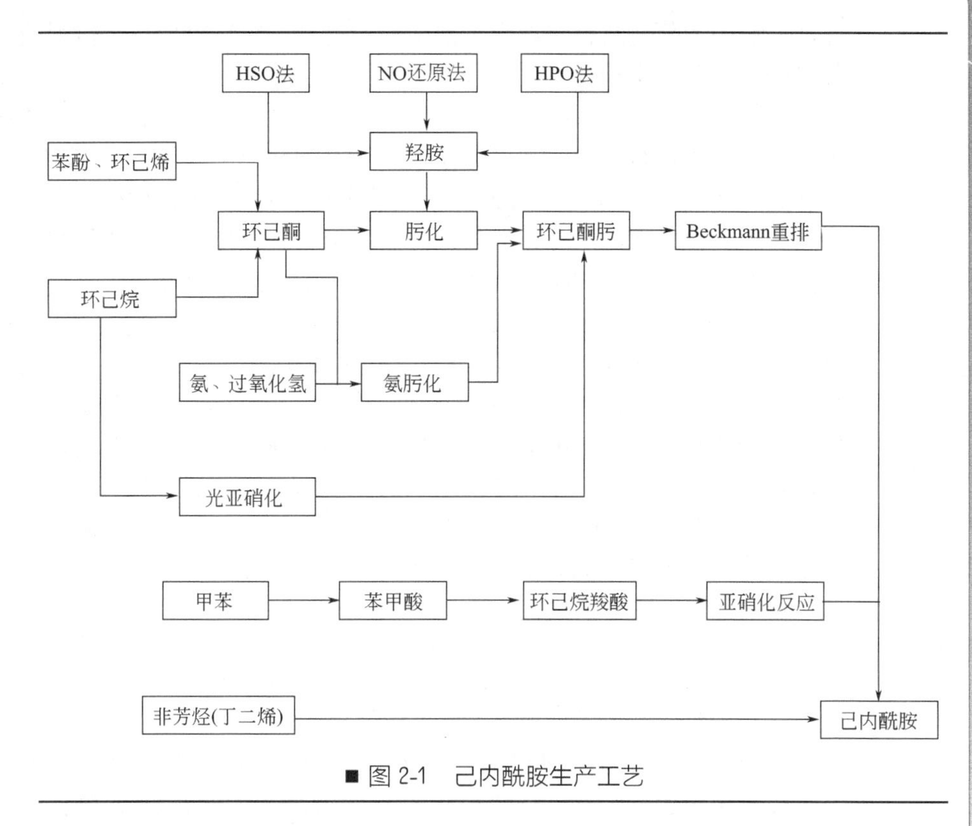


■ 图 2-1　己内酰胺生产工艺

### 2.1.1.1 环己酮-羟胺路线

**(1) 环己酮生产工艺**　环己酮是生产己内酰胺和己二酸的主要原料之一，它主要由环己烷氧化、苯酚加氢、苯部分加氢等工艺制得。目前 90% 以上的环己酮是通过环己烷氧化法生产。

① 环己烷氧化法生产环己酮　环己烷氧化是一个极为复杂的化学反应过程。根据环己烷氧化过程反应机理，环己烷首先氧化成环己基过氧化物，然后用碱性（氢氧化钠）溶液处理，在钴催化剂作用下，环己基过氧化物迅速分解为环己酮和环己醇混合物（称为 KA 油），化学反应式如下：

$$C_6H_{12} + O_2 \longrightarrow C_6H_{11}OOH$$

$$C_6H_{11}OOH \xrightarrow{\text{分解}} C_6H_{10}O + H_2O$$

$$C_6H_{11}OOH \xrightarrow{\text{分解}} C_6H_{11}OH + 1/2O_2$$

在环己烷氧化制环己酮过程中，如果发生深度氧化，会产生大量的醛、酸、酯类化合物，造成环己烷单耗升高。工业上一般通过控制转化率来维持目的产物的选择性，减少副产物的生成，转化率一般控制在 3.5%～6%（摩尔）。

目前已工业化的环己烷氧化技术主要有 3 种：20 世纪 40 年代，杜邦公司开发的钴盐催化氧化法、60 年代开发的无钴硼酸催化氧化法和无催化氧化法。其中无催化氧化法综合了前两者的优点，结渣较少，运转周期长，但环已烷单程转化率较低，工艺流程长，能耗较高。

为提高转化率和选择性，众多生产企业和科研人员从催化剂和氧化剂等方面对此过程进行了改进，研究了多种催化剂体系，如分子筛催化氧化法、金属和金属氧化物催化氧化法、*N*-羟基邻苯二甲酰胺催化氧化法、金属络合物仿生催化氧化法等。在氧化剂方面，中石化巴陵石化公司研究了以氧含量大于 21%（体积）的富氧空气为氧源的环已烷无催化氧化。

② 苯酚加氢制环已酮　工业上以苯酚为原料生产环已酮，最初采用苯酚加氢生成环已醇和环已醇脱氢制取环已酮的两步法，加氢部分一般采用镍催化剂；后来，DSM 公司开发了在钯催化剂存在下，一步苯酚液相加氢制取环已酮的新工艺。苯酚加氢有气相和液相两种方式。工业上主要是采用气相法，该工艺采用 3～5 个反应器串联，温度为 140～170℃、压力 0.2～0.4 MPa，苯酚转化率 95%，产率 97%。反应历程：苯酚通过加氢首先生成活性中间体 1-羟基环已烯，1-羟基环已烯异构化生成环已酮，或者苯酚一步加氢生成环已醇，化学反应式如下：

$$\text{OH} \xrightarrow[H_2]{\text{步骤 1}} \left[ \text{OH} \longrightarrow \text{O} \right] \xrightarrow[H_2]{\text{步骤 2}} \text{OH}$$

③ 苯部分加氢制备环已酮　具体制备过程在聚酰胺 66 合成中将介绍。

**(2) 羟胺生产工艺**　羟胺（$NH_2OH$）的生产是环已酮-羟胺工艺中的核心技术之一。羟胺在游离状态下为白色透明菱形结晶，熔点 33℃，沸点 57～58℃（22mmHg），具有很强的吸湿性，在游离状态下很不稳定（通常以盐形式存在），受热迅速分解，对金属化合物和空气非常敏感，很容易被氧化或还原。目前有拉西法（HSO）、NO 还原法和 HPO 法三条羟胺生产路线。

① 拉西法制备羟胺硫酸盐　拉西法制备硫酸羟胺早期是以亚硫酸氢铵、$SO_2$ 为原料通过还原亚硝酸钠制备，后通过改进，采用亚硝酸铵为原料替代亚硝酸钠生产羟胺硫酸盐，羟胺硫酸盐水解为 $(NH_3OH)_2SO_4$。

② NO 还原法制备羟胺　NO 加氢还原制备羟胺硫酸盐由德国 BASF 公司开发，是对拉西法制备硫酸羟胺盐的改进。该方法首先将 $NH_3$ 用纯氧催化氧化制得 NO，然后将 NO 导入带有搅拌的釜式反应器中，在温度 40～50℃，压力 1.5MPa 及硫酸介质中，Pt 作催化剂，用氢气还原生成硫酸羟胺。该方法生产羟胺硫酸盐要求原料必须很纯净，反应时 $H_2$/ NO 比例在 3.5～5.0 之间具有最好的选择性。

③ HPO 法制备羟胺　本方法由荷兰 DSM 子公司 stamicarbon 公司开发。其特点是将硝酸合成、羟胺合成和环已酮肟合成融入无机工艺液（IPL）和有机工艺液（OPL）构成的循环反应体系中（图 2-2）。磷酸羟胺的合成反应条件温和，反应温度低（最佳温度为 60℃），生产安全可靠、不副产硫铵。

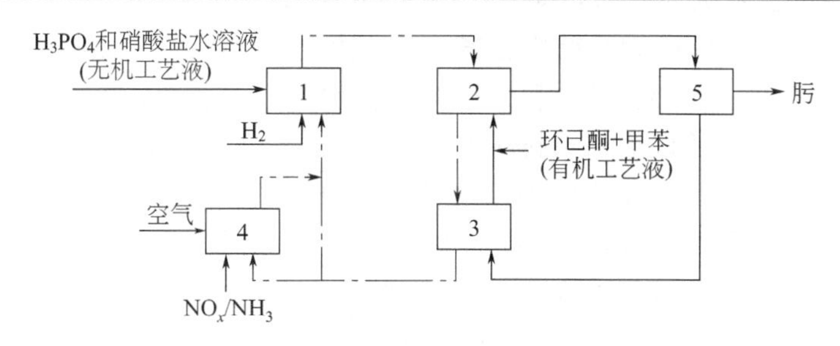


■ 图 2-2 DSM HPO 工艺

1—羟胺合成；2—肟化；3—IPL 净化；4—氨氧化与 $NO_2$ 吸收；5—甲苯-肟分离

主要过程：由 20% $H_3PO_4$ 和 20% $NH_4NO_3$ 组成的水溶液加入反应器，在含有水、磷酸盐和硝酸盐及氢离子组成的无机工艺液（缓冲液）中，在贵金属催化剂 Pt+Pd/C(8%Pd+2%Pt) 或 Pd/C(10%Pd) 存在下，反应温度 45～65℃，反应压力 2.5MPa，用 $H_2$ 还原 $NO_3^-$ 合成磷酸羟胺。$NH_3$ 被空气氧化生成 NO 和 $NO_2$，用磷酸缓冲液吸收合成硝酸盐来补充在羟胺生成反应中消耗掉的硝酸根离子。羟胺收率为 80%，主要反应式如下：

$$NH_4NO_3 + 2H_3PO_4 + 3H_2 \xrightarrow{Pt\text{-}Pd} (NH_3OH)H_2PO_4 + (NH_4)H_2PO_4 + 2H_2O + 507.6kJ/mol$$

$$4NH_3 + 5O_2 \longrightarrow 4NO + 6H_2O$$

$$2NO + O_2 \longrightarrow 2NO_2$$

**(3) 环己酮肟生产工艺** 环己酮与羟胺肟化过程中，环己酮上的羰基与羟胺反应是典型的亲核加成反应，其中羟胺是亲核剂，以 $NH_3^+OH$ 形式存在于酸性溶液中，反应机理如下：

$$NH_3^+OH \rightleftharpoons NH_2OH + H^+$$

$$\text{环己酮}(C_6H_{10}{=}O) + H^+ \rightleftharpoons C_6H_{10}{=}O^+{-}H \xrightleftharpoons{+NH_2OH}$$

$$C_6H_{10}(OH)(NHOH) + H^+ \xrightleftharpoons{-H_2O} C_6H_{10}{=}NOH$$

① 拉西法和 NO 还原法制备环己酮肟工艺　拉西法和 NO 还原法合成环己酮肟的工艺条件基本相同，都是逆流肟化。拉西法采用两段逆流肟化流程，反应温度：第一段 75～80℃，第二段 65～70℃；NO 还原法用管式反应器逆流肟化，反应温度 80℃。化学反应过程如下：

$$1/2\ (NH_3OH)_2SO_4 + NH_4OH + C_6H_{10}{=}O \longrightarrow C_6H_{10}{=}NOH + 1/2(NH_4)_2SO_4 + H_2O$$

实际生产中，一般使羟胺稍过量有利于环己酮反应完全，pH 值控制在 7 左右。

② HPO 法制备环己酮肟工艺　该工艺采用甲苯作溶剂，羟胺和环己酮在肟化脉冲塔中实现逆流肟化，工艺流程如图 2-2 所示。肟化温度控制在42～46℃，

原料配比为环己酮∶羟胺为1∶1（摩尔），环己酮转化率为98%。

**(4) 环己酮肟重排工艺** 环己酮肟贝克曼（Beckmann）重排是生产己内酰胺的重要工艺过程。已工业化的重排工艺有：液相重排工艺和气相重排工艺，目前以液相重排工艺为主。

液相重排反应历程比较复杂，DSM公司认为：环己酮肟在发烟硫酸存在下，首先生成环己酮肟磺酸酯，然后进行贝克曼重排，生成己内酰胺。整个反应必须有 $SO_3$ 的引发才能进行，具有自催化反应的特征。过程如下：

$$\text{(环己基)}{=}NOH \xrightarrow[H_2SO_4]{SO_3} \text{(环己基)}{=}NOSO_3H \longrightarrow \underset{\text{(—NH— 成环)}}{(CH_2)_5—C{=}O}$$

由于贝克曼重排反应速度极快，良好的酸/肟混合是必要的。否则由于混合不均，局部反应不完全和局部温度过热使副产物增加。温度太高易生成八氢吩嗪、苯胺、呋喃及衍生物等。如果反应体系偏离正常条件（如发烟硫酸不足），则有可能发生Neber重排反应，见下式：

$$\text{(环己基)}{=}NOSO_3H \xrightarrow{\text{发烟 } H_2SO_4 \text{ 不足}} \underset{\alpha\text{-氨基酮}}{\text{(2-}NH_2\text{-环己基)}{=}O} + H_2SO_4$$

① 环己酮肟液相多级重排工艺 为减少重排反应烟酸的消耗，降低硫铵副产，DSM、中石化巴陵石化等公司对重排工艺进行了改进，先后采取了二级、三级重排工艺，并在工业装置上进行了应用，硫铵副产由原来的每吨己内酰胺1.8t降至1.3～1.5t，工序质量得以改善。

基本过程为：多级重排的第一级，一次性加入全部烟酸，在较低温度和较高酸肟比条件下实现与大部分的肟反应，以保证低温下黏度不至于太高，抑制副反应的发生；后级重排在略高于前级反应温度条件下，烟酸与剩余的肟反应，以保证反应完全，降低酸的消耗。图2-3所示为环己酮肟两级重排流程。

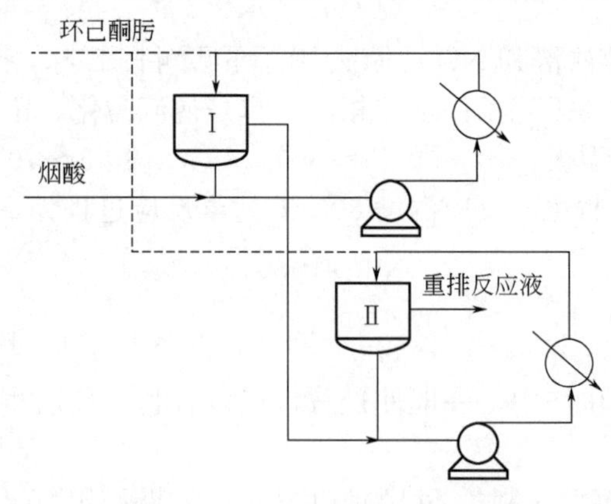


■ 图 2-3 环己酮肟两级重排流程

环己酮肟和循环物料在反应器Ⅰ内反应，温度为98℃，游离$SO_3$浓度约5%，酸肟比为1.65，出口物料进入反应器Ⅱ，与新加入的肟反应。第二级反应温度为100～115℃，游离$SO_3$浓度为4.5%，酸肟比下降为1.3。

② 环己酮肟气相重排工艺　气相贝克曼重排以固体酸作催化剂，无副产硫酸铵。但由于在高温下环己酮肟和己内酰胺都会发生热分解，因此气相重排己内酰胺的收率低于液相重排工艺。目前有固定床和流化床两种方式可供选择。

气相重排中，催化剂是关键，日本住友开发了MFI高硅分子筛固体酸催化剂（为专用高硅沸石），该催化剂在反应温度325℃，重排空速（WHSV）$8h^{-1}$的条件下，反应5.5h后，环己酮肟转化率为99.8%，己内酰胺的选择性为96.9%，并且该催化剂的再生性能好。图2-4为日本住友开发的连续反应-再生循环流化床新工艺流程。

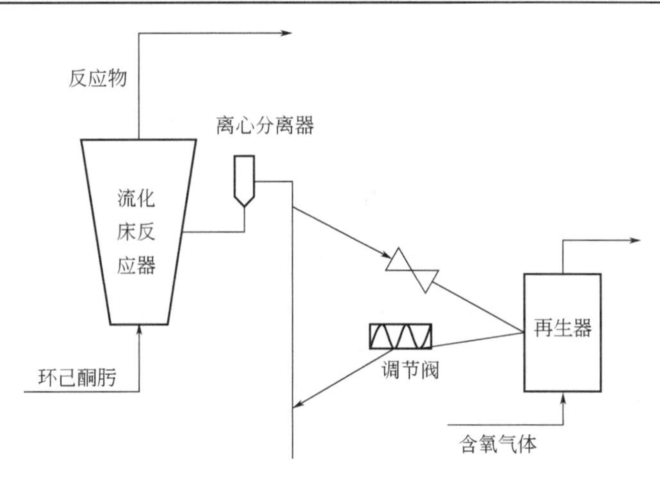


■ 图2-4　连续反应-再生新工艺示意

环己酮肟及溶剂经汽化后进入流化床反应器进行Beckmann重排反应，反应器中的催化剂以一定的循环量经控制阀进入再生器用含氧气体（多为空气）进行再生。经再生后的催化剂通过调节阀放出，经离心分离器分离后回到流化床反应器。

中国石化石油化工科学研究院与中石化巴陵石化公司合作的环己酮肟气相贝克曼重排反应固定床新工艺也取得了突破性进展。开发了具有MFI结构的催化剂（RBS-1），解决了环己酮肟气相贝克曼重排固定床技术工程放大过程中的相关难题，在800t/a工业侧线装置上进行了催化剂稳定性评价试验，运行700h，环己酮肟转化率99.9%，己内酰胺选择性达到96.5%。

因气相重排的杂质有别于传统的液相重排，还需开发相应的己内酰胺精制工艺。

(5) 中和与精制

① 中和　含有烟酸的 Beckmann 重排反应液用氨水中和得到粗己内酰胺。图 2-5 为重排反应液中和流程示意。

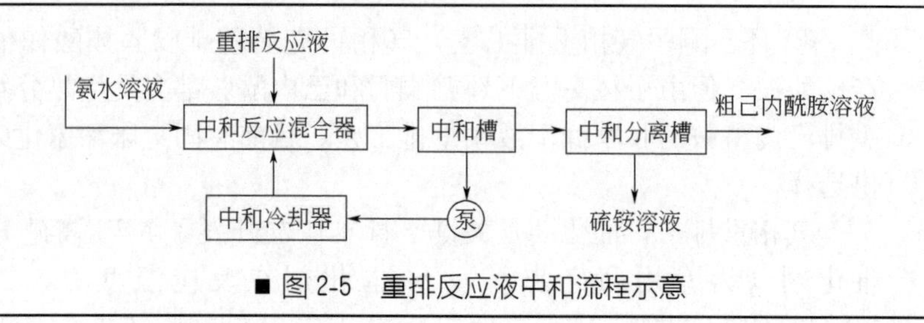


■ 图 2-5　重排反应液中和流程示意

② 精制　粗己内酰胺一般要经过苯萃取（有的萃取溶剂采用甲苯、三氯甲烷等）、水反萃取、离子交换、加氢、三效蒸发、蒸馏等一系列精制工艺过程，最后得到符合标准的 ε-己内酰胺产品。图 2-6 为粗己内酰胺精制流程示意。

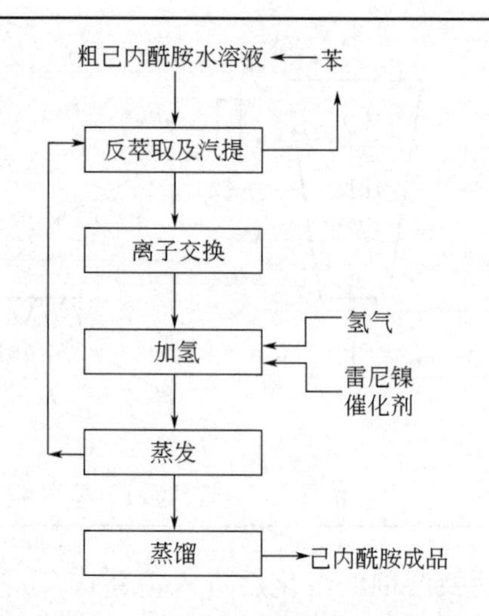


■ 图 2-6　粗己内酰胺精制流程示意

在 DSM 的精制工艺中，苯萃取工序通过一个转盘萃取塔（RDC）完成，苯萃取除去水溶性杂质，然后用水反萃取除去苯溶性杂质。清华大学开发了一种新型转盘萃取塔（NRDC），与 RDC 相比，NRDC 的传质效率可提高 30%～40%，萃取塔的处理能力得到大大提高，塔底水相己内酰胺质量分数降到 0.2%～0.3%。

己内酰胺的水溶液中还有一些不饱和有机物杂质，其沸点与 CPL 相差不大，后续蒸馏很难除去，需要加氢使不饱和杂质成为饱和化合物，拉开与 CPL 的沸点差。己内酰胺水溶液在釜式搅拌反应器中采用 Raney Ni 催化剂加氢，加氢效率较低。中国石化石油科学研究院（简称石科院）和中石化巴陵石化公司合作，采用石科院研制的 SRNA-4（Ni 和 Al 按一定比例组成）催化剂和磁稳定床加氢工艺，加氢效果和催化剂消耗均优于釜式搅拌反应器。

#### 2.1.1.2 非羟胺路线

**（1）环己酮氨肟化法** 环己酮氨肟化法以环己酮、氨和双氧水为原料，在催化剂作用下，一步合成环己酮肟。与传统的工艺相比，该工艺省去了羟胺的合成，缩短了工艺流程；反应温度低，降低了能耗；催化剂循环使用，提高了己内酰胺生产的经济效益和社会效益，没有传统工艺过程带来的污染，符合绿色化工发展的要求，属“原子经济”工艺，是环己酮肟生产技术发展的趋势。反应过程如下：

$$⬡{=}O + NH_3 + H_2O_2 \xrightleftharpoons{TS\text{-}1} ⬡{=}NOH + H_2O$$

除了上述主反应外，还伴随有双氧水的分解、重物质的生成等副反应：

$$4H_2O_2 + 2NH_3 \longrightarrow N_2O + 7H_2O$$
$$3H_2O_2 + 2NH_3 \longrightarrow N_2 + 6H_2O$$
$$2H_2O_2 \longrightarrow 2H_2O + O_2$$
$$H_2O_2 + NH_3 + 2\ ⬡{=}O \longrightarrow ⬡\langle^{N-H}_{O-O}\rangle⬡ + 2H_2O$$

表 2-1 列出了环己酮氨肟化工艺与 HPO 工艺比较。

■表 2-1 环己酮氨肟化反应条件对比

| 项　　目 | 反　　应 | 反应温度/℃ | 反应压力/MPa |
|---|---|---|---|
| HPO 工艺 | 羟胺反应 | 60 | 2.65 |
| | 肟化反应 | 50 | 常压 |
| | 氨氧化反应 | 88.5 | 0.6 |
| | 氨分解反应 | 70 | 0.5 |
| 一步氨肟化工艺 | 氨肟化反应 | 80～85 | 0.2～0.3 |

意大利 Enichem 公司和中石化均开发了各具特点的环己酮氨肟化工艺。前者与日本住友化学合作，2003 年在日本爱媛建成 60kt/a 己内酰胺装置。后者通过技术创新，在湖南岳阳建成了一套具有中石化自主知识产权的 100kt/a 己内酰胺装置。

中石化氨肟化工艺采用单釜连续淤浆床反应器，在温度 80～85℃，压力 0.28～0.32MPa，以钛硅分子筛（HTS-1）作催化剂，叔丁醇作溶剂，环己酮、氨、双氧水在反应器内一步合成环己酮肟。催化剂经分离后循环使用，反应清液回收叔丁醇溶剂后，环己酮肟水溶液送甲苯-肟精馏工序。反应条件见表 2-2 所列，工艺流程如图 2-7 所示。

■表 2-2 巴陵石化公司氨肟化反应条件

| 项 目 | 条件 |
|---|---|
| 压力/MPa | 0.28～0.32 |
| 温度/℃ | 75～85 |
| 停留时间/min | 70 |
| $H_2O_2$：酮（摩尔） | 1.08～1.16 |
| 环己酮转化率/% | 99.5 |
| 过氧化氢利用率/% | 89～90 |
| 环己酮肟选择性/% | 99.5 |

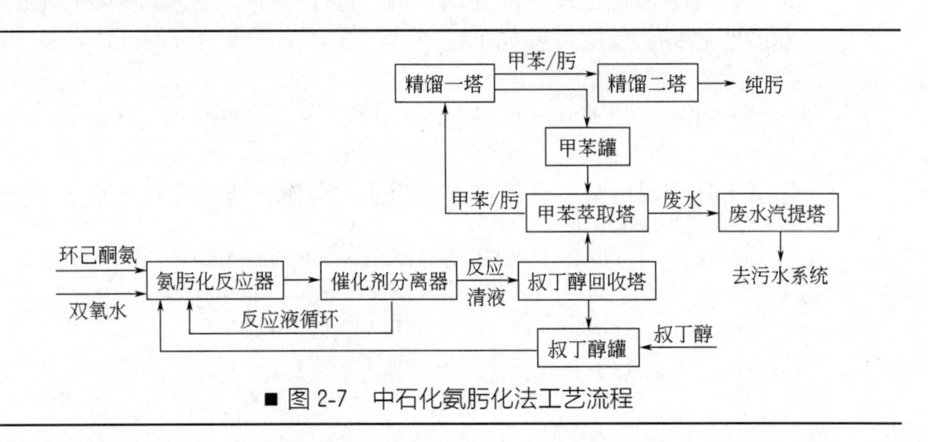


■ 图 2-7 中石化氨肟化法工艺流程

意大利 EniChem 公司的环己酮氨肟化工艺采用二级串联釜生产环己酮肟，过氧化氢、氨和环己酮加入到第一级釜式搅拌反应器（CSTR），在温度 80℃，压力 0.25MPa，叔丁醇溶剂下反应，然后进入第二级反应器，反应条件与第一级接近（表 2-3）。反应完后将第二级反应液送入真空蒸馏柱，从蒸馏柱出来的环己酮肟水溶液被送往重力分离器，加入硫铵溶液，使环己酮肟和水的分离更容易，并且减少水相中肟的含量。图 2-8 为意大利 EniChem 公司环己酮肟氨肟化工艺流程示意，其中一级到二级为溢流。

■表 2-3 EniChem 公司氨肟化反应条件

| 项 目 | 第一步 | 第二步 |
|---|---|---|
| 压力/MPa | 0.23 | 0.23 |
| 温度/℃ | 85 | 85 |
| 停留时间/min | 72 | 72 |
| $H_2O_2$：酮（摩尔） | 1.1 | 1.13 |
| 环己酮转化率/% | 98.3 | 99.95 |
| 环己酮肟选择性/% | 99.6 | >99 |
| 过氧化氢利用率/% | 89.1 | 87.4 |

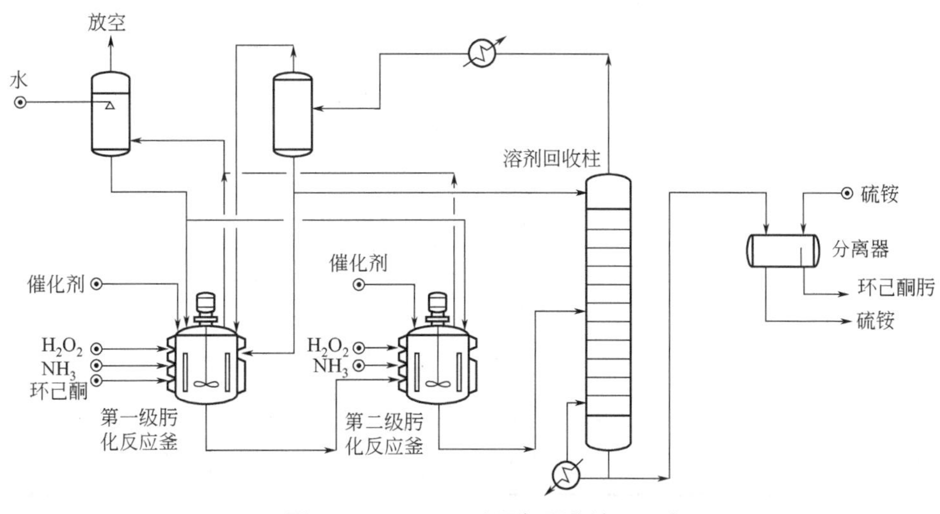


■ 图 2-8　EniChem 公司氨肟化流程示意

环己酮氨肟化反应为强放热反应，影响主副反应的主要因素包括催化剂的性能、反应温度、反应压力、物料配比、反应停留时间、催化剂浓度等，其中催化剂是整个工艺的核心。日本住友化学采用钛硅分子筛（TS 分子筛），具有很好的选择催化性。巴陵石化公司采用一种新型空心钛硅分子筛（HTS），能显著改善和提高分子筛的催化氧化性能，解决了钛硅分子筛合成难重复以及反应活性不稳定的问题。

钛硅分子筛催化剂由于颗粒小，如 TS-1 催化剂平均粒径一般只有 0.2μm 左右，回收过滤是一个难题。中石化巴陵石化公司科研人员通过研究发现，采用膜分离技术能有效的实现钛硅分子筛催化剂与物料的完全分离并循环利用。该分离系统采用膜孔径为 0.05～0.2μm 的陶瓷微滤膜，膜面流速控制在 2～4m/s。

**(2) 甲苯法（SNIA 法）** 甲苯法由意大利 SNIA 公司在 20 世纪 60 年代初开发，并于 1962 年建成了一套 12kt/a 装置，但已停产，目前全球仅有中国石化石家庄炼化分公司一家公司仍采用此工艺生产己内酰胺。该工艺流程为：甲苯在催化剂作用下氧化制得苯甲酸，再加氢得环己烷羧酸（六氢苯甲酸，CCA），在发烟硫酸作用下，与亚硝基硫酸酰胺化（亚硝化）反应得到粗己内酰胺，最后粗己内酰胺经过中和、精制等工序得到 ε-己内酰胺产品，其中中和、精制工艺与 DSM 的 HPO 工艺基本相同。甲苯法制己内酰胺工艺流程如图 2-9 所示。各步骤的反应如下：

① 甲苯氧化制苯甲酸　将甲苯与催化剂醋酸钴、空气送入带搅拌的反应器中，反应压力 0.8MPa，反应温度 170℃，停留时间 1h，生成苯甲酸。主反应如下：

$$C_6H_5{-}CH_2 + 3/2O_2 \xrightarrow[160℃]{Cu^{2+}} C_6H_5{-}COOH + H_2O$$

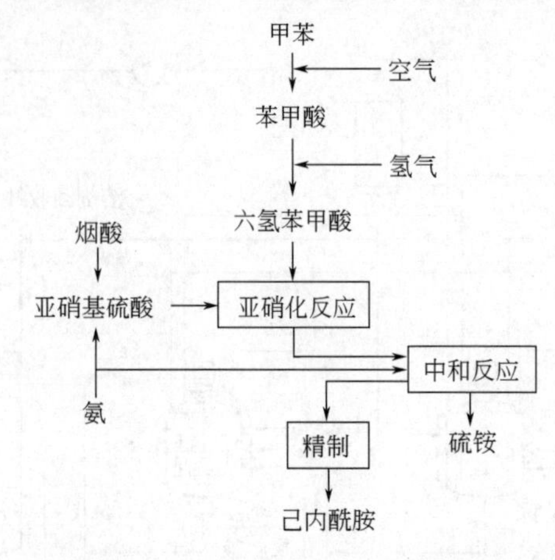


■ 图 2-9 甲苯法制己内酰胺生产流程

② 苯甲酸加氢制环己烷羧酸 苯甲酸加氢生成环己烷羧酸。反应式如下：

$$C_6H_5\text{—}COOH + 3H_2 \xrightarrow[165℃]{Pb/C} C_6H_{11}\text{—}COOH$$

该反应在 1.35 MPa、165℃、4 个带搅拌器的串联反应器中进行，催化剂为负载在活性炭上的钯，转化率和收率均可达 99%以上。副反应产物是苯甲酸和 CCA 脱羧基生成的 CO 和 $CO_2$。

③ 亚硝基硫酸的制备 亚硝基硫酸的制备以液氨、发烟硫酸为原料，包括氨氧化、亚硝基硫酸制备等工序。反应过程如下：

$$4NH_3 + 5O_2 \xrightarrow{Pt/Rh} 4NO + 6H_2O$$

$$2NO + O_2 \rightleftharpoons 2NO_2$$

$$NO + NO_2 \longrightarrow N_2O_3$$

$$N_2O_3 + H_2SO_4 + SO_3 \longrightarrow 2NOHSO_4$$

④ 亚硝化反应 亚硝化反应又称酰胺化反应，是甲苯法合成己内酰胺的关键步骤，整个反应包括：CCA 吸收正己烷、CCA/正己烷溶液的浓缩、预混合、中性副产物的分离、酰胺化反应、水解反应、反应气循环和正己烷冷凝回收、萃取酸团中的 CCA 等几个部分。

CCA/正己烷溶液通过与发烟硫酸进行混合，生成一种 CCA 和 $SO_3$ 的混合酸酐（环己基羧酸硫酸酯）。温度一般控制在 30℃以下。反应式如下：

$$C_6H_{11}\text{—}COOH + SO_3 \xrightleftharpoons{H_2SO_4} C_6H_{11}\text{—}\overset{\overset{\large O}{\|}}{C}\text{—}OSO_3H$$

酰胺化反应采用九级卧式搅拌釜式反应器，反应温度 71℃，反应压力略大于常压。反应式如下：

$$C_6H_{11}-\overset{O}{\overset{\|}{C}}-OSO_3H + NOHSO_4 \xrightarrow{H_2SO_4} \underbrace{(CH_2)_5-C=O}_{\text{环}-NSO_3H} + H_2SO_4 + CO_2$$

甲苯法生产条件苛刻，收率较低，生成的副产物成分复杂，每吨己内酰胺副产 3.8t 硫酸铵，环境污染大，且存在精制流程长、工艺复杂、能耗较大、质量不稳定等问题。

20 世纪 60～80 年代，大量学者和企业对甲苯法工艺进行了改进，虽然提高了己内酰胺的选择性，但副产物硫铵的控制却成效不明显。进入 21 世纪，中石化石家庄炼化分公司结合中石化巴陵石化公司氨肟化新技术，利用甲苯法生产己内酰胺中过量的三氧化硫和硫酸与环己酮肟进行 Beckmann 重排生成己内酰胺（简称为环己烷羧酸-环己酮肟组合工艺），将产能扩大到 160kt/a，每吨己内酰胺副产硫铵由 3.8t 低至 1.6t，大大提高了甲苯法的竞争力。该组合工艺反应过程如下：

$$C_6H_{10}=O \xrightarrow[HTS]{NH_3 + H_2O_2} C_6H_{10}=NOH$$

$$C_6H_5-CH_3 \longrightarrow C_6H_5-COOH \longrightarrow C_6H_{11}-COOH \xrightarrow[NOHSO_4]{} \xrightarrow{H_2SO_4} \underbrace{(CH_2)_5-C=O}_{\text{环}-NH}$$

环己烷羧酸-环己酮肟组合工艺的核心和关键就在于酰胺液与环己酮肟的反应部分，而此过程实际就是一个贝克曼重排反应过程，但此过程并不是肟直接与烟酸发生重排，而是与己内酰胺硫酸酯反应。反应流程如图 2-10 所示。

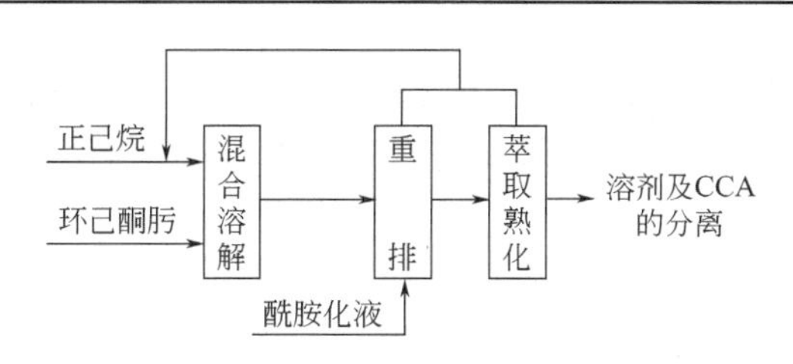


■ 图 2-10 酰胺液与环己酮肟混合重排

组合工艺中环己酮肟溶解在正己烷中，与酰胺化液中的 $SO_3 \cdot H_2SO_4$ 发生贝克曼重排，正己烷既是溶剂，又是稀释剂、取热剂和萃取剂。

此外，$SO_3$ 的浓度和温度对重排反应也有很大影响。$SO_3$ 浓度高，有利于提高重排反应速度，但会降低己内酰胺收率，增加副产。工业试验表明，控制 $SO_3$ 含量在 3.5%～4.0%，反应温度在 71～85℃ 能较好实现重排反应。

**(3) 光亚硝化法** 光化学亚硝化法（PNC）由日本东丽公司开发，已实现工业化。环己烷经氯化亚硝酰制备、环己酮肟制备及己内酰胺制备等三个主要步骤制得己内酰胺。三个阶段的反应如下。

① 氯化亚硝酰制备

$$NH_3 + O_2 \longrightarrow N_2O_3 + H_2O$$
$$H_2SO_4 + N_2O_3 \longrightarrow NOHSO_4 + H_2O$$
$$NOHSO_4 + HCl \longrightarrow NOCl + H_2SO_4$$

② 环己烷、氯化亚硝酰制备环己酮肟

$$\text{C}_6\text{H}_{12} + NOCl + HCl \xrightarrow{\text{光}} \text{C}_6\text{H}_{10}{=}NOH \cdot 2HCl \text{（环己酮肟盐酸盐）}$$

③ 环己酮肟盐酸盐在发烟硫酸的作用下贝克曼重排为己内酰胺。

$$\text{C}_6\text{H}_{10}{=}NOH \cdot 2HCl + H_2SO_4 \cdot SO_3 \longrightarrow \underbrace{(CH_2)_5{-}C{=}O}_{\text{—}NSO_3H} + 2HCl$$

$$\underbrace{(CH_2)_5{-}C{=}O}_{\text{—}NSO_3H} + NH_3 \longrightarrow \underbrace{(CH_2)_5{-}C{=}O}_{\text{—}NH} + (NH_4)_2SO_4$$

该工艺省去了环己酮、羟胺和肟化装置，使投资费用大大降低。但是，该工艺中大型的光化学反应器难以设计，生产过程中耗电量大，物料腐蚀性强，光源灯管发光效率低，且发热量很高，寿命短，需要不断清洗以除去类似焦油的反应残渣，难以长期连续运转。

#### 2.1.1.3 非芳烃路线

目前工业上己内酰胺大都是以芳烃类化合物（苯酚、甲苯、苯）为原料生产的。如果将起始原料改为直链烃，并且避免硫酸铵副产物的生成，这样可以显著降低成本。

① DuPont/DSM 的丁二烯/一氧化碳工艺 DuPont 公司和 DSM 公司合作开发了用丁二烯和一氧化碳生产己内酰胺的工艺技术，该工艺一般需 5 步反应。

第一步：丁二烯与一氧化碳及甲醇反应生成戊烯酸甲酯，用钴、铑、铂等Ⅷ族金属作催化剂。

$$CH_2{=}CH{-}CH{=}CH_2 + CO + CH_3OH \xrightarrow{\text{Ⅷ族金属}} CH_3CH{=}CHCH_2COOCH_3 + CH_2{=}CHCH_2CH_2COOCH_3$$

第二步：3-戊烯酸甲酯与一氧化碳进行甲酰化反应，生成 5-甲酰基戊酸甲酯及少量支链异构体，反应也用钴、铑、铂等Ⅷ族金属作催化剂。

$$CH_3CH{=}CHCH_2COOCH_3 + CO + H_2 \xrightarrow[\text{Co/Pt/Rh}]{\text{Ⅷ族金属}} OHC(CH_2)_4COOCH_3 + CH_3CH(COH)CH_2CH_2COOCH_3$$

第三步：5-甲酰基戊酸甲酯与其支链异构体分离，然后进行还原氨化反应，生成 6-氨基己酸甲酯，用钌作催化剂。

$$OHC(CH_2)_4COOCH_3 + NH_3 + H_2 \xrightarrow{\text{钌催化剂}} H_2N(CH_2)_5COOCH_3 + H_2O$$

第四步：6-氨基己酸甲酯在惰性溶剂（如矿物油或芳香烃）中加热环化，得到己内酰胺。环化温度为 250～270℃。

$$H_2N(CH_2)_5COOCH_3 \xrightarrow{\text{惰性溶剂}} \underbrace{(CH_2)_5-C=O}_{\text{——NH}} + CH_3OH$$

第五步：将第二步反应中产生的一些支链甲酰基异构体分解为戊烯酸甲酯，在工艺中回收利用。

该工艺采用廉价丁二烯为原料，无副产物，生产过程安全环保，但反应多采用贵金属作催化剂，影响其成本。

② DuPont/BASF 的丁二烯/甲烷工艺 DuPont 公司和 BASF 公司开发了以丁二烯和甲烷为原料生产己内酰胺的专利技术，其生产工艺路线如下。

第一步：在铂铑催化剂作用下，甲烷（天然气）与氨和空气在 1200℃ 的条件下反应生成氢氰酸，氢气等。

$$CH_4 + NH_3 \xrightarrow[1200℃]{Pt/Rh} HCN + H_2$$

第二步：丁二烯直接氢氰化，通过三步法工艺生产己二腈。

在催化剂 Ni(O)$L_4$（L 为芳基亚磷酸盐）或铜盐络合物存在下，丁二烯与氢氰酸在 100～140℃ 发生加成反应得到 3-戊烯腈（3PN）和 4-戊烯腈（4PN）。

$$CH_2=CH-CH=CH_2 + HCN \xrightarrow[100\sim140℃]{Ni(O)L_4} \underset{(3PN)}{CH_3CH=CHCH_2CN} + \underset{(4PN)}{CH_2=CHCH_2CH_2CN} + \underset{(2M3BN)}{CH_2=CHCH(CH_3)CN}$$

在含有 Lewis 酸促进剂的镍络合物催化剂作用下，3PN 异构化为 4PN，并进一步与 HCN 加成生成己二腈（ADN）。

$$CH_3CH=CHCH_2CN \xrightarrow{\text{催化剂}} CH_2=CHCH_2CH_2CN \xrightarrow{\text{催化剂}} NC(CH_2)_4CN\,(ADN)$$

第三步：在 80℃，7MPa 和 Raney 镍为催化剂的条件下，己二腈进行加氢反应，生成氨基己腈、己二胺以及少量的亚胺等副产物。

$$NC(CH_2)_4CN + H_2 \xrightarrow[80℃,7MPa]{\text{Raney 镍}} NC(CH_2)_5NH_2 + H_2N(CH_2)_6NH_2 + \text{(环状亚胺 NH)} + NH_3$$

第四步：以二氧化钛作催化剂，氨基己腈与水反应生成 6-氨基己酰胺，再环化生成己内酰胺，同时产生氨气。

$$NC(CH_2)_5NH_2 + H_2O \xrightarrow{TiO_2} \underbrace{(CH_2)_5-C=O}_{\text{——NH}} + NH_3$$

该工艺的关键在于己二腈选择性部分加氢，主要优点是采用了价格较为低廉的丁二烯，流程较短，物耗能耗较低，不副产硫酸铵，缺点是 HCN 和腈类毒性较大。

## 2.1.2 聚酰胺 6 聚合过程与工艺

聚酰胺 6 生产工艺路线较多，不同的工艺路线所得到的产品性能大不相同，用途也有所差异。按聚合机理的不同分为水解聚合、固相聚合、阴离子聚合和插层聚合，其中水解聚合反应时间长，分子量分布窄，适合大规模生产，是当今世界普遍采用的方法；固相聚合主要以低分子聚酰胺 6 为基料，在催化剂作用下，在其熔点以下进行分子链的增长，适合制造高分子量聚酰胺 6；阴离子聚合反应快，聚合时间短，对反应体系水分含量及操作控制要求高。目前水解聚合与固相聚合融合为一体成为聚酰胺 6 聚合发展趋势。催化剂阴离子开环聚合和插层聚合等将在第 5 章介绍。

### 2.1.2.1 水解聚合工艺

**(1) 水解聚合原理** 在工业上，聚酰胺 6 的水解聚合是将己内酰胺、3%～10%的水加热到 250～270℃，经过 12～24h 聚合反应得到聚酰胺 6，以水或酸为催化剂，属于逐步聚合反应。

$$n\underbrace{(CH_2)_5-C{=}O}_{\text{—NH—}} \longrightarrow \left[NH-(CH_2)_5-CO\right]_n$$

己内酰胺水解开环聚合时有 3 种平衡反应。

① 己内酰胺水解开环生成氨基酸（氨基己酸）

$$\underbrace{(CH_2)_5-NH}_{\text{—C=O}} + H_2O \longrightarrow H_2N-(CH_2)_5-COOH$$

② 氨基酸本身逐步缩聚

$$\sim\!\sim COOH + H_2N\sim\!\sim \rightleftharpoons \sim\!\sim CONH\sim\!\sim + H_2O$$

③ 氨基上氮原子向己内酰胺亲电进攻，使分子链增长

$$\sim\!\sim NH_2 + \underbrace{(CH_2)_5-C{=}O}_{\text{—NH}} \rightleftharpoons \sim\!\sim NHCO(CH_2)_5NH_2$$

己内酰胺开环聚合的速率比氨基酸自缩聚速率至少要大 1 个数量级。因此，上述反应中氨基酸自缩聚只占很少的百分比，主要是水解开环形成聚合物。

从机理分解，可考虑氨基酸以双离子 [$^-OOC(CH_2)_5NH_3^+$] 形式存在，先使己内酰胺质子化，而后开环聚合。质子化单体对亲电进攻要活泼得多。

$$\sim\!\sim NH_3^+ + \underbrace{(CH_2)_5-C{=}O}_{\text{—NH}} \rightleftharpoons \sim\!\sim NH_2 + \underbrace{(CH_2)_5-C{=}O^+}_{\text{—NH}_2} \rightleftharpoons \sim\!\sim NHCO(CH_2)_5NH_3^+$$

此反应的最终聚合度与平衡水浓度有关，为提高分子量，转化率达 80%～90% 时，须将引发用的大部分水脱除。并且加入封端剂（一般为单官能团酸）的方法来控制分子量。己内酰胺最终聚合物中会有 6%～

9%未反应单体和3%左右的低聚物，可用热水浸取或真空蒸馏的方法除去；聚合物在100～120℃，133Pa压力，进行真空干燥，将水分降至0.1%以下。

**(2) 水解聚合的影响因素** 聚酰胺6水解聚合的影响因素较多，主要有开环剂水的用量、聚合温度、聚合时间、分子量调节剂等。

① 开环剂水的用量　水的用量不仅影响反应速度，而且直接影响聚合物的平均分子量。在反应初期，水的用量越多，反应速度越快；在反应后期，水的用量越多，则聚合物的平均分子量越低。因此在聚合反应后期，应尽可能除去反应体系中的水分。

② 聚合温度　提高反应温度能加快己内酰胺的聚合反应速度，缩短聚合时间，但也使平衡时相应的单体含量增加，并且易产生热裂解作用。反应前期温度高，有利于加快聚合反应的速度；反应后期温度低，有利于聚合产物分子量的提高和低分子含量的减少。一般聚合管内温度采用分段控制，上段温度控制在260～270℃之间，有利于开环聚合；中段以聚合为主，温度控制在260℃左右；下段为平衡阶段，温度控制在250℃左右。

③ 聚合时间　聚合时间增加，单体转化率和聚合物平均分子量相应增加。

④ 分子量调节剂　适当加入分子量调节剂，一般是加入醋酸，可使聚己内酰胺的端基封闭，控制分子量的增长，保证其熔体有比较稳定的黏度。一般而言，调节剂加入量越多，所得产物的平均分子量就越低。

**(3) 水解聚合主要设备** 己内酰胺水解开环聚合最初采用高压釜间歇聚合工艺，随着技术的进步、产量的扩大、设备的不断更新，工业上聚酰胺6聚合开始采用管式反应器（VK管）连续生产。VK管结构对聚合反应影响很大，是聚酰胺6生产过程中最关键的设备。VK管分直形和U形两种，世界上大多数聚酰胺6生产厂家采用直形VK管。瑞士Inventa公司聚合管如图2-11所示，聚合管内有5个单独的换热器；顶部有搅拌器；下部有液体联苯管道；底部有静态混合器。

目前，VK管正在向大型化发展，管直径由原来的250mm发展到2000mm。聚合单台生产能力由20世纪50年代初产量0.5t/d发展到现在最大生产能力250t/d。

**(4) 水解聚合方法** 按工艺划分，聚酰胺6的水解聚合分为一段聚合法、常压连续聚合法和二段聚合法，其中一段聚合法采用高压釜间歇工艺，现少有公司采用；常压连续聚合法主要用于生产纤维级聚酰胺6切片，切片相对黏度2.4～2.6；二段聚合法主要用于生产帘子线用、工程塑料级聚酰胺6切片，切片相对黏度2.8～3.6。常压连续聚合和二段聚合的差异在于VK管结构不同，其他工序基本类似。在聚酰胺6聚合技术上有代表性的公司有瑞士的Inventa公司、意大利NOY公司、德国的Karl. Fischer公司、德国的Zimmer公司等。

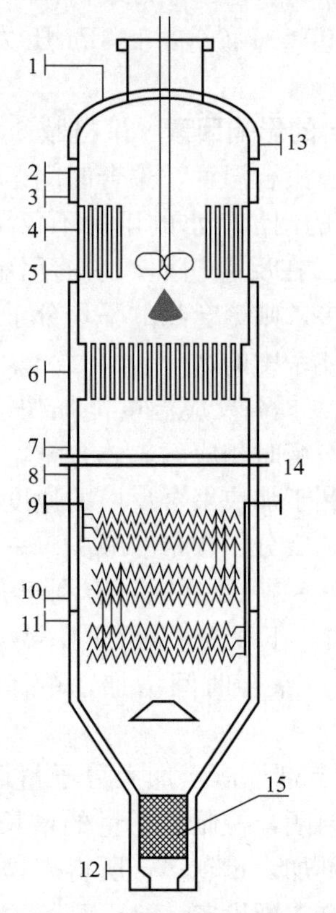


■ 图 2-11 Inventa 公司尼龙 6 聚合管结构示意

1—蒸汽进口；2—联苯液进口；3—联苯液出口；4—联苯蒸气进口；5—联苯冷凝液出口；6—联苯蒸气进口；7—联苯冷凝液出口；8—联苯液进口；9—联苯液出口；10—联苯液出口；11—联苯液出口；12—联苯液进口；13—蒸汽冷凝水出口；14—联苯液进口；15—静态混合器

① 常压连续聚合 常压连续聚合以水为引发剂，已内酰胺开环、加聚、缩聚在一个常压管式聚合反应器（VK 管）内进行。以意大利 NOY 公司生产工艺为例，聚合反应器采用大型 VK 管（144mm×16905mm）连续聚合，熔融的己内酰胺与水和助剂混合，在温度 260℃，聚合 20h，排出熔融聚合物，经切粒、萃取、干燥制得成品，工艺流程如图 2-12 所示。

② 二段聚合 两段连续聚合是指聚合过程分成二个阶段，采用两个聚合管、不同的聚合工艺条件来实现产品牌号的调整。通常二段聚合法又包括加压-减压连续聚合、高压-常压连续聚合、常压-减压连续聚合 3 种方法。表 2-4 为 3 种二段聚合方法比较。

③ 间歇式高压釜聚合 该法主要用于生产小批量多品种工程塑料级切片。其规模 10～12t/d；单台釜产量为 2t/批。黏度一般为 3.8，最高可达 4.0。该工艺灵活易控，生产弹性大。缺点是原料消耗比连续法多，聚合时间长，产品质量不稳定。

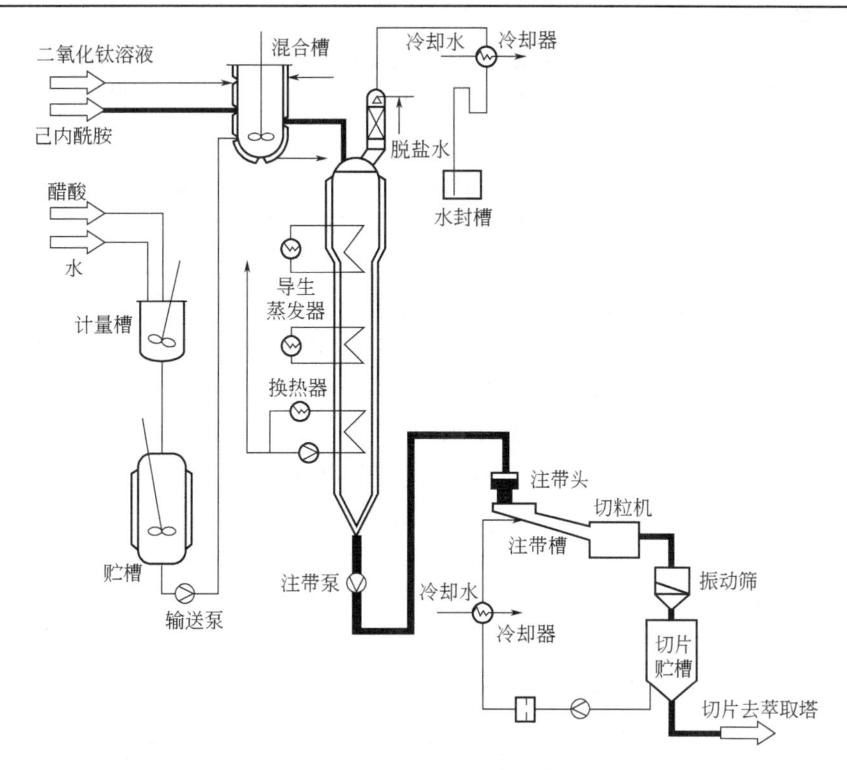


■ 图 2-12　NOY 公司聚合工艺流程

■表 2-4　二段聚合方法比较

| 聚合方法 | 工艺特点 | 切片黏度 | 代表公司 |
| --- | --- | --- | --- |
| 加压-减压连续聚合 | 气相联苯加热，液相联苯吸热，减压脱水保证聚合反应充分，聚合物黏度波动小，相对分子质量分布均匀；切片萃取采用新型塔内构件；采用氨气逆流干燥；单线容量大 | 2.8～3.6 | 德国 Zimmer公司 |
| 高压-常压连续聚合 | 工艺过程包括水解预聚合、加成反应、真空闪蒸、螺杆后聚合等，第一个预聚合反应器为矮胖型结构，己内酰胺在其中开环预聚。第二个聚合器为瘦长型结构，物料在其中开环加聚反应。第三个聚合器为上大下小结构，上段真空闪蒸，下段进行缩聚反应及平衡。采取双螺杆后缩聚增黏法提高聚合物黏度；聚合时间短，工艺独特；设备复杂，生产成本高 | 2.8～3.5 | 美国 Allied Chemical 公司 |
| 常压-减压连续聚合 | VK 管后设有管式脱水反应器，在真空下 (266～399) × $10^2$ Pa 抽去熔体中所含平衡水量；具有稳定的相对分子质量和较低的萃取值；聚合时间较 Zimmer 二段法长 30% 左右，灵活性也不如 Zimmer 工艺 | 2.8～3.6 | 日本宇部公司 |

#### 2.1.2.2 固相聚合工艺

固相聚合也称固相后聚合，是将普通 PA6 切片用水萃取后，在干燥进程中，通过某种催化剂作用在 PA6 熔点以下进行聚合的方法，是 PA6 增黏的有效途径。

工业生产中，固相聚合工艺可分为连续固相聚合和间歇固相聚合两种，它又可在 3 种方式下操作：真空间歇反应器、惰性气体保护下的固定床反应器和流化床反应器，其中后两者为连续聚合。

固相缩聚的干燥、增黏和冷却 3 个过程可在一套装置内进行，有转鼓式和连续式两种。图 2-13 为 Inventa 公司固相缩聚工艺流程，与 VK 管连续聚合不同之处是该工艺把连续干燥塔设备分为三段，第一段为干燥塔，第二段为固相缩聚塔，第三段为冷却塔，并设置 3 个氮气循环系统，塔内氮气温度为 160～180℃（第二段），通过调节氮气温度，使切片黏度从 2.5 提到 4 以上。图 2-14 为 Zimmer 公司固相缩聚生产流程，该工艺将干燥设备分为固相缩聚塔和冷却塔两段。用这种方法增黏时，一般采用磷酸、硼酸或者磷酸酯作催化剂。

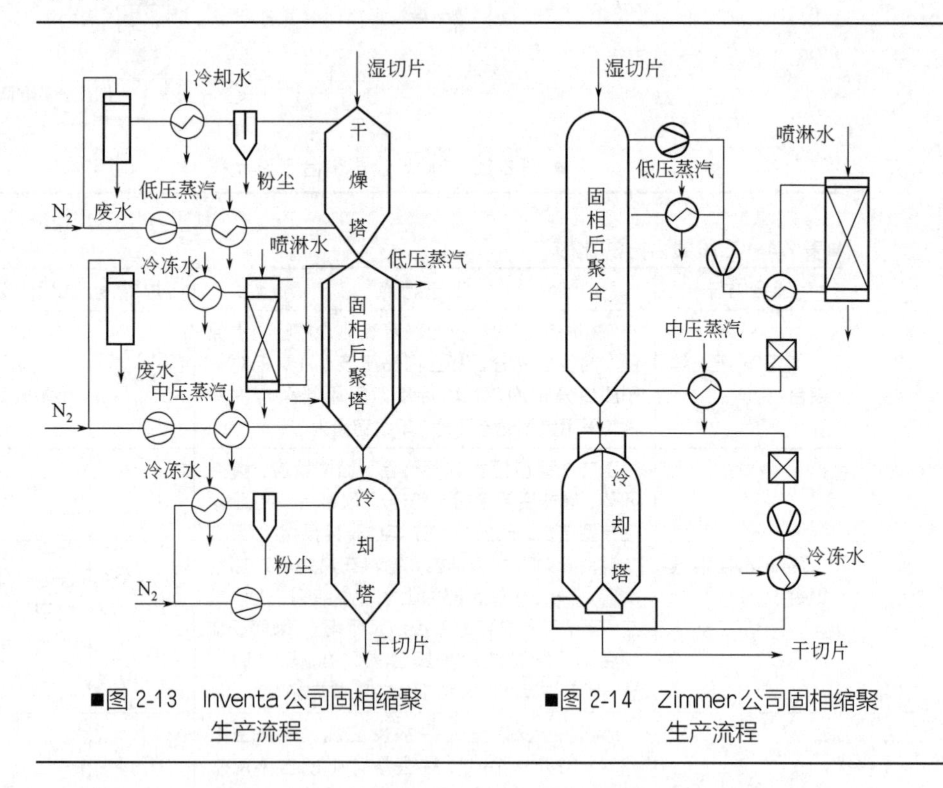


■图 2-13 Inventa 公司固相缩聚生产流程

■图 2-14 Zimmer 公司固相缩聚生产流程

综上所述，PA6 聚合方法较多，PA6 水解间歇聚合仅适合小批量生产，常压聚合主要用于民用丝切片的生产，制备高黏度 PA6 切片时则采用二段聚合或固相聚合。

# 2.2 聚酰胺 66

学名：聚己二酰己二胺

俗称：尼龙 66（PA66）

英文名称：polyhexamethylene adipamide 或 nylon66。

结构式为 $\mathrm{\left[NH-(CH_2)_6-NH-\overset{\displaystyle O}{\overset{\|}{C}}-(CH_2)_4-\overset{\displaystyle O}{\overset{\|}{C}}\right]_n}$ 。

聚己二酰己二胺由己二酸和己二胺缩聚而得，1938 年杜邦公司首先开发了该产品。由于其优异的性能，在全球得到迅猛的发展。

## 2.2.1 单体制造工艺

### 2.2.1.1 1,6-己二酸的合成

1,6-己二酸（以下简称己二酸），也称己烷二羧酸、1,4-丁烷二羧酸，俗称肥酸。分子式：$C_6H_{10}O_4$，相对分子质量：146.14。己二酸属于脂肪族二元羧酸，是制备尼龙 66 等化工产品的原料和中间体。

1902 年，己二酸首先由 1,4-二溴丁烷合成。20 世纪 30 年代初，德国的氢化工厂由苯酚合成了己二酸。1939 年，德国在美国实现了己二酸商业化生产。到 2009 年底，世界己二酸的总产能已经达到约 3500kt/a，英威达是目前全世界最大的己二酸生产商，产能达到 1145kt/a，其次是罗地亚公司、美国首诺公司。我国己二酸的生产起步较晚，但发展很快，到 2009 年底，我国己二酸的产能已达 580kt/a，主要生产企业有山东洪业化工有限公司（生产能力为 160kt/a）、中石油辽阳石油化工公司（生产能力为 140kt/a）、山东博汇集团公司（生产能力为 140kt/a）、河南平顶山神马集团公司（生产能力为 60kt/a）、新疆天利高新股份公司（生产能力为 75kt/a）等。

**(1) 工业上生产己二酸的方法** 己二酸已工业化的生产方法主要有环己烷法、环己醇法（含苯部分加氢和苯酚加氢工艺）和丁二烯羰基化法 3 种，其中环己烷法占世界己二酸总产能的 93%。图 2-15 为己二酸主要工艺路线。

① 环己烷法 此法又称环己烷二步氧化法，第一步，环己烷经空气或氧气氧化生成 KA 油（环己酮和环己醇的混合物）；第二步，用铜-钒作催化剂，以 $HNO_3$ 氧化 KA 油生产己二酸。

a. 环己烷空气氧化制 KA 油 环己烷氧化成 KA 油制法见己内酰胺生产工艺相关部分。

b. $HNO_3$ 氧化 KA 油制己二酸 $HNO_3$ 氧化 KA 油反应迅速，很难用确切的中间体来描述，公认的机理为：环己醇首先被硝酸氧化成环己酮，然后经历三种路线转化为己二酸。其中最主要的历程是环己酮经亚硝基化得到

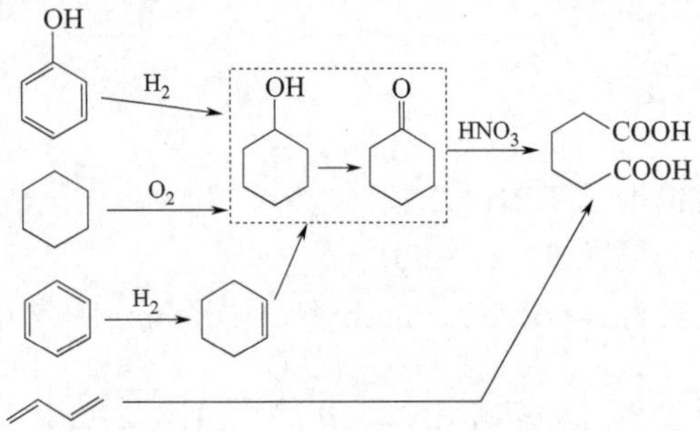

$H_2$　OH　$O_2$　$H_2$　$HNO_3$　COOH　COOH

■ 图 2-15　生产己二酸的主要工艺路线

2-亚硝基环己酮，进一步氧化成 2-硝基-2-亚硝基环己酮，再水解为硝肟酸，最后经水解、脱 $N_2O$ 后得到己二酸。反应历程如下：

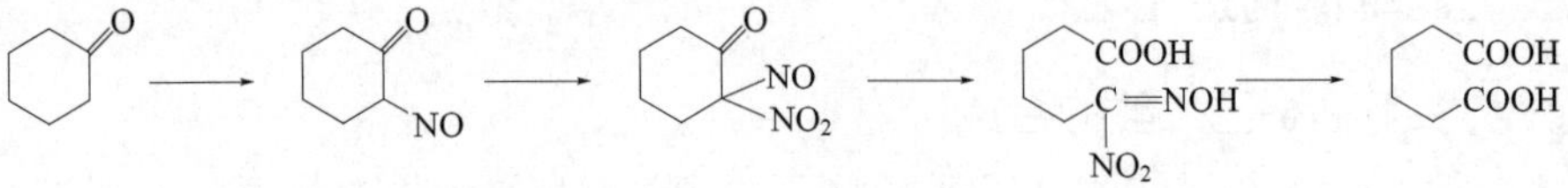

O　NO　NO　$NO_2$　COOH　C═NOH　$NO_2$　COOH　COOH

KA 油氧化为己二酸，其反应过程非常复杂，产物种类多，主要化学反应式如下：

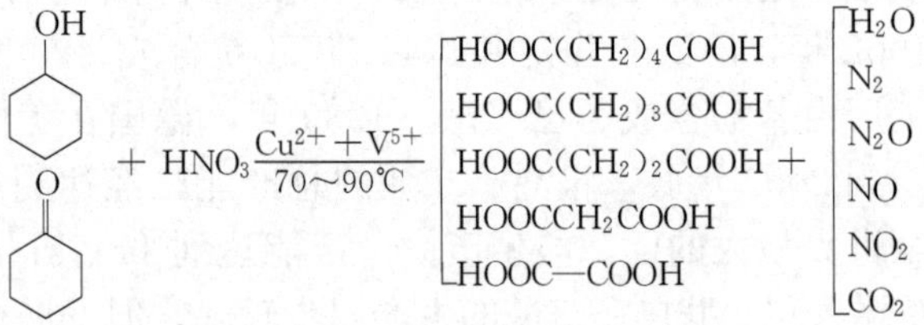

$$\text{OH / O} + HNO_3 \xrightarrow[70\sim90^\circ C]{Cu^{2+}+V^{5+}} \left[\begin{array}{l} HOOC(CH_2)_4COOH \\ HOOC(CH_2)_3COOH \\ HOOC(CH_2)_2COOH \\ HOOCCH_2COOH \\ HOOC-COOH \end{array}\right. + \left[\begin{array}{l} H_2O \\ N_2 \\ N_2O \\ NO \\ NO_2 \\ CO_2 \end{array}\right.$$

合成过程中加入 $V^{5+}$，可减少生成丁二酸和草酸；加入 $Cu^{2+}$ 可减少戊二酸的生成；用 $Cu^{2+}$ 和 $V^{5+}$ 组合催化剂，一般可提高己二酸收率约 10%。

硝酸氧化过程中 KA 油的纯度很重要，若用高纯度的 KA 混合物或环己醇为原料，己二酸的产率可达 1.35～1.40kg/kg KA，主要副产物为丁二酸和戊二酸，分别占己二酸的 2%和 6%。如果原料 KA 油的纯度较低，则己二酸的产率会降低，而戊二酸和丁二酸副产会增加。另外，该过程是一个强放热反应并且是不可逆的，处理不当时，氧化反应产生的 $NO_x$ 会引发次级反应，发生燃爆或爆炸。

c. 氮氧化物处理方法　KA 油经 $HNO_3$ 氧化时会排出 $N_2O$，会严重污染环境，需要分解除去。目前分解 $N_2O$ 的方法主要有两种：高温分解法、催化分解法。

② 环己醇法　环己醇由苯酚加氢或苯部分加氢制得，环己醇氧化制己二酸方法与环己烷法相同。

a. 苯酚加氢　最早实现的生产环己醇或环己酮的方法之一，苯酚在镍催化剂的作用下，于 95～130℃、0.2～1.8MPa 压力下在液相中发生反应，即可得到环己醇，环己醇通过 $HNO_3$ 催化氧化得到己二酸，苯酚加氢反应过程如下：

$$C_6H_5OH + 3H_2 \xrightarrow{Ni\text{-}Al_2O_3, 95\sim130℃} C_6H_{11}OH + 188.28kJ/mol$$

氢气与苯酚的摩尔比以 10∶1 为宜。若温度过高，易发生深度加氢生成环己烷、甲烷等副产物，也易积炭和生成焦油状物质，催化剂也易失活；有效的反应器和足够的停留时间可以使苯酚的转化率达到 99%以上，环己醇的选择性可达 97%～99%。少量杂质一般可用蒸馏或离子交换法除去。

b. 苯部分加氢　首先苯通过部分加氢生成环己烯，再经水合生成环己醇，最后环己醇经 $HNO_3$ 催化氧化得到己二酸。日本旭化成公司开发了此工艺，并于 1990 年在日本水岛建立了 60kt/a 环己醇装置，后来扩大到 100kt/a。我国神马集团引进了旭化成技术建成了一套 65kt/a 尼龙 66 盐装置，1999 年投产。

苯部分加氢工艺由 3 个工序组成，用方框图表示如图 2-16 所示。

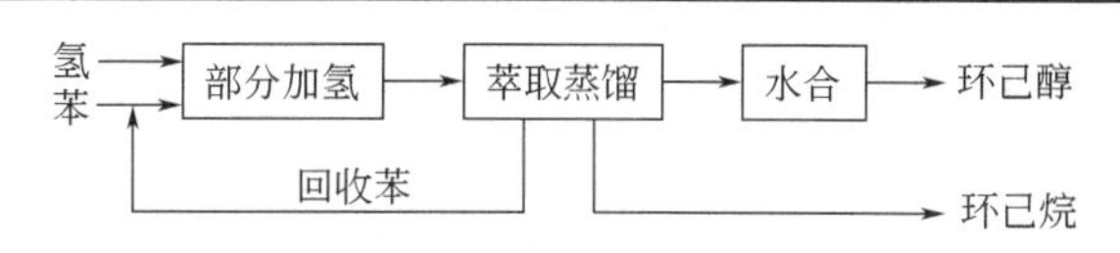


■ 图 2-16　旭化成公司苯部分加氢制环己醇工艺流程

主要反应过程如下：在 125～140℃、4.0～6.0MPa 的条件下于 2 个串联的反应器中苯部分加氢生成环己烯，水为连续相，苯为分散相，为了防止过度加氢生成环己烷，苯稍过量。苯转化率可达到 40%，环己烯选择性 80%，主要副产物为环己烷，主催化剂采用平均粒径 50Å 的钌、锌盐颗粒，助催化剂为氢氧化锌。反应混合物（苯、环己烯、环己烷）经萃取蒸馏得到环己烯送入水合工序。

环己烯水合反应采用全混流式二级串联反应器，在反应温度 100～130℃、压力为 0.5～1.0 MPa 下，以沸石型分子筛 ZSM-5（$Al_2O_3/SiO_2$ 比值为 26～40）为催化剂，环己烯水合生成环己醇，环己烯单程转化率为 10%～15%，环己醇选择性为 99.9%，有少量副产如甲基环戊烯、1-甲基环戊醇、二聚环己醚等。另外，环己烯对环己醇有萃取作用，可以通过调节环己烯与水的比例来改变水相中的环己醇浓度，破坏水相中的化学平衡，促进水合反应进行。其反应方程式为：

$$\text{(环己烯)} + H_2O \rightleftharpoons \text{(环己醇, —OH)} + 21.8kJ/mol$$

③ 丁二烯羰基化法　1,3-丁二烯羰基化法制备己二酸，有两条工艺路线。第一条是加氢羰基甲氧基化，第二条是加氢羰基酯化及氧化羰基化。

第一条工艺路线：先将 1,3-丁二烯、CO 和甲醇转变成戊烯酸甲酯，然后在催化剂存在下，反应温度 160～200℃，压力 15MPa 进一步加氢甲氧基化生成二羧酸二甲酯，最后水解成己二酸，反应过程见 2.1.1.3 部分。

BASF 公司用该工艺建成了 60kt/a 己二酸生产装置，己二酸总收率为 70.1%。表 2-5 列出了 BASF 工艺的主要工序和条件。

■表 2-5 BASF 工艺主要工序的工艺条件

| 项 目 | 参 数 |
| --- | --- |
| 催化剂制备: | |
| $T$/℃ | 120 |
| $p$/MPa | 30 |
| CO : $H_2$（摩尔） | 1 |
| 一段羰基化工序: | |
| $T$/℃ | 130 |
| $p$/MPa | 60 |
| MeOH : 1,3-丁二烯（摩尔） | 2 |
| CO : 1,3-丁二烯（摩尔） | 2.7 |
| 吡啶 : 1,3-丁二烯（摩尔） | 1 |
| 停留时间 / h | 2.7 |
| 1,3-丁二烯转化率/% | 100 |
| 戊烯酸甲酯选择性/% | 91.7 |
| 二段羰基化工序: | |
| $T$/℃ | 170 |
| $p$/MPa | 15 |
| MeOH : 戊烯酸甲酯（摩尔） | 2 |
| CO : 戊烯酸甲酯（摩尔） | 1.7 |
| 吡啶 : 戊烯酸甲酯（摩尔） | 0.2 |
| 停留时间/h | 1.8 |
| 戊烯酸甲酯选择性/% | 93 |
| 己二酸二甲酯收率/% | 78.5 |
| 催化剂回收: | |
| 停留时间/min | 10 |
| $O_2$/产物（混合物）/(kg/kg) | 0.028 |
| 消除乙缩醛（或乙醇）: | |
| $T$/℃ | 120 |
| 催化剂 | 阳离子交换树脂 |
| 停留时间/min | 15 |
| 水解工序: | |
| $T$/℃ | 100 |
| 催化剂 | 阳离子交换树脂 |
| 停留时间/h | 0.5 |
| 二酯转化率/% | 约 100 |
| 己二酸选择性/% | 99.7 |
| 己二酸总收率（以丁二烯计）/ % | 70.1 |

注：$T$为温度；$p$为压力。

第二条工艺路线：在催化剂和脱水剂存在下，1,3-丁二烯与 CO、$O_2$ 反应生成己烯-(3)-二酸二甲酯，然后用 Pd/C 催化加氢生成己二酸二甲酯，最后水解生成己二酸，化学反应式如下：

$$CH_2{=}CHCH{=}CH_2 + 2CO + 1/2O_2 + \text{(环己基)}(OCH_3)_2 \xrightarrow{Cu^{2+}/Pd^{2+}}$$

$$CH_3OOCCH_2CH{=}CHCH_2COOCH_3 + \text{环己酮}$$

注：环己基$(OCH_3)_2$ 为脱水剂

$$CH_3OOCCH_2CH{=}CHCH_2COOCH_3 \xrightarrow[H_2]{Pd/C} CH_3OOC(CH_2)_4COOCH_3$$

$$\xrightarrow{\text{水解}} HOOC(CH_2)_4COOH + 2CH_3OH$$

1,3-丁二烯羰基化法起始原料不用供应紧张的芳烃，而用来源丰富的轻质脂肪烃，避免了以芳烃为原料氧化生产己二酸的弊端。但此法工艺复杂，操作条件苛刻，己二酸收率不高，对环境有一定污染，从而制约了该工艺的进一步发展。

**(2) 己二酸新工艺** 环己烷法虽经多次改进，但在环己烷氧化和 KA 油氧化过程中都产生了大量的三废排放，对环境造成严重污染。环己醇法也有类似的问题。这些传统工艺难以满足 21 世纪环境友好和绿色化学的要求。

国内外科技人员从优选氧化剂和催化剂等方面着手，进行了积极地探索和研究，其中采用 $H_2O_2$ 催化氧化环己烯合成己二酸的绿色工艺有望成为今后己二酸生产的发展方向。另外，用生物法生产己二酸、环己烷一步合成己二酸等工艺路线也取得了很大进展。

① 以 $H_2O_2$ 为氧化剂，催化氧化环己烯合成己二酸　在反应过程中催化剂和酸性条件至关重要，反应过程经过醇氧化、Baeyer-Villiger 醛氧化及两步水解反应，反应机理如下：

$$\text{环己烯} \xrightarrow{[O]} \text{环氧环己烷} \xrightarrow{H_2O} \text{1,2-环己二醇(OH, OH)} \xrightarrow{[O]} \text{2-羟基环己酮(O, OH)} \xrightarrow{[O]}$$

$$\text{己内酯} \xrightarrow{[O]} \text{己二酸酐} \xrightarrow{H_2O} HOOC(CH_2)_4COOH$$

从催化剂研究进展来看，主要有以下几种：以金属负载沸石分子筛为催化剂，如钛硅分子筛 TS-1、用六氟钛铵［$(NH_4)_2TiF_6$］法合成的含钛的 Y 型分子筛、TAPO-5 分子筛等；以钨酸盐和过氧钨酸盐为催化剂；以杂多酸盐或杂多酸为催化剂；以三氧化钨为催化剂等。

② 用生物合成法制备己二酸　生物合成法制取己二酸是在酶的催化作用下，将取自植物淀粉和纤维素等生物物质的 D-葡萄糖先转化为儿茶酚，再进一步转化生成顺,顺己二烯酸，最后用 Pt/C 催化剂催化加氢生成己二酸，己二酸收率可达 90%，化学反应式如下：

$$\underset{\text{D-葡萄糖}}{\text{(O, OH, OH, OH, OH, OH)}} \xrightarrow{\text{酶}} \underset{\text{儿茶酚}}{\text{(HO, OH)}} \xrightarrow{\text{酶}} \underset{\text{顺,顺-己二烯酸}}{HOOC{-}CH{=}CH{-}CH{=}CH{-}COOH} \xrightarrow[+H_2]{Pt/C} \underset{\text{己二酸}}{HOOC(CH_2)_4COOH}$$

此法采用酶催化法，避免使用对环境有危害的化学品，不产生污染，反应条件温和。目前尚处于研究探索阶段。

③ *N*-羟基酞酰亚胺催化环己烷一步合成己二酸 日本大赛璐化学工业公司采用关西大学开发了以环己烷为原料的一步法合成己二酸工艺。该工艺以在环己烷中溶解度较高的脂溶性 *N*-羟基酞酰亚胺（NHPI）为催化剂，在少量钴盐和锰盐存在下，于 100℃、1MPa 条件下空气氧化环己烷，己二酸选择性为 85%，副产物琥珀酸可用来制取 *N*-羟基酞酰亚胺，*N*-羟基酞酰亚胺催化剂用量可减少两个数量级。该绿色工艺不产生氮氧化物（$NO_x$），有望实现工业化。

#### 2.2.1.2 1,6-己二胺的合成

1,6-己二胺（以下简称己二胺），又名 1,6-二氨基己烷、六亚甲基二胺、亚己基二胺，分子式：$C_6H_{16}N_2$，结构式：$H_2N\text{-}(CH_2)_6\text{-}NH_2$，相对分子质量：116.21。

1896 年，B. A. Солонина 用辛二酰胺与过卤酸碱，通过 Hofmann 降解首次合成己二胺。此后，又有多种己二胺合成方法得到了开发。2010 年全球己二胺总产量约为 2216kt，其中杜邦、首诺、英威达、罗地亚等公司产能约占 90%。国内己二胺生产厂家主要是神马集团和辽阳石化公司。其中，神马集团己二胺产能为 150kt/a，辽阳石化公司产能为 22kt/a，除此之外还有辽阳天成化工公司、宁波敏特公司等。

目前己二胺主要采用己二腈加氢制得，另还有己二醇法、己内酰胺法等。

**(1) 己二腈合成** 己二腈工业生产路线主要有丁二烯（BD）法、丙烯腈（AN）电解二聚法和己二酸（ADA）催化氨化法三种。

① 丁二烯法 丁二烯法分为丁二烯直接氰化法和丁二烯氯化氰化法。此两种方法均为杜邦公司开发。

a. 氯化法 丁二烯氯化法于 20 世纪 60 年代开发，但目前工业上已不再采用。

b. 直接氢氰化法 20 世纪 70 年代初，杜邦公司开发了不用氯气的丁二烯直接氰化法。其反应过程是：将 1,3-丁二烯在催化剂存在下与氢氰酸（HCN）进行液相反应，生成戊烯腈的异构体混合物，经分离并将异构体异构为直链戊烯腈后，再与氢氰酸进行加成，生成己二腈。

以甲烷和氨、空气为原料，在 1000℃高温，铂或钯催化剂下反应生成了 HCN，称为 Andrussov 反应，化学反应如下：

$$CH_4 + NH_3 + O_2 \longrightarrow HCN + H_2O$$

丁二烯直接氰化法生产己二腈的反应包括一步氰化、异构化、二步氰化。

ⓐ 一步氰化 该过程为均相（液相）催化反应，催化剂为镍络合物和过量的配位基的混合物，如 Ni［P(对 $OArCH_3)_3]_4$，过量的配位基可提高

3-PN 收率，加快反应速度，增加催化循环次数；溶剂为烷基苯，起散热作用；反应温度 100℃；压力 6.8MPa；丁二烯单程转化率为 70%，目的产物选择性为 98.5%。反应式如下：

$$CH_2{=}CH{-}CH{=}CH_2 + HCN \longrightarrow \left[\begin{array}{ll} CH_2CH{=}CHCH_2CN & \text{反-3-戊烯氰（3-PN）} \\ CH_2{=}CHCH_2CH_2CN & \text{4-戊烯氰（4-PN）} \\ CH_3CH_2CH{=}CHCN & \text{2-戊烯氰（2-PN）} \\ CH_3\underset{\displaystyle |\atop \displaystyle CH_3}{C}{=}CHCN & \text{3-甲基丁烯氰（MBN）} \\ CH_2{=}CH{-}\underset{\displaystyle |\atop \displaystyle CH_3}{C}HCN & \text{2-甲基丁烯氰（MBN′）} \end{array}\right.$$

ⓑ 异构化　一步氰化反应后蒸发出 4-PN、3-PN、MBN 和 MBN′，3-PN和 MBN′继续进行异构化成 4-PN，MBN 很难异构成 3-PN。应温度 80℃，催化剂由 $Ni[P(对\text{-}OArCH_3)_3]_4$ 和助催化剂 $ZnCl_2$ 组成，单程转化率 50%左右，3-PN 和 4-PN 选择性接近 100%。

ⓒ 二步氰化　3-PN、4-PN 与 HCN 二步氰化反应生成己二腈，反应式如下：

$$\text{3-PN 或 4-PN} + HCN \longrightarrow NC(CH_2)_4CN$$

整个反应过程有 3-甲基戊二腈、己基丁二腈等副产物。图 2-17 为丁二烯直接氰化法制己二腈的工艺流程。

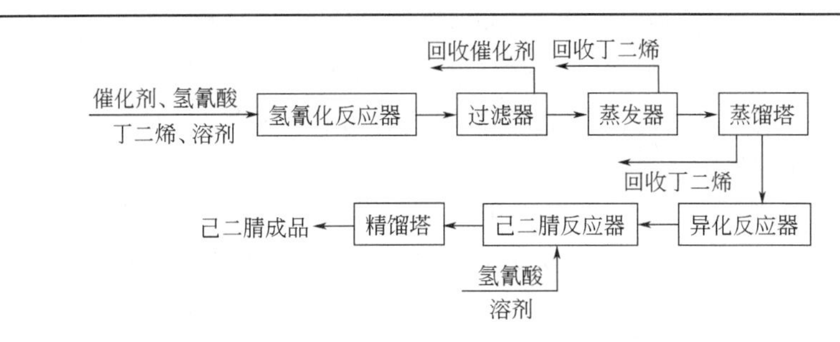


■ 图 2-17　丁二烯直接氰化法制己二腈的工艺流程

该工艺原料价廉易得、路线短、无污染、能耗少、成本低。杜邦公司与罗纳普朗克公司联合垄断着此项生产技术。

② 丙烯腈电解二聚法　丙烯腈（AN）电解二聚法生产己二腈由孟山都公司在 20 世纪 60 年代开发。经历了隔膜式电解法到无隔膜式电解法的过程。隔膜式电解法分为溶液法和乳液法两种工艺路线。

a. 孟山都溶液法　其工艺流程包括电解、回收和精制三部分。为了避免丙烯腈在阳极氧化为腈酸导致对阳极的腐蚀，降低转化率，采用离子交换膜隔开阴极和阳极。阳极液为硫酸溶液，阴极液为丙烯腈水溶液。一般向溶液中加入对苯磺酸四烷基胺或对烷基磺酸四烷基胺以提高丙烯腈在水中的溶解度和反应速度，降低体系电阻。丙烯腈在电解液循环的过程中转化为己二腈，阴极的线速度为 0.4m/s，电流密度为 20～100A/dm²，槽电压 6～12V，阳极线速度为 1～2m/s。

b. 旭化成乳液法　日本旭化成公司在溶液法的基础上发展了该工艺。与溶液法相比，主要设备无大的变化，但电流密度较低，一般为 20A/dm²。最大的区别在于丙烯腈借助乳化剂聚烯乙醇、电解质等物质，在阴极液里呈乳化状态，进行二聚反应。

c. 无隔膜电解法　无隔膜电解法是一种直接电合成工艺，其电解液为乳液，因丙烯腈不参与阳极反应，取消了隔膜。比利时联合化学公司是此方法的代表。BASF 公司也采用一种特殊的毛细间隙电解槽，建立了无隔膜电解装置，电解槽由多片石墨板重叠构成。

③ 己二酸催化氨化法　己二酸催化氨化法曾是广泛采用的己二胺生产方法，但由于该工艺使用了生产尼龙 66 盐的另一种主要原料己二酸，工艺路线长，成本高，目前已接近淘汰。其主要化学过程为：己二酸和过量的氨在催化剂磷酸或其盐类或酯类存在下，在 270～290℃温度下进行反应，生成己二酸二铵和己二酰胺，然后加热脱水，生成粗己二腈，最后经精馏得产品，反应式如下：

$$HOOC(CH_2)_4COOH + NH_3 \xrightarrow{H_3PO_4} H_4NOOC(CH_2)_4COONH_4$$
$$\xrightarrow{-2H_2O} H_2NOC(CH_2)_4CONH_2 \xrightarrow{-2H_2O} NC(CH_2)_4CN$$

上述 3 种生产己二腈的方法，己二酸法是最古老的也是最成熟的技术，然而其工艺流程长，生产成本高。丙烯腈电解二聚法和丁二烯直接氢氰化法制备己二腈，克服了上述弊端，显示出优越性。如杜邦公司的丁二烯直接氢氰化法比氯化法原料成本降低 15%，节能 45%；孟山都公司采用无隔膜电解槽生产己二腈，简化了电解槽的结构，并采用固体金属电极和高导电性电解液，使耗电量降低 60%，且免除了更换隔膜，减少了设备投资和设备维修费用。

**(2) 己二胺的制备**

① 己二腈加氢工艺　己二腈加氢是一个很复杂的过程，既可发生深度加氢生成己二胺，也可发生氢化、环化反应生成环己亚胺及缩合形成大分子化合物等。目前，只有以雷尼镍为催化剂的己二腈加氢工艺路线实现了工业化。工艺路线有低压法和高压法。

a. 低压加氢法　低压加氢法生产己二胺工艺是以乙醇为溶剂，雷尼镍为催化剂，氢氧化钠为助催化剂，在反应温度为 73℃、反应压力为 2.2 MPa 的条件下，己二腈加氢反应生成己二胺。但有的工艺中，并不需要添加任何溶剂（如乙醇等），因此低压加氢法又分为有溶剂法和无溶剂法。

孟山都等公司按照己二腈：乙醇＝1：1（质量体积比），骨架镍催化剂 12%，添加 0.6%氢氧化钾或氢氧化钠作助催化剂，在温度 70～90℃，压力 2～3MPa 下与氢气进行反应，总收率可达 97%。反应历程如下：

$$NC(CH_2)_4CN + H_2 \longrightarrow NC(CH_2)_4CN{=}NH \xrightarrow{H_2} NC(CH_2)_5NH_2$$

$$\xrightarrow{H_2} HN{=}CH(CH_2)_5NH_2 \xrightarrow{H_2} H_2N(CH_2)_6NH_2$$

己二腈加氢反应在管式气、液、固三相沸腾式流化床反应器内完成，氢气和循环氢气升压后进入反应管底部，液固混合物（己二腈、碱、水）从反应管底部切线进入反应管，在氢气的作用下，反应物由反应管底部上升到顶部，反应放出的热量被反应器夹套中的冷却水移去，停留时间约 4～5s。反应液进入液固分离器，分离出 3 种物料，气相——氢、乙醇和水蒸气；液相——己二胺、乙醇和氢氧化钠水溶液，固相——废催化剂。经过后处理，乙醇和氢气循环使用，废催化剂回收，通过五个精馏塔后得到精己二胺，图 2-18 为低压法生产己二胺工艺流程。

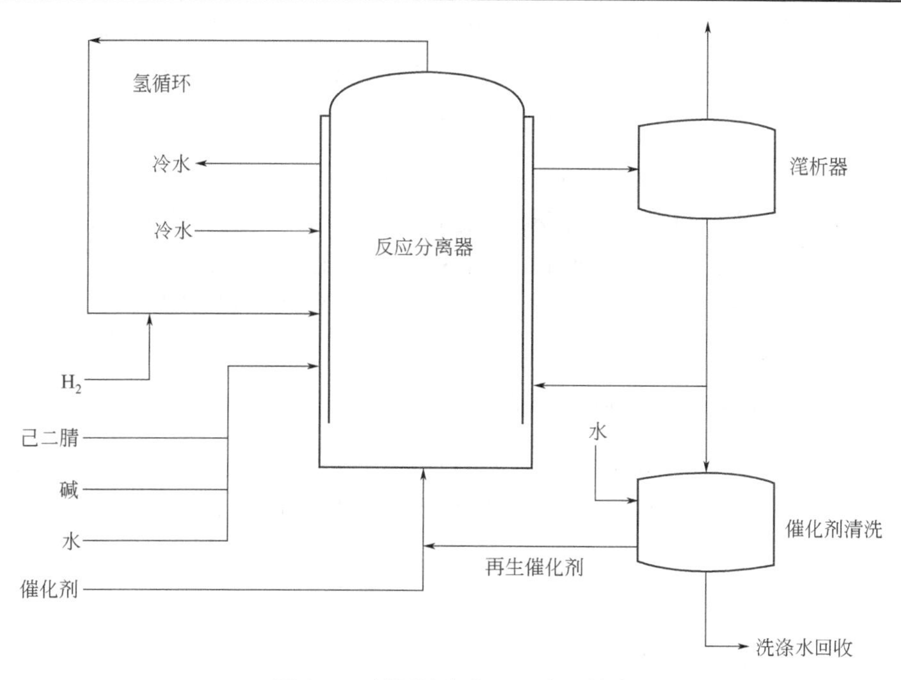


■ 图 2-18　低压法生产己二胺工艺流程

20 世纪 90 年代末，我国河南神马集团引进日本旭化成公司的技术建成了一套低压法己二胺装置。后来，神马公司通过对引进技术的消化和吸收，开发了规模为 50kt/a 己二胺装置成套工艺包。催化剂采用国内自主研发的 L-WCR 四元合金催化剂，加氢反应器采用典型的管式气、液、固三相流化床反应器，反应管内管直径 390 mm，外管直径 430 mm。2005 年该装置试车成功，是我国第一套自主设计建设的大型己二胺成套技术设备国产化装置。

b. 高压加氢法　本法由杜邦公司、英国帝国化学工业集团（ICI）开发。其流程由己二腈加氢和己二胺精制两部分组成。以铁为催化剂、液氨为稀释剂，并添加 2%～10%的水以抑制副反应。氢化反应在滴流床反应器中进行。原料配比为氢气：己二腈：液氨＝38：1：25（摩尔），温度 90～135℃，压力 20.2～30.3MPa。反应转化率 99.6%，选择性 99.4%。经过五塔蒸馏得到精己二胺，总收率 90%～93%。

② 己二醇法　由己内酯加氢合成 1,6-己二醇，1,6-己二醇采用骨架镍催化剂进行氨化脱水反应：

$$HOCH_2(CH_2)_4CH_2OH + NH_3 \longrightarrow H_2N(CH_2)_6NH_2 + H_2O$$

为了防止己二胺脱氢，反应时需加入少量氢。反应温度 200℃，压力 23MPa，收率约 90%。

③ 己内酰胺法　己内酰胺与氨在磷酸盐（如锰、铝、钙、钡或锌的磷酸盐）催化剂存在下，进行气相反应生成氨基己腈。反应温度约 350℃，收率几乎达 100%。生成的氨基己腈再进行加氢反应生成己二胺：

$$H_2N(CH_2)_5CN + H_2 \longrightarrow H_2N(CH_2)_6NH_2$$

这一加氢过程与己二腈加氢相似。

此法可利用质量稍差的己内酰胺。目前在己二胺生产中所占比例很小。日本东丽公司利用回收的己内酰胺或废尼龙，采用该方法生产己二胺，生产成本得到了降低，但由于原料较缺乏，不能大规模生产。

## 2.2.2 聚酰胺 66 的聚合过程与工艺

己二酸和己二胺发生缩聚反应即可得到聚酰胺 66。工业上一般先将己二酸和己二胺中和制成聚酰胺 66 盐，利用聚酰胺 66 盐在冷热溶剂中溶解度的差别，经重结晶提纯，以确保己二酸和己二胺以等摩尔比进行反应，反应式如下。

成盐：

$$HOOC(CH_2)_4COOH + H_2N(CH_2)_6NH_2 \xrightarrow{60℃以下} {}^{-}OOC(CH_2)_4COO^{-} + NH_3(CH_2)_6NH_3^{+}$$

缩聚：

$${}^{-}OOC(CH_2)_4COO^{-} + NH_3(CH_2)_6NH_3^{+} \xrightleftharpoons{200\sim250℃} \left[ \overset{O}{\overset{\|}{C}}-(CH_2)_4-\overset{O}{\overset{\|}{C}}-NH(CH_2)_6NH \right]_n + (n-1)H_2O$$

### 2.2.2.1 聚酰胺 66 盐的制备方法

聚酰胺 66 盐是己二酰己二胺盐的俗称，分子式：$C_{12}H_{26}O_4N_2$ 相对分子质量 262.35，结构式：[$^{+}H_3N(CH_2)_6NH_3{}^{+}$ $^{-}OOC(CH_2)_4COO^{-}$]。

根据溶剂不同，聚酰胺 66 盐可采用水溶液法和溶剂结晶法制备。

**(1) 水溶液法** 将纯己二胺用软水配成约30%的水溶液，加入反应釜中，在40～50℃、常压和搅拌下慢慢加入等物质的量的纯己二酸，控制pH值在7.7～7.9。在反应结束后，用0.5%～1%的活性炭净化、过滤，即可得到50%的尼龙66盐水溶液。其工艺流程如图2-19所示。

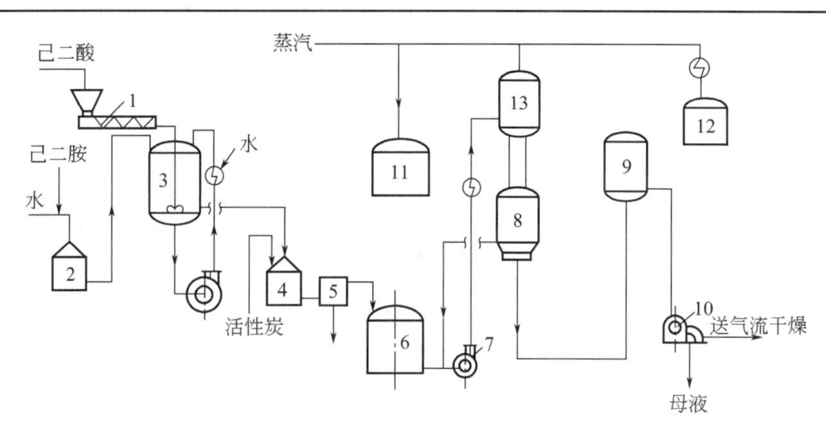


■ 图2-19 水溶液法生产尼龙66盐工艺流程

1—己二酸配制槽；2—己二胺配制槽；3—中和反应器；4—脱色罐；5—过滤器；6，9，11，12—贮槽；7—泵；8—成品反应器；10—鼓风机；13—蒸发反应器

本法的特点是不采用甲醇或乙醇等溶剂，方便易行，安全可靠，工艺流程短，成本低。但对原料中间体质量要求高。美国孟山都公司、杜邦公司和法国罗纳-普朗克公司采用本法生产。表2-6为尼龙66盐水溶液规格。

■表2-6 尼龙66盐水溶液的规格

| 指标 | 孟山都 | 罗纳-普朗克 |
|---|---|---|
| 外观 | 清澈液体 | 清澈液体 |
| 浓度/%（质量） | 48.5±0.75 | 45～51 |
| 色度/Hazen | | 15 |
| pH值 | 7.60±0.20 | 7.50～8.00 |
| 灰分/(mg/kg) | 10 | 10 |
| 硝酸盐/(mg/kg) | 20 | 6 |
| 硼/(mg/kg) | 9.00 | |
| 铜/(mg/kg) | 1.00 | |
| 铁/(mg/kg) | | 0.50 |

**(2) 溶剂结晶法** 纯己二酸溶解于4倍质量的甲醇或乙醇中，完全溶解后，移入带搅拌的中和反应器并升温到65℃，慢慢加入配好的己二胺溶液，控制反应温度在75～80℃，反应完全后，反应产物经冷却、过滤、洗涤、离心分离后制得固体尼龙66盐。其工艺流程如图2-20所示。

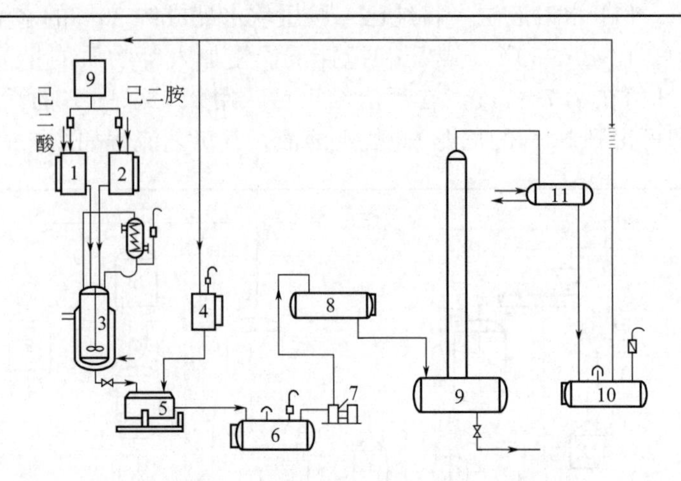


■ 图 2-20 溶剂法生产尼龙 66 盐工艺流程

1—己二酸配制槽；2—己二胺配制槽；3—中和反应器；4—乙醇计量槽；5—离心机；6—乙醇贮槽；7—蒸汽泵；8，11—乙醇高位槽；9—乙醇回收蒸馏塔；10—合格乙醇贮槽

溶剂结晶法的特点是运输方便、灵活，产品质量好，但对温度、湿度、光和氧敏感性较强，在缩聚操作中要重新加水溶解。英国 ICI 公司、德国 BASF 公司采用此法生产。

#### 2.2.2.2 聚酰胺 66 缩聚工艺

在密闭系统内，在较低温度下加热 1.5～2h，通过水蒸气保持压力在 1.62～1.72MPa，然后缓慢升温至聚酰胺 66 盐熔点以上，聚酰胺 66 盐缩聚脱水制得聚酰胺 66 成品。在缩聚过程中，脱水的同时伴随着酰胺键的生成，形成线型高分子。体系内水的扩散速度决定了反应速度，因此在短时间内高效率地将水排出反应体系是聚酰胺 66 制备工艺的关键。另外，缩聚时还存在着大分子水解、胺解（胺过量时）、酸解（酸过量时）和高温裂解等使聚酰胺 66 的分子量降低的副反应。

聚酰胺 66 盐不太稳定，在稍高温度下，盐中己二胺易挥发，己二酸易脱羧，破坏等摩尔比，缩聚时可在聚酰胺 66 盐水溶液中加少量单官能团酸（如醋酸），以减少己二胺挥发和己二酸脱羧。

聚酰胺 66 缩聚既可连续也可间歇进行。

**(1) 连续聚合工艺** 聚酰胺 66 的连续缩聚，按所用设备的形式和能力可分为立管式连续缩聚和横管式减压连续缩聚两种方法。国内一般采用后者，其工艺流程如图 2-21 所示。

**(2) 间歇聚合工艺** 间歇缩聚法与连续缩聚法的原理相同，反应条件基本一致，间歇缩聚在同一高压釜中完成缩聚的全过程（升温、加压、卸压、抽真空），其生产流程如图 2-22 所示。

间歇法的生产过程是柔性的，通过对添加剂和反应时间的调整可以生产出不同品级的产品。不同品级的产品成本差异主要取决于添加剂。

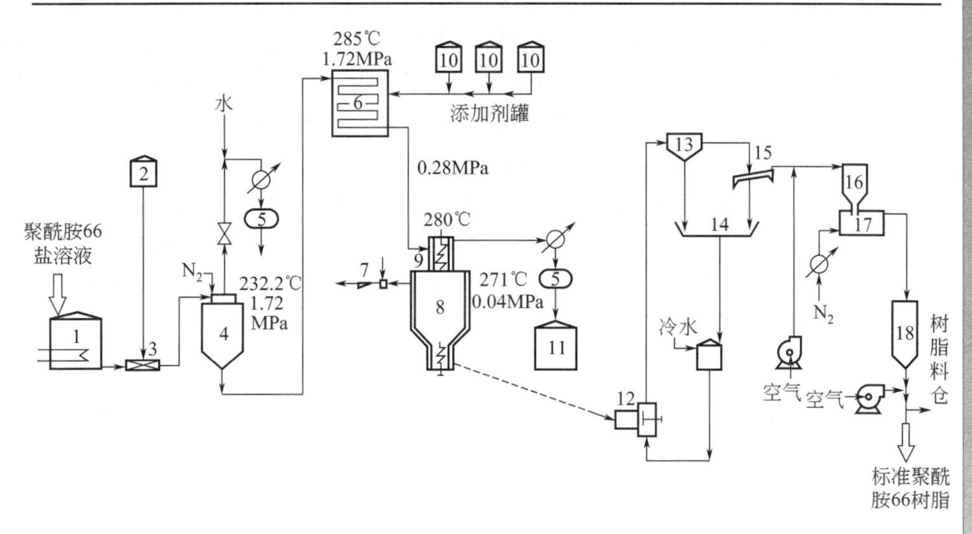


■ 图 2-21　尼龙 66 盐连续缩聚工艺流程

1—尼龙 66 盐贮罐；2—醋酸罐；3—静态混合器；4—蒸发反应器；5—冷凝液槽；6—管式反应器；7—蒸汽喷射器；8—成品反应器；9—分离器；10—添加剂罐；11—冷凝液贮槽；12—挤压机；13—造粒机；14—脱水桶；15—水预分离器；16—进料斗；17—流化床干燥器；18—树脂料仓

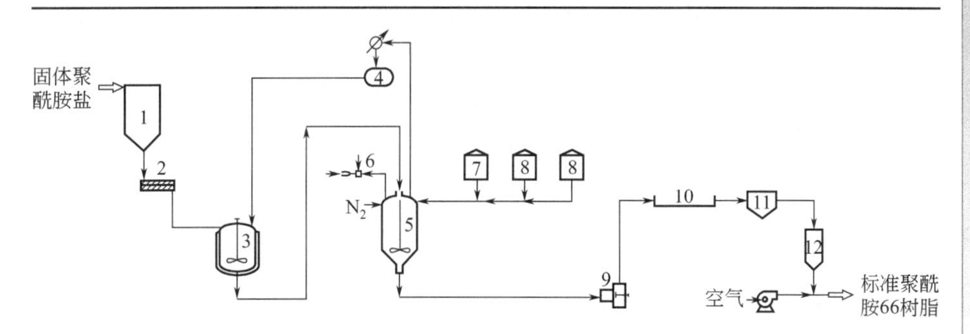


■ 图 2-22　尼龙 66 盐间歇缩聚工艺流程

1—料仓；2—螺旋运输器；3—溶解釜；4—冷凝器；5—反应器；6—蒸汽喷射器；7—醋酸罐；8—添加剂罐；9—挤压机；10—水浴；11—造粒机；12—料仓

## 2.3 聚酰胺 1010

学名：聚癸二酰癸二胺

俗称：尼龙 1010

英文名：polydecamethylene sebacamide，nylon1010（PA1010）

化学式：$\left[ HN(CH_2)_{10}NHOC(CH_2)_8CO \right]_n$

聚酰胺 1010 以蓖麻油为主要原料，经皂化、裂解制取癸二酸，癸二酸氨化脱水得到癸二腈，再经催化加氢合成癸二胺，癸二酸与癸二胺缩聚得到 PA1010。PA1010 是我国最早工业化的聚酰胺品种，1961 年由上海赛璐珞厂实现工业化。20 世纪 70 年代，国内发展到 40 多家生产厂，总生产能力为 6000～7000t。PA1010 最初仅用作工业丝及民用丝，80 年代开始用于棒材、管材及改性工程塑料。目前，主要用作工程塑料。2008 年，河北衡水京华化工厂 40kt/a 癸二酸生产线投产，其高品质癸二酸性能已达到国际先进水平，标志着我国癸二酸产品在生产规模上跨入了世界先进行列，同时在技术、工艺上也实现了新的突破。

## 2.3.1 原料的制备

### 2.3.1.1 癸二酸的制备

癸二酸又名皮脂酸、辛二甲酸，为无色单斜棱柱体、片状或小叶状结晶，可采用蓖麻油为原料制备，除此之外，还可以石油化工原料合成及发酵法等制备。以蓖麻油为原料生产癸二酸的工艺有传统稀释工艺、加压连续工艺、碱裂工艺及微波感应碱熔工艺等，目前我国主要采用传统稀释工艺和碱裂工艺。微波感应碱熔工艺具有工艺简单、反应时间短、能耗低、产率高等优点，具有广阔的发展前景。

**(1) 传统稀释工艺** 该工艺生产癸二酸是我国最普遍采用的方法。该方法主要是采用蓖麻油催化水解或加碱皂化生成蓖麻油酸，然后再以苯酚或甲酚作稀释剂于 260～280℃加碱裂解，经纯化处理后得到癸二酸，并副产甘油。生产过程分为水解、裂化、中和、脱色、酸化、水洗、脱水以及干燥等 8 个步骤。

① 皂化水解 天然蓖麻油的主要成分是蓖麻油酸甘油酯，蓖麻油在一定条件下皂化水解反应，生成蓖麻油酸和甘油。

$$\begin{array}{l} CH_3(CH_2)_5CHOHCH_2CH{=}CH(CH_2)_7COOCH_2 \\ \qquad\qquad\qquad\qquad\qquad\qquad\qquad\qquad\quad | \\ CH_3(CH_2)_5CHOHCH_2CH{=}CH(CH_2)_7COOCH + H_2O \\ \qquad\qquad\qquad\qquad\qquad\qquad\qquad\qquad\quad | \\ CH_3(CH_2)_5CHOHCH_2CH{=}CH(CH_2)_7COOCH_2 \end{array}$$

$$\xrightarrow[100℃]{NaOH+H_2O} CH_3(CH_2)_5CHOHCH_2CH{=}CH(CH_2)_7COONa + CH_2OHCHOHCH_2OH$$

生成的蓖麻油酸盐用稀硫酸酸化至 pH 值为 2 左右，分离出蓖麻油酸。

$$CH_3(CH_2)_5CHOHCH_2CH{=}CH(CH_2)_7COONa \xrightarrow{H_2SO_4} CH_3(CH_2)_5CHOHCH_2CH{=}CH(CH_2)_7COOH$$

② 裂化 蓖麻油酸和 NaOH 溶液在稀释剂甲酚或苯酚存在下于 260～340℃温度下发生裂解反应，反应产物为癸二酸二钠盐、仲辛醇和氢气。其中添加稀

释剂的目的是使反应温度均匀，以避免过热发生副反应。反应方程式为：

$$CH_3(CH_2)_5CHOHCH_2CH=CH(CH_2)_7COOH + NaOH \longrightarrow$$
$$CH_3(CH_2)_5CHOHCH_3 + NaOOC(CH_2)_8COONa + H_2$$

不同的裂解温度，产物不同，温度在 260～340℃，产物主要是癸二酸；温度为 200～240℃，产物主要是10-羟基癸酸，其反应历程如下：

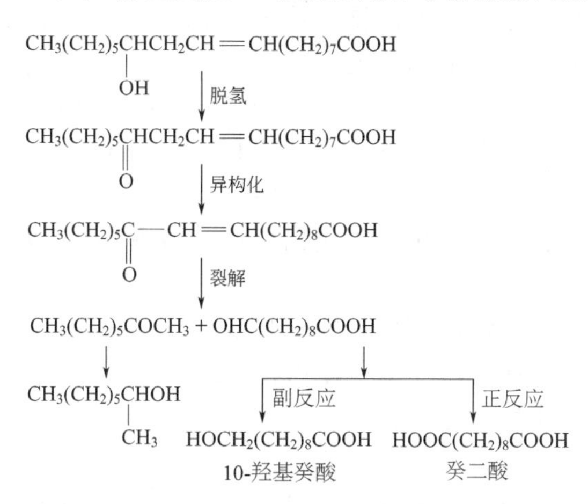


③ 中和酸化　加入 $H_2SO_4$ 将癸二酸钠盐酸化为癸二酸，中和过量的 NaOH，并调 pH 值到 6～6.2，反应式如下：

$$NaOOC(CH_2)_8COONa + H_2SO_4 \longrightarrow HOOC(CH_2)_8COOH + Na_2SO_4$$

④ 脱色酸化工序　利用阴离子大孔吸附树脂的吸附能力，除去料液中有机色素及中和工序未除去的微量脂肪酸，使 pH 值在 2～2.5 之间，此时溶液中癸二酸钠盐全部生成癸二酸，经冷却降温析出。一般脱色剂采用活性炭。

**(2) 固裂解工艺**　从上述传统稀释工艺过程可以看出：该工艺常压操作，反应条件较温和，但癸二酸回收率低，只有 30%～40%，生产周期长，工艺流程较复杂，而且大量使用酸碱和一定量的酚类稀释剂，使生产过程中产生大量有毒有害、有腐蚀的含酚碱性废水，造成严重环境污染。为此，人们进行了深入研究，20 世纪 70 年代福建化工研究所开发出了用蓖麻油为原料制备癸二酸的固裂解工艺，实现了工业化生产。与传统稀释工艺相比，该工艺大大减少了酚类对环境的污染，节省了成本。该工艺适宜中小型企业采用，符合我国国情。

该工艺过程是在 NaOH 水溶液存在下，温度 150℃，皂化水解蓖麻油，然后将皂化后的物料冷却、固化、切片，再加入碱裂解塔中裂解，最后经酸化和提纯得到癸二酸。最佳工艺条件为：投料比 NaOH：蓖麻油＝0.35：1.0（质量），裂解温度 300～320℃，反应 3h，最终 pH 值为 6.4，酸化 pH 值为 3，癸二酸收率为 68.4%～74.6%。

**(3) $Pb_3O_4$ 催化裂解工艺**　该工艺采用石蜡油代替酚类稀释剂，用 $Pb_3O_4$ 作催化剂制备癸二酸。先将石蜡油和 NaOH 水溶液按比例加入反应器，搅拌均匀后加热，除去水，然后升温到 240℃，加入催化剂和蓖麻油，搅拌反应 5h 左右，最后得到癸二酸和仲辛醇。最佳工艺条件为 NaOH∶稀释剂=(1∶3.2)～(1∶3.8)（质量）；蓖麻油∶稀释剂 =( 1∶1.7)～(1∶2.0)（质量），反应温度 300℃，反应 5～6h，催化剂用量约为蓖麻油用量的 1%（质量），癸二酸平均收率 75%，纯度为 99.3%。

**(4) 微波感应碱熔法** 微波感应碱熔法以蓖麻油为原料可制备癸二酸、2-辛醇和 2-辛酮。工艺过程是：NaOH 和蓖麻油按一定比例混合，待蓖麻油完全皂化为蓖麻油酸钠盐后，再用微波加热，最后制得产物。最佳工艺条件：投料比为 NaOH∶蓖麻油=14∶15，反应温度 240℃，反应时间 20min，癸二酸收率为 76.2%，纯度为 98.7%。该工艺优点：反应时间短，工艺过程简单，不用稀释剂，污染少，能耗低、产率高等，具有广阔的发展前景。

**(5) 己二酸电解法** 电解偶联低级二元酸单酯是制取长链二元酸酯的方法之一。用己二酸单酯偶联可得 75%～78%的癸二酸二甲酯，再经水解可得产品，化学反应式如下。

① 酯化

$$HOOC(CH_2)_4COOH+CH_3OH \longrightarrow CH_3OOC(CH_2)_4COOH+H_2O$$

② 电解

$$2CH_3OOC(CH_2)_4COOH \longrightarrow CH_3OOC(CH_2)_8COOCH_3+2CO_2+H_2$$

③ 水解

$$CH_3OOC(CH_2)_8COOCH_3+2H_2O \longrightarrow HOOC(CH_2)_8COOH+2CH_3OH$$

己二酸、甲醇及等量的甲基己二酯在 200℃、1.5MPa 下反应，然后经蒸馏回收甲醇，电解液由甲醇中的己二酸单酯及其钠盐偶联而成己二酸单甲酯，进入电解槽时己二酸单甲酯含量控制在 1.5mol/L，钠盐含量控制在 0.5mol/L，水为 2.5mol/L，经电解后，己二酸单甲酯含量降至0.01mol/L。电解产物在 80℃下脱除甲醇，经分解、稀释后进入高压反应釜，在 250℃、0.4MPa 下水解 2.5h 后，用 $HNO_3$ 继续反应 1h。电解时控制温度为 58℃，以 Pt-Ti 为电极，电流密度控制为 670A/m²。其流程如图 2-23 所示。

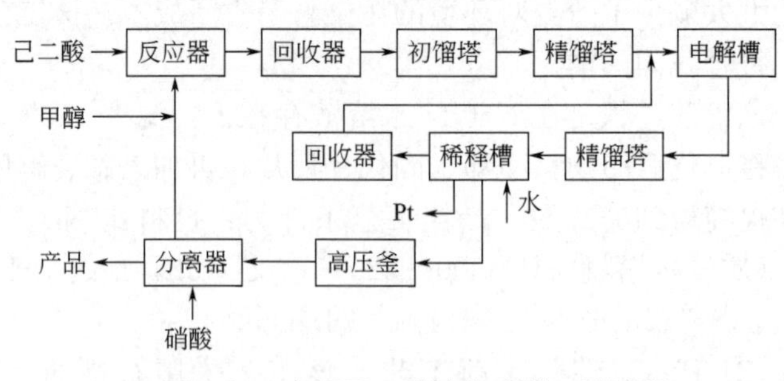


■ 图 2-23 电解己二酸法生产癸二酸流程

**(6) 发酵法及其他** 常温常压下，癸烷经酵母菌作用可生成癸二酸。此方法国内外研究较多，研究表明控制好发酵过程中的流加基质、发酵周期、基质的起始浓度、流加方式及适当温度的摇床，均对提高产量非常必要。菌种的选择和加工也是提高收率的关键。

研究证明，热带假丝酵母（camadida tropcalis）产生株经亚硝酸诱导，产生的变异株能生长在以正烷烃为唯一碳源的简单培养基中，产量高于野生株 41.22 倍。因 $C_{11}$ 以上的二元羧酸缺乏化学制取的条件，而我国具有丰富的正构烷烃来源，因此发酵法成为我国生产长碳饱和二元羧酸的重要方法。

### 2.3.1.2 癸二腈的制备

癸二腈的制备通常以癸二酸为原料，与氨反应生成癸二酸铵，脱水生成癸二腈。反应历程如下：

$$HOOC(CH_2)_8COOH + NH_3 \xrightarrow{150\sim180^\circ C} NH_4OOC(CH_2)_8COONH_4$$

$$\xrightarrow{200\sim280^\circ C} NH_2OC(CH_2)_8CONH_2 \longrightarrow NC(CH_2)_8CN$$

癸二腈的制备可分为液相法和气相法。两种工艺均有工业化装置。液相法包括癸二酸的氨化脱水制癸二腈与精制两个工序。气相法制备癸二腈工艺有固定床气相法和沸腾床气相法，目前在工业上，采用沸腾床气相法较广。沸腾床气相法制备癸二腈，主要有催化剂制备、气相氨化脱水反应和产品精制三大工序。

### 2.3.1.3 癸二胺的制备

癸二胺，又名 1,10-癸二胺，1,10-二氨基癸烷，是合成聚酰胺及共聚酰胺的主要原料。癸二胺产品生产已有 50 多年的历史，传统的合成工艺以癸二腈为原料，雷尼镍为催化剂，采用间歇式催化加氢生产，反应温度 90～130℃。压力 2.0～2.8MPa，催化剂雷尼镍 15%～20%，氢氧化钾 0.2%～0.5%（质量，以癸二腈计，下同），癸二腈：溶剂乙醇(90%～95%)＝1：1.2，反应方程式如下：

$$NC(CH_2)_8CN + H_2 \longrightarrow NH_2(CH_2)_{10}NH_2$$

癸二腈加氢反应为多相催化放热反应，反应机理较为复杂，可以认为是分阶段进行的，第一阶段生成氨基腈，第二阶段生成二胺，并伴随有副产物生成。反应机理如下：

$$NC(CH_2)_8CN \xrightarrow{H_2} NC(CH_2)_9NH_2 \xrightarrow{H_2} NH_2(CH_2)_{10}H_2N$$

该工艺主要有三道工序：①加氢工序；②粗癸二胺的精制工序；③溶剂回收工序。各工序主要工艺参数列入表 2-7。

■表 2-7 制备癸二胺的工艺条件

| 项　目 | 参数 |
|---|---|
| 加氢： | |
| 催化剂 | 骨架镍 |
| 助催化剂 | KOH |
| 配比：癸二腈/% | 100 |
| 溶剂乙醇/% | 200 |
| 骨架镍催化剂/% | 30～35 |
| KOH/% | 1 |
| 压力/MPa | 2.5 |
| 温度/℃ | 80～110 |
| 反应时间/min | 12～14 |
| 维持反应温度/℃ | 90～100 |
| 维持反应时间/min | 30 |
| 转化率/% | 95～96 |
| 粗癸二胺含量/% | 93～95 |
| 精制： | |
| 癸二胺沸点/℃ | 150℃/13.7mmHg，155℃/19.5mmHg |
| 精制方法 | 减压蒸馏 |
| 蒸馏柱温度（1.33～2kPa）/℃ | 150±5(10～15mmHg) |
| 最后釜温/℃ | 280 |
| 乙醇回收： | |
| 硫酸中和 pH 值(中性) | 6.5～7 |
| 回收方法 | 蒸馏 |
| 回收乙醇含量/% | >93(供加氢反应用) |
| 收率/% | 90～91 |

传统工艺最大的优点在于工艺成熟，易于操作，但传统工艺产品收率低、品质差、成本高，缺乏市场竞争力，发展空间有限。

国内无锡殷达尼龙有限公司对癸二胺传统加氢工艺进行了研究，用釜式反应器加氢，优化了工艺条件：温度 70～90℃，压力 1.5～2.5MPa，催化剂雷尼镍 5%～10%（质量，以癸二腈计），氢氧化钾 0.05%～0.5%（质量，以癸二腈计），$v$(癸二腈)∶$v${乙醇［90%～95%（体积)]}=1∶1。并按优化工艺条件进行了工业化放大生产，产品纯度>99.7%，收率>97.5%。产品收率较传统加氢工艺提高了 3%～4%。

## 2.3.2 聚酰胺 1010 的聚合过程与工艺

### 2.3.2.1 聚酰胺 1010 盐的制备

癸二酸与癸二胺在等摩尔比下进行反应即可制备聚酰胺 1010 盐，制备 PA1010 盐的目的是为了保证癸二酸和癸二胺的等摩尔比，并在其过程中除去杂质。反应式如下：

$$H_2N(CH_2)_{10}NH_2 + HOOC(CH_2)_8COOH \xrightarrow[\text{乙醇}]{75℃} {}^{+}H_3N(CH_2)_{10}NH_3^{+} \cdot {}^{-}OOC(CH_2)_8COO^{-}$$

由于尼龙1010盐在乙醇中的溶解度小（40℃时为0.072%），因此，需要先把癸二酸和癸二胺配成乙醇溶液，再进行中和反应。制备尼龙1010盐包括三道工序：癸二酸精制；中和反应；溶剂回收。

#### 2.3.2.2 聚酰胺1010的缩聚

PA1010的缩聚类似PA 66。用癸二酸作分子量调节剂，PA 1010盐在一定温度、压力下，进行脱水缩合反应，形成线型结晶高分子。这个过程包括脱水、缩合，形成氨基羟酸的多聚体，多聚体再进一步缩聚，进而形成大分子，实际的反应过程中，几种反应同时发生，总反应过程如下：

$$n\,^{+}H_3N(CH_2)_{10}NH_3^{+}\cdot{}^{-}OOC(CH_2)_8COO^{-}\xrightarrow[-H_2O]{\text{缩聚}}\!\!-\!\!\left[NH(CH_2)_{10}NHCO(CH_2)_8CO\right]_n\!\!-\!\!+(2n-1)H_2O$$

其工艺流程如图2-24所示。

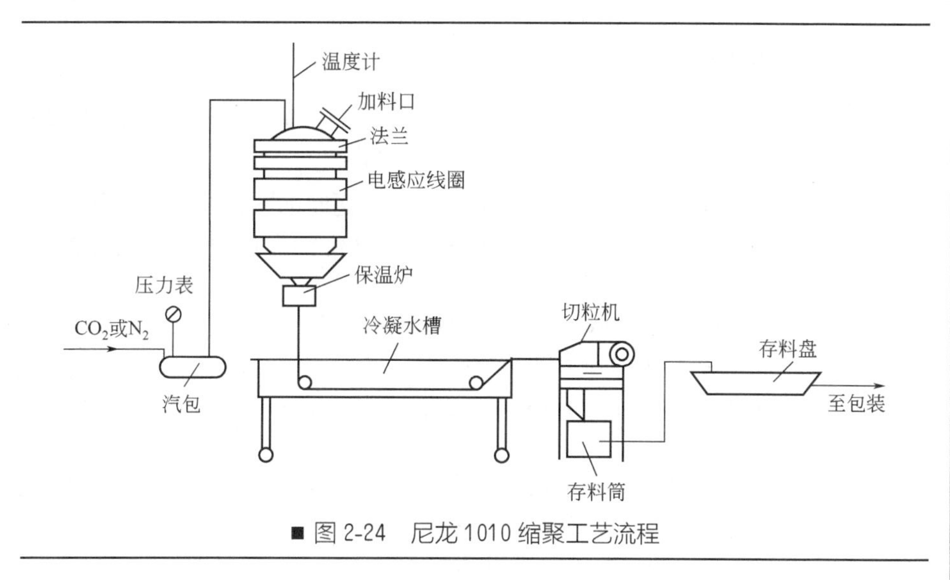


■ 图2-24　尼龙1010缩聚工艺流程

聚合过程中应适量加入亚磷酸类稳定剂，癸二酸作分子量调节剂。

间歇缩聚工艺条件：初期反应温度220℃，初期反应压力1.2MPa，最高反应温度240～250℃。

## 2.4 聚酰胺11

学名：聚十一内酰胺

俗名：尼龙11

英文：polyundecanoylamide；nylon11（PA11）

结构式：

$$-\!\!\left[NH-\!\!\left(CH_2\right)_{10}\!\!-CO\right]_n\!\!-$$

尼龙 11（PA11）是以蓖麻油为原料生产的 $\omega$-氨基十一酸聚合制得。法国埃尔夫·阿托化学公司（Atochem）开发了该工艺，并于 1955 年实现工业化生产，商品名为 Rilsan®，初期主要用于生产纤维。PA11 一直由阿托化学公司（现为 Arkema 公司）及其海外子公司或合资公司独家生产。2010 年世界产量约为 30kt。

从 20 世纪 60 年代开始，我国许多科研院所相继开展了 PA11 的研究。20 世纪 80 年代，北京市化工研究院对尼龙 11 的聚合技术进行了全面的研究，1992 年完成小试，1993 年与江西樟树化工厂合作共同完成百吨级中试，1995 年又被国家列为“九五”重点科技攻关项目。晨光化工研究院（成都）完成了尼龙 11 连续缩聚新工艺的开发。中北大学高分子与生物工程研究所与太原中联泽农化工有限公司合作建成了年产 2kt 尼龙 11 生产装置。

## 2.4.1 原料的制备

尼龙 11 的单体——$\omega$-氨基十一酸（11-氨基十一酸）以蓖麻油为原料，经酯交换、热裂解、水解、溴化、氨解等工序制得。

**(1) 酯交换** 蓖麻油（主要成分为蓖麻油酸三甘油酯）和甲醇发生酯交换反应生成蓖麻油酸甲酯和甘油。氢氧化钠作催化剂，反应温度为 30℃，转化率 95%左右，化学反应式为：

$$\begin{array}{l} CH_3(CH_2)_5CHOHCH_2CH{=}CH(CH_2)_7COOCH_2 \\ \qquad\qquad\qquad\qquad\qquad\qquad\qquad\qquad\quad | \\ CH_3(CH_2)_5CHOHCH_2CH{=}CH(CH_2)_7COOCH \\ \qquad\qquad\qquad\qquad\qquad\qquad\qquad\qquad\quad | \\ CH_3(CH_2)_5CHOHCH_2CH{=}CH(CH_2)_7COOCH_2 \end{array} + 3CH_3OH \xrightarrow{NaOH} C_3H_5(OH)_3 +$$

$$3CH_3(CH_2)_5CHOHCH_2CH{=}CH(CH_2)_7COOCH_3$$

**(2) 热裂解** 蓖麻油酸甲酯在 450～500℃的温度下催化裂解生成 10-十一烯酸甲酯和庚醛，化学反应式为：

$$CH_3(CH_2)_5CHOHCH_2CH{=}CH(CH_2)_7COOCH_3 \longrightarrow$$

$$CH_3(CH_2)_5CHO + CH_2{=}CH(CH_2)_8COOCH_3$$

裂解时过热水蒸气能显著提高收率，通过减压分馏分离出 10-十一烯酸甲酯和庚醛。

**(3) 水解** 10-十一烯酸甲酯与氢氧化钠在 90℃ 下进行皂化反应生成 10-十一烯酸钠和甲醇。皂化产物在 50～60℃下用硫酸中和生成 10-十一烯酸和硫酸钠，化学反应式分别为：

$$CH_2{=}CH(CH_2)_8COOCH_3 + NaOH \longrightarrow CH_2{=}CH(CH_2)_8COONa + CH_3OH$$

$$CH_2{=}CH(CH_2)_8COONa + H_2SO_4 \longrightarrow CH_2{=}CH(CH_2)_8COOH + Na_2SO_4$$

粗 10-十一烯酸经减压蒸馏精制提纯，10-十一烯酸熔点为 21℃。

**(4) 溴化** 10-十一烯酸在过氧化物存在下，用甲苯作溶剂，在 30℃左右与 HBr 发生反马氏加成反应（Markovnikov）生成 $\omega$-溴代十一酸，化学反应式为：

$$CH_2 = CH(CH_2)_8COOH + HBr \longrightarrow Br(CH_2)_{10}COOH$$

10-十一烯酸与溶剂配比为1∶3，得到的溴代酸熔点在47℃以上，产率90%以上。

**(5) 氨解** 溴化产物在常温（20℃）下与氨水反应生成ω-氨基十一酸（即尼龙11的单体）和溴化铵，化学反应式为：

$$Br(CH_2)_{10}COOH + NH_3 \longrightarrow NH_2(CH_2)_{10}COOH + NH_4Br$$

## 2.4.2 聚酰胺11的聚合过程与工艺

聚酰胺11的聚合原理比较简单，但工业上反应难以控制。反应过程为：粉末状的ω-氨基十一酸加入聚合釜，用磷酸等作催化剂，在220～270℃的温度下进行缩聚反应生成尼龙11。其过程包括单体熔融、聚合、切粒、干燥和包装。化学反应式为：

$$nNH_2(CH_2)_{10}COOH \longrightarrow H\!\left[NH(CH_2)_{10}CO\right]_nOH + (n-1)H_2O$$

缩聚方法为熔融缩聚，生产方式有间断和连续两种。间断熔融缩聚反应单体分批进入高压聚合釜；连续熔融缩聚单体连续进入管式缩聚釜，一般在常压下进行。加料方式可以以单体粉末直接加入，也可以以单体的水悬浮液加入。目前多采用以悬浮液加料方式在管式缩聚釜中进行连续生产。图2-25为连续聚合工艺流程。

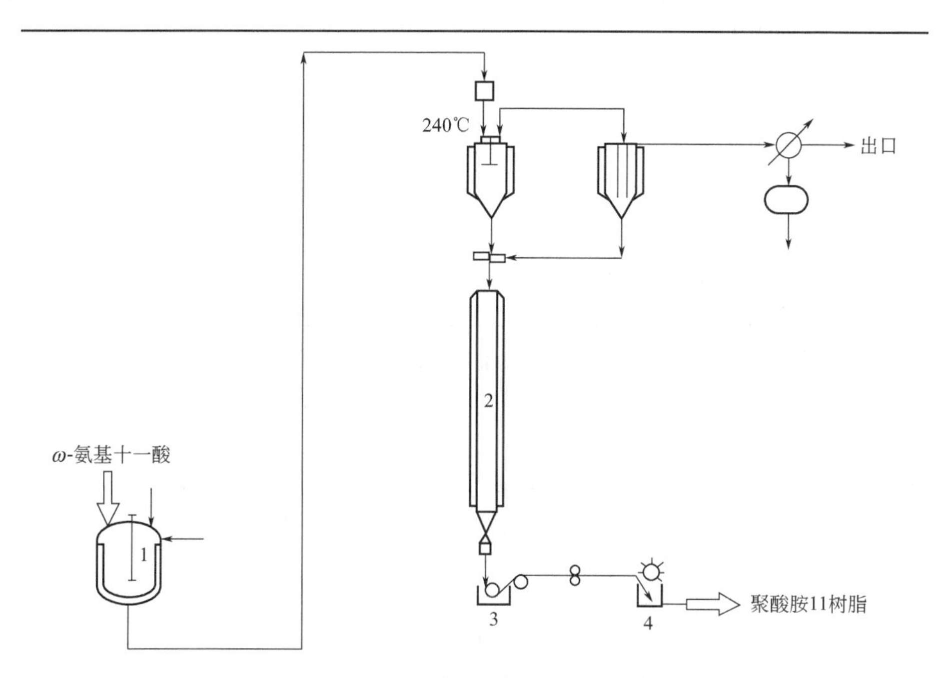


■ 图2-25 连续法生产尼龙11切片的流程

1—浆料罐；2—反应器；3—冷却器；4—切粒机

# 2.5 聚酰胺 12

学名：聚十二内酰胺、聚月桂内酰胺

俗称：尼龙 12

英文名：polylaurylactam，nylon-12（PA12）

结构式：

$$\left[ NH \left( CH_2 \right)_{11} CO \right]_n$$

尼龙 12 是一种性能优良的工程塑料，1966 年德国 Hüls 公司首先以丁二烯为原料实现了尼龙 12 的工业化生产。1969 年英国 B. P Chemicals 公司开发了以环己酮为原料制备 PA12 的方法，后日本宇部兴产公司（UBE）采用此工艺建成了生产装置。1978 年意大利 Snia 公司开发出以环十二碳三烯（CDT）为原料合成了 ω-氨基十二酸。

2010 年，全球尼龙 12 总产能估计在 100kt/a 以上，主要有法国 ARKEMA、德国 DEGUSSA、瑞士 EMS、日本 UBE 等 4 家供应商。

我国江苏淮阴化工研究院和上海合成树脂研究所合作，从 1977 年开始以丁二烯为原料，进行尼龙 12 合成的研究，1982 年建成模拟装置，1993 年，建成中试装置。1989 年中石化巴陵石化以环己酮为原料，进行了尼龙 12 小试研究。

## 2.5.1 原料的制备

尼龙 12 可由 ω-氨基十二酸（ω-氨基月桂酸、ADA）或 ω-十二碳内酰胺（月桂内酰胺）单体聚合而制得。其单体合成路线有丁二烯和环己酮两种原料路线。丁二烯路线以丁二烯为原料合成环十二碳三烯（CDT），再以 CDT 为原料用氧化肟化法、光亚硝化法合成 ω-十二碳内酰胺，或者以 CDT 为原料用 $O_3$ 氧化法合成 ω-氨基十二酸。环己酮路线以环己酮为原料合成 ω-氨基十二酸。其中，丁二烯路线应用较广，环己酮路线仅日本宇部兴产实现工业化。

### 2.5.1.1 以丁二烯为原料的技术路线

丁二烯原料路线合成尼龙 12 单体有 3 种方法，即氧化肟化法（Hüls 法）、光亚硝化法和斯尼亚法（Snia 法）。

**(1) 氧化肟化法** 由德国 Hüls 公司开发，最早实现工业化生产。其基本过程是：将丁二烯三聚合成 CDT，然后 CDT 经过加氢生成环十二烷，再经过类似环己烷为原料合成己内酰胺的方法，合成 ω-十二碳内酰胺。反应过程如下：

① 环 1,5,9-十二碳三烯合成

$$CH_2{=}CH{-}CH{=}CH_2 \xrightarrow{\text{Ni-络合物}} \text{(CDT)}$$

环 1,5,9-十二碳三烯存在三种异构体：

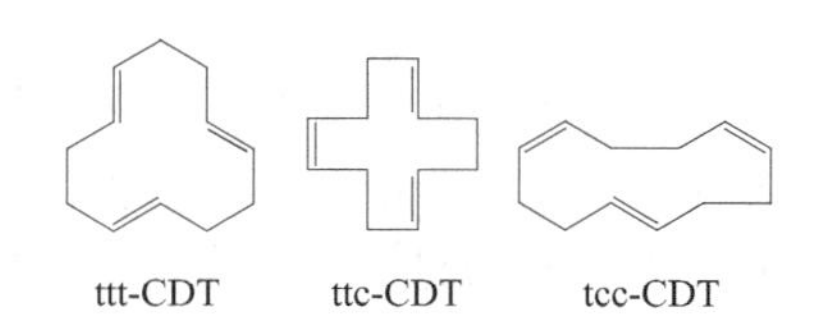


反应条件：以苯、甲苯或环己烷为溶剂，反应温度 60～67℃，反应时间 1h，转化率 98%，收率 92%。副产物为环辛二烯，乙烯基环己烯低聚物等。催化剂见表 2-8 所列。

■表 2-8　合成 CDT 的催化剂

| 过渡金属化合物 | 有机铝化合物 | CDT 收率/% |
|---|---|---|
| $TiCl_4$ | $(C_2H_5)_3Al_2Cl_3$ | 90～92 |
| $TiCl_4$-RCOOH | | 88 |
| $Ti[N(C_2H_5)_2]Cl_3$ | $(C_2H_5)_2AlCl$ | 90 |
| $Ti(acac)_2O$ | | 86～88 |
| $Ti(acac)_2Cl_2$ | $R_3Al_2Cl_3$ | 89～92 |
| $Ti(C_6H_5COOCH_3)_2Cl_2$ | $(C_2H_5)_3Al_2Cl_3$ | 91～93 |

② 环十二烷合成

$$\text{CDT} + H_2 \longrightarrow \text{环十二烷}$$

反应条件：雷尼镍催化剂，反应温度为 200～209℃，压力 2.94～3.29MPa。CDT 转化率为 91%，选择性为 99.9%。环十二烷熔点为 61℃，沸点为 60℃（0.133kPa）。

③ 环十二烷氧化制环十二酮

$$\text{环十二烷} + O_2 \xrightarrow{\text{催化剂}} \text{环十二酮}(=O) + \text{环十二醇}(-OH)$$

环十二醇（CDOL）：$T_m$ 80℃，沸点为 141～142℃(1.467kPa)

环十二酮（CDON）：$T_m$ 60℃，沸点为 125℃(1.60kPa)

$$\text{环十二醇}(-OH) \xrightarrow[\text{催化剂}]{-H_2} \text{环十二酮}(=O)$$

④ 环十二酮肟化制环十二酮肟

$$\text{环十二酮}(=O) + NH_2OH \cdot H_2SO_4 \longrightarrow \text{环十二酮肟}(=NOH) + H_2O + H_2SO_4$$

⑤ 重排

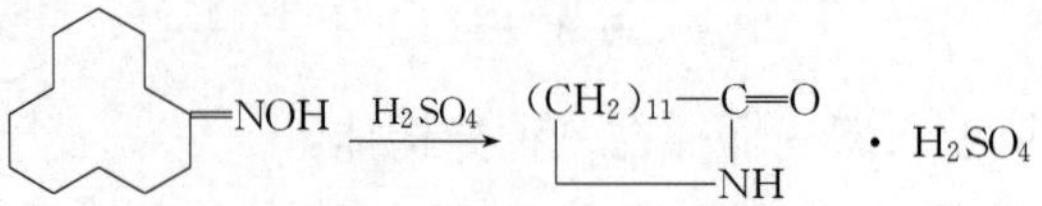

$$\text{环十二酮肟}(=NOH) \xrightarrow{H_2SO_4} (CH_2)_{11}-C(=O)-NH \text{(环)} \cdot H_2SO_4$$

重排产物（ω-十二碳内酰胺磺酸酯）水解温度为 95℃，反应 0.5h。ω-十二碳内酰胺熔点为 160℃，沸点为 185℃。

**(2) 光亚硝化法（ATO 法）** 在高压汞灯照射下，在 HCl 存在下使环十二烷与氯化亚硝酰反应，得到环十二酮肟盐酸盐，再经发烟硫酸 Beckmann 重排得到 ω-十二碳内酰胺。法国 ATO（Aguitane Total Organico）公司于 1971 年建成 8kt/a 的装置。反应式如下：

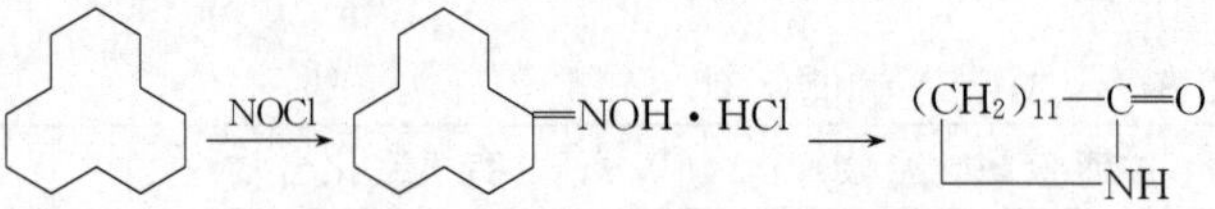

$$\text{环十二烷} \xrightarrow{NOCl} \text{环十二酮肟}(=NOH \cdot HCl) \longrightarrow (CH_2)_{11}-C(=O)-NH \text{(环)}$$

**(3) 斯尼亚法** 此法为意大利 Snia Viscosa 公司 1978 年发明，以 CDT 为原料，用臭氧（$O_3$）氧化合成 ω-氨基十二酸，其化学反应式如下：

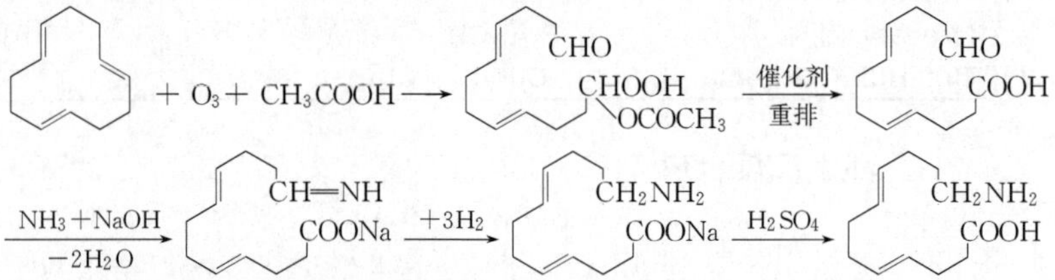

$$\text{CDT} + O_3 + CH_3COOH \longrightarrow \text{(CHO, CHOOH-OCOCH}_3\text{)} \xrightarrow[\text{重排}]{\text{催化剂}} \text{(CHO, COOH)}$$

$$\xrightarrow[-2H_2O]{NH_3+NaOH} \text{(CH=NH, COONa)} \xrightarrow{+3H_2} \text{(CH}_2\text{NH}_2\text{, COONa)} \xrightarrow{H_2SO_4} \text{(CH}_2\text{NH}_2\text{, COOH)}$$

### 2.5.1.2 以环己酮为原料的技术路线

以环己酮为原料，经 PXA（1,1-过氧化双环己胺）合成、热分解，加氢可制得尼龙 12 单体 ω-氨基十二酸。

**(1) PXA 的合成** 环己酮在过氧化氢、氨水和催化剂下，常压室温反应生成 PXA。其反应机理有 2 种：

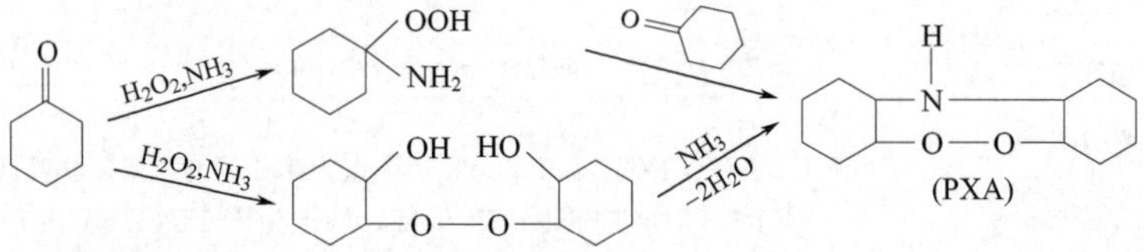

$$\text{环己酮} \xrightarrow{H_2O_2,NH_3} \text{1-OOH-1-NH}_2\text{-环己烷} \xrightarrow{+\text{环己酮}} \text{PXA}$$

$$\text{环己酮} \xrightarrow{H_2O_2,NH_3} \text{HO-C}_6\text{H}_{10}\text{-O-O-C}_6\text{H}_{10}\text{-OH} \xrightarrow[-2H_2O]{NH_3} \text{PXA}$$

(PXA)

**(2) 热分解过程** 热分解主要是将 PXA 在 350～600℃气相（用过热水蒸气）加热分解为 11-氰基十一酸（CUA）。副产物有己内酰胺（约 20%）。

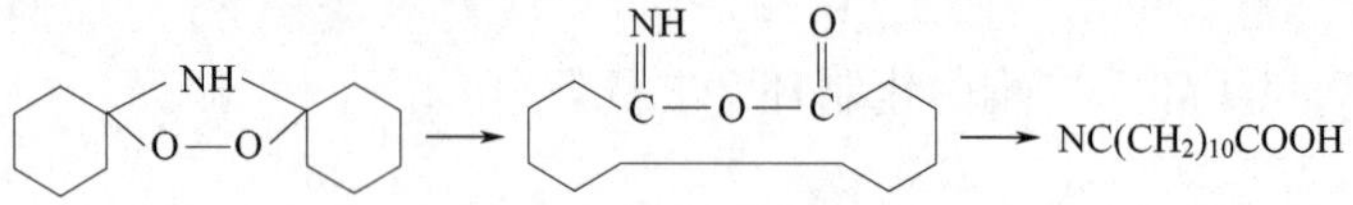

$$\text{PXA (NH, O-O)} \longrightarrow \text{环状 C(=NH)-O-C(=O)} \longrightarrow NC(CH_2)_{10}COOH$$

**(3) CUA 加氢工序** 该工序是将结晶的 CUA 溶解在乙醇及水的混合液中进行催化加氢还原成 ADA。加氢催化剂为雷尼镍。

$$NC(CH_2)_{10}COOH \xrightarrow[\text{催化剂}]{+H_2} H_2N(CH_2)_{11}COOH$$

上述 4 种方法各有特点，氧化肟化法工艺成熟，原料丰富，收率高，反应条件不苛刻，与尼龙 6 合成相似，缺点是流程复杂；ATO 法主要缺点是耗电量大，设备腐蚀严重，但其流程比氧化肟化法短，生产成本低于氧化肟化法；Snia 法特点是在常温常压，中间产物为液态的条件下操作，工艺流程短，品种调整灵活，只要对工艺稍作改变就可生产一系列 $C_{12}$ 产品。缺点是产物收率低（约 50%），高温分解制 CUA 操作较难。

## 2.5.2 聚酰胺 12 的聚合过程与工艺

聚酰胺 12 由 ω-氨基十二酸或 ω-十二碳内酰胺聚合而成。

ω-氨基十二酸的聚合机理与 PA11 的聚合基本相同，聚合温度为 200～250℃，反应式如下：

$$NH_2(CH_2)_{11}COOH \longrightarrow \text{-}[NH-(CH_2)_{11}-CO]_n\text{-} + (n-1)H_2O$$

ω-十二碳内酰胺的聚合机理与己内酰胺相似，但开环反应比己内酰胺的开环反应慢。一般采用酸催化开环，如二元酸、ω-氨基酸或聚酰胺盐作开环剂，也可用磷酸、有机膦酸和有机磺酸作水解聚合的催化剂。反应式如下：

$$\underbrace{(CH_2)_{11}-C{=}O}_{\text{环}\,-NH-} \xrightarrow{H_2O} \text{-}[NH-(CH_2)_n-\overset{O}{\overset{\|}{C}}]_n\text{-}$$

其主要工艺条件：水 3%；乙二酸（开环剂）0.2%；反应温度 280℃，压力 1.93MPa，吹扫气体 $N_2$；收率 99.5%。工艺流程如图 2-26 所示。

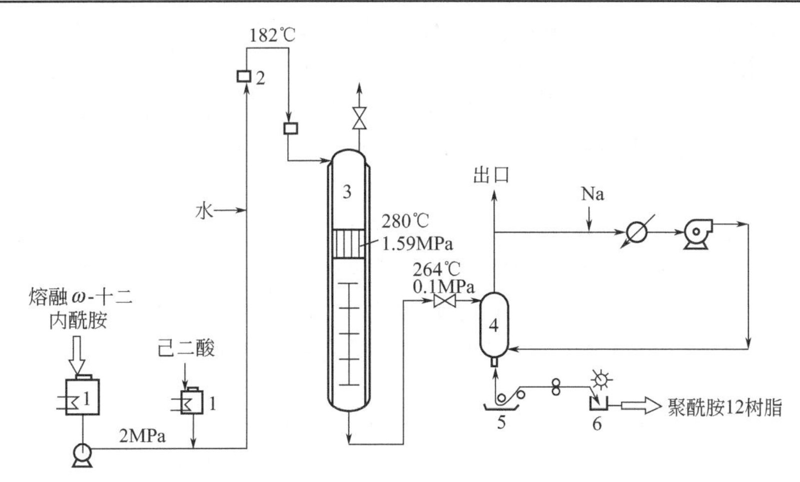


■ 图 2-26　尼龙 12 连续生产工艺流程

1—贮罐；2—混合器；3—反应器；4—柱式反应器；5—冷却器；6—切粒机

# 2.6 聚酰胺 46

学名：聚己二酰丁二胺

俗称：尼龙 46

英文：polytetramethyleme adipamide，nylon46（PA46）

结构式：$\{NH—(CH_2)_4—NH—CO(CH_2)_4—CO\}_n$

20 世纪 30 年代，美国杜邦公司研究开发了低分子量 PA46。1979 年 R. Gaymans 和 J. Schuyer 在研究固相聚合时，获得了高分子量的 PA46。DSM 公司 H. Jacobs 提出了以丙烯腈和氰化氢为原料合成 1,4-丁二胺，为 PA46 规模化生产奠定了基础。1985 年，PA46 工业试验在 DSM 日本工厂进行，1990 年建成年产 20kt/a 工业生产装置，1995 年，DSM 和尤尼卡公司确定了 PA46 的工业化路线。

## 2.6.1 原料的制备

**(1) 己二酸** 己二酸生产参见尼龙 66 部分。

**(2) 丁二胺** 丁二胺（1,4-二氨基丁烷，简称 TMDA）采用两步合成，首先丙烯腈和氢氰酸反应合成丁二腈，然后丁二腈加氢制得丁二胺，主要化学反应如下：

$$CH_2=CHCN + HCN \longrightarrow NCCH_2CH_2CN \quad +131.80kJ/mol$$

$$NCCH_2CH_2CN + H_2 \longrightarrow H_2N(CH_2)_4NH_2 \quad +244.76kJ/mol$$

① 丙烯腈的氢氰化 在 70℃的反应温度下，将丙烯腈、氢氰酸、三乙胺以恒定的速率加入到氰氢化反应器中，反应物的平均停留时间约为 40min，以夹套中的冷却水除去反应热，使反应温度维持在 70℃。反应粗产物中含有 88%（质量）的丁二腈、6%（质量）的丙烯腈、5%（质量）的三乙胺、少于 1%（质量）的重组分。粗产物通过薄膜蒸发器分离出纯净的丁二腈，未反应的丙烯腈和三乙胺循环使用。

② 丁二腈加氢还原 丁二腈、液氨、新鲜氢和循环氢气一起进入加氢反应器，维持反应温度 80℃，压力 9MPa，物料停留时间 40min。反应完成后，在 80℃，0.3MPa 的压力下分离反应混合物，过量的液氨和氢气循环使用。分离出粗丁二胺中的催化剂后，再经过薄片蒸发器分离出少量的重组分得到成品丁二胺。反应条件和结果列在表 2-9 中。

■表 2-9 DSM 丁二胺工艺

| 项 目 | 氰氢化工序 | 加氢工序 |
|---|---|---|
| 反应条件 | | |
| 温度/℃ | 70 | 80 |
| 压力/MPa | 平衡压力 | 9 |
| 反应时间/min | 40 | 40 |

续表

| 项　　目 | 氰氢化工序 | 加氢工序 |
|---|---|---|
| 转化率/% | | |
| 丙烯腈 | 82.5 | — |
| 氢氰酸 | 100.0 | — |
| 丁二腈 | — | 100.0 |
| 选择性/% | | |
| 丁二腈 | 99.0 | — |
| 丁二胺 | — | 96.8 |
| 四氢吡咯 | — | 2.7 |
| 重组分 | 1.0 | 0.5 |
| 收率/% | | |
| 以丙烯腈计 | 94 | |
| 以氢氰酸计 | 100 | |

注：催化剂中含 30%（质量）的钴、66.5%（质量）的铝、3.5%（质量）的锰。

## 2.6.2 聚酰胺 46 的聚合过程与工艺

PA46 聚合过程一般分为 3 个步骤：成盐、预聚、后缩聚（固相聚合）。

**(1) PA46 盐的制备**　根据 DSM 公司专利，将 TMDA 溶于甲醇中［甲醇：TMDA=8：1（质量）］，并加入等物质的量的己二酸反应，析出 PA46 盐，经过滤、洗涤、干燥，即得到聚合用的 PA46 盐，甲醇循环使用。丁二胺和己二酸纯度较高时，可采用类似尼龙 66 水溶液成盐法。

$$\underset{\text{1,4-二氨基丁烷(TMDA)}}{NH_2(CH_2)_4NH_2} + \underset{\text{己二酸}}{HOOC(CH_2)_4COOH} \longrightarrow \underset{\text{PA46 盐}}{{}^{+}H_3N(CH_2)_4NH_3^{+} \cdot {}^{-}OOC(CH_2)_4COO^{-}}$$

**(2) 预聚**　在有回流冷凝器的反应釜中，用极性溶剂 *N*-甲基-2-吡咯烷酮作溶剂，在 175～200℃下，过量的 TMDA 与尼龙 46 盐反应 2～6 h，得到白色的预聚体。

$$(m \cdot n)\,{}^{+}H_3N(CH_2)_4NH_3^{+} \cdot {}^{-}OOC(CH_2)_4COO^{-} + mH_2N(CH_2)_4NH_2 \longrightarrow mH{+}HN(CH_2)_4NH-\underset{\underset{O}{\|}}{C}-(CH_2)_4-\underset{\underset{O}{\|}}{C}{+}_nNH(CH_2)_4NH_2 + 2m \cdot n\,H_2O$$

采用预聚主要是防止在高温下，熔融缩聚反应时各种副反应的发生，如氧化分解、热分解、末端胺基环合等，以得到高分子量的聚合物。

**(3) 后缩聚**　将所得的预聚体粉碎成 1～1.5mm 的小颗粒，装入带有搅拌的反应釜或转鼓等反应器中，在 225～275℃下，聚合 2～12h，并在反应器中通入过热蒸气和 $N_2$ 组成的混合气体（$H_2O$：$N_2$＝1：3）可制得平均相对分子质量为 15000～75000 的白色聚合物。

聚合过程中有热降解、氧化降解等副反应发生。

除固相缩聚（后缩聚）外，还可通过界面缩聚、溶液缩聚、熔融聚合等方法合成尼龙 46。

# 2.7 聚酰胺 610、聚酰胺 612

聚酰胺 610，化学名称：聚癸二酰己二胺；俗称：尼龙 610；英文：polyhexamethylene sebamide，nylon610（PA610）；结构式：$\left[ NH—(CH_2)_6—NH—CO(CH_2)_8—CO \right]_n$

聚酰胺 612，化学名称：聚十二烷酰己二胺；俗称：尼龙 612；英文：polyhexamethylene dodecanamide，nylon612（PA612）；结构式：$\left[ NH—(CH_2)_6—NH—CO(CH_2)_{10}—CO \right]_n$

1941 年，美国杜邦公司开发出 PA610 工程塑料，20 世纪 60 年代投产。目前，我国生产 PA610 切片的厂家主要有神马尼龙工程塑料公司、江苏兴隆尼龙有限公司、山东东辰工程塑料有限公司、浙江慈溪洁达公司等，其中神马尼龙工程塑料公司是最大的生产厂家，2010 年产能达 20kt/a。

尼龙 612 也由美国杜邦公司首先制备，1970 年投产。我国上海合成树脂研究所、山东东辰工程塑料有限公司、中石化巴陵石化公司、郑州大学等都对尼龙 612 进行过研究，但至今均未有工业化。目前，我国尼龙 612 主要从美国、日本进口。国外主要生产商有美国杜邦、日本东丽等。

## 2.7.1 聚酰胺 610 的生产工艺

尼龙 610 由己二胺（见聚酰胺 66 部分）和癸二酸（见聚酰胺 1010 部分）经成盐、缩聚而制备，聚合工艺基本和尼龙 66 相同。与尼龙 66 聚合的主要差异在于己二酸、癸二酸的离解常数不同（分别为 $3.6\times10^{-5}$、$2.3\times10^{-5}$），所以聚合速度有变化，并且癸二酸的热稳定性比己二酸更好。

$$H_2N(CH_2)_6NH_2 + HOOC(CH_2)_8COOH \longrightarrow$$

$$^{+}H_3N(CH_2)_6NH_3^{+} \cdot {}^{-}OOC(CH_2)_8COO^{-} \xrightarrow[-H_2O]{\text{缩聚}} \left[ NH(CH_2)_6NHCO(CH_2)_8CO \right]_n$$

聚合过程：将等摩尔比的己二胺与癸二酸在乙醇中于 70℃ 中和，生成尼龙 610 盐，然后在 270～300℃，1.7～2.0MPa 压力下进行间歇或连续聚合，其工艺流程如图 2-27 所示，聚合过程比尼龙 66 更易控制。

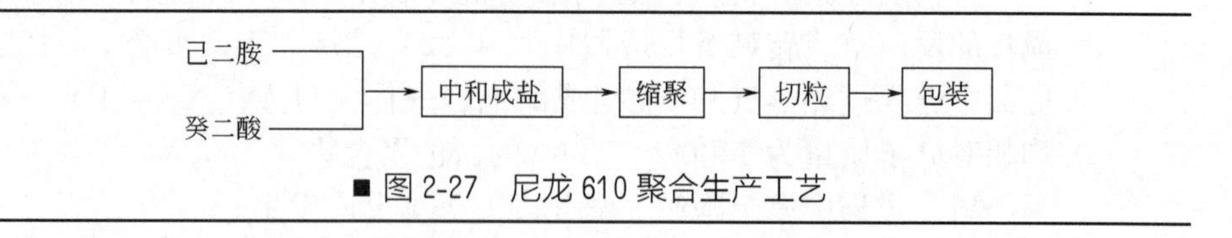


■ 图 2-27 尼龙 610 聚合生产工艺

除了使用乙醇等有机溶剂外，还可使用水作溶剂。专利 CN1557858 中提出了一种以水为溶剂制造尼龙 610 盐的工艺，制造方法是：将己二胺溶于水中，再往其中投入癸二酸进行中和反应，然后进行缩聚制成 PA610。该方法具有无易燃危险、原料消耗低等特点。

尼龙 610 聚合工艺有连续法和间歇法两种，前者是将合成的尼龙 610 盐经螺杆式连续反应器，停留一定时间（以达到一定的分子量或相对黏度），然后挤出造粒或直接进行纺丝；后者是将尼龙 610 盐配以一定量的助剂，投入间歇式聚合反应釜中，在一定的温度和压力下，经过一定的反应时间，达到所需的相对黏度。

## 2.7.2 聚酰胺 612 的生产工艺

**(1) 原料的制备**　尼龙 612 以己二胺（制法见聚酰胺 66 部分内容）和十二碳二元酸为原料缩聚制备，原料十二碳二元酸可以通过化学合成法或者微生物发酵法制得。

化学合成法：采用环十二碳酮和环十二醇（制法见聚酰胺 12 部分内容）经硝酸氧化制备，反应式如下：

$$\text{环十二醇(—OH)} \longrightarrow \text{环十二酮(=O)} \xrightarrow{+HNO_3} HOOC(CH_2)_{10}COOH + HNO_3$$

生产流程如图 2-28 所示。

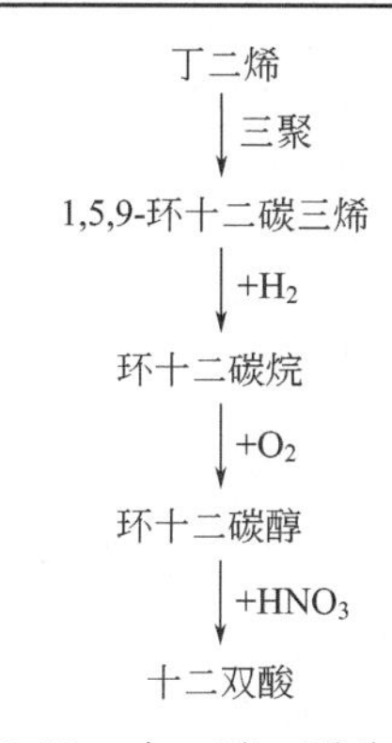


■ 图 2-28　十二碳二酸生产流程

微生物发酵法：以石油轻蜡（十二正构烷烃）为原料经微生物发酵制备。

**(2) 聚酰胺 612 的聚合**　尼龙 612 的聚合生产过程与尼龙 66 基本上相同。以己二胺和十二碳二元酸为原料中和生成 PA 612 盐（熔点 166℃），再经缩聚制得尼龙 612，聚合反应式如下：

$$H_2N(CH_2)_6NH_2 + HOOC(CH_2)_{10}COOH \longrightarrow$$

$$^{+}H_3N(CH_2)_6NH_3^{+} \cdot {}^{-}OOC(CH_2)_{10}COO^{-} \xrightarrow[-H_2O]{\text{缩聚}} \left[ NH(CH_2)_6NHCO(CH_2)_{10}CO \right]_n$$

聚合过程为：将己二胺与十二碳二元酸溶解在乙醇中，在 70～90℃搅拌混合 30～60min，进行中和反应，调节溶液的 pH 值至适当范围，然后室温下冷却结晶，离心分离得到 PA612 盐，再将 PA612 盐、分子量调节剂（冰醋酸、己二酸和癸二酸等有机酸或有机胺）、去离子水、抗氧剂（亚磷酸等）加入到聚合釜中，加热升温至 200～275℃，在 0～2.0MPa 的压力下，聚合 2～8h，然后减压到常压，继续保温 5～60min，排气即制备出尼龙 612。此方法制备尼龙 612 需要将尼龙 612 盐与乙醇进行分离、洗涤、干燥后再进行聚合反应，因此工艺流程长，物耗能耗较高。

为了降低成本，保护环境，安全生产，中石化巴陵石化公司提供了一种以水为溶剂、高效节能的 PA612 制备工艺。将十二碳二元酸、己二胺、水加入反应器中，其中十二碳二元酸与己二胺等物质的量加入、水的加入量为总量的 20%～60%，在 50～130℃下进行成盐反应。

郑州大学也采用水替代乙醇为溶剂合成了尼龙 612，并且提出将活性炭吸附和膜过滤技术直接应用于尼龙 612 盐提纯，省去了对反应原料的提纯。

## 2.8 长碳链聚酰胺

尼龙分子结构单元中平均碳原子数大于 10 的尼龙通常称为长碳链尼龙。除了前面已经介绍的尼龙 1010、尼龙 11、尼龙 12 等长碳链尼龙品种外，还有尼龙 1212、尼龙 1111、尼龙 1311、尼龙 1313 等一些品种。本节将着重介绍工艺比较成熟的聚酰胺 1212 的制法和其他长碳链尼龙的一般制法。

### 2.8.1 聚酰胺 1212 的生产工艺

杜邦公司于 1988 年开始生产尼龙 1212，商品名 Zytel®，1991 年停产。

我国郑州大学从 1976 年开始与中国科学院微生物研究所合作进行长碳链尼龙的研究，1998 年生产出具有自主知识产权的尼龙 1212 新品种，性能指标接近进口尼龙 12 的水平。

根据十二碳二酸（DDA、DDDA、DC12）的来源不同，尼龙 1212 生产工艺分为丁二烯工艺、传统的（蓖麻油、石油）发酵工艺和以环己酮为原料的制备工艺。

#### 2.8.1.1 丁二烯工艺

此工艺中，二元羧酸和二元胺均来自于丁二烯。主要工艺过程如下。

**(1) 丁二烯三聚制 1,5,9-环十二烷三烯（CDT）** 在催化剂存在下，1,3-丁二烯三聚合成 CDT，其制法见聚酰胺 12 部分内容。

**(2) 环十二碳三烯部分加氢制环十二烯（CDD）** CDT 加氢操作，CDT 可先用乙醇或丙醇进行稀释，也可不用溶剂稀释。

在未稀释的情况下加氢，反应温度为120～150℃，反应压力7～10MPa，反应时间6h，催化剂为碘化镍与三苯基膦的络合物，相对于催化剂的物质的量，三苯基膦过量约2～3mol，CDT的转化率约99.8%，CDD的选择性达99.9%。

在稀释的情况下加氢，反应条件更加温和，温度为75～125℃，压力0.25～0.8MPa，反应时间1.3～6h，三氯化铱和氯化锡为催化剂。CDT转化率为40%～70%，CDD选择性为40%～80%，环十二烷的选择性为2%～7%。

**(3) 环十二烯氧化制十二碳二羧酸（DDA）** 在催化剂存在下，环十二烯可用硝酸或双氧水氧化得到十二烷二酸（DDA）。

以硝酸为氧化剂，在$OsO_4$和$V_2O_5$存在下，反应温度60～120℃，压力0.1～0.7MPa，反应1h。反应溶剂可采用二氧杂环己烷或乙酸，DDA的收率为70%～86%。如果反应中采用等物质的量的$OsO_4$和CDT，DDA的收率可进一步提高。反应的副产物为十一烷二酸和癸二酸。

以双氧水为氧化剂，反应温度50～150℃，反应时间5h，反应介质冰醋酸，催化剂七氧化铼。采用30%（质量）的双氧水时可取得最佳收率。

制备DDA还有以下几种方法，但收率都很低：

① 十一烯酸加氢羧基化——转化率54%，选择性77%；

② 环十二烷催化氧化为环十二醇和环十二酮，再用60%的硝酸氧化得到DDA，环十二烷的单程转化率为20%；

③ 在螯合的亚铁离子存在下，环己酮与双氧水反应得到DDA，收率约40%～50%。

**(4) 十二碳二胺（DMDA）制备** 在温度315～345℃，反应6h左右，DDA与50%氨气反应生成1,12-十二碳二腈（DDN）。反应副产物包括水、低沸点的羧酸酯及一些重组分等。DDN收率约69%～93%。脱水催化剂可采用磷酸、碱金属的磷酸盐或硫酸盐等。

DDN加氢还原为DMDA与传统工艺类似，以Raney Ni为催化剂，在固定床反应器中完成加氢操作。主要化学反应过程如下：

$$HOOC(CH_2)_{10}COOH + NH_3 \longrightarrow NH_4OOC(CH_2)_{10}COONH_4 + H_2O$$

$$NH_4OOC(CH_2)_{10}COONH_4 \xrightarrow{-H_2O} NH_2OC(CH_2)_{10}CONH_2 \xrightarrow{-H_2O} NC(CH_2)_{10}CN$$

$$NC(CH_2)_{10}CN + H_2 \longrightarrow H_2N(CH_2)_{12}NH_2$$

**(5) 尼龙1212的制备** 采用与尼龙66相似的缩聚法工艺，DDA与DMDA缩聚得到尼龙1212。

#### 2.8.1.2 石油发酵工艺

传统发酵法生产DDA过程中，原料一般采用蓖麻油、芥子油等，但由于来源有限，未能实现规模化生产。中科院微生物研究所通过对传统生产装置进行改进，研制了以轻蜡油中的C12为原料制备DDA的微生物发酵工艺。郑州大学以石油发酵十二碳二酸为原料，通过腈化、胺化、中和及聚合等步骤合成了尼龙 1212。试生产中，腈化、胺化、中和及聚合反应率分别为 87.9%、86.5%、90.2%和 90%。其合成过程如下：

$$石油轻蜡 \xrightarrow{微生物发酵} HOOC(CH_2)_{10}COOH \xrightleftharpoons{腈化} NC(CH_2)_{10}CN \xrightarrow[H_2\ 催化]{胺化} H_2N(CH_2)_{12}NH_2$$

$$\xrightarrow[十二碳二酸]{中和} {}^{+}NH_3(CH_2)_{12}NH_3^{+} \cdot {}^{-}OOC(CH_2)_{10}COO^{-} \xrightarrow{聚合} -\!\!\!\!\!\!\!\![HN(CH_2)_{12}NHOC(CH_2)_{10}CO]_n$$

### 2.8.1.3 以环己酮为原料制备十二烷二酸

以环己酮为原料，经过氧化、开环二聚、皂化、精制等工序可制备纯度为 99% 的精品十二烷二酸。江苏东方化工集团采用该工艺建成了 200t/a 装置。

**(1) 过氧化反应** 在－5～5℃ 下，甲醇溶液中加入环己酮及无机酸，搅拌 1.5h，加入相转移催化剂和 35%的双氧水，搅拌制得甲氧基环己基过氧化物。

**(2) 开环二聚反应** 在甲醇和硫酸亚铁混合液中，在－5～5℃条件下，加入上述过氧化反应液，持续搅拌，使反应温度升到 55℃，降温终止反应，得到十二碳二酸二甲酯（简称双酯），pH 值为 0.1。

**(3) 精制、皂化、酸析** 将粗双酯精制后加入碳酸钠溶液中，在 70℃发生皂化反应，反应结束后，加入盐酸中和，使溶液 pH 值为 3～4，经过滤、水洗得到纯度为 96.0%粗十二碳二酸。

采用此工艺制十二碳二酸过程中，一般用 35%的双氧水进行过氧反应，开环二聚时甲醇添加量为环己酮的 45 倍（摩尔），硫酸亚铁的用量为环己酮的 1.8 倍（摩尔），开环二聚反应升温速率控制在 8～10℃/h，产品精制采用重结晶法，反应总收率为 66%（ 环己酮计），产品纯度为 99.0%。

## 2.8.2 其他长碳链聚酰胺的生产工艺

石油轻蜡中含有 $C_{10}$～$C_{14}$的正构烷烃，利用发酵技术，$C_{10}$～$C_{14}$正构烷烃经微生物发酵生成 $C_{10}$～$C_{14}$二酸，二酸经氨化和加氢反应制得相应二胺，再分别制成相应的盐，然后经过滤、洗涤和干燥，最后再缩聚成相应长碳链尼龙。

### 2.8.2.1 原料的制备

**(1) 石油发酵法制备长碳链二元酸** 长链二元酸是指碳链中含有十个以上碳原子的直链二元羧酸。我国中科院微生物所首先采用石油微生物发酵技术制备了长碳链二元酸。目前，我国已有多家长碳链二元酸生产企业，大多采用石油微生物发酵技术，2010 年总产能约 50kt/a，其中，山东瀚霖生物技术有限公司产能为 30kt/a。石油微生物发酵制长碳链二元酸主要工艺流程如图 2-29 所示。

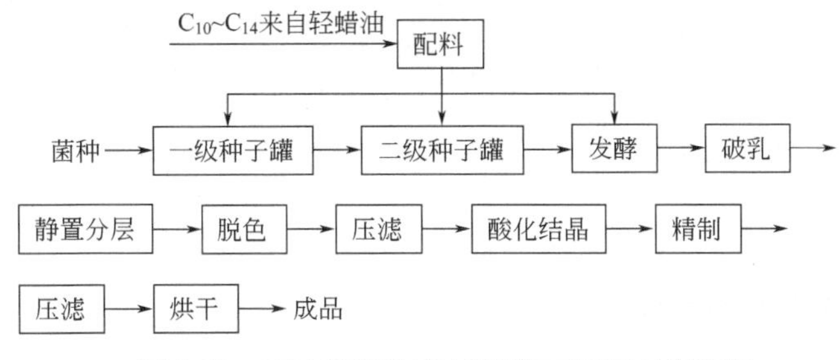


■ 图 2-29　石油发酵生产长碳链二元酸工艺流程

石油发酵和淀粉、蓖麻油发酵有相同点，也有不同之处。传统的发酵工艺设备不能完全用于石油发酵生产。石油发酵的工艺设计必须结合石油提炼，才能顺利生产，种子罐、发酵罐、搅拌装置、冷却装置及内外部的结构设计能使产酸率提高 20%，节能 25%。

**(2) 长碳链二元腈的制备**　$C_{10}$～$C_{14}$二酸在氨气作用下能生成相应的二腈。以 $C_{13}$二酸为例，熔融的十三碳二元酸与氨气反应生成十三碳二元酸铵盐，铵盐在 200℃以上开始脱水生成十三碳二酰胺，随着温度的升高十三碳二酰胺进一步脱水生成十三碳二元腈。此过程可加入磷酸做催化剂，提高产物收率，缩短反应时间，反应式如下：

$$HOOC(CH_2)_{11}COOH + NH_3 \xrightarrow{150\sim160℃} NH_4OOC(CH_2)_{11}COONH_4 \xrightarrow{200\sim280℃}$$

$$NH_2OC(CH_2)_{11}CONH_2 + H_2O \xrightarrow{300\sim350℃} NC(CH_2)_{11}CN + H_2O$$

**(3) 长碳链二元胺的制备**　$C_{10}$～$C_{14}$二腈加氢能生成相应二胺。以 $C_{13}$二腈为例，采用乙醇为溶剂，骨架镍为催化剂，氢氧化钾为助催化剂，在 2.5MPa 压力下，温度 80～110℃，十三碳二元腈加氢制得十三碳二元胺，反应式如下：

$$NC(CH_2)_{11}CN + H_2 \xrightarrow{80\sim110℃,\text{乙醇},\text{催化剂}} NH_2(CH_2)_{13}NH$$

### 2.8.2.2 长碳链聚酰胺的聚合过程与工艺

**(1) 长碳链尼龙盐的制备**　$C_{10}$～$C_{14}$尼龙的聚合过程与尼龙 66 相似，将二元酸和二元胺等摩尔中和反应即可得到相应的盐。一般用乙醇为溶剂，利用长碳链尼龙盐在乙醇中溶解度很小的特点（如 40℃时，尼龙 1311 盐在乙醇中的饱和浓度为 0.06%～0.07%），把长碳链尼龙盐从乙醇中分离出来。反应式如下：

$$HOOC(CH_2)_9COOH + NH_2(CH_2)_{13}NH_2 \xrightarrow{75℃,\text{乙醇}}$$

$$^{+}H_3N(CH_2)_{13}NH_3^{+} \cdot {}^{-}OOC(CH_2)_9COO^{-}$$

**(2) 长碳链尼龙的缩聚**　合成的尼龙盐在 200～220℃，一定压力下脱水缩聚生成结晶性线性高分子。以 PA1311 为例，反应式如下：

$$n\ {}^{+}H_3N(CH_2)_{13}NH_3^{+} \cdot {}^{-}OOC(CH_2)_9COO^{-} \xrightarrow{200\sim220℃,1.1MPa}$$

$$\text{-}\!\!\left[HN(CH_2)_{13}NHOC(CH_2)_9CO\right]\!\!\text{-}_n + (2n-1)H_2O$$

将尼龙 1311 盐、防老剂、分子量调节剂按 1∶0.001∶0.006 的比例混合加入聚合釜中，充入二氧化碳气体（或者氮气）至 0.05MPa，升温至 220℃时，保持压力在 1.1MPa 左右，制得的物料经水冷却、切粒、烘干后即得尼龙 1311 成品。收率为 90.1%。

# 2.9 芳香族聚酰胺

在尼龙分子主链中引入芳香环，可改善尼龙的性能。如果将合成尼龙的二元酸或二元胺分别以芳香族二元酸或二元胺代替，则得到的尼龙被称为“半芳香族尼龙”；以芳香族二元胺和芳香族二元酸合成得到的尼龙则被称为“全芳香族尼龙”。

## 2.9.1 半芳香族聚酰胺

半芳香族尼龙是由脂肪族二胺或二酸与带芳香环的二酸或二胺，经缩聚制得，是芳香族尼龙的一种。目前工业上生产的半芳香族尼龙主要有改性尼龙 6T 系列（“6”代表己二胺，“T”代表对苯二甲酸）、尼龙 9T（壬二胺和对苯二甲酸的缩聚产物）、尼龙 10T、尼龙 MXD6（间苯二甲胺（MXDA）与己二酸的缩聚产物）等。正在研发的有 PA4T、PA12T、PA13T 等。

### 2.9.1.1 PPA 合成工艺

聚苯二酰胺（Poly Phthamide，简称 PPA）是以对苯二甲酸、间苯二甲酸、己二酸与己二胺为原料一起反应，各自生成相应的缩聚物的混合物，是一种半芳香族尼龙 6T/6I/66 树脂，商品名称为“Amodel”。其中由对苯二甲酸和己二胺合成的聚酰胺称为 PA6T，它的熔点和分解温度接近，缩聚很难形成稳定的高质量产品，加工成型也非常困难，因此人们一般所说的 PA6T 都是指改性品种，如 PA6T/6I/66、PA6T/66，PA6T/6I、PA6T/M-5T 等。

PPA 合成过程：首先将对苯二甲酸（A）、间苯二甲酸（B）、己二酸（C）与 44%（质量）己二胺溶液按表 2-10 中比例［总酸∶己二胺的摩尔比为（1.05～1.10）∶1.0］，在适当的反应釜中，以水为溶剂，并加入适量的引发剂苯甲酸和一定量催化剂次磷酸锌，用氮气保护，在 120℃的温度以下，进行反应生成盐溶液。然后将其移入罐中（温度 220℃，约 15min）蒸出水，以降低含水量，再送入两根串联的不锈钢管的反应器内缩聚，第一根管温度为 315～325℃，第 2 根管为 325～335℃，两管压力均为 12.41MPa，最后移入双螺杆挤出机中进一步缩聚，以增大聚合物的分子量，并挤出切粒后得到 PPA 透明的树脂。

■表 2-10　二元羧酸和己二胺的摩尔比

| PPA 中摩尔比 (A∶B∶C) | 特性黏度 /(dL/g) | 熔点 /℃ |
|---|---|---|
| 65∶25∶10 | 1.00 | 300～310 |
| 60∶15∶25 | 0.95 | 301 |
| 65∶35∶0 | 1.05 | 302 |
| 50∶50∶0 | 0.97 | — |

注：1. A为 —C(=O)—C₆H₄(对位)—C(=O)—NH(CH₂)₆NH— ；B为 —C(=O)—C₆H₄(间位)—C(=O)—NH(CH₂)₆NH— ；C为 —C(=O)—(CH₂)₄—C(=O)—NH(CH₂)₆NH— 。

2. 特性黏度是在 30℃，苯酚：1,1,2,2-四氯乙烯（质量）为 60∶40 的 0.4%的溶液中测定的。

PPA 的合成也可以在带搅拌的反应釜中进行，加入对苯二甲酸∶间苯二甲酸∶己二酸的摩尔比为 65∶25∶10，己二胺和水（总酸∶己二胺摩尔比为 100∶102），水含量为 15%（质量）、引发剂苯甲酸，催化剂次磷酸钠，之后，用氮气置换反应釜中的气体后，在 216℃ 的温度下物料停留约 100min，然后在 325～332℃的预热器中预热约 40s，进行闪蒸，最后送入双螺杆挤出机中缩聚、挤出、切粒，得到透明的 PPA 树脂。A∶B∶C 的最佳比例为 65∶25∶10，这种比例的 PPA 树脂熔点为 300～310℃，特性黏度为 1.0dL/g，$T_g$ 为 127℃。

### 2.9.1.2 PA9T 合成工艺

**(1) 壬二胺合成方法**　日本可乐丽公司采用 1,3-丁二烯为原料，采用四步法合成了壬二胺。

第一步：丁二烯加水二聚

$$CH_2=CH-CH_2=CH_2+H_2O \longrightarrow CH_2=CH-(CH_2)_3-CH=CHCH_2OH$$

采用钯和磷盐催化剂，在 75℃ 和 0.5MPa 下，丁二烯经水合二聚生成 2,7-辛二烯-1-醇。

第二步：脱氢

$$CH_2=CH(CH_2)_3CH=CHCH_2OH \xrightarrow{-H_2} CH_2=CH(CH_2)_3CH_2CH_2CHO$$

采用一种过渡金属催化剂，在 180～250℃、$2.4\times10^4$Pa 压力下将 2,7-辛二烯-1-醇异构化生成 7-辛烯基醛。

第三步：$CO/H_2$ 化

$$CH_2=CH(CH_2)_3CH_2CH_2CHO \xrightarrow{CO/H_2} OHC(CH_2)_7CHO + OHC-\underset{\displaystyle CH_3}{\underset{|}{CH}}-(CH_2)_5CHO$$

在 $H_2$ 和 CO 存在下，采用铑-有机膦络合物催化剂，于 100℃、9.0MPa，将 7-辛烯基醛转变为 1,9-壬烷二醛。

第四步：加氢氨化

$$OHC(CH_2)_7CHO + OHC{-}\underset{\displaystyle CH_3}{\underset{|}{CH}}{-}(CH_2)_5CHO \xrightarrow{+NH_3/H_2}$$

$$\underset{\text{1,9-壬二胺}}{H_2N(CH_2)_9NH_2} + \underset{\text{2-甲基-1,8-辛二胺}}{H_2N{-}CH_2{-}\underset{\displaystyle CH_3}{\underset{|}{CH}}{-}(CH_2)_5{-}CH_2NH_2}$$

在 Ni 催化剂作用下，于 100～160℃、2.0～20.0 MPa 压力下胺化生成目的产物，其中 1，9-壬二胺（NMDA）占 85%，2-甲基-1，8-辛二胺占 15%。

**(2) PA9T 合成** 加入等摩尔的对苯二甲酸和二胺（二胺可以是壬二胺或 2-甲基-1,8-辛二胺，或者两者混合物）；适量的水；加入相当于二酸和二胺 0.07%～1%（质量）的次磷酸钠催化剂；封端剂为一元酸和一元胺，最好是一元酸，常用苯甲酸，用量相当于缩聚反应时二酸和二胺 0.1%～15%（摩尔）。将上述物料按比例加入高压反应釜，在 250～275℃温度下，反应压力满足 $p_0 \geqslant p \geqslant 0.7p_0$（$p_0$ 为反应温度下水饱和蒸汽压），进行缩聚反应制得预缩聚物，特性黏度为 0.15dL/g（在 30℃浓硫酸中测定）。预聚物一般为无泡粉末粒料。预聚物还需进一步固相缩聚，也可用熔融缩聚，固相聚合温度不高于熔点，一般是在 200～280℃，温和搅拌，在氮气保护下，使预聚物缩聚 2～20h。熔融聚合一般采用挤出机，260～350℃加热 1～10min 使预聚物聚合。

#### 2.9.1.3 PA10T 合成工艺

聚对苯二甲酰十碳二胺（PA10T、聚对苯二甲酰癸二胺）一般采用对苯二甲酸和 1,10-癸二胺为原料，经成盐、预聚合和固相聚合 3 个步骤合成。反应过程如下：

$$HOOC{-}C_6H_4{-}COOH + H_2N{+}CH_2{+}_{10}NH_2 \xrightarrow{\text{成盐}}$$

$$n\ {}^{-}OOC{-}C_6H_4{-}COO^{-} \cdot {}^{+}H_3N(CH_2)_{10}NH_3^{+} \xrightarrow{\text{预聚合}}$$

$$\text{PA10T 预聚体} \xrightarrow{\text{固相聚合}} {+}OC{-}C_6H_4{-}CONH{+}CH_2{+}_{10}NH{+}_n$$

在合成 PA10T 时，为便于控制二元羧酸和二元胺的摩尔比，且去除单体中的杂质，需要将 1,10-癸二胺和对苯二甲酸先制成 PA10T 盐。一般采用二甲基甲酰胺作溶剂，它可溶解对苯二甲酸和癸二胺，但不溶解 PA10T 盐，容易分离、提纯生成的盐。

制备 PA10T 过程：首先将对苯二甲酸与二甲基甲酰胺混合均匀，搅拌加热使温度升至 120℃，形成 A 溶液，然后将癸二胺与二甲基酰胺混合均匀，搅拌加热使温度达到 80℃，制成 B 溶液。将 A、B 两种溶液混合均匀，搅拌加热使温度至 120℃，使其充分反应后，离心分离，得到的沉淀物先用二甲基甲酰胺洗涤后再用去离子水洗涤数次，得到 PA10T 盐（$T_m$ 为 271.5℃）。

将 PA10T 盐、苯甲酸、催化剂次磷酸钠和水按比例加入用氮气吹扫过的压力反应釜，搅拌升温至 220℃，恒温搅拌 1h，然后再搅拌升温至 230℃，在 230℃和 2MPa 条件下继续反应 2h，移去所生成的水，保持压力恒定，反应完成得到 PA10T 预聚物（$T_m$ 为 235.7℃），在 80℃下真空干燥 24h，然后在 260℃氮气保护下固相缩聚 10h，最后得到 PA10T，熔点为 316℃，$T_g$ 为 125℃。

#### 2.9.1.4 聚对苯二甲酰三甲基己二胺（尼龙 TMDT）合成工艺

聚对苯二甲酰三甲基己二胺，俗名：尼龙 TMDT，又名透明尼龙，结构式为：

$$\left[ HNCH_2-C(CH_3)_2-CH_2-CH(CH_3)-(CH_2)_2-NH-\underset{\underset{O}{\|}}{C}-C_6H_4-\underset{\underset{O}{\|}}{C} \right]_m$$

尼龙 TMDT 由等量的 2,2,4-和 2,4,4-三甲基己二胺二种异构体的混合物与对苯二甲酸（DMT）缩聚而得。

支链化的三甲基己二胺（TMD）首先由丙酮三聚得到异佛尔酮（3,5,5-三甲基-2-环己烯-1-酮），加氢生成 3,5,5-三甲基-2-环己醇-1-酮，然后用硝酸氧化得到三甲基己二酸的异构体混合物，三甲基己二酸再经氨化后生成三甲基己二腈，最后三甲基己二腈通过加氢得到 TMD 异构体混合物，同时还生成环二胺（异佛尔酮二胺），均可以用于尼龙 TMDT 缩聚。

尼龙 TMDT 缩聚分二步反应，第一步是酰胺的生成和甲醇的分离，第二步是单体的缩聚。产物的分子量可以通过反应条件和/或链终止剂来控制。

#### 2.9.1.5 聚己二酰间苯二甲胺（尼龙 MXD6）合成工艺

聚己二酰间苯二甲胺，俗称尼龙 MXD6，结构式为：

$$\left[ NHCH_2-C_6H_4-CH_2NH-\underset{\underset{O}{\|}}{C}-(CH_2)_4-\underset{\underset{O}{\|}}{C} \right]_n$$

尼龙 MXD6 由间苯二甲胺（MXDA）与己二酸缩聚反应制得。反应式如下：

$$H_2NH_2C-C_6H_4-CH_2NH_2 + HOOC(CH_2)_4COOH \longrightarrow \left[ HNH_2C-C_6H_4-CH_2NH-\underset{\underset{O}{\|}}{C}-(CH_2)_4-\underset{\underset{O}{\|}}{C} \right]_n$$

① 间苯二甲胺（MXDA） 间苯二甲胺的制备大致有两条路线。路线一：以间二甲苯为原料经溴化、氨化制得间苯二甲胺。路线二：以间二甲苯为原料经过氨化、氢化制得间苯二甲胺。工业上一般采用路线二制备间苯二甲胺。

$$C_6H_4(CH_3)_2 \xrightarrow{Br_2} C_6H_4(CH_2Br)_2 \xrightarrow{NH_3} C_6H_4(CH_2NH_2)_2$$

路线一

$$\text{间二甲苯}\xrightarrow{NH_3,\ O_2}\text{间苯二甲腈}\xrightarrow{H_2}\text{间苯二甲胺}$$

(CH3 / CH3 → CN / CN → CH2NH2 / CH2NH2)

路线二

加氢催化剂主要是第Ⅷ族过渡金属 Raney Ni、Raney Co、Co-Ti/硅藻土等，一般采用 Raney Ni 或改性 Raney Ni。

② 己二酸的合成（参见尼龙 66 部分）。

③ 尼龙 MXD6 的合成　目前尼龙 MXD6 的工业化生产方法主要有直接缩聚法（日本三菱瓦斯化学公司工艺）和尼龙盐法（东洋纺织公司工艺）。

a. 直接缩聚法　日本三菱瓦斯化学公司利用熔融的己二酸与 MXDA 在常压下直接缩聚，较经济地制得 MXD6 产品。

根据日本三菱瓦斯化学公司专利描述，间苯二甲胺与己二酸直接缩聚工艺步骤如下：将己二酸熔融；在装有分凝器的第一间歇聚合反应器中将间苯二甲胺连续或间断加入熔融状态的己二酸中，使间苯二甲胺与己二酸在预定摩尔比下缩聚生成相对黏度为 1.4～2.7 的中间阶段聚酰胺，其中在第一聚合反应器内，间苯二甲胺的沸点比中间阶段聚酰胺熔点高；将第一聚合反应器的中间阶段聚酰胺加入熔体保持罐中，借助饱和蒸汽，使熔体保持罐的气相部分压力保持在预定范围内，将中间阶段聚酰胺的相对黏度变化控制在±0.2内；在第二聚合反应器中对中间阶段聚酰胺进行进一步缩聚，减压除去水分，最后得到尼龙 MXD6。反应流程如图 2-30 所示。

b. 尼龙盐法　东洋纺织公司生产工艺与尼龙 66 的生产工艺相同，首先将 MXDA 与己二酸反应制得尼龙盐，然后将水溶液状态下的尼龙盐加热加压使其发生聚合反应，生成缩聚物。

其生产工艺为：将 35%的尼龙盐、0.2%的（己二酸占尼龙盐的摩尔分数）黏度稳定剂己二酸、65%的水加入高压釜，升温至 40℃，保持釜内压力 0.4MPa 约 2h，缓慢放出水并继续升温至 260℃，调节釜内压力至 1.5MPa，历经 1h 后得到 PA MXD6。

尼龙 MXD6 的生产方法的选择应根据不同的用途而定。若用于制造阻隔性材料或工程结构材料时可用三菱瓦斯化学公司的生产方法，当生产纤维级 MXD6 树脂时可选择东洋纺织公司的生产方法。

### 2.9.2 全芳香族聚酰胺

美国杜邦公司于 1965 年成功开发出全芳香族聚酰胺，并于 1972 年实现工业化生产，商品牌号为 Kevlar 纤维（对位芳纶）。全芳香族聚酰胺几乎全部用于合成纤维生产，非纤维用途很少，其中具有实用价值并且已经开发成功的主要有以下几种：聚对苯二甲酰对苯二胺（PPTA），杜邦公司纤维级的产品商品名为：Kevlar，我国称为“芳纶 1414”（芳纶-Ⅱ）；聚对苯甲酰

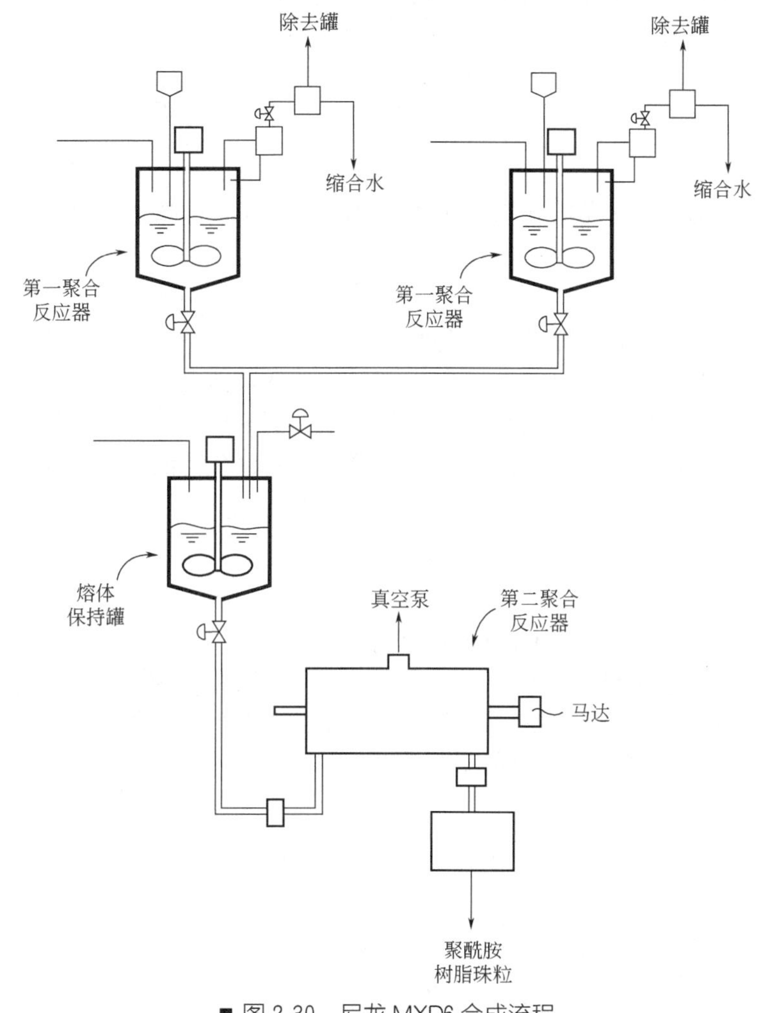


■ 图 2-30 尼龙 MXD6 合成流程

胺（PBA），我国称为“芳纶 14”（芳纶-Ⅰ）；聚间苯二甲酰间苯二胺（PMPIA），杜邦公司纤维级产品的商品名为 Nomex，我国称为“芳纶 1313”。

### 2.9.2.1 聚对苯二甲酰对苯二胺

PPTA 由对苯二甲酰氯与对苯二胺聚合而成，化学结构式为：

$$\left[ \overset{O}{\overset{\|}{C}} - C_6H_4 - \overset{O}{\overset{\|}{C}} - NH - C_6H_4 - \overset{H}{\overset{|}{N}} \right]_n$$

**（1）原料的制备**

① 对苯二胺的合成方法　对苯二胺（$\rho$-PDA）的制备方法有对二卤苯氨解法和对硝基苯胺还原法等，其中对硝基苯胺还原法是工业上广泛采用的方法。

a. 对硝基苯胺还原法　对硝基苯胺的合成一般采用氯苯经硝化成对硝

基氯苯，再氨解而制取，化学反应式如下：

$$C_6H_5Cl + HNO_3 \longrightarrow Cl\text{-}C_6H_4\text{-}NO_2 \xrightarrow[\text{氨解}]{+NH_3} H_2N\text{-}C_6H_4\text{-}NO_2$$

对硝基苯胺在铁粉和盐酸的作用下还原生成对苯二胺，反应如下：

$$O_2N\text{-}C_6H_4\text{-}NH_2 + 3Fe + 6HCl \longrightarrow H_2N\text{-}C_6H_4\text{-}NH_2 + 3FeCl_2 + 2H_2O$$

铁粉是对硝基苯胺最常用的还原剂，在 75～80℃ 的范围用铁粉还原对硝基苯胺，然后在 70～75℃下过滤，滤液冷却结晶，产品在 25～30℃的范围内干燥。该工艺路线长、成本高、污染严重。

b. 对二卤苯氨解法　对二溴苯在铜化合物催化下，氨解得到对苯二胺。

$$X\text{-}C_6H_4\text{-}X \xrightarrow{NH_3} H_2N\text{-}C_6H_4\text{-}NH_2$$

X=Cl，Br，I

对二卤苯氨解法原料易得、成本低、污染小，但技术要求高。该方法宜于大规模生产，有较强的工业竞争力。

② 对苯二甲酰氯的合成方法　对苯二甲酰氯（简称 TPC）工业制法有对苯二甲酸光气法、对二甲苯光氯法和对苯二甲酸氯化亚砜法等。

a. 对苯二甲酸光气法

$$HOOC\text{-}C_6H_4\text{-}COOH + 2COCl_2 \xrightarrow{\text{催化剂}} ClOC\text{-}C_6H_4\text{-}COCl + 2HCl + 2CO_2$$

反应条件：反应压力 10～100atm（1atm=101325Pa），反应温度 100～150℃，催化剂可以为二甲基甲酰胺（DMF）或钯、铂、镍、铁的化合物。

b. 对二甲苯光氯化法　以对二甲苯为原料，通入氯气经光照氯化或过氧化苯甲醛催化下氯化，得到 1,4-二(三氯甲基)苯。反应过程如下：

$$CH_3\text{-}C_6H_4\text{-}CH_3 + 6Cl_2 \xrightarrow[\text{溶剂}]{\text{光/催化剂}} CCl_3\text{-}C_6H_4\text{-}CCl_3 + 6HCl$$

将 1,4-二(三氯甲基)苯用水、醇、二氧化硫、三氧化硫或金属氧化物（如 $TiO_2$ 等）将其转变为对苯二甲酰氯。1,4-二(三氯甲基)苯与金属氧化物的反应要在 200～300℃下进行，收率为 85%。

$$CCl_3\text{-}C_6H_4\text{-}CCl_3 + 2H_2O \xrightarrow{FeCl_3} ClOC\text{-}C_6H_4\text{-}COCl + 4HCl$$

$$\text{Cl}_3\text{C}-\text{C}_6\text{H}_4-\text{CCl}_3 + \text{TiO}_2 \longrightarrow \text{ClOC}-\text{C}_6\text{H}_4-\text{COCl} + \text{TiCl}_4$$

1,4-二(三氯甲基)苯也可与对苯二甲酸二甲酯或者对苯二甲酸反应制得对苯二甲酰氯，催化剂可采用 $MoO_3$、$Fe_2O_3$、$FeSO_4$、$FeCl_3$ 等 。

c. 对苯二甲酸氯化亚砜法　以对苯二甲酸为原料，在少量的催化剂 $FeCl_3$、*N*,*N*-二甲基甲酰胺或吡啶的作用下用氯化亚砜酰化，加热回流 10h，一步得到对苯二甲酰氯，收率为 84%。反应过程如下：

$$\text{HOOC}-\text{C}_6\text{H}_4-\text{COOH} + 2\text{SOCl}_2 \xrightarrow[\text{回流}]{\text{催化剂}} \text{ClOC}-\text{C}_6\text{H}_4-\text{COCl} + 2\text{HCl} + 2\text{SO}_2$$

该方法是目前应用最广泛的工艺路线，国内部分厂家采用此法生产对苯二甲酰氯，如山东凯盛生物化工等，但该工艺反应副产较多，污染环境，腐蚀设备。

**(2) PPTA 的合成工艺**　PPTA 合成工艺有低温溶液缩聚工艺、亚磷酸三苯酯直接缩聚工艺、氯化亚砜直接缩聚工艺等，目前只有低温溶液缩聚工艺在工业上得到了应用。

① 低温溶液缩聚法　该反应由对苯二甲酰氯（TPC）与对苯二胺（PPD）在极性溶剂 *N*-甲基吡咯烷酮（NMP）中缩聚而成，由于对苯二甲酰氯为高活性的单体，与含活泼氢的二元胺的反应为不可逆的缩聚反应，反应速度很快，反应在−4℃到室温下进行，主要设备为反应型双螺杆挤出机。溶剂选用复合型酰胺溶剂，如六甲基磷酰三胺（HMPA)/NMP、*N*,*N*-二甲基乙酰胺（DMAc)/HMPA 等。反应过程如下：

$$\underset{\text{PPD}}{\text{H}_2\text{N}-\text{C}_6\text{H}_4-\text{NH}_2} + \underset{\text{TPC}}{\text{ClOC}-\text{C}_6\text{H}_4-\text{COCl}} \xrightarrow[\text{NMP (1)}]{\text{HMPA (2)}} \underset{\text{PPTA}}{\left[\text{HN}-\text{C}_6\text{H}_4-\text{NHOC}-\text{C}_6\text{H}_4-\text{CO}\right]}$$

工业上一般采用 *N*-甲基吡咯烷酮（NMP）和盐（如 $CaCl_2$、LiCl 等）的溶液作溶剂，提高 PPTA 的溶解性。HMPA 具有致癌作用。

② 直接缩聚法　直接缩聚法是以对苯二甲酸（TPA）和对苯二胺（PPD）为初始单体进行的聚合反应。但由于对苯二甲酸相对于对苯二甲酰氯而言反应活性要低得多，而且酸和胺反应生成酰胺的反应为可逆的平衡反应，因而目前文献中关于对苯二甲酸的直接缩聚都是首先通过催化剂或活化剂对对苯二甲酸进行活化，生成相对活泼的中间体，然后与对苯二胺聚合。常用的活化剂主要有亚磷酸三苯酯（TPP)、氯化亚砜等。

#### 2.9.2.2 间苯二甲酰间苯二胺

间苯二甲酰间苯二胺（PMPIA）由间苯二胺和间苯二甲酰氯聚合而成，

结构式为：$\left[\!\!-\text{HN}-\!\langle\text{间苯}\rangle\!-\text{NHC(=O)}-\!\langle\text{间苯}\rangle\!-\text{C(=O)}-\right]_n$

**(1) 原料的制备**

① 间苯二胺的合成方法　根据还原工艺路线的不同，间苯二胺（MPDA）的合成方法分为铁粉还原法和催化加氢法。

a. 铁粉还原法　在水相中，盐酸存在下用铁粉还原间二硝基苯，得到浓度10%左右间苯二胺水溶液，在硫化钠和亚硫酸钠的保护下减压蒸馏得到产品，收率75%～80%。该法生产能耗高，污染严重。目前，该方法在国外已被催化加氢工艺取代。

$$2\,C_6H_4(NO_2)_2 + 9Fe + 4H_2O \longrightarrow 2\,C_6H_4(NH_2)_2 + 3Fe_3O_4$$

b. 催化加氢法　此法是生产间苯二胺的一种清洁工艺，生产成本比铁粉法低约20%。

$$C_6H_4(NO_2)_2 + 6H_2 \xrightarrow{\text{催化剂}} C_6H_4(NH_2)_2 + 4H_2O$$

发达国家采用塔式流化床反应器，在3～5MPa压力下加氢还原生产间苯二胺，收率90%～95%。与铁粉还原法相比减少“三废”95%以上。我国的催化加氢法均采用反应釜，装置的规模受到限制。图2-31为间二硝基苯催化加氢工艺流程。

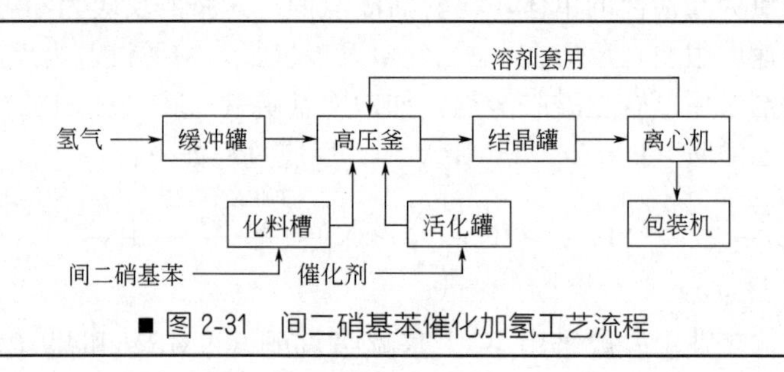


■ 图 2-31　间二硝基苯催化加氢工艺流程

采用的催化剂可以是骨架镍催化剂或者钯/炭催化剂。由于成本原因，国内目前工业化的装置均采用骨架镍催化剂。

② 间苯二甲酰氯（IPC）　虽然间、对苯二甲酰氯两者的甲酰基在苯环上的取代位置不同，但在制备方法上有很多相似之处。目前工业上一般采用间苯二甲酸或者间二甲苯制备间苯二甲酰氯。具体制备方法参照对苯二甲酰氯的合成。

**(2) PMPIA 的合成工艺**　以间苯二胺和间苯二甲酰氯为原料，通过低温溶液聚合法、界面聚合法、乳液聚合法或者气相聚合法可以得到高分子量的PMPIA。

① 低温溶液聚合法　将间苯二胺（MPDA、MPD）和间苯二甲酰氯

（IPC）溶于二甲基乙酰胺（DMAC）中，在低温下发生聚合反应，即可生成高聚物 PMPIA，反应中生成的酸用氢氧化钙中和。其反应过程如下：

$$H_2N-C_6H_4-NH_2 + ClOC-C_6H_4-COCl \xrightarrow{DMAC}$$

$$Cl\left[OC-C_6H_4-COHN-C_6H_4\right]_n NH_2 \cdot HCl$$

$$\xrightarrow[DMAC]{Ca(OH)_2} Cl\left[OC-C_6H_4-COHN-C_6H_4-NH\right]_n$$

② 界面缩聚法　反应分两段进行，以缓和界面缩聚时的剧烈热量，使反应平稳和易于控制。日本帝人公司、美国杜邦公司等采用此法生产 PMPIA。

第一步：将间苯二甲酰氯（IPC）溶于四氢呋喃（THF）有机溶剂中，然后边搅拌边把 THF 溶液加入间苯二胺（MPD）的碳酸钠水溶液中，在水和 THF 的有机相界面发生缩聚反应，生成末端具有活性的低聚物。除了四氢呋喃外，还可采用二氯甲烷及四氯化碳等有机相溶剂。

$$H_2N-C_6H_4-NH_2 + ClOC-C_6H_4-COCl \xrightarrow[\text{THF 等}]{\text{有机溶剂}} \underset{\text{低聚物}}{Cl\left[OC-C_6H_4-COHN-C_6H_4\right]_n NH_2 \cdot HCl}$$

第二步：将低聚物用碱性水溶液（如三乙胺、无机碱类化合物）处理，以中和反应生成的氯化氢，进一步聚合得到高分子量的聚合物。再经分离、水洗、精制得到成品。

$$\underset{\text{低聚物}}{Cl\left[OC-C_6H_4-COHN-C_6H_4\right]_n NH_2 \cdot HCl} \xrightarrow{\text{碱水}} \left[OC-C_6H_4-COHN-C_6H_4-NH\right]_n$$

③ 乳液聚合法　此法和界面缩聚法相似，首先将间苯二胺和间苯二甲酰氯在一种极性、非碱性的惰性有机溶剂中进行等摩尔反应，生成一种相对分子量较低的预聚物。然后在搅拌下将预聚体与碱溶液混合进一步聚合生成高分子量的聚合物。

④ 气相聚合法　杜邦公司发表了一种芳香族聚酰胺的气相聚合专利，汽化后的单体用惰性气体稀释，在 150～500℃的反应器中聚合，反应时间 1～5s，然后经过冷却、分离除去氯化氢得到聚合物。此方法对单体的等摩尔比要求不高。图 2-32 为 PMPIA 气相聚合工艺流程。

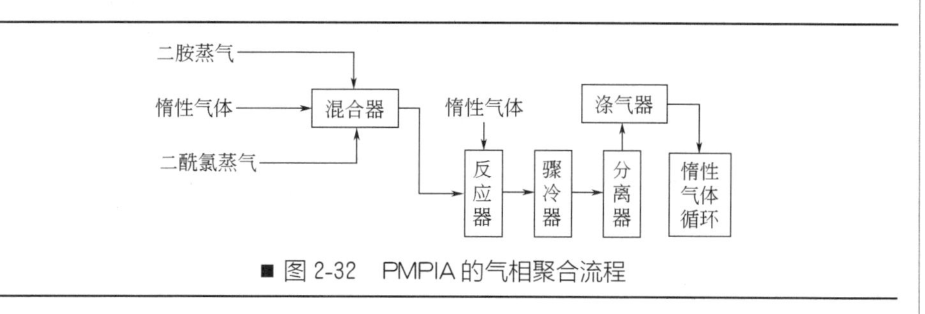


■ 图 2-32　PMPIA 的气相聚合流程

### 2.9.2.3 聚对苯甲酰胺 （PBA）

$$O_2N-C_6H_4-CH_3 \xrightarrow[\text{氧化}]{\text{液相空气}} O_2N-C_6H_4-COOH \xrightarrow{\text{还原}} H_2N-C_6H_4-COOH$$

$$nH_2N-C_6H_4-COOH \longrightarrow \left[ HN-C_6H_4-\overset{\overset{\displaystyle O}{\|}}{C} \right]_n + nH_2O$$

制备过程：对硝基甲苯经空气氧化制成对硝基苯甲酸，再经还原制成PBA的中间体对氨基苯甲酸，最后经缩聚制得PBA。

## 参考文献


[1] 《己内酰胺生产及应用》编写组．己内酰胺生产及应用．北京：烃加工出版社，1988.

[2] 张立云．苯/甲苯法低副产硫铵己内酰胺组合工艺的开发．湘潭大学，2005.

[3] 李朝辉．环己烷羧酸亚硝化动力学的研究（D）．湘潭大学，2004.

[4] Automotive market fuel steedy growth in engineering nylon resins，Modern Plastics，1998，11：55-57.

[5] 廖明义，陈平．高分子合成材料学（下）．北京：化学工业出版社，2005.

[6] Beatty R P，et al. Process for the Preparation of Ruthenium Hydrogenation Catalysts and Products Thereof. US，US5599962，1997.

[7] 游军杰，徐军，郭士岭等．环己酮肟 Beckmann 重排制己内酰胺的研究进展．河南化工，2003. 2：1-5.

[8] 李海生，吴剑，罗和安．环己酮肟贝克曼重排反应动力学．湘潭大学自然科学学报，2002，24（52）．

[9] 宗保宁，慕旭宏，孟祥堃，张晓昕，汪颖，闵恩泽．镍基非晶态合金加氢催化剂与磁稳定床反应器的开发与工业应用．化工进展，2002，(08)．

[10] 谢崇禹．影响聚己内酰胺质量的主要因素．纤维复合材料，2006，(02)．

[11] 隆金桥，凌绍明．超声波辅助杂多酸催化环己醇氧化合成己二酸．化学世界，2006，（9）：558-560.

[12] Shimizu A，Tanaka K，Fujimori M，et al. Abatement technologies for $N_2O$ emissions in the adipie acid industry. Chemosphere：Global Change Science，2（3-4）：425-434.

[13] 张世刚，姜恒，宫红等．催化氧化环己酮己醇清洁合成己二酸．化工科技，2002，10（5）：4-6，16.

[14] 丁宗彪，连慧，王全瑞等．钨化合物催化过氧化氢氧化环己酮合成己二酸．化学研究与应用，2004，24（3）：319-321.

[15] Niu Wei，Drths K M，Frost J W，et al. Biotechnology Progress. 2002，18：201-211.

[16] Schuehardt Ulf，Dilson Cardoso，Ricardo Sercheli，et al. Applied Catalysis A：General，2001，(211)：1-17.

[17] Gregory Lapisardi，Fatima Chiker，Franek Launay，et al. A "one-pot" syn thesis of adipic acid from cyclohexene under mild conditions with new bifunctional Ti-AISB A mesostructured catalysts. Catalysis Communications，2004，(5)：277.

[18] 胡延韶．己二腈催化加氢制己二胺．化工生产与技术，2005，12（1）：43-44.

[19] George W. Gokel. DEAN' S HANDBOOK OF ORGANIC CHEMISTRY. 北京：化学工业出版社，2006：142.

[20] 李专成，吴端桂，鲍乃铎．蓖麻油固相碱裂制癸二酸．精细石油化工，1997. 2：8-11.

[21] Azcan N，Demirel E. Obtaining 2-octanol，2-octanone，and sebacic acid from castor oil by microwave-induced alkali fusion. Industrial and Engineering Chemistry Research，2008，47（6）：1774-1778.

[22] 刘祖同．微生物发酵法生产癸二酸．石油学报（石油加工），1989，5（2）80.

［23］ 陈尚标，丁浩军，顾建燕．癸二腈加氢制癸二胺的工艺研究．精细化工中间体，2008，36（12）：44-47.
［24］ 张庆新，莫志深．尼龙 11 结构与性能的研究进展．高分子通报，2001（6）：21.
［25］ Petrovicova E，Knight R. Schadler L S. Nylon 11/Silica nanocomposite coatings applied by the HVOF process. Applied Polymer Sci.，2000，77（8）：1 680-1 684.
［26］ 金国珍．工程塑料．北京：化学工业出版社，2001.
［27］ Zhang Q X，Mo Z S，Zhang H F，et al. Crystal transitions of Nylon 11. Polymer，2001，42：5543-5547.
［28］ 崔建兰，徐春彦．11-氨基十一酸合成新工艺的研究．应用化工，2002，（6）：24-25.
［29］ Pcrfogit Societh per Azioui. Polymers of aminoundecanoic acid ［P］. BP：790170，1958-02-05.
［30］ 涂开熙，于福德．新型工程塑料尼龙 1212、尼龙 1313 和尼龙 1213 的开发与应用．第三届中日工程塑料技术交流会论文，北京，2001.
［31］ 刘民英，赵清香，王玉东等．石油发酵尼龙 1212 的合成、性能及应用．工程塑料应用，2002，30（9）：37.
［32］ 汪多仁．尼龙 11 和 12 的合成与应用．汽车工艺与材料，1997，（2）：31-32.
［33］ 唐新华，李馥梅．尼龙 612 的合成及其性能研究．合成纤维工业，2007，（05）.
［34］ Azcan N，Demirel E. Obtaining 2-octanol，2-octanone，and sebacic acid from castor oil by microwave-induced alkali fusion ［J］. Industrial and Engineering Chemistry Research，2008，47（6）：1774-1778.
［35］ 山东东辰工程塑料有限公司．尼龙 612 的合成工艺［P］．中国：200410023703. 2. 2005-09-07.
［36］ 中国石化集团巴陵石油化工有限责任公司．一种尼龙 612 的制备方法［P］．中国：200510098959. 4. 2007-03-21.
［37］ 郑州大学．一种合成尼龙 612 的新工艺［P］．中国：200610106919. 4. 2007-04-11.
［38］ 福本修．聚酰胺树脂手册．北京：中国石化出版社，1992：354-355.
［39］ 彭治汉，施祖培．塑料工业手册．北京：化学工业出版社，2001：7-17.
［40］ George Odian. Principles of polymerization. Fourth Edition. USA：A Wiley Interscience publication，2004. 97.
［41］ You X. Semi-continuous preparation method of poly p-phenylene terephthalamide resin. CN Pat，1546552. 2005.
［42］ Choe W J. Method for preparing of wholly aromatic polyamdie fibers. KR Pat，9，505，431. 1995.
［43］ Martin E. R. Synthetic Methods in Step-Growth Poly-mers，USA：A Wiley Interscience publication，2004：186.
［44］ Simonutti R，et al. Mcromolecules，2002，35：3563.
［45］ Vygodskii Y S，Lozinskaya E I，Shaplov A S. Mcromol Rapid Commun，2002，23：676.
［46］ Lozinskaya E I，Shaplov A S，Vygodskii Y S. Eropean Polym J，2004，40：2065.
［47］ Liu Bo，Qiao Minghua，Deng Jingfa，et al. Skeletal Ni catalyst prepared from a rapidly quenched Ni-Al alloy and its high selectivity in 2-ethylanthraquinone hydrogenation. J Catal，2001，204（2）：512-515.
［48］ 李民慧，王开，方世东等．锌粉还原法合成对苯二胺的研究．光谱实验室，2001，18（6）：796-798.
［49］ 李宽义．钯-炭低压催化加氢生产对苯二胺方法．中国，CN1475475. 2004.
［50］ 朱泳悌，金镇亿，元贞妊．制备对苯二胺的新方法．中国，CN1332150. 2002.

# 第 3 章 聚酰胺树脂的结构与特性

## 3.1 聚酰胺的结构特点

聚合物的结构包括分子结构和分子链间的排列及堆砌结构；其性能是由分子链上的官能团和分子链间相互作用力决定，同时还受到聚合物分子量及其分布和聚集形态等因素影响。

### 3.1.1 聚酰胺的分子结构特征

聚酰胺（PA）是指主链上含有酰胺基团（—CONH—）的一类聚合物，其结构通式有两种，一种是由内酰胺开环缩聚或 $\omega$-氨基酸缩聚而成，结构式如下：

$$\left[\mathrm{NH-R-\underset{\underset{\displaystyle O}{\|}}{C}}\right]_n$$

另一种是由二元胺和二元酸缩聚形成的，结构式如下：

$$\left[\mathrm{NH-R-NH-\underset{\underset{\displaystyle O}{\|}}{C}-R'-\underset{\underset{\displaystyle O}{\|}}{C}}\right]_n$$

聚酰胺分子链由重复结构单元（R 和 R′）、酰胺基和分子链端的氨基、羧基组成。R 和 R′一般是亚甲基（—$CH_2$—）、环烷基、芳香基（对亚苯基或间亚苯基），由于 R 和 R′的不同可以形成多种聚酰胺组合，因此聚酰胺种类繁多。按主链结构将聚酰胺分成脂肪族、芳香族和半芳香族类。R 和 R′全部是亚甲基，为脂肪族聚酰胺，如 PA6、PA610、PA1212 等；若都是芳香基则为芳香族聚酰胺，如 PPTA、PMPIA；而如果一个是芳香基一个是亚甲基则是半芳香族聚酰胺，如 PA6T、PA9T、MXD6 等。另外脂肪族聚酰胺也按其合成原料的种类及碳原子数分类，由内酰胺聚合成的分为偶数尼龙和奇数尼龙，如 PA6 和 PA11；而由二元胺和二元酸合成分为偶偶、奇奇、奇偶、偶奇尼龙，如 PA66、PA57、PA912、PA69 等，但所有聚酰胺都含有酰胺基这一相同的化学结构，所以具有类似的共性，随着主链中 R

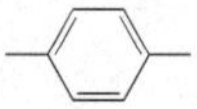

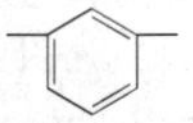

和 R′种类的变化，不同聚酰胺又具有其个性。

#### 3.1.1.1 酰胺基

酰胺基（—CONH—）是一个极性基团，具有亲水性，酰胺基含有碳氧双键、氮氢单键，因此 C—N 键具有部分双键特性使得酰胺基具有平面特征和较大的内聚能，且在分子间能形成氢键，分子排列较规整，使聚合物具有较高的结晶性。脂肪族聚酰胺中酰胺基的基本结构如图 3-1 所示。聚酰胺的性质取决于分子主链中亚甲基或芳香基与酰胺基的比例。

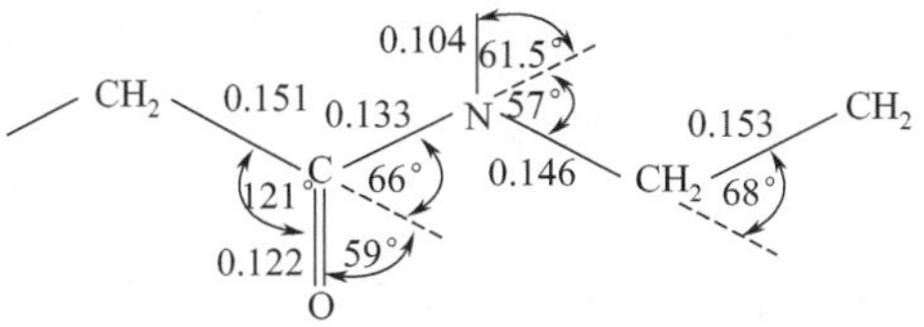

■ 图 3-1　脂肪族聚酰胺中的酰胺基的基本结构（键长单位：nm）

#### 3.1.1.2 氨基和羧基

聚酰胺大分子主链末端含有氨基（$—NH_2$）和羧基（—COOH），在一定条件下，具有一定的反应活性，可通过嵌段、接枝、共混、增强和填充等方法对其进行化学和物理改性。

聚酰胺的平均分子量一般采用测端基数量的方法来分析，这是因为大多数聚酰胺都是线型的，分子链个数正好等于端基总和的一半。聚酰胺都可采用酸碱滴定方法测定端基浓度，但困难在于溶剂的选择，因室温下聚酰胺仅溶解在强酸、间甲酚中，这样就不能进行简单的酸碱测定。实验中常采用混合溶剂体系来分析。例如在测定 PA6 的端羧基时，可先在 135℃时用苯甲醇溶解 PA6 试样，然后溶液冷却到 60℃左右，加入适量的甲醇-水（2∶1）混合液，这样形成的混合物可在室温下较长时间（1～2h）不发生浑浊，最后用碱溶液进行滴定，计算端羧基的含量；也可将 PA6 溶解在间甲酚和醋酸的混合溶剂中，以高氯酸直接进行电位滴定，求得 PA6 中端胺基的含量。在测定 PA66 端羧基时则以苯酚和甲醇混合物溶解 PA66，然后通过电位滴定或电导滴定来测定端胺基的含量。

#### 3.1.1.3 亚甲基

亚甲基（$—CH_2—$）是非极性的，化合物中亚甲基含量越多分子链越柔顺，因此聚酰胺的各种性质取决于其分子链中亚甲基与酰胺基的相对比例。C-C 键的主要弱点是易发生热氧断裂，因此亚甲基越长，酰胺基与亚甲基的比值越小，则聚酰胺分子的极性越小，耐热性下降，熔点越低，吸水性也随之减小。

#### 3.1.1.4 芳香基

芳香基（如  或 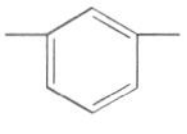 ）具有强的内聚能，不能内旋转，有

很强的刚性，若分子主链上存在芳香基越多，链的柔顺性越差，则玻璃化温度和熔点越高，耐热性越好。但如果分子链中含有芳香基过多，分子链刚性太大，则失去了高分子材料的塑性，使其加工成型困难，影响其实际应用。

芳香族聚酰胺按主链上酰胺基位置的不同可分为间位和对位，对位芳香聚酰胺的主链结构具有高度的规整性，大分子以十分伸展的状态存在，在其刚性的直线型分子链中，还存在着强的共价键和弱的氢键以及芳基与酰胺基中的氧原子和氮原子产生的共轭效应，因此，具有机械强度和弹性模量高、耐高温、阻燃、密度低、耐疲劳、耐化学腐蚀性能好等特点；而间位芳基相互连接，其共价键没有共轭效应，内旋转位能较低，大分子链呈现柔性结构，强度模量及耐热性稍低。

#### 3.1.1.5 氢键

聚酰胺分子间的—NH—基和—CO—基能形成氢键，氢键具有较强的极性和方向性。酰氨基形成氢键的键能为 16.7kJ/mol，键长为 0.29nm。因为酰氨基具有平面特征，聚酰胺中较强的氢键只能在分子链轴向平面的分子链间形成，并且聚酰胺中的氢键不产生三维连接，在聚酰胺中以这种分子间的氢键而形成的平面锯齿结构为主，即聚酰胺分子链以最大限度形成氢键的方式进行排列（如图 3-2 所示）。含有不同碳原子数的聚酰胺分子在形成氢键时其分子链采取的排列方式有所不同。由内酰胺聚合的偶数尼龙（如 PA6）其分子链是非中心对称的，只有当相邻的分子链成反向平行排列时，才能满足形成氢键的两个条件；如果相邻的分子链沿着一个方向排列，则只形成一半的氢键。而由内酰胺聚合的奇数尼龙（如 PA7），分子链无论平行或反向平行排列都可以形成氢键。对于二元胺和二元酸聚合的尼龙而言，分子链中的重复单元是非极性的，其分子链平行和反向平行排列的效果是一样的。

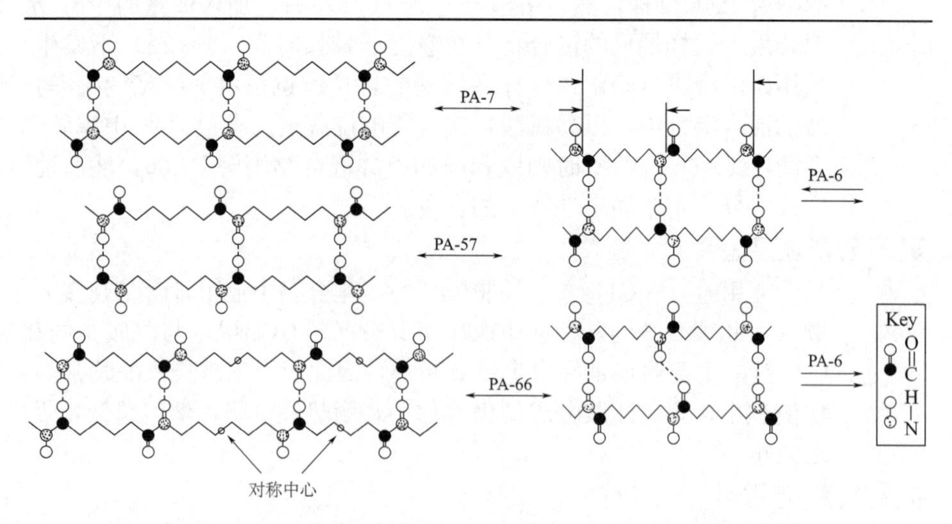


■ 图 3-2 聚酰胺分子链结构及其链排列方式对氢键的影响

#### 3.1.1.6 酰胺基的定向排列

由 ω-氨基酸或内酰胺合成的聚酰胺，即单一原料的聚酰胺，其分子链上所有的酰胺基按同一方向排列，沿着链轴的方向呈现极性，结构式表示如下。

酰胺基的排列方向：～CO—NH…CO—NH…CO—NH～

⟶　⟶　⟶

由二元胺和二元酸合成的聚酰胺，每一个重复单元连接中的两个酰胺基以相反的方向排列，其极性相互抵消，结构式表示如下。

酰胺基的排列方向：～CO—NH…NH—CO…CO—NH…NH—CO～

⟶　⟵　⟶　⟵

### 3.1.2 聚酰胺的结晶

在聚合物熔体的凝固过程中，有些聚合物会形成有规律排列的内在结构，这种大分子的有规律排列叫做结晶结构。由于高聚物的分子链很长，要使分子链间的每一部分都作有序排列是很困难的，即使最易结晶的聚乙烯，其最高结晶度也仅为 95%，无法全部结晶。因此高聚物属于部分结晶物，按结晶状态分为结晶相和非结晶相（无定形）。结晶部分由于其内部分子排列很有规律，分子间的作用力较大，熔点稳定，故其耐热性和机械强度都比非结晶部分的高，而非结晶部分没有确定的熔点。聚合物的结晶能力与分子链间结构密切相关，凡分子结构对称（如聚乙烯）、规整性好（如等规立构聚丙烯）、分子链间相互作用强（如能产生氢键或带强极性基团等）的聚合物易结晶，一般高分子的结晶度大多只有 50%左右。

#### 3.1.2.1 聚酰胺的结晶性

聚酰胺一般是线型高聚物，结构规整性比较高，分子链上没有支链，而—NH—基和—CO—基之间形成的氢键使结晶更加稳定，加上酰胺基的定向排列，使得大分子链排列堆砌规整，容易结晶。绝大多数聚酰胺是部分结晶聚合物，其结晶度可以在一个相对较宽的范围内变化，见表 3-1 所列。从表上可以看出分子结构简单、结构对称、碳链短的 PA46 具有很高的结晶度，而空间位阻大、碳链长的 TMDT 则很难结晶。

#### 3.1.2.2 聚酰胺的结晶结构及晶型转变

聚合物最主要的结晶形态是片晶和球晶，片晶是一种在结晶过程中由链的折叠而形成的薄片状结晶，球晶是片晶的球状聚集体。球晶是高聚物在无应力状态下从溶液或熔体结晶时得到的一种最为重要、也最为普遍的结晶形态。球晶结构的形成要求结晶在没有应力的环境中进行，这些应力包括因搅拌形成的机械应力和因为温度的剧烈变化形成的热应力。球晶具有双折射性，在光学显微镜的光路上安装两正交的偏振器可以检测到这种双折射。聚

■表 3-1 部分聚酰胺的化学结构式与结晶度

| 类别 | 结构式 | 结晶度/% |
|---|---|---|
| PA46 | $\text{-[}NH_2\text{—}(CH_2)_4\text{—}NH\text{—}CO\text{—}(CH_2)_4\text{—}CO\text{]}_n\text{-}$ | 60～70 |
| PA6 | $\text{-[}NH\text{—}(CH_2)_5\text{—}CO\text{]}_n\text{-}$ | 16.9～48.9 |
| PA66 | $\text{-[}NH\text{—}(CH_2)_6\text{—}NH\text{—}CO\text{—}(CH_2)_4\text{—}CO\text{]}_n\text{-}$ | 22.1～49.9 |
| PA610 | $\text{-[}NH\text{—}(CH_2)_6\text{—}NH\text{—}CO\text{—}(CH_2)_8\text{—}CO\text{]}_n\text{-}$ | 17.0～41.3 |
| PA11 | $\text{-[}NH\text{—}(CH_2)_{10}\text{—}CO\text{]}_n\text{-}$ | 19.8～38.8 |
| PA12 | $\text{-[}NH\text{—}(CH_2)_{11}\text{—}CO\text{]}_n\text{-}$ | 18.3～44.5 |
| TMDT | $\text{-[}HNCH_2\text{—}C(CH_3)_2\text{—}CH_2\text{—}CH(CH_3)\text{—}(CH_2)_2\text{—}NH\text{—}C(=O)\text{—}C_6H_4\text{—}C(=O)\text{]}_m\text{-}$ | 无定形 |

酰胺由于存在氢键的定位作用而产生晶体的各向异性，具有较强的双折射。随着生成条件的不同，同一种聚酰胺的球晶可以具有正或负的双折射，根据球晶双折射性质的这种差别，可将球晶分为正球晶（正光性球晶）和负球晶（负光性球晶）。在正负球晶中分子链都是沿球的切向排列的，氢键平面（010）在正球晶中与径向相平行，在负球晶中则与径向相垂直。偶-偶尼龙的正负球晶形成时的折叠链如图 3-3 所示。

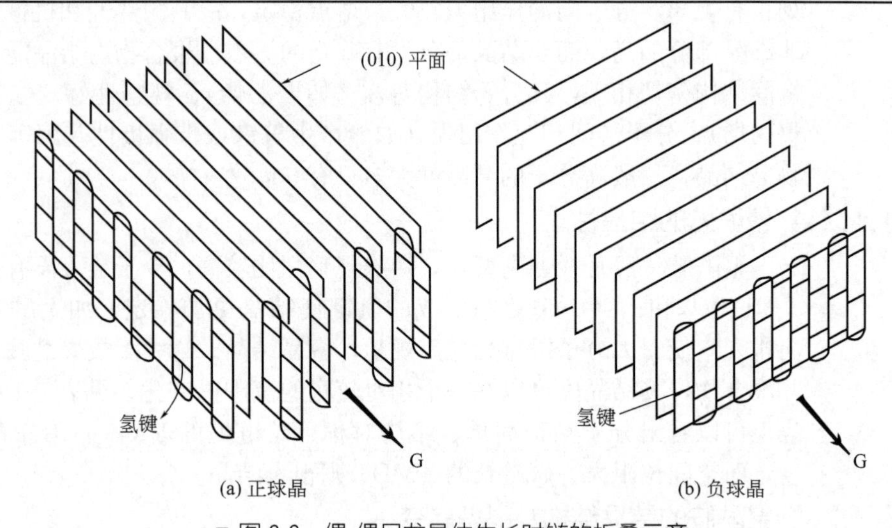


■ 图 3-3 偶-偶尼龙晶体生长时链的折叠示意

聚酰胺由于氢键的作用，其聚集态更具有多样性和变异性。聚酰胺晶体通常进一步聚集成束呈条状，通过对 PA66 的聚集态结构进行的研究，来描述聚酰胺片晶的主要特性。在结晶过程中，由表面自由能最小化要求及分子链间范德瓦耳斯力作用的共同影响而使分子链进行有规则的折叠。对于聚酰胺来说，分子链间氢键的存在是影响分子链规则折叠的主要因素。对

PA66、PA610 和 PA612 的 X 射线衍射研究表明：其折叠链片晶的表面与晶体的面是平行的，$c$ 轴和折叠面构成 46°的倾斜角，$a$ 轴与片晶生长方向（即晶体最快生长方向）在同一方向，氢键也沿着这一方向形成。溶液结晶和熔体结晶的 PA66 有相似的折叠链结构。随着聚酰胺单元链节中亚甲基数的减少，其链的折叠机理发生变化，倾向于形成蛋白质一样的螺旋状结构。

在不同的结晶条件下，聚酰胺由于可以采取不同的分子链折叠方式，以使分子链形成尽可能多的氢键，从而使体系能量最低。许多学者通过不同的表征手段对聚酰胺类高聚物的结晶结构及晶型转变进行了研究，发现聚酰胺类高聚物常见的结晶结构主要有 $\alpha$ 晶型、$\beta$ 晶型和 $\gamma$ 晶型。主要聚酰胺的结晶结构参数见表 3-2 所列。

■表 3-2　主要聚酰胺的结晶结构参数

| 名称 | 晶系 | 晶胞参数 | | | | | 链构象 | 结晶密度/(g/cm³) |
|---|---|---|---|---|---|---|---|---|
| | | $a$/Å | $b$/Å | $c$/Å | 交角 | N | | |
| PA 3 | 三斜 | 9.3 | 8.7 | 4.8 | $\alpha=\beta=90°$ $\gamma=60°$ | 4 | PZ | 1.40 |
| PA 4 | 单斜 | 9.29 | 12.24 | 7.97 | $\beta=114.5°$ | 4 | PZ | 1.37 |
| PA 5 | 三斜 | 9.5 | 5.6 | 7.5 | $\alpha=48°$ $\beta=90°$ $\gamma=67°$ | 2 | PZ | 1.30 |
| PA6 | 单斜 | 9.56 | 17.2 | 8.01 | $\beta=67.5°$ | 4 | PZ | 1.23 |
| PA 7 | 三斜 | 9.8 | 10.0 | 9.8 | $\alpha=56°$ $\beta=90°$ $\gamma=69°$ | 4 | PZ | 1.19 |
| PA 8 | 单斜 | 9.8 | 22.4 | 8.3 | $\beta=65°$ | 4 | PZ | 1.14 |
| PA 9 | 三斜 | 9.7 | 9.7 | 12.6 | $\alpha=64°$ $\beta=90°$ $\gamma=67°$ | 4 | PZ | 1.07 |
| PA 10 | 单斜 | 4.9 | 4.9 | 26.5 | $\beta=60°$ | 2 | PZ | 1.02 |
| PA 11 | 三斜 | 9.5 | 10.0 | 15.0 | $\alpha=60°$ $\beta=90°$ $\gamma=67°$ | 4 | PZ | 1.09 |
| PA 12 | 单斜 | 9.38 | 32.2 | 4.87 | $\beta=121.5°$ | 4 | PZ | |
| PA66 | 三斜 | 4.9 | 5.4 | 17.2 | $\alpha=48.5°$ $\beta=77°$ $\gamma=63.5°$ | 1 | PZ | 1.24 |
| PA69 | | 7.8 | 40.15 | 5.3 | $\beta=87°$ | | | |
| PA610 | 三斜 | 4.95 | 5.4 | 22.4 | $\alpha=49°$ $\beta=76.5°$ $\gamma=63.5°$ | 1 | PZ | 1.16 |
| PA 77 | 单斜 | 4.82 | 18.95 | 4.82 | $\beta=60°$ | 1 | PZ | 1.105 |
| PA 99 | | | | 24.0 | | 1 | PZ | |
| PA 106 | | | | 20.0 | | | | |
| PA 1010 | 三斜 | 4.9 | 5.4 | 25.6 | $\alpha=49°$ $\beta=77°$ $\gamma=63.5°$ | 1 | | 1.135 |

下面对几种常见聚酰胺的结晶结构进行介绍。

**(1) α 晶型**　$\alpha$ 晶型是聚酰胺的一种较稳定结晶结构，分子链完全按平面锯齿形排列，形成氢键的平面层相互重叠，一般其结晶为三斜晶系，每一个晶胞含一个化学重复单元。大部分偶-偶尼龙以 $\alpha$ 晶型结构形成结晶，分子链没有定向性，平行链和反向平行链相等，对称轴是晶体结构中的二元胺和二元酸部分的对称中心。但随着尼龙的重复单元中亚甲基长度的变化，将影响其 $c$ 轴尺寸。

PA66 的晶胞结晶单元平面详细结构如图 3-4，尽管沿 $c$ 轴有 4 条链，但每一个晶胞只有一个重复的化学单元，在 4 条边上的 4 条分子链被 4 个晶胞均分。分子间在晶胞的 $a$-$c$ 面上形成氢键［图 3-4(a)］，由于氢键的作用，一条分子链上的酰胺基的碳原子和相邻链上酰胺基的氮原子在同一水平面，所以在氢键平面上的每一个大分子链沿 $c$ 轴方向被相互隔开 1 个原子的距离。每一个连续晶面在 $c$ 轴方向均匀地被相互隔开 3 个原子的距离，可以容纳酰胺基。实际同一氢键平面的分子上比相邻氢键平面上最近的分子相隔还远，2 个氢键平面之间的垂直距离为 0.37nm，同一氢键平面内 2 条分子链之间的垂直距离为 0.47nm。

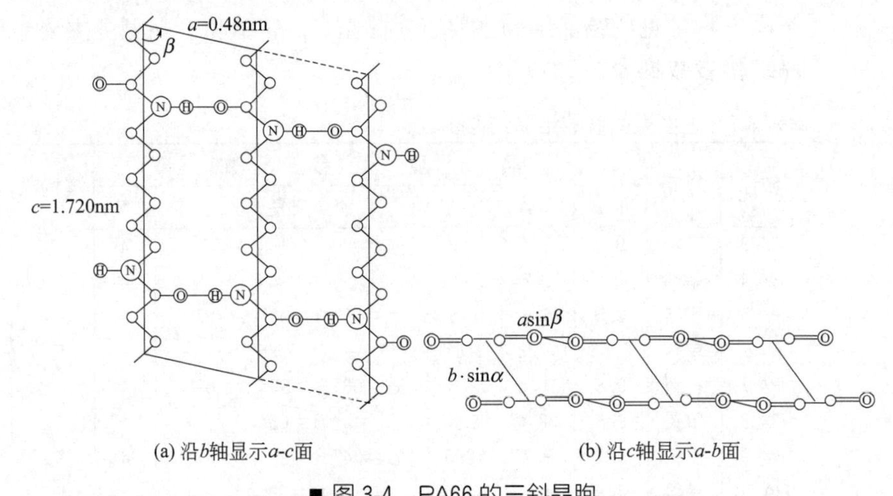


■ 图 3-4 PA66 的三斜晶胞

在偶偶和奇数尼龙分子链中的酰胺基团以连续上升或上下交替方式排列，各个氢键面也按连续上升或上下交替方式进行堆积，形成 $\alpha$ 晶型和 $\beta$ 晶型。

脂肪族奇奇尼龙的溶液结晶的样品中，尼龙 1111 属于单斜晶系，具有单斜晶体结构，尼龙 911、尼龙 711、尼龙 511 和尼龙 311 则具有六方结构的晶体，而其相应的熔融结晶的样品则呈现为六方结构的晶体。

脂肪族偶奇尼龙的溶液结晶样品中，尼龙 1211、尼龙 1011、尼龙 811、尼龙 611 和 411 形成了单斜的晶体结构，而尼龙 1211 则表现为六方的晶体结构；其相应的熔融结晶的样品中，尼龙 1211、尼龙 1011 和尼龙 811 具有单斜的晶体结构，尼龙 611 和尼龙 411 则仍表现为单斜晶体结构，尼龙 1211 的晶体结构为六方结构。

偶数尼龙，如应用最广泛的 PA6，通常也以 $\alpha$ 结构结晶。PA6 的 $\alpha$ 型结晶单元结构如图 3-5 所示，和偶-偶尼龙相似，$\alpha$ 结构中的分子呈锯齿型构象，氢键平面在同一个方向非常有规律地排列，最终的结果是四个重复单元构成一个单元晶格，因而 PA6 形成单斜晶体而不是三斜晶体。PA12 的 $\alpha$ 晶型也可以通过溶液浇注的方法得到，而溶液结晶的 PA8、PA10 和 PA12 的 $\alpha$ 晶型均属三斜晶系，不同于 PA6 的单斜晶系，因此称其为 $\alpha^*$。

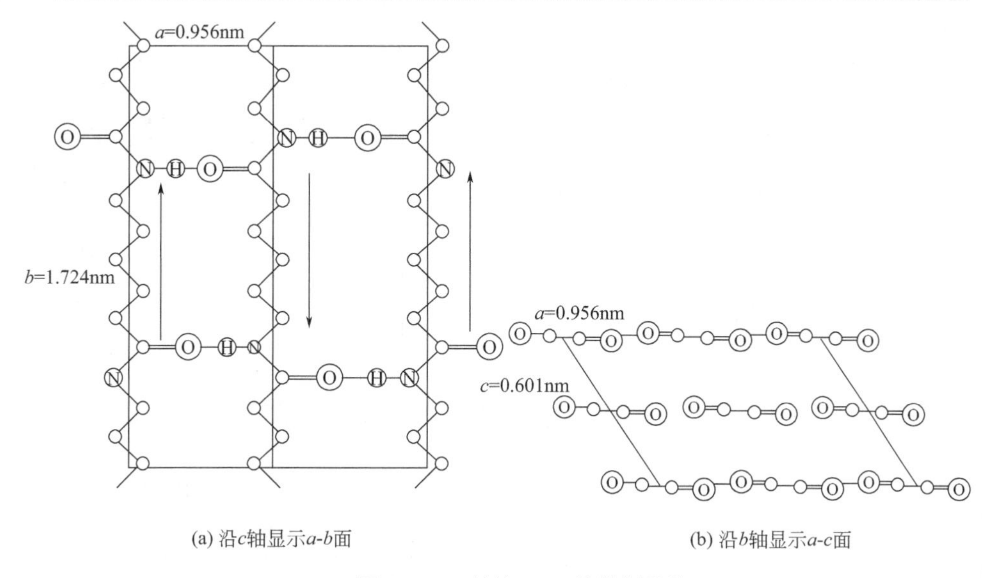


■ 图 3-5　α 结构 PA6 的单斜晶胞

**(2) β 晶型**　β 晶型是 PA6 的一种不太稳定的晶型，多数情况下以少量共存于 α 晶型 PA 6 中，到目前为止较少观察到它能单独存在。β 晶型中的分子链构象与在 α 晶型中一样也是完全伸展的锯齿形。

**(3) γ 晶型**　聚酰胺另一种常见晶体结构是 γ 晶型，这种结构是由 Kinoshita 最早提出的。多数碳原子数大于 7 的偶数尼龙（PA12）、奇偶、偶奇和奇奇尼龙结晶都形成 γ 晶型，PA6 的 γ 结构如图 3-6 所示，和 α 晶型相比，γ 晶型中酰胺键这一短链与主链轴形成 30°倾斜角，使得所形成的氢键不变形，而且 γ 晶型中酰胺键存在扭矩所造成的较高位能也可由形成稳定的氢键结构所补偿，加上亚甲基以平面锯齿形结构存在，因此尼龙的 γ 晶形是不可运动的。

**(4) 晶型的转变**　聚酰胺的各种结晶结构在不同的处理条件下可以发生相互转变。对于偶数尼龙，通过用碘-碘化钾溶液处理，其 α 晶型可转化成 γ 晶型。其转化机理是碘和羰基氧的相互作用导致了氢键的断裂，这一点已在研究碘和 PA6 的中间络合物的结构时被证实。两层棒状 $I_5^-$ 离子结合在 PA6 的两个氢键平面层之间，减弱了 α 晶型中的氢键作用，酰胺基因此能够旋转而按平行链方式形成氢键，即形成 γ 晶型。而用苯酚处理 PA6 时则可产生相反的晶型转换，即从 γ 晶型转换成 α 晶型。熔融结晶的样品，通过简单的热处理也可产生晶型的转换，由于不同晶体结构的 PA6 的密度不同，通过测定 PA6 晶体的密度可观察到 3 种不同的晶体结构，对于在较低温度制得的 γ 结构晶体，在较高温度进行处理或结晶化时，可重新得到 α 结构晶体。淬火可得到不规则的假六面体结构晶体，称之为 $\gamma^*$ 晶型。

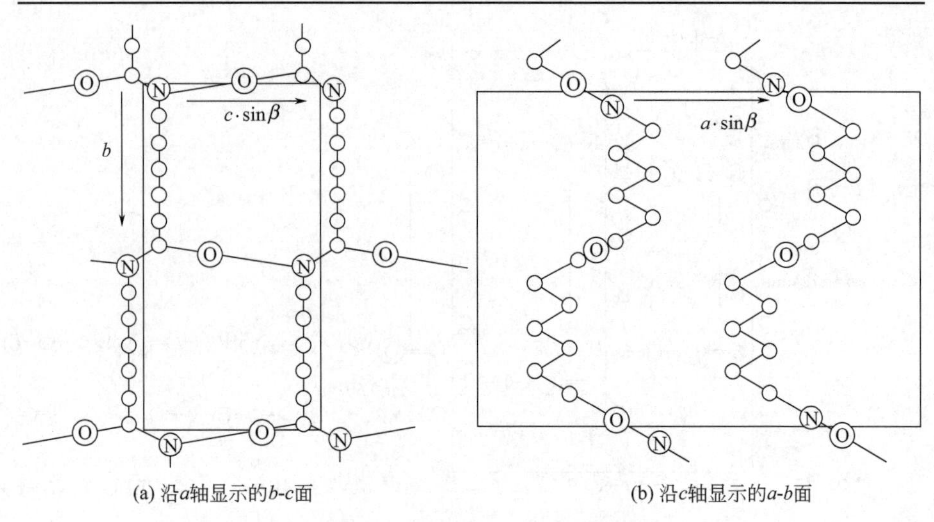


■ 图 3-6 γ 结构 PA6 的单斜晶胞

#### 3.1.2.3 分子链结构对结晶的影响

若高聚物分子链结构简单、对称性高、链柔顺则结晶速率快、结晶度高。如支化度愈低或等规度愈高（聚乙烯），其结晶速率就愈快。脂肪族聚酰胺，在结构上相当于在聚乙烯的主链上引入了酰胺基，降低链的对称性，加上极性酰胺基团的相互作用牵制了链的运动，使得聚酰胺的结晶速率低于聚乙烯；而芳香族聚酰胺由于在脂肪族分子链上增加了芳香基，分子链刚性增大，结晶速率较慢。

一般来说，重复单元越多分子量愈大，聚合物的结晶速率就愈慢；但随着分子量的增加结晶度会单调下降，达到高分子量时结晶度趋于某一极限值。对同一种聚酰胺来说，分子量越大，分子链长，分子链间的相互作用大，导致分子链的运动困难，因此其相同温度下的结晶速率越小。

脂肪族聚酰胺，随着分子链中酰胺基含量的降低，分子链结构与聚乙烯愈加接近，分子链的柔顺性增加，结晶速率加快；但聚酰胺分子链中重复单元链节的长度也会影响聚酰胺的结晶速率，酰胺基含量和重复单元长度对聚酰胺结晶速率的影响是相反的。如 PA46 的分子结构与 PA66 的相似，PA46 的重复单元链节短，且分子链中每个酰胺基两侧都有 4 个亚甲基对称排列，链结构更对称，其结晶速率快，且结晶度高（可达 70%）；PA6 和 PA66 虽然酰胺基含量相等，但 PA66 却有较高的结晶速率，是因为在酰胺基含量一定的情况下，具有较高对称性和短的重复链节的尼龙（如偶-偶尼龙）有较高的结晶速率。

#### 3.1.2.4 温度对结晶的影响

温度是影响聚合物结晶速率的一个重要因素，对所有的半结晶聚合物来说，在一定的温度下，其晶粒生长速率是一定的。对各种高聚物的结晶速率与温度关系的考察结果表明，高聚物的本体结晶速率-温度曲线都呈单峰形，其结晶温度范围处于玻璃化温度与熔点之间。在某一适当温度下，结晶速率将出现最大值。根据各种高聚物的实验数据，提出最大结晶速率的温度（$T_{max}$）和熔点（$T_m$）及玻璃化温度（$T_g$）之间存在如下经验关系式：

$$T_{max}=0.63T_m+0.37T_g-18.5 \qquad \text{（式中，温度单位为 K）}$$

聚合物在熔点（$T_m$）及玻璃化温度（$T_g$）之间的结晶过程可分成如图 3-7 所示的几个温度范围。

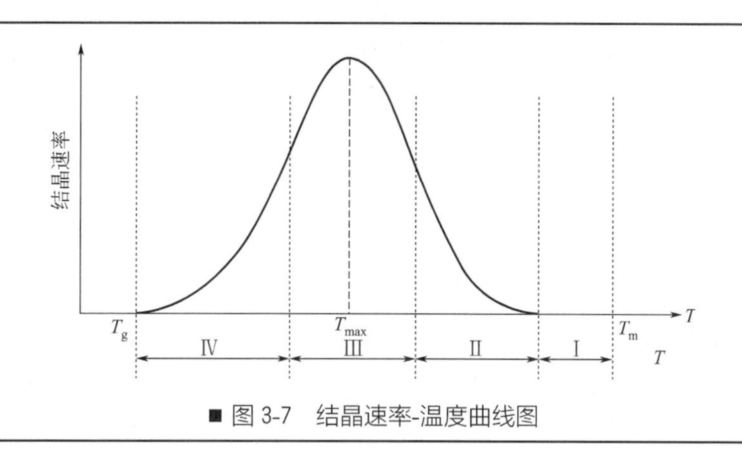


■ 图 3-7　结晶速率-温度曲线图

Ⅰ区：熔点以下 10～30℃范围内，是熔体由高温冷却时的过冷温度区。在此区域内成核速率极小，结晶速率实际上等于零。

Ⅱ区：从Ⅰ区下限开始，向下 30～60℃范围内，随着温度降低，结晶速率迅速增大，在这个区域内，成核过程控制结晶速率。

Ⅲ区：最大结晶速率出现在这个区域，是熔体结晶生成的主要区域。

Ⅳ区：在此区域内，结晶速率随温度降低迅速下降，结晶速率主要由晶粒生长过程控制。

聚合物的结晶速率随着熔体温度的逐渐降低，起初由于晶核生成的速率极小，结晶速率很小；随后，由于晶核形成速率增加，并且晶体生长速率又很大，结晶速率迅速增大；到某一适当的温度时，晶核形成和晶体生长都有较大的速率，结晶速率出现最大值；此后，虽然晶核形成的速率仍然较大，但是由于晶体生长速率逐渐下降，结晶速率也随之下降。在熔点以上晶体将被熔融，而在玻璃化温度以下，链段被冻结，因此，通常只有在熔点与玻璃化温度之间，聚合物才能发生结晶。聚酰胺一般在冷却到其熔点以下 20～30℃时开始结晶，在接近熔点的温度，结晶速率很慢，可以得到较大尺寸的晶体。随着温度的降低，结晶速率加快，晶粒尺寸变小，在某一温度下呈现最大值。

# 3.2 聚酰胺结构对性能的影响

聚酰胺的性能受其分子链上极性酰胺基的数量以及分子间氢键的影响，同时也与主链上亚甲基、酰胺基和芳香基的比例有关。聚酰胺具有共同的结构，一般来讲有相似的性能，但不同结构的聚酰胺其性能有一定差异，且呈现一定的规律性。如聚酰胺中的酰胺基浓度对聚酰胺性能的影响就有规律性，随着聚酰胺中酰胺基浓度的变化，聚酰胺的很多性能都发生相应的变化；对同一种聚酰胺而言，其性能也会因其结晶结构和相对分子量的差异而有所不同。聚酰胺分子中含有吸水的酰胺基团，湿度对聚酰胺的性能影响较大；聚酰胺大多是半结晶聚合物，因此加工、应用环境的温湿度也会影响聚酰胺的性能。聚酰胺分子链端具有反应活性的氨基和羧基，使其改性也很容易，但各种改性剂对聚酰胺性能的影响不同。

## 3.2.1 聚酰胺结构对密度的影响

### 3.2.1.1 酰胺基

随着酰胺基浓度的增加，重复单元链长减小，聚酰胺树脂的密度随之增加，详见图 3-8。例如 PA12 的亚甲基/酰胺基比为 11∶1，其密度为 1.01g/$cm^3$，而 PA66 的比值为 5∶1，其密度为 1.14g/$cm^3$。另外酰胺基团之间碳原子的奇偶数也会影响聚酰胺的密度，碳原子为奇数的聚酰胺树脂密度要比偶数的聚酰胺要低一点，如 PA69 的重复结构单元比 PA610 短，其密度应比 PA610 大，但因为是奇数聚酰胺，所以其密度与 PA610 接近为 1.08g/$cm^3$。相同碳原子数的芳香族聚酰胺要高于脂肪族聚酰胺的密度，表 3-3 列出了各种聚酰胺在 23℃时的密度。

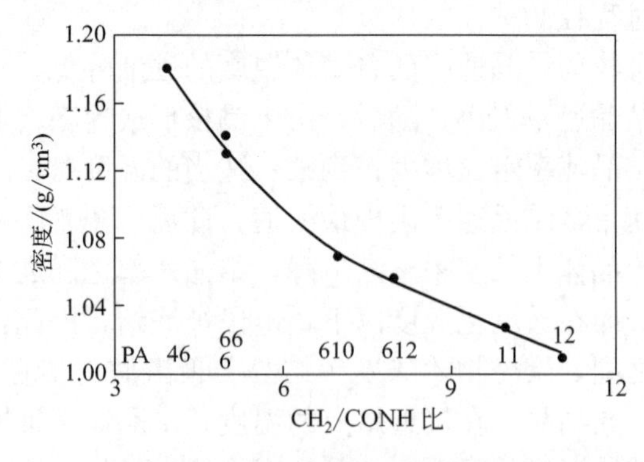


■ 图 3-8 酰胺基浓度对密度的影响

■表 3-3　各种聚酰胺在 23℃时的密度　　单位：$g/cm^3$

| 品种 | PA46 | PA6 | PA66 | PA69 | PA610 | PA612 | PA11 | PA12 | PA6I | MXD6 |
|---|---|---|---|---|---|---|---|---|---|---|
| 密度 | 1.18 | 1.13 | 1.14 | 1.08 | 1.08 | 1.06 | 1.04 | 1.01 | 1.19 | 1.22 |

#### 3.2.1.2 结晶度

聚酰胺是结晶性高聚物，其密度随着结晶度的增加而增加，如图 3-9 所示，结晶度高于 60%的数据是采用外推法得到的，因为聚合物不可能有 100%结晶度。

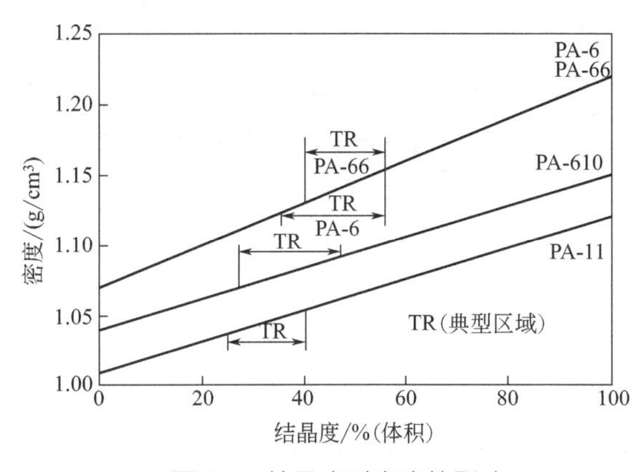


■ 图 3-9　结晶度对密度的影响

由于聚酰胺的结晶相和非晶相两部分密度不同。若已知聚酰胺结晶相密度 $d_c$ 和非晶相密度 $d_a$，则可通过下面公式求出试样的结晶度。几种常见聚酰胺的结晶相密度和非晶相密度见表 3-4 所列。

$$结晶度=d_c(d-d_a)/d(d_c-d_a) \qquad (d\text{ 为试样密度})$$

■表 3-4　部分聚酰胺的 $d_c$ 和 $d_a$　　单位：$g/cm^3$

| PA 名称 | $d_c$ | $d_a$ | $d$ |
|---|---|---|---|
| PA6 | 1.23 | 1.10 | 1.13～1.15 |
| PA8 | 1.18 | 1.04 | 1.09 |
| PA10 | 1.17 | 1.04 | 1.06～1.09 |
| PA11 | 1.12 | 1.01 | 1.03～1.05 |
| PA12 | 1.11 | 0.99 | 1.01～1.04 |
| PA66 | 1.24 | 1.09 | 1.12～1.15 |
| PA610 | 1.17 | 1.04 | 1.07～1.09 |

### 3.2.2 聚酰胺结构对吸湿性的影响

聚酰胺分子中存在亲水的酰胺基，因此吸湿性较大，其吸水率与聚酰胺中酰胺基的含量、结晶度和环境的湿度有关。聚酰胺的吸湿性主要是非晶相中的酰胺基与水分子形成氢键使水分子渗入到聚酰胺分子间，使聚酰胺分子间的氢键作用削弱，随着聚酰胺水分含量的增加将明显导致其玻璃化转变温度（$T_g$）的降低，进而影响聚酰胺材料的性能。如干燥级别 PA6 的 $T_g$ 测定值为 78℃，当水分含量为 3%和 8%时，其 $T_g$ 迅速降低到 28℃和 8℃。吸水性是聚酰胺的一个重要特性，水分渗入聚酰胺的无定形区域后，会有选择地取代氢键，因此随着聚酰胺结晶度增加，无定形区域的减少，吸湿性下降。但是环境温度、湿度对聚酰胺吸湿性影响较大，在评价聚酰胺性能时，要明确 3 种状态，即干燥状态（DAM）、标准湿度和饱和湿度，不同环境湿度下 PA 的吸水性见表 3-5 所列。

■表 3-5 不同环境湿度下 PA 的吸水性 单位：%

| 品种 | 干态(无湿度) | 标准湿度(23℃/50%相对湿度) | 饱和水 |
|---|---|---|---|
| PA6 | 0.2 | 3.0 | 8.0 |
| PA46 | 0.2 | 3.5 | 9.7 |
| PA66 | 0.2 | 2.7 | 7.2 |
| PA610 | 0.2 | 1.5 | 3.2 |
| PA11 | | 1.1 | 1.8 |
| PA12 | | 0.7 | 1.5 |

随着聚酰胺主链段上亚甲基的增加，或引入芳基或侧链基团，酰胺基含量的降低和芳香基空间位阻增大等因素，聚酰胺的吸湿性也会下降，如图 3-10 所示。

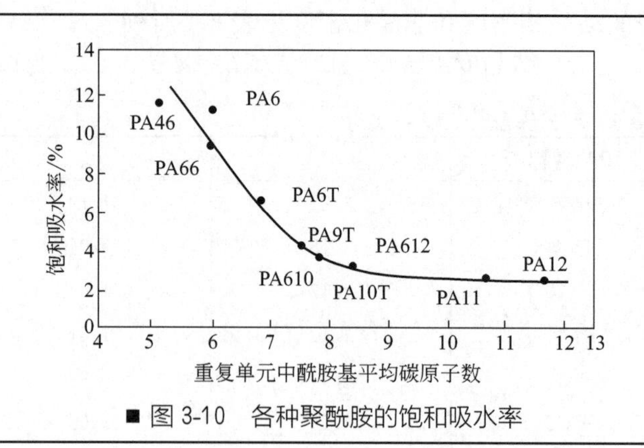


■ 图 3-10 各种聚酰胺的饱和吸水率

## 3.2.3 聚酰胺结构对热性能的影响

聚合物的热性能一般用玻璃化转变温度（$T_g$）、熔融温度（$T_m$）和热变形温度来评价。根据高分子材料的耐热性理论，通过增加分子链上极性基团比例、提高分子链的规整性能有效地增加分子链间的相互作用力，即增大聚合物分子链的刚性、降低柔韧性可达到提高耐热性的目的。此外，通过交联、共混等手段也可达到提高聚合物耐热性的目的。聚酰胺因为含有极性酰胺基团，能结晶，有明显的熔点、玻璃化转变温度和较高的热变形温度，具有较好的耐热性。芳香族聚酰胺耐热性比脂肪族聚酰胺的要好，部分聚酰胺的热性能见表 3-6 所列。

■表 3-6 部分聚酰胺的热性能 单位：℃

| 项目 | $T_g$ | $T_m$ | 热变形温度 | |
|---|---|---|---|---|
| | | | 0.46MPa | 1.82MPa |
| PA46 | 78 | 295 | 285 | 220 |
| PA6 | 50 | 228 | 155 | 70 |
| PA66 | 57 | 265 | 190 | 75 |
| PA610 | 50 | 228 | 170 | 70 |
| PA612 | | 210 | 160 | 65 |
| PA11 | 46 | 194 | 145 | 50 |
| PA10 | 43 | 192 | | |
| MXD6 | 85 | 237 | 232 | |
| PMPIA | 275 | 400 | | 260 |

聚酰胺分子中由于含有酰胺基，可以形成氢键，聚酰胺的熔点与分子链上酰胺基团形成氢键的密度和结构单元中的碳原子数的奇偶数有关，氢键密度大则熔点高；对于同种聚酰胺，分子量较大的聚合物有较高的熔点。对于有规律重复单元结构的线型脂肪族聚酰胺，其熔点随着酰胺基含量的增加而增加。

由 ω-氨基酸或内酰胺合成的聚酰胺，其熔点的高低与链节中的碳原子有关，如图 3-11 所示。从图中可以看出，聚酰胺的熔点随其链节碳原子数目的增多而呈锯齿型降低，且偶数碳原子的熔点比相邻的奇数碳原子的熔点低，这是因为奇数尼龙可以全部形成氢键的缘故。

由二元酸和二元胺合成的聚酰胺，随分子链节碳原子数目的增多而降低；但二元酸二元胺中的碳原子数全为偶数者熔点的比相邻含有奇数的高，因为偶偶聚酰胺可以全部形成氢键，如图 3-12 所示。

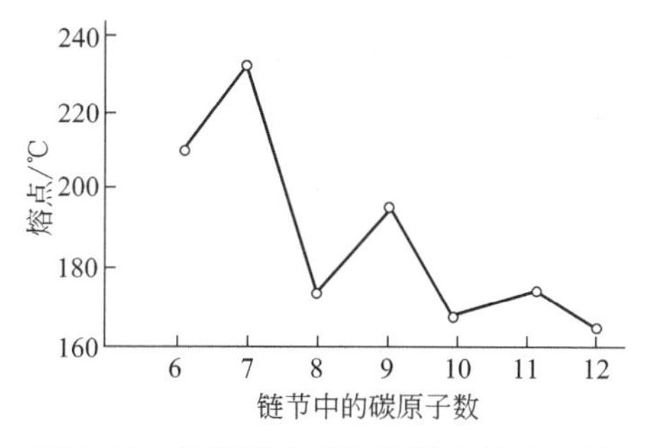


■ 图 3-11 氨基酸中碳原子数和熔点的关系

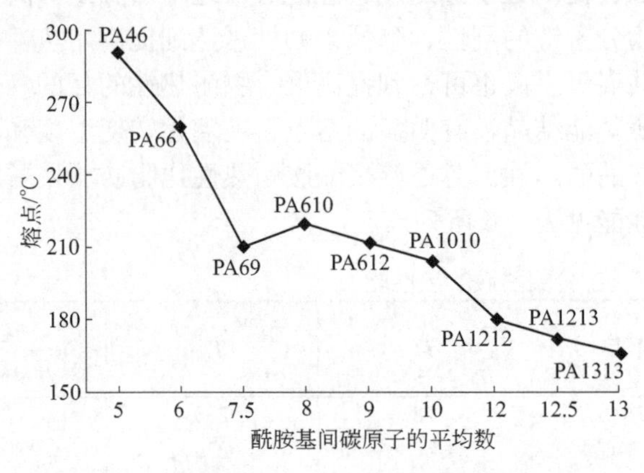


■ 图 3-12 极性基间亚甲基含量对聚酰胺熔点的影响

脂肪族聚酰胺随着主链上碳原子数量的增加、酰胺基团含量减少，柔顺性相应提高，$T_m$ 呈下降趋势，耐热性也降低。

随着芳香基引入聚酰胺分子链中，提高了分子链的刚性和耐热性，而芳香基同亚甲基相比具有较高的内聚能，因此芳酰胺熔点和耐热性比相应脂肪族聚酰胺要高，全芳香族比半芳香族要高。从芳香基与酰胺基的分子间结合的三种结构来看，$T_m$(对)＞$T_m$(间)＞$T_m$(邻)。如在 PMPIA 中，酰胺键和间位苯环连接，间位苯环上的共价键内旋转位能低，可旋转角度大，大分子呈现柔性结构，其弹性模量的数量级和其他柔性大分子处于相同水平，因此其熔点比 PPTA 要低。而 PPTA 与 PBA 是对位连接的芳酰胺，酰胺键与苯环基团形成共轭结构，内旋转位能相当高，成为刚性分子链大分子结构，分子排列规整，因此结晶和取向极高，并在结晶结构中具有氢键。这种更为稳定的结构导致 PPTA、PBA 纤维的热稳定性明显优于 PMPIA，表 3-7 列出了部分 PA 的分子链结构与热性能指标。

■表 3-7 部分 PA 的分子链结构及热性能 单位：℃

| 名称 | 分子结构 | $T_g$ | $T_m$ | 热分解温度 | 最高使用温度 |
|---|---|---|---|---|---|
| PA6 | $\text{-[NH-(CH}_2)_5\text{-CO]}_n\text{-}$ | 50 | 215 | | 70～90 |
| PA66 | $\text{-[NH-(CH}_2)_6\text{-NH-CO-(CH}_2)_4\text{-CO]}_n\text{-}$ | 50 | 265 | | 80～100 |
| PMPIA | -[NH-(间亚苯基)-NH-CO-(间亚苯基)-CO]$_n$- | 272 | 400 | 435 | 200～250 |
| PBA | -[NH-(对亚苯基)-CO]$_n$- | ＞300 | | 503 | ＜300 |
| PPTA | -[NH-(对亚苯基)-NH-CO-(对亚苯基)-CO]$_n$- | 345 | | 550 | 250～280 |

## 3.2.4 聚酰胺结构对力学性能的影响

聚合物的分子结构和结晶形态直接决定着材料性能，同时加工成型条件、外部环境也会影响材料的化学与物理结构，进而影响材料的力学性能。聚酰胺由于极性酰胺基之间能形成氢键，可以结晶，随着结晶度的增加，分子链排列规整，分子间作用力增强，聚酰胺的强度、硬度、耐热性、耐溶剂性、气密性和耐化学腐蚀性等性能提高；另外结晶也限制了分子链的运动，因此弹性、断裂伸长率、冲击强度都有所下降。

脂肪族聚酰胺的力学性能还与分子链中亚甲基数量及其与酰胺基之比有关，随着酰胺基浓度的增加弯曲强度也随之增加，如图 3-13 所示。

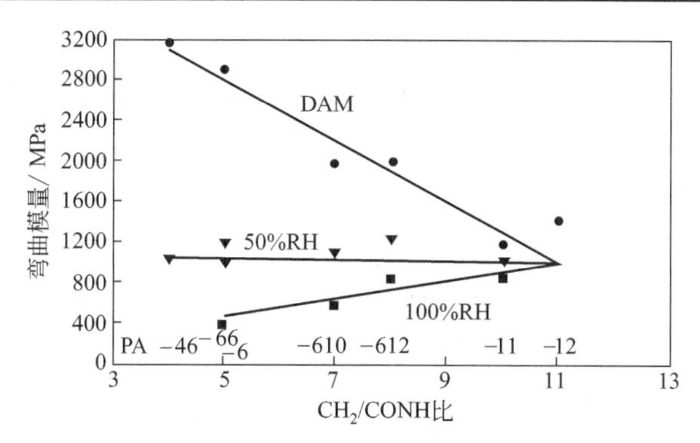


■ 图 3-13　在 23℃不同湿度条件下酰胺基浓度对聚酰胺弯曲模量的影响

随着碳链长度的增加，亚甲基含量增加、柔顺性提高、伸长率增加但拉伸强度及拉伸屈服强度下降。随着温度的增加，分子链活动容易，因此拉伸强度、拉伸屈服强度下降而伸长率增加，见表 3-8 和图 3-14。

■表 3-8　DAM 聚酰胺的拉伸性能（ASTM D 638）

| 项　目 | | PA46 | PA66 | PA6 | PA610 | PA612 | PA11 | PA12 |
|---|---|---|---|---|---|---|---|---|
| 拉伸强度/MPa | −40℃ | | 108 | 120 | 83 | 94 | 68 | |
| | 23℃ | 99 | 83 | 81 | 59 | 61 | 59 | 55 |
| | 77℃ | | 62 | 68 | 37 | 41 | 42 | |
| 拉伸屈服强度/MPa | −40℃ | | 108 | 120 | 83 | 94 | — | 79 |
| | 23℃ | 79 | 83 | 81 | 59 | 61 | 36 | 52 |
| | 77℃ | | 62 | 30 | 29 | 30 | — | 24 |
| 断裂伸长/% | −40℃ | | 20 | 8 | 20 | 15 | 37 | |
| | 23℃ | 30 | 60 | 150 | 100 | 150 | 330 | 250 |
| | 77℃ | | 340 | 310 | 300 | >300 | 400 | |
| 屈服伸长/% | −40℃ | | 4 | — | 10 | 8 | — | |
| | 23℃ | | 5 | 9 | 10 | 7 | 22 | 10 |
| | 77℃ | | 30 | — | 30 | 30 | — | |

注：DAM 为干燥初模聚酰胺，含水率小于 0.2%。

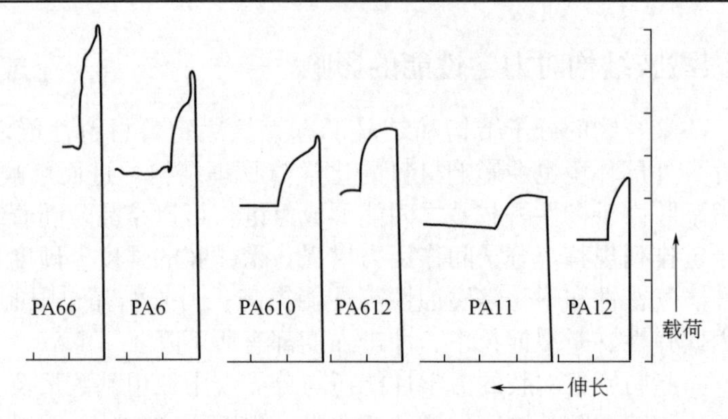


■ 图 3-14 几种聚酰胺在 23℃、应变速率为 50mm/min 时的载荷与伸长曲线

随着碳链长度的增加酰胺基浓度的下降，聚酰胺的吸水性降低，温湿度聚酰胺力学性能的影响也减小，如随着温湿度的增加，PA66 弯曲模量下降幅度大于 PA612，如图 3-15 所示。聚酰胺的吸水性使得拉伸强度、弯曲模量等大幅下降，而冲击强度则大幅上升，并影响制品的尺寸稳定性。

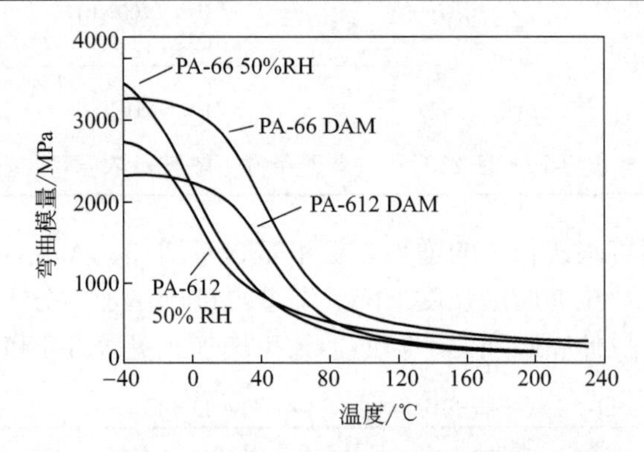


■ 图 3-15 聚酰胺的弯曲模量随温湿度的变化曲线

## 3.2.5 聚酰胺结构对电性能的影响

高聚物的电性能主要指介电性能和导电性能。介电性能与高分子极性有密切关系，极性大的高聚物介电常数和介电损耗角正切也大，若作为绝缘材料则要求低的介电常数和介电损耗角正切，因此含有极性酰胺基团的聚酰胺其绝缘性能一般。水对高聚物的介电强度影响很大，会使高聚物的电导率、介质损耗增大，介电强度降低，因酰胺基团的吸水性影响聚酰胺的电性能，所以聚酰胺不适合作为高频和湿态环境下的绝缘材料。但聚酰胺在低温和低

湿环境中有着相当好的绝缘性能，并且具有良好的热性能、电性能、力学性能、化学性能等，通过注塑可用做各种连接器、线圈管、端子、墙板、电气配线等，这些部件广泛地应用于低频率、中压电器上。

不同聚酰胺由于酰胺基浓度变化其吸水量不同，含水量对聚酰胺电性能的影响见表 3-9 所列。芳香族聚酰胺由于吸水性小，因此湿度对其电性能影响也较小。但聚酰胺的耐电弧性能不受含水量和温度的影响，在有效的温度范围内，即使温度升到 100℃也不会受影响。

■表 3-9　聚酰胺的电性能

| 品种 | 条件 | 体积电阻率①/Ω·cm | 介电常数 ε② | | | 介电损耗角正切值 | | |
|---|---|---|---|---|---|---|---|---|
| | | | 50～100Hz | 1kHz | 1MHz | 50～100Hz | 1kHz | 1MHz |
| PA46 | 干燥 | $10^{15}$ | 3.9 | 3.8 | 3.6 | 0.01 | 0.01 | 0.03 |
| | 50%RH | $10^{9}$ | 22 | 11 | 4.5 | 0.87 | 0.35 | 0.12 |
| PA66 | 干燥 | $10^{15}$ | 3.9 | 3.8 | 3.5 | 0.02 | 0.02 | 0.03 |
| | 50%RH | $10^{13}$ | 7.0 | 6.5 | 4.1 | 0.11 | 0.10 | 0.08 |
| | 100%RH | $10^{9}$ | 31 | 29 | 18 | 0.50 | 0.23 | 0.28 |
| PA6 | 干燥 | $10^{15}$ | 3.8 | 3.7 | 3.4 | 0.01 | 0.02 | 0.03 |
| | 50%RH | $10^{12}$ | 13 | 8.3 | 4.6 | 0.18 | 0.20 | 0.12 |
| | 100%RH | $10^{9}$ | — | — | 25 | — | — | — |
| PA69 | 干燥 | $10^{15}$ | 3.6 | 3.5 | 3.2 | 0.02 | 0.02 | 0.02 |
| | 50%RH | $10^{13}$ | 5.4 | 4.8 | 3.4 | 0.09 | 0.09 | 0.02 |
| PA610 | 干燥 | $10^{15}$ | 3.9 | 3.6 | 3.3 | 0.04 | 0.04 | 0.03 |
| PA612 | 干燥 | $10^{15}$ | 4.0 | 4.0 | 3.5 | 0.02 | 0.02 | 0.02 |
| | 50%RH | $10^{13}$ | 6.0 | 5.3 | 4.0 | 0.08 | — | — |
| | 100%RH | $10^{11}$ | 12 | — | — | 0.25 | — | — |
| PA11 | 干燥 | $10^{14}$ | 3.9 | 3.5 | 3.1 | 0.04 | 0.05 | 0.04 |
| | 50%RH | $10^{14}$ | — | 3.7 | — | — | — | — |
| | 100%RH | $10^{12}$ | — | 7.6 | — | 0.03 | — | 0.06 |
| PA12 | 干燥 | $10^{15}$ | 4.2 | 3.6 | 3.1 | 0.04 | 0.05 | 0.03 |
| | 50%RH | $10^{14}$ | — | 4.0 | — | — | 0.09 | — |
| | 100%RH | $10^{13}$ | — | 6.5 | — | — | 0.17 | — |
| PA66+33%玻璃纤维 | 干燥 | $10^{13}$ | 4.2 | 4.0 | 3.7 | 0.01 | 0.02 | 0.02 |
| | 50%RH | $10^{11}$ | — | — | 5.0 | — | — | — |
| | 100%RH | $10^{9}$ | — | 25 | 11 | — | — | — |
| PA TMDT | 干燥 | $10^{14}$ | — | 3.5 | 3.1 | — | 0.03 | 0.02 |
| | 50%RH | $10^{14}$ | — | 3.9 | 3.4 | — | 0.03 | 0.03 |
| | 100%RH | — | — | 4.8 | 3.6 | — | 0.03 | 0.04 |
| PA 6I | 干燥 | $10^{15}$ | 4.3 | — | 3.8 | — | — | 0.03 |
| | 50%RH | $10^{16}$ | 4.8 | — | 4.1 | — | — | 0.05 |
| PA6I/6T/CMI/CMT | 干燥 | $10^{15}$ | — | 4.1 | 3.7 | — | 0.02 | 0.02 |
| | 50%RH | $10^{15}$ | — | 4.3 | 3.8 | — | 0.02 | 0.02 |

① ASTM D257。

② ASTM D150。

# 3.3 聚酰胺的性能特点

聚酰胺为半透明或乳白色结晶性树脂，作为工程塑料用的聚酰胺具有机械强度高、摩擦系数低，自润滑性、吸震性和消音性好，耐热、耐磨损、耐化学药品性好，无毒、无臭等优点；缺点是吸水性大，对温湿度敏感，并影响尺寸稳定性和电性能。

聚酰胺含有活性的氨基和羧基，很容易通过改性来改善产品性能，如尼龙与玻璃纤维亲和性好，可用玻璃纤维增强降低树脂吸水率。因此聚酰胺材料广泛应用于各种机械、交通运输、电子电气、薄膜以及工业零部件等，在取代金属、节约能源、劳动保护和提高工效等方面，日益显示出聚酰胺工程材料的优越性。

聚酰胺与金属材料相比，虽然刚性尚逊于金属，但比强度高于金属材料，与金属材料不同的是，聚酰胺作为高分子材料，它在使用温度范围内，抗张强度随温度和吸水率的变化而变化。聚酰胺的疲劳强度为抗张强度的20%～30%，比镍钢、碳钢等要低，但与铸铁和铝合金等金属材料相近。

聚酰胺工程塑料密度（在1.02～1.15g/m$^3$）低于其通用工程塑料，如PC（1.2g/m$^3$）、PBT（1.31g/m$^3$）、POM（1.41g/m$^3$），且热软化温度范围较窄，具有明显的熔点。部分PA产品和其他工程塑料的性能比较见表3-10所列。

■表 3-10 部分 PA 产品和其他工程塑料的性能比较

| 产品 | PA6 | PA66 | PA46 | PA610 | PA11 | PBT | POM | PC |
|---|---|---|---|---|---|---|---|---|
| $T_m$/℃ | 223 | 262 | 295 | 213 | 185 | 224 | 180 | |
| $T_g$/℃ | 50 | 57 | 78 | 50 | 46 | 32 | −56 | 150 |
| 密度/(g/cm$^3$) | 1.14 | 1.14 | 1.18 | 1.09 | 1.04 | 1.31 | 1.42 | 1.20 |
| 吸水性(23℃，24h)/% | 1.5 | 1.3 | 4 | 0.5 | 0.3 | 0.08 | 0.22 | 0.24 |
| 拉伸强度/MPa | 74 | 80 | 102 | 60 | 58 | 56 | 61 | 63 |
| 断裂伸长率/% | 200 | 60 | 50 | 200 | 330 | 300 | 60 | 100 |
| 弯曲强度/MPa | 125 | 130 | 146 | 90 | 70 | 87 | 91 | 95 |
| 弯曲弹性模量/MPa | 2600 | 3000 | 3200 | 2200 | 1000 | 2500 | 2640 | 2300 |
| 洛氏硬度(R，23℃) | 114 | 118 | 121 | 116 | 108 | 118 | 80 | 80 |
| 热变形温度(1.82MPa)/℃ | 63 | 70 | 220 | 82 | 55 | 58 | 123 | 135 |
| 线膨胀系数/(×$10^{-5}$/℃) | 8.5 | 8.5 | 8 | 9.0 | 9 | 9.4 | 10.0 | 7.0 |
| 表面电阻率/Ω | $10^{12}$ | $10^{12}$ | $10^{15}$ | | | $10^{15}$ | $10^{13}$ | $10^{15}$ |
| 体积电阻率/Ω·cm | $>10^{14}$ | $>10^{14}$ | $10^{16}$ | $>10^{15}$ | $>10^{14}$ | $>10^{16}$ | $>10^{15}$ | $>10^{17}$ |
| 耐电弧性/s | 121 | 128 | 121 | | | 190 | 240 | 120 |
| 阻燃性(UL94) | V-2 | V-2 | V-2 | 自熄 | 自熄 | HB | HB | V-2 |

### 3.3.1 耐化学药品性

聚酰胺对脂肪族和芳香族类溶剂、机械油类、润滑油、动植物油及大多数无机类化学溶液有较好的耐溶性，特别是对汽油和润滑油具有优异的耐溶性，并对芳香族化合物也呈惰性，因此广泛用于汽车发动机工业。如用PA66制成的汽车部件长期暴露于汽油、油脂中仍能保持极好的性能。另外结晶度对聚酰胺的耐溶剂性有影响，结晶度高耐溶剂性增强。

聚酰胺的耐酸性较差，因为水和酸能被各种聚酰胺吸收，产生溶胀或增塑作用。聚酰胺能溶解于甲酸、酚类、水合氯醛、无机酸、氟化醇类，如苯酚、2-甲基苯酚、4-甲基苯酚或间二苯酚以及六氟代异丙醇（HEIP）等。不同浓度的无机酸、碱或盐均可导致PA的溶胀、溶解或水解，见表3-11所列。5%苏打水溶液和氯化锌水溶液则可引起PA制品龟裂；PA6和PA66浸泡在20℃、20～50g/L浓度的盐酸中，几个月后就出现裂纹；另外PA6和PA66也很易受到氯化钙的腐蚀，而PA12、PA9T等耐氯化钙性能良好，这是PA使用时需要注意的。

■表3-11　聚酰胺的耐化学药品性

| 化学品 | PA66 | | PA6 | | PA610 | | PA12 |
|---|---|---|---|---|---|---|---|
| | 低结晶度 | 高结晶度 | 低结晶度 | 高结晶度 | 低结晶度 | 高结晶度 | 低结晶度 |
| 氢氧化钠(50%水溶液) | + | + | + | + | + | + | + |
| 氨水(10%) | +11/3 | +8/2 | +11/3 | + | +5/2 | +4 | + |
| 盐酸(2%) | — | — | — | — | — | — | ⊕ |
| 硫酸(2%) | | — | — | — | — | — | 0 |
| 硝酸(2%) | — | — | — | — | — | — | — |
| 铬酸(10%水溶液) | ⊖9 | ⊖8 | — | ⊖ | ⊖4 | ⊖3 | ⊖ |
| 碳酸钠(10%水溶液) | +9 | +7 | +10 | +8 | +3 | +3 | + |
| 氯化钠(10%水溶液) | + | + | + | + | + | + | + |
| 氯化钙(10%水溶液) | +10 | +9 | + | + | +3 | + | + |
| (2%乙醇) | 0 | 0 | 0 | 0 | — | — | — |
| 臭氧 | ⊖ | ⊕~⊖ | ⊖ | ⊕~⊖ | ⊖ | ⊕~⊖ | ⊖ |
| 高锰酸钾(1%水溶液) | — | — | — | — | — | — | — |
| 甲酸(85%水溶液) | 0 | 0 | 0 | 0 | — | — | — |
| 醋酸(10%溶液) | −14 | −10 | −17 | −6 | −8 | −6 | ⊕ |
| 己烷 | + | + | + | + | + | + | + |
| 环己烷 | +1 | +1 | +1 | +1 | + | + | +1 |
| 苯 | +1 | +1 | +1 | + | +4 | +4 | +7.5 |

续表

| 化学品 | PA66 | | PA6 | | PA610 | | PA12 |
|---|---|---|---|---|---|---|---|
| | 低结晶度 | 高结晶度 | 低结晶度 | 高结晶度 | 低结晶度 | 高结晶度 | 低结晶度 |
| 甲苯 | +2 | +1 | +2 | +0 | +3 | +3 | +6 |
| 二甲苯 | +1 | +1 | +2 | +1 | +2 | +1 | +s |
| 萘 | + | + | + | + | + | + | + |
| 甲醇 | +14/4 | +9/2 | ⊕19/5 | +3/1 | ⊕16/4 | +9/2 | +10.5 |
| 乙醇(96%) | +～⊕12/4 | +3/1 | ⊕17/5 | +3/2 | ⊕13/5 | +8/2 | +12.5 |
| 异丙醇 | +5/1 | + | ⊕15/4 | +2/1 | ⊕13/3 | +3/1 | +s |
| 丁醇 | +9/3 | +2/0 | ⊕16/5 | +4/1 | ⊕17/5 | +4/1 | +s |
| 乙二醇 | +10/3 | +2 | ⊕13/4 | +6/2 | +4/1 | +2 | + |
| 丙三醇 | +2 | +1 | +3 | +3 | +2 | +1 | + |
| 丙酮 | +2 | +1 | +4/2 | + | +5/1 | +1/0 | +4.5 |
| 甲醛水(30%) | ⊕16 | + | ⊕18 | + | ⊕8 | + | ⊕ |
| 甲乙酮 | +2 | +1 | +2 | +2 | +6 | +2 | + |
| 四氯化碳 | +2 | +1 | +4 | +2 | +2 | +1 | ⊖4.5 |
| 三氯乙烯 | ⊕4 | ⊕2 | ⊕5 | ⊕4 | ⊕20 | ⊖6 | ⊕ |
| 氟利昂 12 | + | + | + | + | + | + | + |
| 硝基甲烷 | ⊕6 | +2 | ⊕7 | +4 | ⊕6 | +3 | + |
| 二噁烷 | + | + | + | + | + | + | + |
| 四氢呋喃 | +4/1 | +2 | +8/3 | +3/1 | +12/4 | +2 | + |
| 二甲基甲酰胺 | +8 | + | + | + | +6 | + | ⊕ |
| 醋酸乙酯 | +1 | +1 | +2 | + | +2 | +1 | + |
| 苯酚 | — | — | — | — | — | — | — |
| 间苯二酚 | 0 | 0 | 0 | 0 | 0 | 0 | 0 |
| 丙烯腈 | +3 | + | + | + | +5 | + | + |
| 苯乙烯 | + | + | + | + | + | + | + |
| 邻苯二甲酸二辛酯 | +0 | +0 | +0 | +0 | +0 | +0 | + |
| 奶油 | + | + | + | + | + | + | + |
| 亚麻仁油 | + | + | + | + | + | + | + |
| 汽油 | +2 | +2 | +2 | +2 | +1 | +1 | + |
| 润滑油 | +0 | +0 | +0 | +0 | +0 | +0 | + |
| 柴油 | + | + | + | + | + | + | + |
| 焦油 | ⊕ | ⊕ | ⊕ | ⊕ | ⊕ | ⊕ | ⊕ |

注：+表示无变化：重量和尺寸不变化或变化极微小，无损伤；⊕表示在所附条件下不变；在短时间内重量，尺寸有变化，根据不同的情况发生变色，强度下降和老化等；⊖表示有变化：在一定的条件下可使用；－表示有变化：在短时间内强度受到损伤；例如，⊕17/5，表示在所附条件下稳定，最高重量增加 17%，长度增加 5%。

## 3.3.2 耐磨性

聚酰胺具有优良的耐磨性能，摩擦系数小、磨损量少、摩擦噪声低等优点。*PV* 值是衡量工程塑料散热性的一个重要参数，决定制品使用的极限，*PV* 值用产生发热的因素单位面积的负载 *P* 和表面线速度 *V* 的乘积表示，它的值越高散热性越好，聚酰胺具有极限 *PV* 值大、自润滑性好，即使没有加润滑剂也有良好的耐磨性，制品使用寿命长；如果添加润滑油、氟树脂、二硫化钼、石墨等可使其具有更好的摩擦磨耗性。聚酰胺无油润滑的摩擦系数通常为 0.1～0.3，约为酚醛塑料的 1/4、巴氏合金的 1/3。各种聚酰胺的摩擦系数没有太大的差别。在聚酰胺的诸多品种当中 PA1010 的耐磨耗性最佳，它的密度约为铜的 1/7，但其耐磨耗性却是铜的 8 倍。添加玻璃纤维会降低耐磨性。表 3-12 为部分聚酰胺对钢的摩擦系数和极限 *PV* 值。

■表 3-12　部分聚酰胺对钢的摩擦系数和极限*PV* 值

| 聚酰胺 | 摩擦系数 | | 极限 *PV* 值 (0.5m/s) |
|---|---|---|---|
| | 静态 | 动态 | |
| PA6 | 0.22 | 0.26 | 70 |
| PA66 | 0.20 | 0.28 | 85 |
| PA610 | 0.23 | 0.31 | 70 |
| PA612 | 0.24 | 0.31 | 70 |
| PA6＋30%玻璃纤维 | 0.26 | 0.32 | 300 |
| PA66＋30%玻璃纤维 | 0.25 | 0.31 | 350 |
| PA610＋30%玻璃纤维 | 0.26 | 0.34 | 300 |
| PA612＋30%玻璃纤维 | 0.27 | 0.33 | 280 |

## 3.3.3 阻燃性

聚酰胺分子链上的酰胺基含有碳、氢、氧和氮，其燃烧性比烯烃类塑料更缓慢，一旦聚酰胺着火不连续燃烧，具有自熄性，因此有一定的阻燃性。PA66 的氧指数为 28%，而聚乙烯氧指数仅为 17.4%。

多数未改性脂肪族聚酰胺阻燃等级为 UL-94 V-2。随着聚酰胺亚甲基含量的增加，阻燃性能降低，而芳香族聚酰胺的阻燃性则要好些。表 3-13 为各种聚酰胺品种及其他工程塑料的阻燃性。

■表 3-13　各种聚酰胺与其他工程塑料的阻燃性

| 产品 | PA6 | PA66 | PA46 | PA612 | PA11 | PMPIA | PBT | POM | PC |
|---|---|---|---|---|---|---|---|---|---|
| 阻燃性(UL94) | V-2 | V-2 | V-2 | V-2 | HB | V-0 | HB | HB | V-2 |

## 3.3.4 抗辐射耐候性能

聚酰胺和大多数塑料一样可被紫外光降解，气候的变化会使聚酰胺材料发脆，降低强度，也会使表面发生变化；随着温度的升高，聚酰胺会发生氧化降解，使力学性能大幅度下降；随着在大气中暴露时间的延长，会发生降解，其力学性能逐渐下降，因此聚酰胺的耐候性一般。但加入一些稳定剂可有效地增强聚酰胺的耐候性能，如含有炭黑的聚酰胺树脂耐候性能较好（典型含量为 2%），且拉伸强度变化较小。另外添加玻璃纤维能显著地改善聚酰胺的耐候性能，如图 3-16 所示。

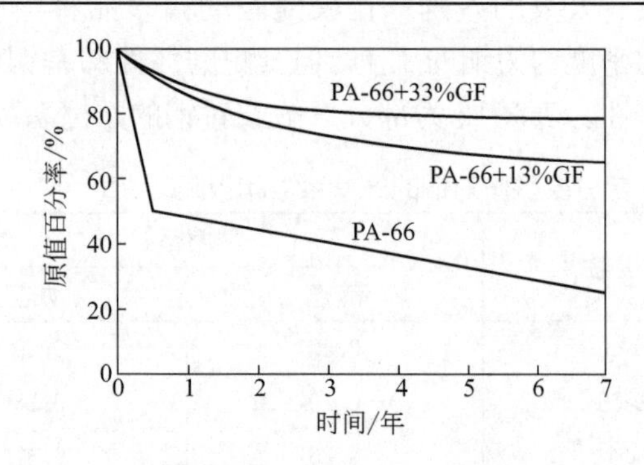


■ 图 3-16 玻璃纤维增强聚酰胺的耐气候性能

聚酰胺抗辐射性能在塑料材料中属中等。当聚酰胺暴露在伽马辐射中，根据气体逸出量可知，PA66 和 PA11 的抗辐射性能优于聚乙烯和聚偏氯乙烯，但是低于聚苯乙烯和某些聚酯。在其他相似的伽马射线辐射流实验中，PA66 和 PA610 的抗辐射性能在丙烯腈纤维和纤维素纤维之前，但在聚苯乙烯和填充矿物酚醛之后。半芳香族聚酰胺例如 PAMXD6 比脂肪族聚酰胺有更好的抗辐射性能。

## 3.3.5 尺寸稳定性

聚酰胺具有吸水性，其制品尺寸稳定性较差，但随着亚甲基含量的增加或芳基的引入，其吸湿性降低使聚酰胺的尺寸变化量降低。此外，应力松弛、热膨胀也可能导致聚酰胺尺寸变化，其尺寸变化量取决于聚酰胺品种、温度和湿度。一般通过添加无机填料、玻璃纤维、增韧剂或一些憎水的材料，会降低聚酰胺的吸水性，使尺寸变化相对降低。

随着聚酰胺分子中酰胺基浓度的降低，碳链长度的增加，聚酰胺的线膨胀系数随之增加。芳香族聚酰胺的线膨胀系数低于脂肪族的。另外添加玻璃纤维能明显降低聚酰胺的热线膨胀系数，提高其尺寸稳定性，不同品种及含 30%玻璃纤维增强聚酰胺的热线膨胀系数见表 3-14 所列。

■表 3-14　聚酰胺的线性热膨胀系数（ASTM D696）　单位：$10^{-5}$/K

| 项目 | PA46 | PA6 | PA66 | PA612 | PA11 | PA12 | PA MXD6 |
|---|---|---|---|---|---|---|---|
| 纯 PA(DAM) | 8.4 | 8.5 | 8.5 | 9.0 | 9 | 11 | 5.1 |
| 30%GF | 3.4 | 2.3 | 2.4 | 2.3 | 3 | 3 | |

由于温度变化引起聚酰胺尺寸变化进而影响其膨胀系数，温度越高，其值越大，见表 3-15 所列。另外也可以看出酰胺基浓度越低热膨胀系数变化越小，如 PA11 在−40～50℃其热膨胀系数几乎不变，显示低温下优异的尺寸稳定性。

■表 3-15　温度对聚酰胺的热膨胀系数的影响（ASTM D696）

| 温度/℃ | 热膨胀系数/(×$10^{-5}$/K) | | |
|---|---|---|---|
| | PA66 | PA612 | PA11 |
| −40 | 6.3 | 7.2 | 9 |
| 0 | 7.2 | 8.1 | 9 |
| 23 | 8.1 | 9.0 | 9 |
| 50 | | | 9 |
| 77 | 9.0 | 18 | 21 |
| 150 | | | 21 |

随着聚酰胺分子中酰胺基浓度的降低，碳链长度的增加，湿度对聚酰胺尺寸影响减小，不同聚酰胺的尺寸变化情况如图 3-17 所示。

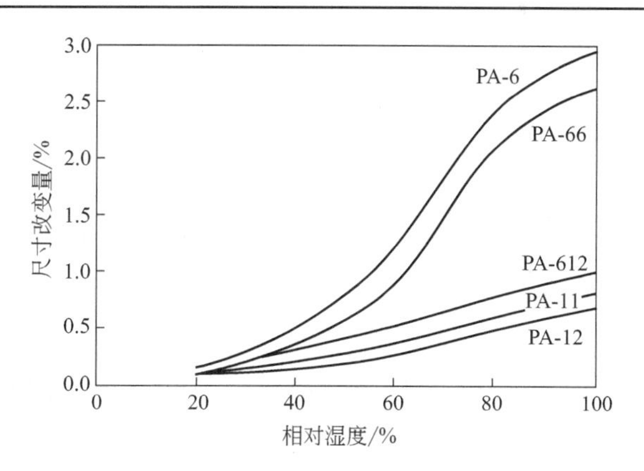


■ 图 3-17　20℃时相对湿度对聚酰胺尺寸变化的影响

## 3.3.6 影响聚酰胺性能的因素

聚酰胺分子中含有吸水的酰胺基团，湿度和温度是影响聚酰胺性能的两个主要因素，加工条件、添加剂等对聚酰胺的性能也有所影响。

#### 3.3.6.1 温度、湿度对聚酰胺性能的影响

不同湿度状态下聚酰胺的热性能不同，见表 3-16 所列。湿度越高聚酰胺的 $T_g$ 降得越低，如 PA66 绝干状态下 $T_g$ 为 82℃，在水中则降到 －37℃；聚酰胺品种的吸水性同亚甲基与酰胺基比值有关，比值越大吸水性越小、环境湿度对 $T_g$ 影响越小。如 PA12 通过动态扭摆式测试法测定其 $T_g$ 在绝干状态为 54℃，在水中降为 42℃，而 PA6 则从 59℃降到－22℃。

■表 3-16 不同的相对湿度对聚酰胺玻璃化转变温度的影响 单位：℃

| 聚酰胺 | $CH_2$/CONH | DAM[①] | | | | 50%RH | | 100%RH | |
|---|---|---|---|---|---|---|---|---|---|
| | | *A* | *B* | *C* | *D* | *C* | *D* | *C* | *D* |
| PA46 | 4 | 102 | 78 | 78 | 80 | | 10 | | |
| PA66 | 5 | 82 | 65,67 | 66,78,80 | 46,48 | 35 | 15 | －15 | －37 |
| PA6 | 5 | 56 | 46,67 | 59,65,75 | 41,60 | 20 | 3 | －22 | －32 |
| PA610 | 7 | 56 | 46,50 | 65,67,70 | 42,51 | 40 | | 10 | |
| PA612 | 8 | 52 | 40,44 | 50,60 | 37,45,50 | 40 | 20 | 20 | |
| PA11 | 10 | 36 | 29,35 | 53,60 | 42,43,47 | | | | |
| PA12 | 11 | 29 | 25,32 | 54,62 | 42 | | | 42 | |
| PA6/6T | | | | | 113 | | | | |
| 6I/6T/PACMI/PACMT | | | | | 125 | | | | |
| PA6I | | | | | 142 | | | | |
| TMDT | | | | 150 | | | | | |
| MXD6 | | 71 | | 102 | 85 | | 52 | | 15 |
| 6T/6I/66(PPA) | | | | 125 | | 82 | | 34 | |

① *A* 由熔点估算，$T_g = 2/3\ T_m$；*B* 由基团贡献计算所得；*C* 动态扭摆式测试法；*D* 为 DSC 法。DAM* 表示干模态聚酰胺。

温度对聚酰胺的力学性能影响较大，温度增加可提高聚酰胺的冲击强度，如当温度从－40℃升至 23℃时，PA46 的悬臂梁式冲击强度翻了一倍，PA66 的也增加了 20%以上，但温度对冲击强度的影响没有湿度明显，如在 23℃时，当湿度增加到 50%时，PA46 的冲击强度增加 4 倍，PA6 增加近 5 倍，PA66 也增加了 2 倍以上，各种聚酰胺在不同温湿度条件下的悬臂梁式冲击强度见表 3-17 所列。可以看出随聚酰胺碳链长度的增加其悬臂梁式冲击强度减小。

另外，温湿度对长碳链聚酰胺的冲击强度影响较小，如 PA12 的冲击强度在低温、高湿度与常温下变化不大，而 PA46 则呈现倍数变化。

■表 3-17　部分聚酰胺的悬臂梁缺口冲击强度

| 聚酰胺 | GF/% | 悬臂梁缺口冲击强度/(J/m) | | |
|---|---|---|---|---|
| | | DAM(干模态聚酰胺) | | 50%RH |
| | | −40℃ | 23℃ | 23℃ |
| PA46 | 0 | 48 | 96 | 400 |
| PA46 | 30 | 100 | 107 | 187 |
| PA6 | 0 | 48 | 53 | 267 |
| PA6 | 15 | 53 | 69 | 123 |
| PA6 | 30 | 107 | 150 | 256 |
| PA66 | 0 | 43 | 53 | 107 |
| PA66 | 15 | 53 | 59 | 91 |
| PA66 | 30 | 91 | 112 | 203 |
| PA69 | 0 | — | 37 | 106 |
| PA610 | 0 | 43 | 53 | 85 |
| PA612 | 0 | 48 | 53 | 75 |
| PA612 | 33 | — | 128 | — |
| PA11 | 0 | 27 | 40 | — |
| PA12 | 0 | 55 | 60 | 64 |
| PA6/6T | 0 | — | 35 | 40 |
| PA6I/6T/PACMI/PACMT | 0 | — | 81 | 96 |
| PA6I | 0 | — | 80 | 80 |
| PATMDT | 0 | — | 69 | |
| PAMXD6 | 0 | — | 20 | |
| PA6T/6I/66 | 33 | — | 110 | 100 |

#### 3.3.6.2 加工条件的影响

聚酰胺制品因温度和吸水引起的尺寸变化是可逆的，残留应力和后结晶造成的尺寸变化是不可逆的。当熔融成型聚合物从熔融状态冷却时，由于温度变化引起体积收缩，特别是聚酰胺这样的结晶性聚合物，熔融与固化及结晶化之间存在大的比容积变化。熔融状态的比容积与常温下比容积之差就是体积收缩。若收缩是各向同性的，则其立方根就是所谓成型收缩率。实际上收缩是各向异性的，所以计算成型收缩率很困难。聚酰胺在高温下经受的应力松弛和热收缩也会引起尺寸的变化，尺寸变化量与制件厚度和模具的温度有关，如图 3-18 所示，随着厚度的增加，聚酰胺的成型收缩率有增大的倾向。

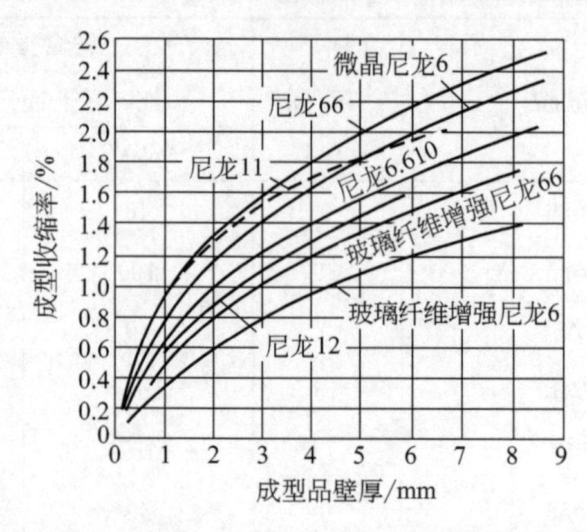


■ 图 3-18 聚酰胺的成型收缩率与厚度的关系

### 3.3.6.3 各种添加剂对聚酰胺性能的影响

在聚酰胺中加入各种助剂如热稳定剂、增塑剂、阻燃剂、润滑剂、着色剂、发泡剂、塑料交联剂等可对聚酰胺的性能有不同程度的改善，不同添加剂对聚酰胺产品性能影响见表 3-18 所列。

■表 3-18 添加剂对聚酰胺性能的影响

| 添加剂 | 润滑剂 | 成核剂 | 增塑剂 | 增韧剂 | 着色剂 | 玻璃纤维 |
|---|---|---|---|---|---|---|
| 力学性能 | | | | | | |
| 拉伸强度 | — | ↑ | ↓ | ↓ | ↑ | ↑ |
| 伸长 | ↑①— | ↓ | ↑ | — | ↓ | ↓ |
| 弯曲模量 | — | ↑ | ↓ | ↓ | ↑ | ↑ |
| Izod 冲击 | — | ↓ | ↑ | ↑ | ↓ | ↑ |
| 剪切强度 | — | ↑ | ↓ | ↓ | — | ↑ |
| 蠕变-形变 | — | ↓ | ↑ | ↑ | — | ↓ |
| 热变形温度 | — | ↑ | ↓ | ↓ | ↑ | ↑ |
| 硬度 | — | ↑ | ↓ | ↓ | — | ↑ |
| MFI | ↑①② | ↓ | ↑ | ↓ | ↑— | ↓ |
| 使用次数 | ↓① | ↓ | ↑ | ↓— | ↓— | ↑ |

① 依赖于润滑剂的类型。

② 润滑剂涂覆在树脂切片的表层。

注：↑：升高；↓：下降；—：表示影响很小或没有影响。

## 3.4 脂肪族聚酰胺的性能

聚酰胺中以亚甲基为主链结构的称为脂肪族尼龙，其主要品种是 PA6、

PA66、PA46、PA610、PA1010、PA11 和 PA12 等，由于尼龙主链碳原子数目变化，使其品种繁多，这些产品结构具有相似性，又各具特点。尼龙常采用化学或物理改性赋予产品特殊功能，并改善其吸水性、尺寸稳定性等，如通过共聚、共混、填充等方法使其具有增强、增韧、耐高温、阻燃抗静电等特殊性能，丰富了尼龙的品种和功能性，扩大了尼龙的应用领域。

PA6 和 PA66 是两种最重要的聚酰胺产品，具有综合性能优良，性价比高，占聚酰胺总量的 95%以上；而 PA46 则是近年新开发的耐高温脂肪族聚酰胺，PA11、PA12 是长碳链中应用较广的产品。

## 3.4.1 聚酰胺 6

聚酰胺 6（尼龙 6）也称聚己内酰胺，结构式为：$\text{-[}NH(CH_2)_5CO\text{]}_n\text{-}$，是乳白色或微黄色透明到不透明角质状结晶聚合物。

### 3.4.1.1 聚酰胺 6 的基本性能

**（1）结晶性能** 聚酰胺 6 成型过程中生成直径 5～50μm 的球晶，其晶态结构与成型条件有关，熔融的聚酰胺 6 经骤冷在 130℃下热处理时所得到的是 γ 型结晶，而在 210℃以上结晶时只有 α 型结晶，聚酰胺 6 熔融加工后的成品结晶度约为 20%。结晶度对聚酰胺 6 的力学、热学性能有明显影响，结晶度大，刚性好、耐热性好，但冲击强度下降，其余性能均有所提高。

**（2）吸水性** 聚酰胺 6 的吸水率在聚酰胺中是较高的（图 3-19），因此聚酰胺 6 产品的许多性能都要受到吸湿性的影响，如聚酰胺 6 的拉伸屈服强度随吸水率增加而降低，在干燥状态时为 70MPa，但吸水 3.5%后就降为 30MPa；压缩强度、弯曲弹性模量也都呈下降趋势。表 3-19 可以看出聚酰胺 6 冲击强度随吸水率增加而上升。

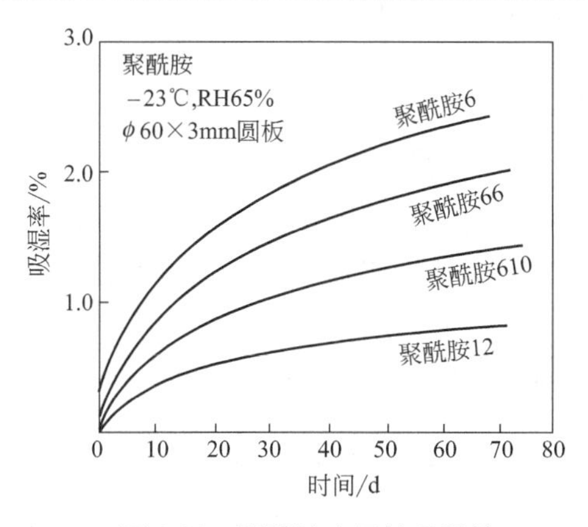


■ 图 3-19 聚酰胺产品的吸湿性

■表 3-19 聚酰胺 6 吸水率对冲击强度的影响

| 吸水率/% | 0 | 1.0 | 1.5 | 2.0 |
|---|---|---|---|---|
| 悬臂梁缺口冲击强度/(J/m) | 7 | 25 | 35 | 40 |

**(3) 热性能** 聚酰胺 6 的熔点为 220℃，玻璃化温度为 48℃，维卡软化温度为 200～210℃，长期耐热温度 105℃，连续使用温度 65℃，氧指数 27%～28%，具有自熄性，在空气中不会延续燃烧。用无机物填充聚酰胺 6 能提高其热变形温度，如用 15%～50%玻璃纤维增强，变形温度可提高至 199℃（1.82MPa）。

**(4) 摩擦、磨损性** 聚酰胺 6 摩擦系数小，耐磨性优异，自润滑性强，从图 3-20 可以看出聚酰胺 6 明显优于青铜，且耐冲击性好。

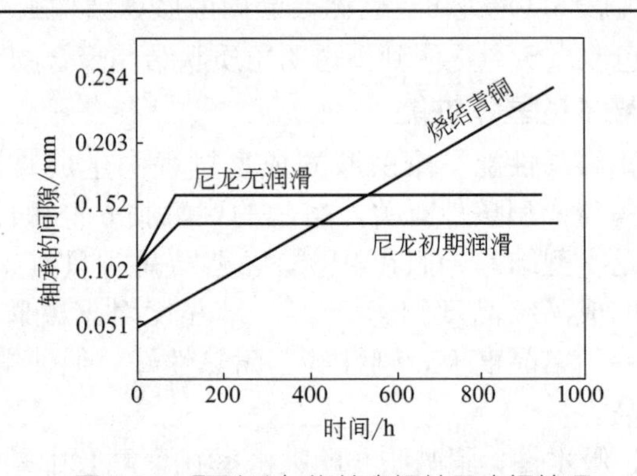


■ 图 3-20 聚酰胺与烧结青铜轴承磨损情况

**(5) 耐溶剂、耐化学药品性** 聚酰胺 6 对烃类有机溶剂如汽油、润滑油等有很强的耐溶性，可广泛用于发动机进气歧管；聚酰胺 6 可溶于酸、酚类；另外聚酰胺 6 与氯化钙、氯化锌等水溶液接触易应力开裂，因此使用时要注意。

**(6) 加工特性** 聚酰胺 6 的加工流动性好，可通过注塑、吹塑、浇塑、喷涂、机加工、焊接、粘接等多种方法成型，成型加工性优秀、综合物性好、性价比高，可广泛用在纺织、汽车、电子电气、包装薄膜等领域。

#### 3.4.1.2 聚酰胺 6 改性产品性能

聚酰胺 6 是尼龙工程塑料中产量最大、牌号最多和应用最广的产品，主要是其综合性能及性价比好，并且容易通过改性来提高产品性能，如改善吸水性、提高其尺寸稳定性和力学性能。聚酰胺 6 的主要改性品种及用途如下。

**(1) 增强聚酰胺 6** 通常采用玻璃纤维、无机晶须、碳纤维、芳纶等来改善聚酰胺 6 产品性能，增强其强度和刚性，降低吸水性并稳定其力学性能，使其可以用于汽车发动机部件、机械部件以及航空设备部件等。如在聚酰胺 6 中加入 30%的玻璃纤维，其力学性能、尺寸稳定性、耐热性、耐老化性能有明显提高，耐疲劳强度是未增强的 2.5 倍，玻璃纤维改性后使用温度可达

180℃，收缩率降低到0.3%；但与流程相垂直方向的收缩率要高一些，这是因为玻璃纤维在注塑过程中会沿流动方向取向，引起力学性能和收缩率在取向方向上增强。不同玻璃纤维含量对聚酰胺6热变形温度的影响见表3-20所列。

■表3-20 玻璃纤维含量对改性聚酰胺6热变形温度的影响

| 改性聚酰胺6 | 玻璃纤维含量/% | | | | |
|---|---|---|---|---|---|
| | 0 | 5 | 10 | 20 | 30 |
| 热变形温度/℃ | 76 | 86 | 136 | 167 | 225 |

**(2) 聚酰胺6合金** 尼龙合金化是实现聚酰胺6高性能的重要途径，也是制造尼龙专用料、提高尼龙性能的主要手段。聚酰胺6与很多高聚物共混或共聚形成性能优异的合金材料，可以充分利用各自优点，制造出综合性能更好的共聚物合金，如掺混PE、PP、SBS、ABS等来改善尼龙的吸水性、尺寸稳定性、低温脆性、耐热性和耐磨性等，有时为了提高抗冲击性还可加入EPDM和SBR等。

**(3) 聚酰胺6纳米复合材料** 利用很少的纳米材料（如蒙脱土、$SiO_2$云母和PPTA等）就能使聚酰胺6的热性能、力学性能、阻燃性、阻隔性大大提高，因此市场应用潜力巨大。聚酰胺基纳米复合材料是目前发展应用最广的纳米材料。随着纳米技术的发展与应用，聚酰胺6纳米复合材料也得到迅速发展。

**(4) 其他改性聚酰胺6** 聚酰胺6产品广泛应用于汽车、电子电气、机械等领域，随着欧盟RoHS指令和低碳经济及安全性的要求，绿色化阻燃尼龙、抗静电、导电尼龙以及磁性尼龙等功能性产品开发越来越多，应用也将越来越广，第4章将会对各种尼龙改性产品进行介绍。

表3-21为聚酰胺6及其改性产品性能。

■表3-21 聚酰胺6及其改性产品性能

| 项目 | | 聚酰胺6纳米复合材料 | 40%填料增强聚酰胺6 | 15%玻璃纤维增强聚酰胺6 | 聚酰胺6 |
|---|---|---|---|---|---|
| 密度/(g/cm³) | | 1.26 | 1.51 | 1.25 | 1.14 |
| 拉伸强度/MPa | | 97 | 95 | 117 | 77 |
| 断裂伸长率/% | | 5 | 4 | 5 | 200 |
| 弯曲强度/MPa | | 132 | 155 | 166 | 105 |
| 弯曲弹性模量/MPa | | 6.3 | 6.3 | 5.3 | 2.8 |
| 悬臂梁冲击强度/(J/m) | | 53 | 40 | 74 | 40 |
| 热变形温度/℃(1.82MPa) | | 201 | 197 | 210 | 58 |
| (0.45MPa) | | 150 | 150 | 175 | 77 |
| 成型收缩率/% | 流动方向 | 0.5 | 0.8 | 0.5 | 1.6 |
| | 垂直方向 | 0.6 | 1.0 | 0.9 | 1.5 |
| 吸水尺寸变化①/% | 流动方向 | 0.2 | 0.8 | | 0.7 |
| | 垂直方向 | 0.6 | 1.2 | | 1.0 |

① 吸水4%时的尺寸变化。

## 3.4.2 聚酰胺 66

聚酰胺 66 为半透明或不透明的乳白色结晶聚合物，受紫外光照射会发紫白色或蓝白色光，其晶形有 $\alpha$ 型和 $\beta$ 型两种形态，在常温下为三斜晶型（其晶胞结构如图 3-4 所示），在 165℃以上为六方晶型。

### 3.4.2.1 聚酰胺 66 的基本性能

(1) **热性能** 聚酰胺 66 的 $T_g$ 为 65℃，熔点为 260～265℃，是脂肪族聚酰胺中熔点较高的品种，可以在较宽的使用温度范围内保持良好的性能；热变形温度为 70℃，但若加入 30%玻璃纤维后可跃升到 250℃。

(2) **电性能** 聚酰胺 66 具有良好的绝缘性能，体积电阻和表面电阻也较大，在输电系统中广泛用做绝缘器件（如铁路绝缘件）。但聚酰胺 66 的各种电气性能随温度上升和吸水率增大而明显下降，因此多使用改性后的产品。

(3) **化学性能** 聚酰胺 66 对润滑剂、机油、液压轴、冷却剂、制冷剂、油漆溶剂、清洁剂、洗涤剂、脂肪族和芳香族溶剂及其他一些溶剂在高温下也具有较好的耐受性，但易受到无机酸、某些氧化剂、氯化溶剂及重金属盐的腐蚀，在使用时需要注意。

(4) **力学性能** 聚酰胺 66 具有高的强度、硬度、刚度和抗蠕变性能，且有优良的耐疲劳性能，因此聚酰胺 66 可用于齿轮、鬃丝等方面，减少在周期应力或振动应力下的断裂或力学性能的损失。同样因为吸水性，聚酰胺 66 长期强度随含湿量的增加而明显降低。

聚酰胺 66 在聚酰胺中具有较好的压缩应力和最高的压缩模量，见表 3-22 所列。聚酰胺 66 的韧性非常好，但对缺口敏感，可通过增大缺口半径来改善其冲击强度；因此要使制件有最佳的韧性，缺口最小半径应不低于 0.8mm，且无尖角，如图 3-21。如将缺口半径从 0.01mm 增加到 0.25mm，可使在 50%RH 条件下平衡的聚酰胺 66 的冲击强度增加 150%以上。

■表 3-22 聚酰胺的压缩应力和压缩模量 单位：MPa

| 聚酰胺品种 | 1%形变时压缩应力 | 压缩模量 |
|---|---|---|
| PA66 | 34 | 2830 |
| PA6 | 20 | 2410 |
| PA610 | 21 | 2070 |
| PA612 | 17 | |
| PA12 | 13 | |
| TMDT | 23 | |

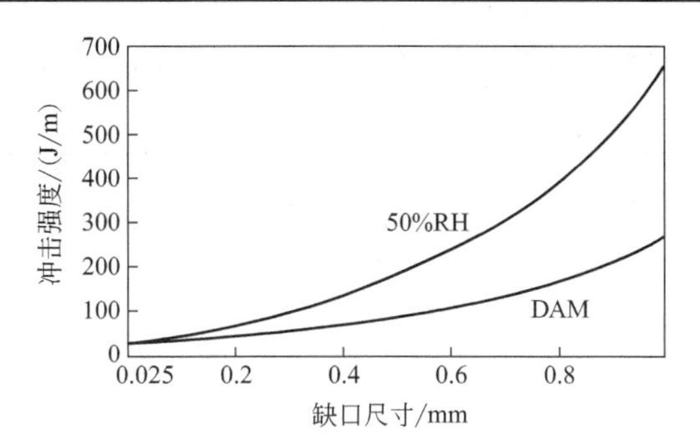


■ 图 3-21 聚酰胺 66 在 23℃时冲击强度与缺口半径的关系

**(5) 蠕变性能** 蠕变是指材料在一定的温度下，受到恒定的外力作用后，形变随时间的增加而增加的现象。当高分子材料受到外力作用时立即发生大分子链内的键角、键长的变化，这种形变是在外力施加时瞬时完成的且形变很有限，当外力除去后，立即恢复原状，与外力作用的时间无关，称为普弹形变。蠕变过程随后发生的是卷曲的高分子链逐步伸展，这种形变比普弹形变要大得多，称为高弹形变，这种形变当外力去除以后，能逐渐恢复。蠕变过程中还发生大分子链之间的相对滑移。聚合物的蠕变行为与其结构分子量以及交联程度有关，柔性链聚合物的蠕变较明显，而刚性链聚合物的蠕变较小。随着相对分子质量或交联程度的增加，蠕变都将减弱。蠕变还与温度的高低和外力的大小有关，提高温度和增大外力都会使蠕变增大。对于工程塑料而言，要求蠕变越小越好。与其他聚酰胺材料相比，聚酰胺 66 的蠕变较小，如图 3-22 所示。

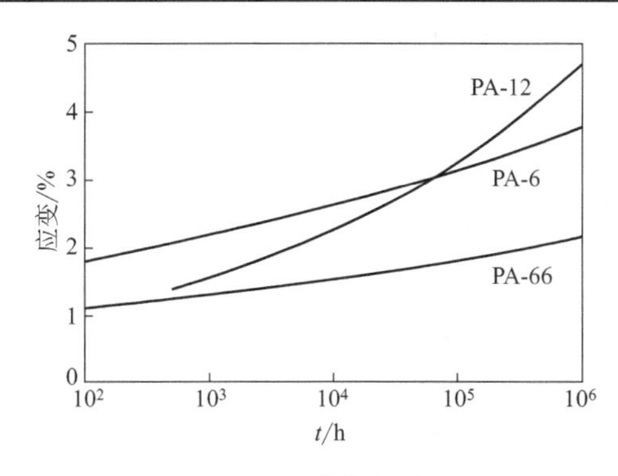


■ 图 3-22 在 23℃、50%RH、10MPa 应力条件下不同聚酰胺品种的拉伸蠕变

### 3.4.2.2 聚酰胺 66 改性产品性能

聚酰胺 66 的化学物理特性和聚酰胺 6 很相似，因此改性方法也接近，如用玻璃纤维改性聚酰胺 66 可以增强其硬度、强度、抗蠕变性和耐疲劳性，

并降低吸水性从而提高尺寸稳定性；添加炭黑则可以提高聚酰胺 66 的耐候性，表 3-23 列出聚酰胺 66 及其改性产品的性能。

■表 3-23 聚酰胺 66 及其改性产品性能

| 性能 | ASTM 方法 | 聚酰胺 66 | 增韧聚酰胺 66 | 33%玻璃纤维增强聚酰胺 66 | 矿物增强聚酰胺 66 |
|---|---|---|---|---|---|
| 熔点/℃ | D789 | 255 | 255 | 255 | 255 |
| 密度/(g/cm³) | D792 | 1.14 | 1.08 | 1.38 | 1.45 |
| 吸水率，24h | D570 | 1.2 | 1.2 | 0.7 | 0.7 |
| 50%RH | | 2.5 | 2.0 | 1.7 | 1.6 |
| 饱和 | | 8.5 | 6.7 | 5.4 | 4.7 |
| 模塑收缩/% | 3.2mm | 1.5 | 1.8 | 0.7 | 0.7 |
| 拉伸强度/MPa | D638 | 87(77) | 52(4) | 186(124) | 89(63) |
| 断裂伸长率/% | D638 | 60(>300) | 60(210) | 3(4) | 17(40) |
| 弯曲模量/MPa | D790 | 2800(1200) | 1700(860) | 9000(6200) | 5200(1900) |
| 悬臂梁冲击强度/(J/m) | D256 | 53(112) | 900(1070) | 117(133) | 37(70) |
| 热变形温度/℃ (0.46MPa) | D648 | 235 | 216 | 260 | 230 |
| (1.82MPa) | | 90 | 71 | 249 | 185 |
| 线膨胀系数/(×10⁻⁵/℃) | D648 | 7 | 12 | 2.3 | 3.6 |
| 体积电阻率/Ω·cm | D257 | $10^{15}(10^{13})$ | $10^{14}(10^{13})$ | $10^{15}$ | $10^{14}(10^{8})$ |
| 介电强度/(kV/mm) | D49 | −5 | −5 | 2.9 | 8 |
| 阻燃级别 | UL94 | V-2 | B | B | B |
| 氧指数/% | D2683 | 28.3 | 8.9 | | 3 |

注：测试条件为绝对干燥，括号中数值为在 RH50%下测定。

聚酰胺 66 及其改性产品在齿轮传动装置、凸轮、机车摩擦盘、轮胎等耐摩擦、磨耗等机械部件获得大量应用，在安全气囊的应用方面有着无可取代的优势，另外也可用在纺织、汽车、电子电气、包装薄膜等领域。

### 3.4.3 聚酰胺 46

聚酰胺 46 是丁二胺和己二酸缩聚而成的脂肪族耐热聚酰胺，在高温下有着高刚性和低的蠕变性。

#### 3.4.3.1 聚酰胺 46 结构特点

聚酰胺 46 分子具有对称链结构，每两个相邻的酰胺基团由 4 个亚甲基间隔呈对称排列，整个分子对称性很高，尽管聚酰胺 46 与聚酰胺 66 在分子结构上很相似（图 3-23），但相同长度的分子链上，聚酰胺 46 的酰胺基浓度高，链结构更加规整对称，分子链间形成有更加密集的氢键网络，使其具有更高的结晶度、更快的结晶速率，聚酰胺 46 的最高结晶度可达 70%，远大于聚酰胺 66 的最高结晶度（50%），而且更易结晶。

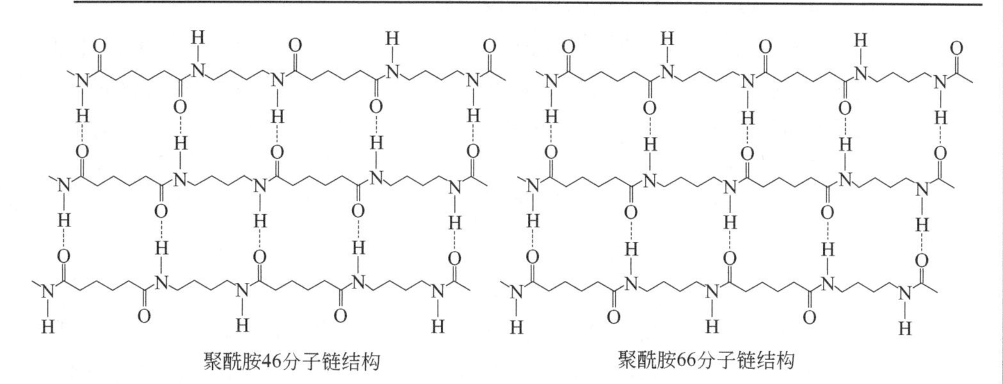


■ 图 3-23 聚酰胺 46 与聚酰胺 66 的结构比较

### 3.4.3.2 聚酰胺 46 基本性能

**(1) 热性能** 聚酰胺 46 高结晶度和对称的链结构使其具有高熔点、高热容，因此聚酰胺 46 在聚酰胺中耐热性较好，聚酰胺 6、聚酰胺 66 和聚酰胺 46 这 3 种尼龙的热性能指标见表 3-24 所列；可以看出，聚酰胺 46 的熔点、玻璃化温度及熔融焓都比另外两种聚酰胺材料高，尤其是聚酰胺 46 的熔点（295℃）比聚酰胺 66、聚酰胺 6 分别高出 33℃和 72℃，其热变形温度也高达 190℃，而长期使用温度（CUT 5000h）可达 163℃。非增强的 PA46 可耐 160℃高温，30%增强耐热温度达到 290℃，其热变形温度比玻璃纤维增强的聚苯醚还高 30%。

■表 3-24 三种聚酰胺结晶特征及热性能

| 名称 | 密度 /(g/cm³) | 结晶度 /% | 最大结晶速率 /s⁻¹ | 双折射 (10³) | 晶粒尺寸 /nm | 链长周期 /nm | 无定形尺寸 /nm | $T_g$ /℃ | $T_m$ /℃ | 热变形温度 (1.82MPa) /℃ | $\Delta H_f$ /(J/g) |
|---|---|---|---|---|---|---|---|---|---|---|---|
| PA46 | 1.18 | 45 | 8 | 63 | 6.3 | 8.4 | 2.1 | 78 | 295 | 220 | 98 |
| PA66 | 1.14 | 37 | 1.64 | 63 | 6.7 | 9.8 | 3.1 | 50 | 262 | 70 | 77 |
| PA6 | 1.14 | 23 | 0.14 | 62 | 6.0 | 10.0 | 4.0 | 50 | 223 | 63 | 63 |

**(2) 力学性能** 聚酰胺 46 的全脂肪族结构使它具有优良的柔软性、韧性和滑动性，而其较高的结晶度，使其具有良好的耐热性和在高温下较好的硬度和抗蠕变性能，且耐摩擦和耐磨耗性较好，见表 3-25 所列。聚酰胺 46 抗拉性能好、抗冲击性能高，在低温条件下仍能保持较高的冲击强度。非增强型聚酰胺 46 较其他工程塑料的冲击强度高，玻璃纤维增强的悬臂梁冲击强度更高。聚酰胺 46 比其他工程塑料使用周期长、耐疲劳性能好、耐磨耗、表面光滑坚固、相对密度低。

**(3) 吸水性** 由于聚酰胺 46 酰胺基浓度高，吸湿性高于其他聚酰胺，饱和吸水率高达 12%，但因聚酰胺 46 具有的高结晶性能和结晶度，水分对聚酰胺 46 制品尺寸变化的影响较小。

**(4) 其他性能** 聚酰胺 46 电气性能优良，具有高的表面和体积电阻、绝缘强度。在高温下仍能保持高水平，加上本身的耐热和高韧性，适用于电子电器材料。聚酰胺 46 的耐油、耐化学药品性较聚酰胺 66 好，耐腐蚀和抗氧化性好。在较高的温度下，耐油和油脂性极佳，使用安全。是汽车工业中制造齿轮和轴承的极好材料，但与其他聚酰胺材料一样，易被强酸腐蚀。

**(5) 加工特性** 由于聚酰胺 46 结晶速度快、结晶温度低、流动性好、加工性能好，与其他工程塑料相比，可以显著地缩短成型周期，提高生产效率。如 DSM 公司的聚酰胺 46 产品成型周期比 PPA 缩短 30%～45%、比 PPS 缩短 30%～50%、比聚酯缩短 30%～45%。由于刚度高，可节省原材料，制备薄壁制品。玻璃纤维增强聚酰胺 46 可生产薄壁制品，比其他工程塑料制品薄 10%～15%，特别适用于汽车和机械工业。

### 3.4.3.3 聚酰胺 46 改性及应用

聚酰胺 46 也可以采用与聚酰胺 6 类似的改性方法进行改性，表 3-25 为聚酰胺 46 及改性产品在不同湿度下的性能。

■表 3-25　聚酰胺 46 及改性产品在不同湿度下的性能

| 项　目 | 非增强聚酰胺 46 | | 30%玻璃纤维增强聚酰胺 46 | |
|---|---|---|---|---|
| | 干燥 | 湿润 | 干燥 | 湿润 |
| 密度/(g/cm³) | 1.18 | | 1.44 | |
| 拉伸强度/MPa | 100 | 60 | 190 | 140 |
| 断裂伸长率/% | 60 | 300 | 5 | 5 |
| 形变 5%时的弯曲强度/MPa | 144 | 67 | 360 | 180 |
| 弯曲弹性模量/MPa | 3200 | 1100 | 9000 | 5000 |
| 形变 5%时的压缩强度 | 92 | 55 | 180 | 135 |
| 悬臂梁冲击强度(缺口)/(J/m) | 90 | 180 | 100 | 180 |
| 洛氏硬度 R 级 | 118 | 91 | 120 | 108 |
| 线膨胀系数/($\times10^{-5}$/℃) | 8.3 | | 3.0 | |
| 热变形温度/℃ (1.86MPa) | 220 | | ＞285 | |
| (0.46MPa) | ＞285 | | ＞285 | |
| 阻燃性 | V-2 | | HB | |
| 体积电阻率/Ω·cm | $10^{16}$ | $10^{14}$ | $10^{16}$ | $10^{14}$ |
| 电击穿强度/(kV/mm) | 20 | 18 | 35 | 31 |
| 介电常数(1MHz) | 3.5 | 3.5 | 3.3 | |
| 介电损耗角正切(1MHz) | 0.018 | 0.085 | 0.020 | 0.110 |
| 耐电弧性/s | 190 | 185 | 165 | 140 |

聚酰胺46及其改性产品具有的良好耐热性、力学性能、电性能以及橡胶的黏着性，在工业上具有广泛的应用前景。如在电气及电子领域主要用于表面贴装器（SMD）元件、接插件、断路器、绕线元件、电动马达部件和电器元件等；在机械加工领域用于齿轮、轴承和轴承罩；在汽车工业用于传感器和连接器、电动机控制系统、进气设备、电缆紧固件、交流发电机和启动机部件，以及排气控制和辅助供气系统的泵壳。

### 3.4.4 聚酰胺610和聚酰胺612

聚酰胺610和聚酰胺612结构相近，性能相似，其性能介于聚酰胺6、聚酰胺66和长碳链聚酰胺之间，吸水率低，尺寸稳定性好。聚酰胺612的一个显著特点是吸湿性较低，其湿态刚度为干态刚度的75%，而聚酰胺610仅有60%。这是由于水分与无定形部的酰氨基结合形成氢键，从而取代了原聚酰胺链中酰胺—酰胺间的氢键，导致其某些性能的下降，酰氨基含量越高越明显。聚酰胺612的分子链较长，相对来讲，酰氨基含量低，吸湿性较对其某些性能的影响略好于聚酰胺610。表3-26为聚酰胺610和聚酰胺612及其改性产品性能。

■表3-26 聚酰胺610和聚酰胺612及其改性产品性能

| 项　目 | 单位 | 聚酰胺610 | 玻璃纤维增强聚酰胺610 | 碳纤维增强聚酰胺610 | 聚酰胺612 | 33%玻璃纤维增强聚酰胺612 |
|---|---|---|---|---|---|---|
| 密度 | $g/cm^3$ | 1.07 | 1.39 | 1.26 | 1.06 | 1.32 |
| 熔点 | ℃ | 220 | 220 | | 212 | 212 |
| 吸水率 | % | 1.5 | 0.22 | 0.18 | 1.3 | 0.16 |
| 洛氏硬度 | (R) | 110 | 110 | 120 | 114 | 118 |
| 断裂拉伸强度 | MPa | 64.3 | 140 | 200 | 61 | 165 |
| 断裂伸长率 | % | 80 | 3.1 | 2.6 | 150 | 3 |
| 弹性模量 | GPa | 2 | 9.2 | 20.7 | 2.3 | 8.2 |
| 绕曲屈服强度 | MPa | 88 | 210 | 300 | | |
| 悬臂梁缺口冲击强度 | J/cm | 0.7 | 1.4 | 1.4 | | |
| 悬臂梁无缺口冲击强度 | J/cm | 6.4 | 9.7 | 9.6 | | |
| 热变形温度(0.46MPa) | ℃ | 170 | 220 | 230 | 180 | 215 |
| 热变形温度(1.82MPa) | ℃ | 72.2 | 210 | 220 | 65 | 210 |
| 体积电阻率 | Ω·cm | $4.3\times10^{14}$ | $3.1\times10^{14}$ | 310 | $10^{15}$ | $10^{15}$ |
| 介电强度 | kV/mm | 17.9 | 19.5 | | 30 | 20.5 |
| 阻燃性(UL94) | | V-2 | V-0 | HB | V-2 | V-0 |

#### 3.4.4.1 聚酰胺 610

聚酰胺 610 为半透明、乳白色结晶型热塑性聚合物，机械强度介于聚酰胺 6 和聚酰胺 66 之间，吸水率、密度低于聚酰胺 6 和聚酰胺 66，尺寸稳定性好；耐强碱，比聚酰胺 6 和聚酰胺 66 更耐弱酸，耐有机溶剂，溶于酚类和甲酸。

在目前世界石油资源日益枯竭和低碳经济可持续发展的要求下，减少对石油及其衍生品的依赖，发展生物及可再生材料已成为各国关注的重点。聚酰胺 610 属于半生物来源聚酰胺工程塑料，因为癸二酸可以源自蓖麻油，所以近年各大聚酰胺生产企业（DSM、杜邦、BASF、日本东丽）等纷纷推出聚酰胺 610 新产品，如罗地亚 2010 年推出的采用蓖麻油的生物基聚酰胺 610TechnyleXten，与传统聚酰胺产品相比，每吨新产品对不可再生资源的消耗量降低 20%，可减排温室气体 50%。

聚酰胺 610 在高温（不低于 150℃）、卤水、油类和强的外力冲击下时，结构件会产生形变甚至断裂，所以通过改性改善其性能。如采用玻璃纤维（GF）增强和辐照来改性聚酰胺 610，能提高聚酰胺 610 的力学强度，耐温等级，耐油和耐水性能，见表 3-26 所列。PA610 熔点低，为 220℃，加工成型容易，可采用注射、挤出、压膜、喷涂的加工方式，用途同聚酰胺 6 和聚酰胺 66 类似，但尤其适合于制造尺寸稳定性要求高的制品，如齿轮、轴承、衬垫、耐磨的纺织机械精密部件，也可用于输油管道、绳索、传送带、降落伞等。

#### 3.4.4.2 聚酰胺 612

聚酰胺 612 为半透明、乳白色结晶型热塑性聚合物，性能与聚酰胺 610 接近，相对密度较小，具有较好的机械强度和韧性。聚酰胺 612 能抗咬蚀、昆虫、霉菌等的侵蚀，因此，可以长期存放而不致损坏；聚酰胺 612 的熔点、热变形温度与聚酰胺 6 接近，但冲击强度比聚酰胺 6 高，比聚酰胺 6 和聚酰胺 66 吸水率低，熔点和热变形温度比聚酰胺 11、聚酰胺 12 高，在低温性能、冲击强度等方面优于聚酰胺 1010，有较好的耐低温特性和尺寸稳定性，耐强碱，耐弱酸，耐有机溶剂。

聚酰胺 612 可采用常规的注射、挤出成型加工，熔融温度为 246～271℃。可用于力学性能和尺寸稳定性要求高的制品中，如生产齿轮、滑轮等耐磨耗部件，精密件，电子电器中的电绝缘制品，贮油容器。聚酰胺 612 有一定的刚性，因此，适用于制薄壁制品。其典型应用是线圈成型部件、循环连接管、工具架套、弹药箱、汽车部件、电线、电缆涂层、枪托等。由于其优于聚酰胺 6、聚酰胺 66 的低吸湿性和在高、低温条件下的柔顺性，还可应用于气动管线及润滑油管线和毛刷。

### 3.4.5 长碳链聚酰胺

#### 3.4.5.1 长碳链聚酰胺的特点

长碳链尼龙如聚酰胺 11、聚酰胺 12、聚酰胺 1010、聚酰胺 1012、聚酰胺 1212 等，由于分子链中亚甲基链较长，酰胺基密度低，形成氢键密度也较低，熔点较低，因此具有柔软、耐低温性好、吸水率低等特点。与聚酰胺 6 和聚酰胺 66 相比，长碳链尼龙具有如下优点：

① 主链上具有长的脂肪族亚甲基链，使其吸水率低、尺寸稳定性好，制品精度优；

② 熔点较低，因而成型加工容易，玻璃化温度低、使用温度范围广，低温性能优良；

③ 耐油和化学药品性好，能在 100℃油中长期使用，在惰性气体中长期使用温度为 110℃，而且使用安全；

④ 耐冲击、耐摩擦、自润滑性好，并有很好的抗冲击性；

⑤ 相对密度较低，产品质轻；

⑥ 柔软、化学稳定性好，适于制造柔软性制品；

⑦ 与金属黏合性强，具有能与金属相黏合的特殊用途，常用于涂料和热熔胶领域。

#### 3.4.5.2 聚酰胺 11 和聚酰胺 12

**(1) 聚酰胺 11 的性能** 聚酰胺 11 是一种性能优良的聚酰胺塑料，与其他的 PA 相比，它的奇数碳原子使酰胺基团位于同一侧面，因此聚酰胺 11 分子无论平行或反向排列，均可完全形成分子间氢键，具有与其他尼龙不同的晶体结构（图 3-24）。由于结晶速率的变化而引起分子链构象和链堆砌方式的改变，聚酰胺 11 可以生成几种不同的晶型。由熔体拉伸或苯酚、甲酸溶液中结晶都可得到 $\alpha$ 晶型的聚酰胺 11。熔体等温结晶也可得到 $\alpha$ 晶型，$\alpha$ 晶型是聚酰胺 11 的一种稳定晶型，属三斜晶系，在晶胞的四条棱（$c$ 轴方向）上各排布一个共用分子链，即每个单胞中包含一个分子链，分子链呈平面锯齿形结构。尼龙 11 的 $\beta$ 晶型（单斜晶系）可由含 5% 甲酸的尼龙 11 水溶液在 160℃通过溶剂诱导结晶得到，其晶胞参数为：$a=0.975$nm，$b=1.50$nm（纤维轴），$c=0.802$nm，$\beta=65°$；由三乙二醇水溶液和三氟乙酸溶液得到尼龙 11 的 $\gamma$ 晶型（准六方晶系），其晶胞参数为：$a=0.948$nm，$b=2.94$nm，$c=0.451$nm，$\beta=118°$。同样不同条件下聚酰胺 11 晶型可以相互转变，将 $\alpha$ 晶型加热到 95℃以上得到的是准六方晶系的 $\gamma$ 晶型；三斜晶系的 $\alpha$ 晶型随温度升高，到达 95℃时转变为准六方晶系的 $\delta$ 晶型，这种晶型是不稳定的，随温度降低很快会转变为 $\alpha$ 晶型，因 $\delta$ 晶型的链间距大于 $\alpha$ 晶型，但层状的氢键结构保持下来，所以当温度低于 95℃时，可以很快回复到 $\alpha$ 晶型。由融体淬火得到的是 $\delta'$ 晶型，其晶体结构与 $\delta$ 晶型基本一致，所不同的是 $\delta'$ 晶型在 $d=0.416$nm 处的衍射峰较宽，其氢键的方向不是横向指向，而是沿着链骨架和相邻链方向上随机指向。因此 $\delta'$ 晶型是一种动力学上的产物，淬火使之没有足够的时间排列成热力学稳态。对于聚酰胺 11，发现只有准六方晶系 $\delta'$ 晶型表现出压电性。通过拉伸诱导聚酰胺 11 的 $\alpha$ 晶型在 95℃以下会部分地转变为准六方晶系 $\delta'$ 晶型，得到压电性能聚酰胺 11。聚酰胺 11 具有优异的介电、

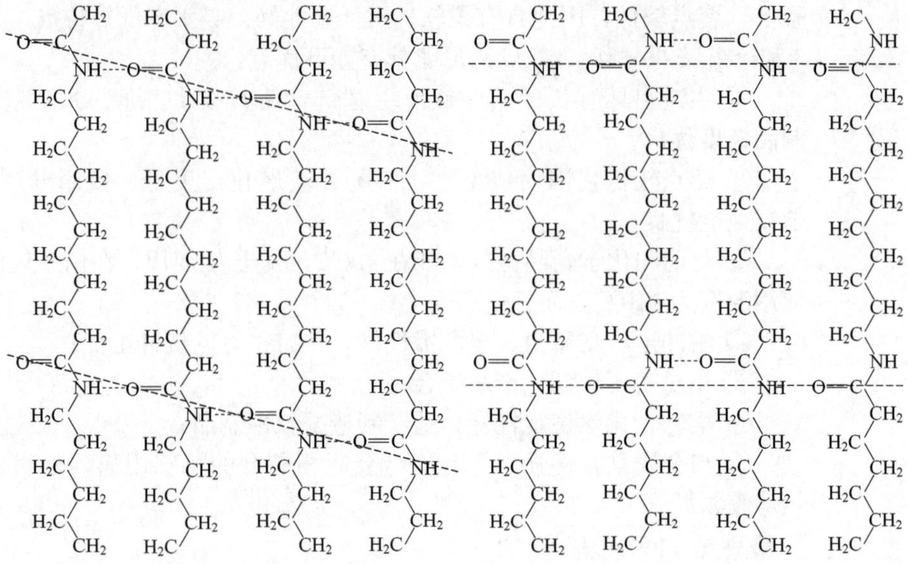

(a) 平行排列　　(b) 反平行排列

■ 图 3-24　PA11 分子链排列方式

热电、压电和铁电性能，是仅次于聚偏氟乙烯（PVDF）的压电高聚物。纯 PVDF 成纤性较差，不利于成型，采用共混熔法纺丝制备的 PA11/PVDF 纤维是理想的压电材料。

PA11 的酰胺基可以完全形成分子间氢键，且相邻酰胺基团之间有较长的亚甲基柔性链，酰胺基密度低，从而具有较低的吸水性、良好的尺寸稳定性；PA11 熔点为 190℃，玻璃化温度为 43℃，脆化温度是 −70℃，在 −40℃时仍能保持良好的性能，有着突出的耐低温性；另外 PA11 对碱、盐溶液、海水、油、石油产品有很好的抗腐蚀性，对酸的抗蚀性则根据酸的种类、浓度及温度而定；酚类及甲酸是 PA11 的强溶剂，使用时应注意；PA11 耐应力开裂性好，可以嵌入金属部件而不易开裂；并具有弹性记忆效应，当除去外力时，尼龙 11 可恢复至原来的形状；此外，PA11 对真菌有抵抗作用；粉末化的 PA11 可提高材料的熔融性、附着性和涂膜的均一性。PA11 或其共聚物的粉末，在欧洲、美国、日本等国已广泛用于服装业，作衬料和衣领具有耐洗、不变形等优点。

不同材质 PA11 的性能见表 3-27 所列，PA11 能满足多种熔融黏度范围的注射及挤出加工，是在可使用的尼龙材料中物理和化学性质最稳定的，因而得到了广泛的应用。目前面临石油资源的枯竭，PA11 来源于生物蓖麻，而且还不是食用农作物，因此引起了更多的关注。

■表 3-27　不同品质尼龙 11 的性能

| 性能 | 测试条件 | 增塑 PA11 (BMNO)① | 准软质 PA11 (BMNOP20) | 柔软 PA11 (BMNOP40) |
|---|---|---|---|---|
| 拉伸屈服强度/($kg/cm^2$) | −40℃(绝干) | 600 | 611 | 636 |
| | 20℃ RH65%(水分 1.1%) | 340 | 270 | 186 |
| | 80℃(绝干) | 136 | 110 | 96 |
| 拉伸断裂强度/($kg/cm^2$) | −40℃(绝干) | 700 | 670 | 640 |
| | 20℃ RH65%(水分 1.1%) | 570 | 560 | 500 |
| | 80℃(绝干) | 430 | 420 | 330 |
| 拉伸断裂伸长/% | −40℃(绝干) | 37 | 40 | 50 |
| | 20℃ RH65%(水分 1.1%) | 329 | 330 | 330 |
| | 80℃(绝干) | 405 | 386 | 340 |
| 弯曲模量/($kg/mm^2$) | −40℃(绝干) | 135 | 150 | 190 |
| | 20℃ RH65%(水分 1.1%) | 100 | 50 | 35 |
| | 80℃(绝干) | 19 | 19 | 17 |
| 硬度(洛氏 R 标度) | 20℃ RH65%(水分 1.1%) | 108 | 85 | 75 |
| 相对密度 | | 1.04 | 1.05 | 1.06 |
| 吸水率/% | 20℃ RH65%(平衡) | 1.1 | 1.0 | 1.0 |
| | 20℃水中 | 1.9 | 1.8 | 1.6 |
| 体积比电阻/Ω·cm | | $3\times10^{14}$ | $1.4\times10^{11}$ | $7\times10^{14}$ |
| 表面电阻系数/Ω | | $2.4\times10^{14}$ | $2.2\times10^{12}$ | $6.5\times10^{14}$ |
| 电介质损耗角正切(1kHz) | | 0.05 | 0.18 | 0.20 |
| 介电常数(1kHz) | | 3.70 | 5.90 | 9.70 |
| 绝缘击穿强度/(kV/mm)(1mm) | | 32 | 27 | 27 |
| (3mm) | | 17 | 16 | 16 |

① 为东丽“リルサソ”牌号。

**(2) 聚酰胺 12 的性能**　PA12 的相对密度为 1.02g/cm³，是尼龙产品中最低的；因其酰胺基团含量低，吸水率为 0.25%，也是尼龙中最低的。PA12 的热分解温度大于 350℃，长期使用温度为 80～90℃。PA12 膜的气密性好，水蒸气透过率为 9g/m² · 24h（20℃，85%RH），透气率小，如 $N_2$ 透过率为 0.7cm³/(dm³ · 24h · 0.1MPa)，$O_2$ 为 35cm³/(dm³ · 24h · 0.1MPa)，$CO_2$ 为 13cm³/(cm³ · 24h · 0.1MPa)；耐碱、油、醇类及无机稀释酸、芳烃等。因此 PA12 被广泛应用于汽车管路系统中，如多层燃油管路系统、真空制动助力器管、液压离合器管、中心润滑系统管路等。还可用于工业管路修复的内层管，以及接触腐蚀性化学品工业管路系统。PA12 防噪声效果好，是理想光导纤维护套用料，并且防白蚁和老鼠，也是电缆护套的最佳用料。表 3-28 是填充和增强的 PA12 产品性能。

■表 3-28 填充和增强的 PA12 的性质

| 性　质 | 测试方法 | 单位 | 纤维增强(含量) | | | 30%的玻璃纤维微珠填充 | 填充炭黑永久抗静电 |
|---|---|---|---|---|---|---|---|
| | | | 15%玻璃纤维 | 30%玻璃纤维 | 30%碳纤维 | | |
| 密度 | ISO1183 | g/cm³ | 1.12 | 1.24 | 1.15 | 1.25 | 1.08 |
| 热变形温度 | ISO75A | ℃ | 160 | 165 | 170 | 55 | 50 |
| | ISO75B | | 175 | 175 | 175 | 150 | 130 |
| 吸水率(室温浸入) | DIN53495 | % | 1.3 | 1.1 | 1.1 | 1.1 | 1.5 |
| 拉伸屈服强度 | ISO 527 | MPa | 95 | 120 | — | 47 | 36 |
| 拉伸屈服伸长率 | ISO527 | % | 5 | 3 | — | 10 | 8 |
| 拉伸断裂伸长率 | ISO 527 | % | 6 | 4 | 4 | 45 | >50 |
| 断裂拉伸强度 | ISO 527 | MPa | — | 110 | 145 | — | — |
| 弹性模量 | ISO 527 | MPa | 3900 | 5400 | 12000 | 1900 | 1400 |
| 伊佐德冲击强度(-23℃) | ISO180/1C | kJ/m² | 55 | 65 | 60 | 130 | NB |
| (-40℃) | | | 65 | 75 | 60 | 130 | NB |
| 伊佐德缺口冲击强度(-23℃) | ISO180/1A | kJ/m² | 7 | | 20~23 | 18 | 22 |
| (-40℃) | | | 5.5 | 16~19 | 13 | 6 | 10 |
| 对比电弧径迹指数方法 A | IEC 112 | | >600 | >600 | — | >600 | 175 |
| 体积电阻 | IEC 93 | Ω·cm | $>10^{15}$ | $>10^{13}$ | 100 | $>10^{15}$ | $10^{7}$ |
| 表面电阻 | IEC 93 | Ω | $>10^{13}$ | $>10^{13}$ | — | $>10^{12}$ | $10^{7}$ |
| 介电强度 20 球 50 片 | IEC 243 | kV/mm | 44 | 45 | — | 40 | — |

PA12 的高韧性及高强度提供了更高的耐爆破压力，可用做中等压力天然气输送管，现已在美国、西欧等应用，从图 3-25 可以看出 PA12 天然气管比聚乙烯（PE）管能承受更高工作压力和温度。PA12 天然气输送管路在 80℃以下可承受压力为 0.875～1.7MPa，可替代此范围内的钢管，比聚烯烃材料更具竞争力。

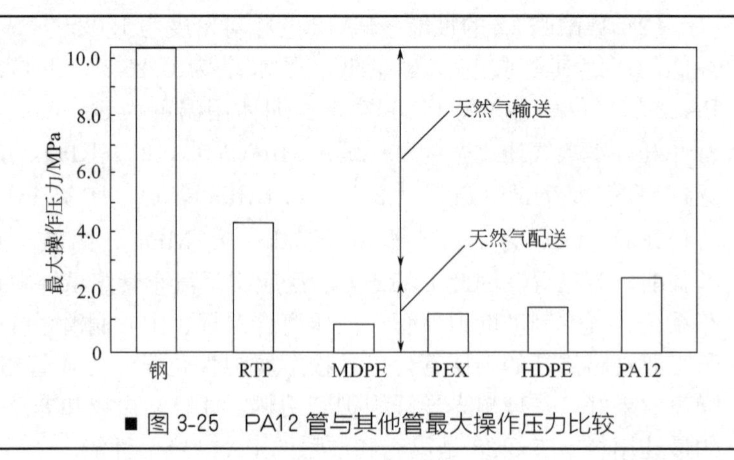


■ 图 3-25 PA12 管与其他管最大操作压力比较

**(3) 聚酰胺 11 和聚酰胺 12 性能比较** PA11 和 PA12 最大的区别在于生产原料的不同，PA11 是生物来源而 PA12 是化石来源的。PA11 和 PA12 都属于单一原料来源的聚酰胺，且所含亚甲基数量较多、含量接近，结构相近、因此性能也较接近。但是 PA11 的低温性更好一些，并在很低的温度下可以保持韧性，这是由于 PA11 和 PA12 分子结构不同，PA12 没有对称中心，PA11 熔点要比 PA12 高出近 10℃，并且有较高的抗冲击强度和更为优秀的柔韧性，而且其管制品具有较小的硬度、环向应力和最小弯曲半径。表 3-29 比较了 PA11、PA12 和 PA6 软管在不同温度下的耐冲击性能。

■表 3-29 聚酰胺软管的冲击性能

| 名称 | 试验温度/℃ | | | | | | | | |
|---|---|---|---|---|---|---|---|---|---|
| | 20 | 10 | 0 | −10 | −20 | −30 | −40 | −50 | −60 |
| PA11 | ○ | ○ | ○ | ○ | ○ | ○ | ◔ | ◔ | ◕ |
| PA12 | ○ | ○ | ○ | ○ | ○ | ◔ | ◔ | ● | |
| PA6 | ○ | ◔ | ◔ | ● | | | | | |

注：黑色部分表示破碎率，落锤法测定（5.53kg · m）冲击性能。

PA12 与 PA11 都具有较好的耐磨性，可用来涂覆金属，与金属黏接性好，是优良的涂料；PA11 和 PA12 与其他材料制成涂膜的磨耗量相比，PA11 和 PA12 的磨耗量是最低的，其他材料的磨耗量比它们高出许多倍，见表 3-30 所示。另外 PA11 和 PA12 耐洗涤，不伤纤维，也是服装行业的高级热熔胶，也可用于各种弹簧的涂层、车顶棚、车门的热熔粘接剂及密封材料等。

■表 3-30 各种涂膜的耐磨系数

| 项目＼名称 | PA11 | PA12 | PA6 | PA66 | PA610 | LDPE | PVC |
|---|---|---|---|---|---|---|---|
| 磨耗量/mg | 8.2 | 9.9 | 35.0 | 27.2 | 20.9 | 49.4 | 47.0 |

### 3.4.5.3 聚酰胺 1010 和聚酰胺 1212 系列

**(1) 聚酰胺 1010** PA1010 是一种半透明结晶型聚酰胺，相对密度 1.04g/cm³，吸水率比尼龙 6、尼龙 66 低，尺寸稳定性好，脆化温度为 −60℃，热分解温度大于 350℃。PA1010 有优良的强度和韧性，良好的自润滑、耐磨、耐蚀性，无毒，电绝缘性能优异等特点，可在 −10～100℃下长期使用，且成本低，操作安全，被广泛地应用于机械、电气仪表和汽车等行业。PA1010 具有较高的延伸性、润滑性和消音性，用于制作机械部件、电子电器部件、纺织器材部件及电磁线；PA1010 还可用于制作各种汽车部件，如方向盘、保险杠、操纵杆、内扳手、轴承保持架、加油软管总成、车门内饰板夹头、汽车散热器、制动油箱、汽车外装件、加速踏板限位器及用 PA1010 粉末涂覆的汽车花键轴等。汽车的横拉杆球座采用 30%～45%的玻璃纤维增强 PA1010 加工，能适用复杂路况，因此 PA1010 在汽车工业有较好的市场。表 3-31 为山东东辰工程塑料有限公司生产的 PA1010 性能指标。

■表 3-31 PA1010 产品性能

| 项　　目 | | 试验方法 | 数值 |
|---|---|---|---|
| 相对密度/($g/cm^3$) | | GB 1033—86 | 1.04~1.06 |
| 熔点/℃ | | ASTM D3418—97 | 200~210 |
| 吸水率/% | | GB 1034—86 | 0.39 |
| 拉伸强度/MPa | | GB/T 1040—92 | 52~55 |
| 冲击强度/($kJ/m^2$) | 缺口 | GB/T 1043—93 | 4~5 |
| | 无缺口 | | 不断 |
| 弯曲强度/MPa | | GB 9341—88 | 89 |
| 体积电阻率/(Ω/cm) | | GB 1410—89 | $>10^{14}$ |
| 介电强度/(kV/mm) | | GB 1408—89 | >20 |
| 介电常数(60Hz) | | GB 1409—88 | 2.5~3.6 |
| 介电损耗因数(60Hz) | | GB 1409—88 | $(2.0\sim2.6)\times10^{-2}$ |

**(2) 聚酰胺 1212 系列** 随着生物发酵法生产长碳链二元酸工艺的研究开发，长碳链尼龙产品也不断面市，如山东东辰工程塑料有限公司用石蜡油的 C12 和 C13 正构烷烃为原料生产了尼龙 1212、尼龙 1213 和尼龙 1313，性能见表 3-32 所列。

■表 3-32 尼龙 1212、尼龙 1313 和尼龙 1213 树脂的性能

| 性能 | PA1212 | PA1213 | PA1313 |
|---|---|---|---|
| 外观 | 透明粒状 | 透明粒状 | 透明粒状 |
| 密度/($g/cm^3$) | 1.01~1.02 | 1.01~1.02 | 1.00~1.02 |
| 熔点/℃ | 180.3 | 170~175 | 165.7 |
| 吸水率/% | 0.34 | 0.30~0.33 | 0.28 |
| 热变形温度(0.46MPa)/℃ | 139.1 | 130~136 | 128.1 |
| 拉伸屈服强度/MPa | 38.6 | 36~38 | 35.3 |
| 拉伸断裂强度/MPa | 45.8 | | 44.1 |
| 断裂伸长率/% | 352 | 421 | 463 |
| 简支梁冲击强度/($kJ/m^2$) | | | |
| (20℃ 非缺口) | 不断 | 不断 | 不断 |
| (缺口) | 16.0 | 17~19 | 19.9 |
| (−40℃ 非缺口) | 56 | | 不断 |
| (缺口) | 16 | | 12 |
| 体积电阻率/Ω·m | $2.8\times10^{12}$ | | $1.9\times10^{12}$ |
| 介电常数($10^6$Hz) | 4.5 | | 5.5 |
| 介质损耗角正切($10^6$Hz) | 0.017 | | 0.017 |
| 介电强度/(kV/mm) | 27.3 | | 23.6 |

可以看出，PA1212、PA1213 和 PA1313 的相对密度在尼龙中是较小的；它们的熔点都低于 PA11，其中 PA1313 因亚甲基链最长，故熔点比 PA11 约低 20℃；此外，因都含有较长的疏水性亚甲基链，吸水率都很低。拉伸强度和热变形温度比短链尼龙也有明显下降，但断裂伸长率都很高，是 PA66 的数倍；同样因含有长亚甲基链，它们的冲击强度特别是低温冲击性能都很好，如 PA1313 树脂即使未加改性，在－40℃的低温下也冲不断；在电性能方面，由于它们的吸水率非常低，较之碳链短的尼龙，各种电性能也较好。

目前国内 PA1212 已经工业生产，因其性能与 PA11 较为接近，以 PA1212 为基体树脂研制的汽车输油管已达到 PA11 管的技术指标，有望在不远的将来应用于汽车工业。此外，服装用高档 PA 热熔胶也是 PA1212 的主要应用领域之一，采用无规共聚制备的无定型 PA1212 热熔胶熔点低、柔性大、性能优；加上 PA1212 具有吸水率低、尺寸稳定性好、耐酸碱和化学溶剂等特点，可广泛用于汽车工业、电子电气、机械工业、纺织行业、粉末涂料以及军工领域。

## 3.5 芳香族聚酰胺

芳香族聚酰胺含有刚性芳香环，因而具有吸水率低、制品尺寸稳定性好、高耐热的特点，进一步扩大了聚酰胺的应用领域。

### 3.5.1 半芳香族聚酰胺

半芳香族聚酰胺是由脂肪族二胺或二酸与带芳香环的二酸或二胺经缩聚制得，是聚酰胺的一类。由于在脂肪族聚酰胺分子主链引入了刚性的芳环结构，因而半芳香族产品的耐热性能和力学性能得到了提高；同时吸水率也有不同程度的降低，并且有较好的性价比，是介于通用工程塑料和特种工程塑料之间的高耐热性树脂，主要用于汽车和电气电子工业。随着高新技术的迅速发展和环保事业的需要，其市场需求呈上升趋势，应用开发也有了新的进展。由于半芳香族聚酰胺具有脂肪族和芳香族的结构特征，同脂肪族聚酰胺相比有如下的特点。

① 具有良好的耐热性能，$T_m$ 和 $T_g$ 较高。

② 力学性能好，对温度的依赖性小，并且在高温下及较宽的温度范围内能保持较稳定的性能，耐疲劳强度大，收缩性、变形性、蠕变性小，强度及制品尺寸稳定性好。

③ 耐溶剂及化学药品性好，耐脂肪烃、芳香氯代烃、酯类、酮类、醇类等有机溶剂以及汽车工业用的各种燃料、油类、防冻液等。

④ 电绝缘性能优良，还有出色的耐电弧性及漏电痕迹性。

⑤ 吸湿率小，吸湿后的制品尺寸和力学性能变化小。

同全芳香族聚酰胺相比，半芳香族具有部分柔软的分子链，有着良好的韧性和较低的熔点，因而加工性能好，应用较广泛。

半芳香族尼龙的主要品种有聚己二酰间苯二甲胺（尼龙 MXD6）、聚对苯二甲酰己二胺（尼龙 6T）、聚间苯二甲酰己二胺（尼龙 6I）聚对苯二甲酰壬二胺（尼龙 9T）、聚对苯二甲酰癸二胺（尼龙 10T）和聚对苯二甲酰三甲基己二胺（尼龙 TMDT）等。表 3-33 列出了部分半芳香聚酰胺与其他材料的性能对比。

■表 3-33 PA6T、PA9T 和 PA10T 与其他工程塑料的基本物性

| 项　目 | 试验方法 | PA9T | PA6T | PA10T | PA46 | PPS |
|---|---|---|---|---|---|---|
| 玻璃纤维含量/% | | 33 | 33 | 30 | 30 | 40 |
| $T_m$/℃ | DSC | 308 | 310 | 316 | 290 | 285 |
| $T_g$/℃ | DSC | 126 | 123 | 125 | 78 | 88 |
| 吸水率(水中 24h,23℃)/% | ASTM D-750 | 0.09 | 0.22 | 0.08 | 0.8 | 0.02 |
| 弯曲强度/MPa | ASTM D-790 | 216 | 197 | 230 | 182 | 260 |
| 弯曲模量/GPa | ASTM D-790 | 10.0 | 12.4 | 9.5 | 8.1 | 11.5 |
| 缺口冲击强度(23℃,65%RH)/(J/m) | ASTM D-256 | 88 | 59 | 100 | 118 | 78 |
| 耐漏电痕迹性/V | ASTM D-3638 | 550 | 550 | 550 | 225 | 125 |
| 体积电阻率/(Ω/m) | ASTM D-257 | $10^{16}$ | $10^{15}$ | $10^{15}$ | $10^{12}$ | $10^{15}$ |
| 介电常数($10^5$ Hz) | ASTM D-150 | 3.7 | 4.2 | 4.0 | 3.7 | 3.8 |
| 介电损耗角正切值($10^3$ Hz) | ASTM D-150 | 14 | 15 | 15 | 20 | 1.4 |
| 成型收缩率(MD/TD)/% | | 0.4/0.9 | 0.8/1.4 | 0.4/0.9 | 0.6/1.4 | 0.4/0.8 |

#### 3.5.1.1 聚酰胺 6T 系列

聚对苯二甲酰己二胺，简称 PA6T，是以己二胺和对苯二甲酰氯为原料聚合而成，结构式如下：

$$\left[\!\!-HN(CH_2)_6NH-\underset{\underset{O}{\|}}{C}-\langle\bigcirc\rangle-\underset{\underset{O}{\|}}{C}-\right]_n$$

PA6T 含有脂肪族亚甲基和芳香族苯环，具有非常好的热性能和刚性，但是由于 PA6T 的熔点高于其热分解温度，若不进行改性在工业上很难获得实际应用。因此实际应用多以 PA6T 为基结构进行改性，如加入 20%～30%的其他聚酰胺单体进行共聚改性，降低其熔点并拉大与分解温度之间的距离来提高其实用性，常见 PA6T 改性品种有 PA 6T/6I/66、PA6T/6、PA6T/66，PA6T/6I 等，改性聚酰胺 6T 系列产品的结构与耐热性能见表 3-34。改性 PA6T 主要用于制造汽车部件，如汽缸顶盖、油泵盖、空气滤清器等；耐热电器部件如电线束接线板、保险丝连接器；传动部件如活塞、止推垫片；电子装配件如线圈骨架、开关、连接器等。

■表 3-34　PA 6T 系列产品的结构与耐热性

| 公司 | 商品名 | 产品 | 化学结构 | $T_m$/℃ | $T_g$/℃ |
|---|---|---|---|---|---|
| 三井化学 | Arlen | 6T/66 | $\{(NH{-}(CH_2)_6{-}NH)(CO{-}(CH_2)_4{-}CO/CO{-}C_6H_4{-}CO)\}_n$ | 290～300 | 90～110 |
| | Arlen | 6T/6I (Mcx-A) | $\{(NH{-}(CH_2)_6{-}NH)(CO{-}C_6H_4{-}CO/CO{-}C_6H_4{-}CO)\}_n$ | 320 | 125 |
| 东丽 | HTNylon | 6T/66 | $\{(NH{-}(CH_2)_6{-}NH)(CO{-}(CH_2)_4{-}CO/CO{-}C_6H_4{-}CO)\}_n$ | 290～300 | 90～110 |
| 阿莫科 | Amodel | 6T/6I/66 | $\{(NH{-}(CH_2)_6{-}NH)(CO{-}(CH_2)_4{-}CO/CO{-}C_6H_4{-}CO/CO{-}C_6H_4{-}CO)\}_n$ | 315 | 120 |
| 杜邦 | Zytel HNT | 6T/M-ST | $\{(NH{-}(CH_2)_6{-}NH/NH{-}CH_2CH(CH_3)(CH_2)_3{-}NH)(CO{-}C_6H_4{-}CO)\}_n$ | 305 | 135 |
| 巴斯夫 | UltramidT | 6T/6 | $\{(NH{-}(CH_2)_6{-}NH{-}CO{-}C_6H_4{-}CO)(NH{-}(CH_2)_5{-}CO)\}_n$ | 295 | |

#### 3.5.1.2 聚酰胺 9T 系列

聚对苯二甲酰壬二胺，简称 PA9T，相对密度 1.14g/cm³。结构式如下：

$$\left[\text{HN}(\text{CH}_2)_9\text{NH}-\underset{\underset{\text{O}}{\|}}{\text{C}}-\text{C}_6\text{H}_4-\underset{\underset{\text{O}}{\|}}{\text{C}}\right]_n$$

PA9T 具有与 PA6T 和长碳链脂肪族 PA 相似的化学结构特征。

**(1) 结晶性能** PA9T 为均聚物，因为有柔性的长链脂肪族二胺使芳香环有适度的活动性，具有高结晶速率，同 PA46 接近，如图 3-26，能快速成型，加工成型性优良。

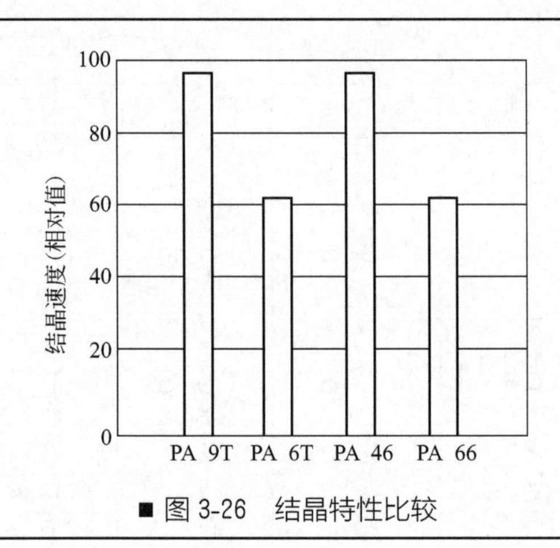


■ 图 3-26 结晶特性比较

**(2) 热性能** PA9T 兼具有 PA46、PA6T 的耐热特点，耐焊接温度可达 290℃。随着电气电子产品朝小型化、轻量化、薄壁化、高性能化、集成高密度化和低成本方向发展，需采用一些高新技术。例如在电路板两面安装芯片和电子元件，更多地采用表面安装技术，所用材料必须耐焊锡的高温，一般在 200℃以上，在 270～280℃维持 45～75s，传统用的 PPS 加工性能差，液晶高分子聚合物（LCP）价格昂贵，而 PA46 吸湿率高；另外，从保护环境考虑，今后对无铅焊锡的要求会越来越高，焊锡的熔点要提高 15℃，那么 PPS 和 LCP 的耐热性也会不够，而 PA9T 优良的耐热性能满足无铅焊锡的要求。从表 3-35 可以看出，在干态下，PA9T 和 PA6T 的耐热性都达到 290℃，而 PA46 只有 280℃，但在湿态下，PA9T 的耐热性仍保持在 290℃，而 PA6T 降到 260℃，PA46 则降到 250℃以下，这充分说明了 PA9T 具有优良的耐热性和优良的高温焊接性。

**(3) 吸水性** PA9T 是聚酰胺中吸水率较低的品种，为 0.17%，其吸水率约是 PA 46（1.8%）的 1/10，PA6T（0.55%）的 1/3。而且其吸水后，不会像 PA46 那样因吸水而软化，同 PBT 的吸水率接近，如图 3-27。

■表 3-35　PA9T 与其他材料焊接耐热性的比较

| 温度/℃ | | 250 | | 260 | | 270 | | 280 | | 290 | | 300 | |
|---|---|---|---|---|---|---|---|---|---|---|---|---|---|
| 时间/s | | 10 | 60 | 10 | 60 | 10 | 60 | 10 | 60 | 10 | 60 | 10 | 60 |
| 绝干状态 | PA9T | ○ | ○ | ○ | ○ | ○ | ○ | ○ | ○ | ○ | ○ | ☆ | × |
| | PA6T | ○ | ○ | ○ | ○ | ○ | ○ | ○ | ○ | ○ | ○ | ☆ | × |
| | PA46 | ○ | ○ | ○ | ○ | ○ | ○ | ○ | ○ | ☆ | × | × | |
| | PPS | ○ | ○ | ○ | ☆ | ☆ | × | × | | | | | |
| 吸湿状态① | PA9T | ○ | ○ | ○ | ○ | ○ | ○ | ○ | ○ | ○ | ☆ | × | |
| | PA6T | ○ | ○ | ○ | ○ | ☆ | × | × | | | | | |
| | PA46 | × | × | | | | | | | | | | |

① 为 23℃，50%RH。

注：将注塑成型片（100mm×40mm×1mm）在铅锡浴中浸渍一定时间，确认有无变形。○为无变形，☆为稍变形，×为变形。

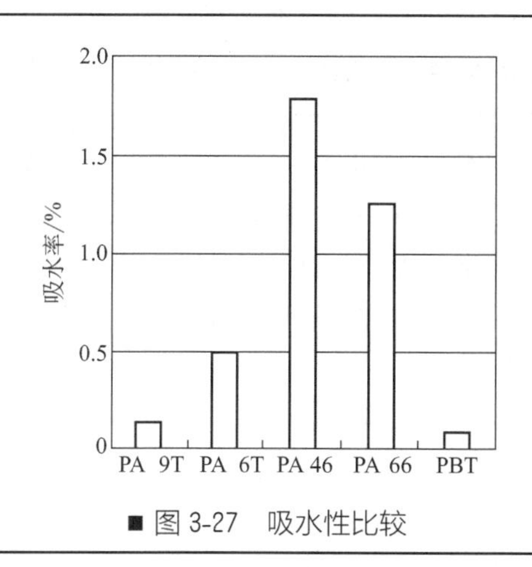


■ 图 3-27　吸水性比较

**（4）力学性能**　PA9T 的韧性可以和全脂肪族的聚酰胺相媲美，与 PA46 有相似的拉伸伸长率、弯曲变形和缺口冲击强度。韧性与耐冲击性能高于尼龙 6T。

**（5）应用**　PA9T 分子中，因为有柔性的亚甲基长链二胺存在，赋予了刚性芳环适度的易动性，兼具脂肪族和芳香族聚酰胺特点，有较高的结晶速率、良好的尺寸热稳定性和高刚性等优异的性能，且制品具有较高的可循环利用性，可作为汽车、机械工业的配套材料，特别是作轴承的支架、传动齿轮，近年来国外开发了一系列代替金属部件的产品，并在汽车上得到应用。PA9T 吸水率低尺寸稳定性优于 PA46，在加热时的尺寸稳定性则显著优于改性 PA6T，因此在电气电子产业尼龙 9T 是较理想的综合性能材料，主要用于电气电子产业的表面安装元件中；也在计算机、移动电话等信息设备中得到广泛应用。

### 3.5.1.3 聚酰胺 10T

聚对苯二甲酰癸二胺，简称 PA10T，国内首先由金发科技股份有限公司实现商业化生产的半芳香族尼龙树脂（商品牌号 Vicnyl），以癸二胺与对苯二甲酸经缩聚得到。其中单体癸二胺来自蓖麻油，约占聚合用单体的 50%，所以 PA10T 也是一种生物基塑料。PA10T 与 PA9T 分子结构相似，都有长碳链结构，结构式如下：

$$\left[ HN(CH_2)_{10}NH - \underset{\underset{O}{\|}}{C} - C_6H_4 - \underset{\underset{O}{\|}}{C} \right]_n$$

**(1) 低吸水性高尺寸稳定性** PA10T 与 PA610 吸水率接近，比 PA46、PA6、PA66、PA6T、PA9T 都低（图 3-10），只比 PA11 和 PA12 略高，是商品化高温尼龙材料中吸水率最低的品种。而且长碳链的脂肪结构使 PA10T 具有较好的结晶性，所以其成型品在吸水、受热或潮湿环境等条件下的力学性能和尺寸稳定性基本不下降。

**(2) 高耐热性** PA10T 是均聚物，结晶度高，玻璃化转变温度高，在玻璃化转变温度以上的物性保持率高，而且 PA10T 在高温时有很高的力学强度和刚性。PA10T 的高熔点使其具有良好的耐回流焊性，在 280℃ 高温下不起泡，非常适合于表面焊接工艺。

**(3) 高耐化学性** PA10T 耐汽车机油、燃料甲醇、有机溶剂、热水等，特别耐汽车长效防冻液（LLC，DEX-COOL，Premixed 50%）性能格外优异，如图 3-28。

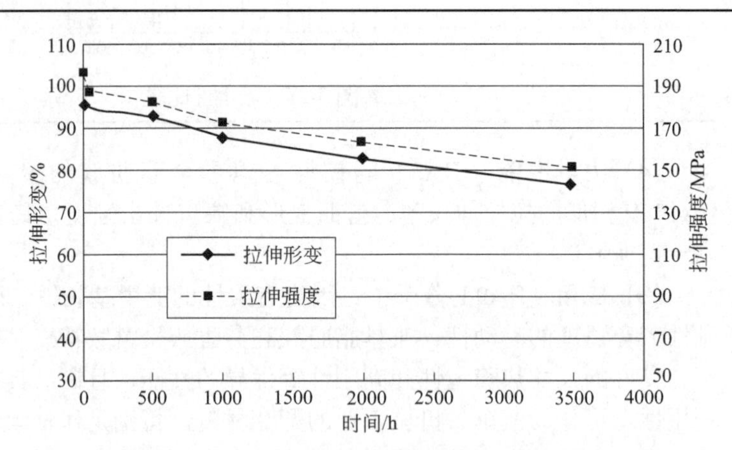


■ 图 3-28 Vicnyl PA10T 的长期抗冷冻液性能（测试标准 GMW 3038，125℃）

**(4) 优良的成型加工性** PA10T 流动性好，结晶速度快，适合于快速薄壁成型。

**(5) 应用** PA10T 具有非常好的抗蠕变性能、机械强度、刚性和高温下抗疲劳性能优良以及优异的耐化学性能，同时还保持易加工的优点。适合于要求耐热和耐腐蚀较高的配件，汽车领域的引擎箱、燃油系统配件、动力换向装置、滚动轴承架、中间冷却器罐、发动机支架、低摩擦系数的滑动配件以及汽车连接器等；电子电气领域的连接器、电动机的各种部件，还可用于耐腐蚀、耐油、耐高温等场合，如航空、航天、军工、化工等领域。

**(6) 原料来源** PA10T 最引人关注的还是其原料癸二胺来源于非食用农作物蓖麻油，是绿色环保和可再生循环的一种聚酰胺新材料。

#### 3.5.1.4 聚酰胺 MXD6

也称尼龙 MXD6，是由间苯二胺（MXDA）与己二酸反应得到的一种结晶性半芳香族聚酰胺，结构式如下：

$$\left[ NHCH_2 - C_6H_4 - CH_2NH - \underset{\underset{O}{\|}}{C} - (CH_2)_4 - \underset{\underset{O}{\|}}{C} \right]_n$$

尼龙 MXD6 是由日本东洋纺公司最早开发出来，起初主要用于纤维，20 世纪 80 年代日本三菱化学公司开发了其在阻隔性包装材料以及工程结构领域的应用，其主要特征如下。

① 熔点 237℃，相对密度 1.22g/cm$^3$，玻璃化温度 85℃，热膨胀系数小，仅为 $5.1\times10^{-5}$(1/K)，与金属相近；可在很宽的温度范围内，保持高强度、高刚性。

② 涂装性优异，特别是高温烧结涂层。

③ 优良的耐药品性、阻隔性、消震性，可作为贵重设备和精密仪器的包装材料。尼龙 MXD6 阻隔性随着温度和湿度的变化小，尤其在高湿度下仍能保持高阻隔性。耐溶剂药品性优良，特别是对酸溶液、甲醇等都较稳定；尼龙 MXD6 的耐氯化钙应力开裂以及耐汽油、甲醇等化学品性良好，在用于制作汽车底盘、挡泥板等零部件时，性能优于尼龙 6 和尼龙 66。

④ 吸水性　吸水率低且吸水后尺寸变化小，机械强度变化少，尺寸稳定性好，成型收缩率很小，适宜精密成型加工。

⑤ 应用　尼龙 MXD6 料具有优异的力学性能和热性能及高强度、高模量及耐热性、高阻隔性、优良的耐蒸煮性，可在汽车工业制作汽车外壳、车体、大梁和底盘等零部件；还可用做精密仪器、仪表；医药化工的包装材料以及防潮、消震的软垫及发泡板材等。尼龙 MXD6 通过玻璃纤维增强以后，其机械强度和热性能有更加显著的提高，与其他玻璃纤维增强工程塑料性能比较见表 3-36 所列。

■表 3-36 玻璃纤维增强工程塑料的性能比较

| 性 能 | MXD6① | PA6 | PA66 | PET | PBT |
|---|---|---|---|---|---|
| 玻璃纤维含量/% | 30 | 30 | 30 | 30 | 30 |
| 处理状态 | 干燥(65%RH) | 干燥(65%RH) | 干燥(65%RH) | 干燥 | 干燥 |
| 密度/(g/cm³) | 1.46 | 1.36 | 1.38 | 1.61 | 1.52 |
| 吸水率(水中 24h，23℃)/% | 0.2 | 0.8～1.1 | 0.03 | 0.01 | |
| 吸水率(65%RH，平衡)/% | 2.0 | 2.5 | 2.2 | | |
| 热变形温度(0.46MPa)/℃ | 232 | 205 | 260 | 240 | 214 |
| 热膨胀系数/[$\times 10^{-6}$cm/(cm·℃)] | 1.5 | 2.2 | 2.6 | 1.8 | 2.9 |
| 热导率/[kJ/(m·h·℃)] | 0.13 | 0.23 | 0.28 | 0.19 | 0.15 |
| 成型收缩率/% | 0.51 | 0.4～0.8 | 0.2～1.0 | 0.2～1.0 | 0.4～1.1 |
| 拉伸强度/MPa | 206 | 166 | 175 | 124 | 129 |
| 伸长率/% | 2.0 | 3.3 | 2.0 | 1.5 | 2.3 |
| 拉伸弹性模量/MPa | 12100 | 9300 | 10500 | 9300 | 8800 |
| 弯曲强度/MPa | 261 | 242 | 239 | 164 | 199 |
| 弯曲弹性模量/MPa | 11800 | 8200 | 8300 | 9000 | 8900 |
| 压缩强度/MPa | 245 | 128 | 171 | 122 | 129 |
| Izod 冲击强度(缺口) | 0.84 | 0.87 | 0.82 | 0.42 | 0.67 |
| (无缺口) | 6.1 | 10.9 | 9.1 | 1.4 | 6.5 |
| 拉伸冲击强度/MPa | 14.3 | 12.2 | 13.3 | 6.5 | 14.1 |
| 洛式硬度(M级) | 112 | 93 | 98 | 91 | 94 |
| 锥度磨耗(CS-17)/[mg/(1000次)] | 23 | 28 | 30 | 33 | 58 |

① 三菱瓦斯化学公司。

### 3.5.2 全芳香族聚酰胺

全芳香族聚酰胺是一类酰胺键与芳香环相连接所构成的高分子，主要品种有聚对苯二甲酰对苯二胺（PPTA）、聚间苯二甲酰间苯二胺（PMPIA）和聚对苯甲酰胺（PBA）。全芳香族聚酰胺由于其主链大比例的芳环结构，因此分子链呈刚性，具有高耐热、高熔融温度、高强度和高耐化学药品性，是一类高性能材料，主要用做纤维。作为高强度、高模量的全芳香族聚酰胺种类繁多，具有实用价值并已开发成功的主要有：PPTA（我国称为“芳纶Ⅱ”或芳纶 1414）和 PMPIA（我国称为芳纶 1313）。与其他聚酰胺不同的是，全芳香族聚酰胺的数字部分表示高分子链节中酰胺键与苯环上的碳原子相连接的位置，而不再是合成单体的碳原子数。

芳纶纤维是一种高模量、高强度、耐磨损、低电导率、尺寸稳定、密度为钢丝 1/4 的轻质增强和耐高温材料，常被作为制备高性能复合材料的增强物质。表 3-37 列出了芳纶与其他纤维性能比较的数据。

■表 3-37　芳纶与其他几种工业丝性能对比

| 项目 | 单位 | 芳纶 | 钢丝 | 尼龙 | 聚酯 | 粘胶 |
|---|---|---|---|---|---|---|
| 断裂强度 | CN/tex | 190 | 30～35 | 86 | 82 | 10～53 |
| 断裂应力 | GPa | 2.76 | 2.80 | 1.00 | 1.15 | 0.68～0.85 |
| 弹性模量 | N/tex | 44 | 18～36 | 4.6 | 9.7 | 6～8 |
| 密度 | g/cm³ | 1.44 | 7.85 | 1.14 | 1.38 | 1.52 |
| 断裂伸长率 | % | 4.0 | 2.0 | 17.0 | 14.5 | 6～10 |

#### 3.5.2.1 聚对苯二甲酰对苯二胺

聚对苯二甲酰对苯二胺［poly（*p*-phenylene terephthalamide），简称 PPTA］，是典型的全芳香族聚酰胺，以对苯二胺和对苯二甲酰氯为原料聚合而成，结构式如下：

$$\left[ \overset{O}{\overset{\|}{C}} - C_6H_4 - \overset{O}{\overset{\|}{C}} - NH - C_6H_4 - \overset{H}{\overset{|}{N}} \right]_n$$

PPTA 分子结构具有高度的对称性和规整性，其分子链是由苯环和酰胺基团按规律有序排列组成，分子之间有很强的氢键，且分子结构上的酰胺基团与苯环形成共轭效应，其内旋转位能相当高，分子链节呈平面刚性伸直状态，这种结构特点赋予 PPTA 良好的热稳定性、优秀的耐化学性能、独特的溶致液晶性和优异的力学性能；而 PPTA 具有刚性链构象、高的结晶度，使其压缩强度和压缩模量较低，表面与其他基体复合黏合性差，在有机溶剂中的溶解性较低，加上高熔点，限制了其生产和应用，因此多用做改性增强材料。PPTA 的主要性能特点如下。

**（1）高耐温性**　PPTA 纤维的玻璃化温度是 345℃左右，热变形温度为 275℃、热收缩小，尺寸稳定性高；在 200℃下性能几乎保持不变，随着温度上升，纤维逐步发生热分解或碳化，其分解温度大约 560℃，极限氧指数值（LOI）为 28%～30%，阻燃级别为 V-0，为自熄性材料。

**（2）优异的力学性能**　拉伸强度为 221MPa，弯曲强度为 310MPa，弯曲弹性模量为 12GPa，优于其他的热塑性工程塑料。PPTA 在很高的温度范围内具有优良的力学性能如强度、韧性和抗蠕变性、耐疲劳性，且质量轻，如在－45℃下仍具有与室温相当的韧性，其比强度为钢丝的 5 倍，因此可替代金属用于多种结构材料；在 50%相对湿度、310MPa 下挠曲强度和模量大于 13800MPa。

**（3）耐化学药品性**　PPTA 能耐大多数溶剂、耐酸、碱、盐、液体燃料、润滑油和液压油、化学药品及水溶液。但浓度为 98%的硫酸可将其溶解，因此，纺丝时采用浓硫酸为溶剂。

**（4）高尺寸稳定性**　PPTA 树脂吸湿 6%后，尺寸增加 1%，但其玻璃化温度不受影响；而 PA66 在 23℃吸湿 8.9%后，其玻璃化温度从 65℃降低到－20℃，尺寸则增加 2.3%。与其他工程塑料相比，PPTA 树脂的热膨胀小，其收缩率更为均匀，也很少发生翘曲和凹陷，具有优良的尺寸稳定性和低翘曲性。

**(5) 产品特性及应用** PPTA 具有高强度、低密度、耐高温、尺寸稳定性高、耐磨损等一系列优异性能，主要用以制超高强度耐高温纤维、耐高温衣服、滤布、蜂窝制件、层压板、高温管线及电动机零件等，亦可作塑料，制成薄膜和层压材料。PPTA 可作为增强材料来提高材料的强度、耐磨性、耐高温性和可加工性，如用 PPTA 增强的 PA66 的强度比聚苯硫醚高 57%，其耐磨性可与普通聚酰胺媲美，耐疲劳性优于普通聚酰胺，制成薄膜的强度比聚酰亚胺薄膜大，并呈现出优良的韧性；还可减少材料在使用中的噪声和振动，还可以减轻制成品的质量，尤其适合做高性能的摩擦与密封材料。另外由于 PPTA 的高强度和高阻燃性，所以特别适合做防护材料，采用 PPTA 单织物和席纹织物多层重叠可以达到良好的防弹性能，因此用于制作防弹背心、头盔、装甲车内部装饰用织物。表 3-38 是美国 Kevlar、荷兰的 Twaron 和日本帝人的 Technora 等三个系列 PPTA 的性能。

■表 3-38 聚对苯二甲酰对苯二胺的性能（PPTA）

| 纤维种类 | 密度/(g/cm³) | 拉伸强度/GPa | 拉伸模量/GPa | 伸长率/% | LOI/% | 耐热性/% | 耐碱性/% | 耐酸性/% | 吸湿率/% |
|---|---|---|---|---|---|---|---|---|---|
| Kevlar29 | 1.44 | 2.9 | 71.8 | 3.6 | 29 | 75③ | | 10 | 7.0④ |
| Kevlar49 | 1.45 | 2.8 | 199 | 2.4 | 29 | 75③ | | 10 | 4.5④ |
| Kevlar119 | 1.44 | 3.1 | 54.7 | 4.4 | 29 | | | | 7.8 |
| Kevlar129 | 1.44 | 3.4 | 96.6 | 3.3 | 29 | | | | 6.5 |
| Kevlar149 | 1.47 | 2.3 | 144 | 1.5 | 29 | | | | 1.5 |
| Twaron 标准型 | 1.44 | 2.8 | 80 | 3.3 | 29 | 90① | | | 7.0 |
| Twaron 高模量型 | 1.45 | 2.8 | 125 | 2.0 | 29 | 90① | | | 3.5 |
| Technora | 1.39 | 3.4 | 72 | 4.6 | 29 | 75② | 84 | 9 | 3 |

① 200℃，48h。
② 200℃，1000h。
③ 200℃，100h。
④ 55%相对湿度(RH)，23℃。

### 3.5.2.2 聚间苯二甲酰间苯二胺

聚间苯二甲酰间苯二胺［poly（m-phenylene isophthalamide)，简称 PMPIA］是酰胺基团与间位苯基相互连接所构成的聚酰胺大分子，和 PPTA 相比，间位连接的共价键没有共轭效应，内旋转位能相对较低，大分子呈现柔性结构，其弹性模量的数量级和其他柔性大分子处于相同水平。PMPIA纤维的结晶结构属于三斜晶，结晶结构如图 3-29 所示，其晶胞参数如下：$a=0.527$nm，$b=0.525$nm，$c=1.13$nm，$\alpha=111.5°$，$\beta=111.4°$，

$\gamma=88.0°$，$Z=1$，由结晶结构计算的结晶密度为 $\rho=1.47g/cm^3$；在 PMPIA 的结晶结构中，氢键在晶体的两个平面上存在，如格子状排列。因为 PMPIA 纤维大分子具有很高的取向度与结晶度，同时玻璃化温度高达 270℃以上，给织物的染色带来困难，且熔点高于其分解温度也给熔融纺丝带来困难；同其他聚酰胺一样，PMPIA 的耐光性也较差，因此也通过改性或与其他材料一起使用。PMPIA 具有如下特点。

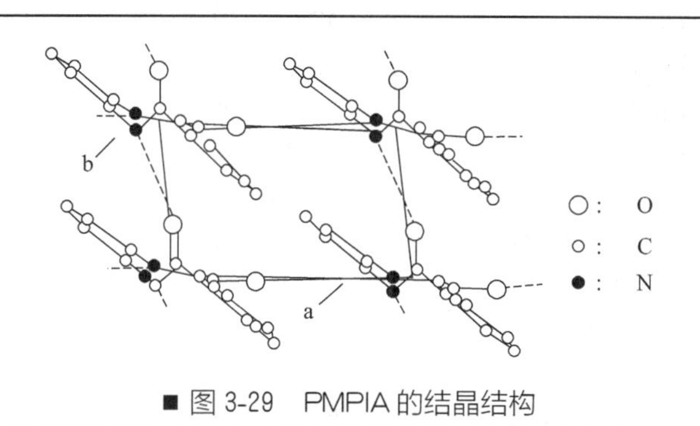


■ 图 3-29　PMPIA 的结晶结构

**(1) 耐热性**　PMPIA 纤维的玻璃化温度为 270℃，可在 100～200℃之间长期使用，热分解温度为 400～430℃。在氮气或空气中，400℃时纤维的失重小于 10%，在 427℃以上开始快速分解；200℃以下使用 20000h，强度仍能保持原来的 90%，在 260℃的热空气里可以连续工作 1000h，强度保持原来的 66%～70%，耐热性明显优于常规的合成纤维等。

**(2) 尺寸稳定性**　PMPIA 尺寸稳定性能优良，在 250℃时的热收缩率小于 1%；长时间在 300℃以下热收缩为 5%～6%，具有良好的尺寸稳定性；耐湿热性特别好，在 120℃湿热条件下处理 1000h 以上仍能保持初期物性值的 60%以上。

**(3) 阻燃性**　PMPIA 纤维在火灾发生时不会助燃，移开火焰它便会自熄，极限氧指数约为 30%，闪点 630℃，着火点 800℃以上；PMPIA 在 400℃以上高温，纤维逐渐发生碳化，形成隔热层，能阻挡外部的热量传入内部，起到有效的保护作用；并且燃烧时烟及其他有毒气体的产生量比其他有机纤维少得多，是阻燃性最好的纤维；在 900～1500℃的高温时，它能产生特殊的隔热及防护效果。用其制成的衣服表现出优良的防火效果，遇到火灾时不会自燃或熔化而附着于皮肤上，因此在防护领域应用广泛。

**(4) 耐化学药品性好**　PMPIA 纤维化学结构稳定，耐化学品腐蚀、蒸汽作用或水解的腐蚀作用，可用于高温过滤集尘和工业洗衣机中。

**(5) 耐低温性能好**　温度即使降低到－35℃，性能没有任何下降。表 3-39 为 PMPIA 与 PA66 的性能比较。

■表 3-39 PMPIA 与 PA66 的纤维性能

| 项　　目 | 试验方法 | PA66(30%GF) | PMPIA(非增强) |
|---|---|---|---|
| $T_m$/℃ | | 260 | 400 |
| $T_g$/℃ | | 50 | 275 |
| 密度/(g/cm³) | | 1.37 | 1.33 |
| 吸水率(24h)/% | ASTM D570 | 1.0 | 2.0 |
| 拉伸强度/MPa | ASTM D638 | 170 | 100 |
| 断裂伸长率/% | ASTM D638 | 5 | |
| 弯曲强度/MPa | ASTM D790 | 240 | 150 |
| 弯曲模量/MPa | ASTM D790 | 8000 | 4000 |
| 缺口冲击强度/(J/m) | ASTM D256 | 80 | 28 |
| 洛氏硬度 | ASTM D785 | K121 | M125 |
| 热变形温度(1.82MPa)/℃ | ASTM D648 | 240 | 260 |
| 线膨胀系数/($\times10^{-5}$/℃) | ASTM D696 | 3.0 | 3.6 |
| UL 长期耐热温度(带冲击)/℃ | | 125 | 220 |
| 阻燃性(UL94) | | HB | V-0 |
| 体积电阻率/Ω·m | ASTM D257 | $10^{15}$ | $10^{15}$ |
| 介电强度/(kV/mm) | | 60 | 25 |
| 介电常数($10^6$Hz) | ASTM D150 | | 4.5 |
| 耐电弧性/s | | 114 | |

(6) **应用**　PMPIA 纤维是目前世界上产量最大、应用最广的耐高温芳纶纤维。它的用途主要集中在热防护服、滤材、阻燃装饰布及航空航天等尖端领域。以 PMPIA 纤维为原料的防护服包括产业用、军用、消防用。作为滤材，连续最高使用温度可达 204℃。PMPIA 还可以作为 H 级的耐高温电器绝缘纸和制造蜂窝结构材料。PMPIA 纤维还广泛应用于民用产品，如阻燃的纺织装饰材料、床上用品等。目前，国际上 PMPIA 纤维产业化生产主要以美国杜邦 Nomex、日本帝人 Conex、俄罗斯 Fenelen 为主。随着我国社会经济的发展，对 PMPIA 纤维的需求不断增长，因此，研究其聚合、纺丝新工艺，全面深入探讨 PMPIA 及其共聚体聚合纺丝成形的基本规律和纤维的结构及性能，对我国芳纶 1313 的产业化有极其重要的意义。

## 3.6 其他聚酰胺

### 3.6.1 透明聚酰胺

透明聚酰胺（尼龙）属于非晶型尼龙，具有强度高、尺寸稳定性好、成型收缩率小、耐磨性优异、电绝缘性和耐老化性优异，除了透明性好以外，还具有无毒、无臭、膨胀系数低、耐腐蚀等特点。不仅可以单独使用，而且还可以作为复合材料的一个部分，与其他高聚物进行合金化改性，实现高性能化，进一步拓宽尼龙的应用领域。透明尼龙成型条件简单，并且其制品在热处理和吸水处理时也不会由于后结晶化而丧失透明性。因此透明尼龙可用于油箱、输油管、打火机油槽、流量计套、过滤器盖、滤杯、断路器和高压开关壳体、继电器、连接器等，特别在光学仪器、精密部件、计量仪表、食品包装、高档体育器材等方面有广泛的应用。

#### 3.6.1.1 透明尼龙的分类

透明尼龙品种很多，有不同分类方法。根据其结构，透明尼龙大致分为3类。

**（1）半芳香族透明尼龙** 是由芳香族二元酸与脂肪族二元胺或由脂肪族二元酸与芳香族二元胺共聚制得的透明尼龙。这是目前拥有工业化产品最多的一种透明尼龙，如杜邦公司的Zytel系列产品和Selar系列产品、EMS公司的Grilamide系列产品、道化学公司的Isonamide系列产品等。

**（2）芳香族透明尼龙** 是由芳香族二元酸与芳香族二元胺共聚得到透明尼龙，如采用2-氨基-6-(4-氨基苯)-6-甲基庚烷和间苯二甲酸二苯酯合成的透明尼龙。

**（3）脂肪族透明尼龙** 是由脂肪族二元酸与脂肪族二元胺共聚得到的透明尼龙。目前研制的产品有：PA66/6共聚物、EMS公司的PA6/12共聚物，日本以己内酰胺、十八烷基酰胺和乙酸为原料合成了透明尼龙，已用于汽车车罩以及电子元器件；EMS公司制得的Grilamid W5673、TR55FC Grey9629透明尼龙12，耐高低温，韧性和挠曲性好，可用做冬季体育用品。

市场上常见透明尼龙的牌号、生产厂家及原料见表3-40所列。

■表3-40 常见透明尼龙牌号、生产厂家及单体

| 商品名 | 生产厂家 | 采用单体 | | | |
|---|---|---|---|---|---|
| | | 酸 | 胺 | 内酰胺 | 异氰酸酯 |
| Carpon | Allied | 对苯二甲酸 | PACM① | 己内酰胺 | |
| CX1004/1005 | Unitika | 己二酸、间苯二甲酸 | 1,6-己二胺,PACM | | |
| Dutethan T40 | Bayer | 间苯二甲酸、己二酸 | 1,6-己二胺 | | |
| Grilamid TR55 | EMS | 间苯二甲酸 | CA② | 月桂内酰胺 | |
| Isonamid PA7030 | Dow Chemical | 己二酸、壬二酸 | | | 4,4′-二苯基甲烷二异氰酸酯 |
| Isonamid PA5050 | Dow Chemical | 己二酸、壬二酸 | | | 4,4′-二苯基甲烷二异氰酸酯 |
| Nylon 714 | Toboyo | 己二酸、对苯二甲酸 | 1,6-己二胺 | | |
| PACP9/6 | Philips Petroleum | 己二酸、壬二酸 | 4,4′-二氨基-二环己基丙烷 | | |
| Trogamid T | Dynamit Nobel | 对苯二甲酸 | 三甲基-1,6′-己二胺 | | |

续表

| 商品名 | 生产厂家 | 采用单体 | | | |
|---|---|---|---|---|---|
| | | 酸 | 胺 | 内酰胺 | 异氰酸酯 |
| TR-PA-P417 | Giba-Geigy | 间苯二甲酸、对苯二甲酸 | CA+第二组分 | | |
| Ultramid KR4601 | BASF | 间苯二甲酸,己二酸 | 1,6-己二胺,PACM | | |
| Zytel 330 | Du Pout | 间苯二甲酸 | 1,6-己二胺 | 月桂内酰胺 | |
| Vestamid X4308 | Huls | 间苯二甲酸、对苯二甲酸、己二酸 | 1,6-己二胺,PACM | | |

① PACM：4,4′-二氨基-二环己基甲烷。

② CA：4,4′-二氨基-3,3′-二甲基-二环己基甲烷。

#### 3.6.1.2 聚酰胺 TMDT

聚对苯二甲酰三甲基己二胺简称尼龙 TMDT，是一种非晶形透明的半芳香族尼龙。化学结构式为：

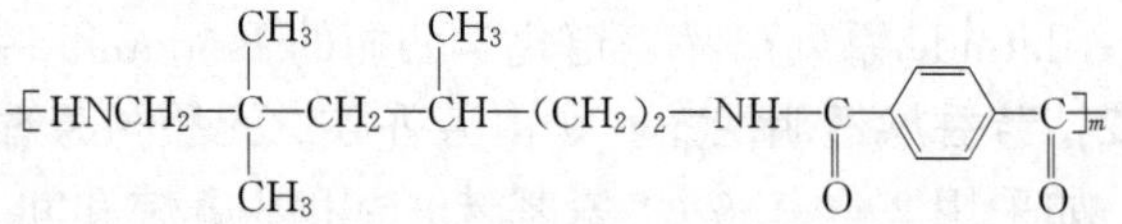

$$\left[ HNCH_2-\underset{CH_3}{\overset{CH_3}{C}}-CH_2-\overset{CH_3}{CH}-(CH_2)_2-NH-\underset{O}{\overset{\|}{C}}-C_6H_4-\underset{O}{\overset{\|}{C}} \right]_m$$

尼龙 TMDT 是最先由德国 Dynamit Nobel 公司开发并首先工业化的透明尼龙，商品名为“Trogamid T”，其耐热性、力学性能、机械强度和刚性与 PC 和聚砜相当，详见表 3-41。其主要特性如下。

■表 3-41　透明尼龙和其他材料性能

| 项　目 | Trogamid T | PACP 9/6 | Grilamid TR55 | Isonamid PA7030 | PA66 | PA612 | PC | 聚砜 |
|---|---|---|---|---|---|---|---|---|
| 密度/(g/cm³) | 1.12 | 1.06 | 1.06 | 1.17 | 1.14 | 1.07 | 1.20 | 1.24 |
| $T_g$/℃ | 148 | 185 | 160 | 125 | 66 | | 150 | 150 |
| 线膨胀系数/(×10⁻⁵/℃) | 6.0 | | 7.8 | 7.0 | 8.5 | | 7.0 | |
| 热变形温度(1.82MPa)/℃ | 124 | 160 | 124 | 120 | 75 | 90 | 135 | 174 |
| 拉伸强度/MPa | 69 | 84.5 | 75~80 | 73 | 75.5 | 53.9 | 60.8 | 77.2 |
| 拉伸断裂伸长率/% | 130 | 50~100 | 50~150 | 80~120 | 68 | 232 | 112 | 113 |
| 弯曲弹性模量/GPa | 2700 | 2200 | 1750 | 2110 | 2700 | 1800 | 2500 | 2600 |
| 悬臂梁冲击强度/(J/m) | | | | | | | | |
| (缺口) | 100~150 | 54 | 60 | 54~130 | 49 | 33 | 87 | 54 |
| (无缺口) | 不断 | 不断 | 不断 | 不断 | 不断 | | 不断 | 不断 |
| 体积电阻率/Ω·cm | $>10^{14}$ | $1.1\times10^{11}$ | $3\times10^{13}$ | $1.7\times10^{15}$ | $5.6\times10^{9}$ | $3.8\times10^{12}$ | $2.1\times10^{16}$ | $5\times10^{16}$ |
| 介电常数($10^3$Hz) | 3.5 | 3.9 | 3.0 | 4.29 | 8.1 | 3.4 | 3.0 | 3.1 |
| 介电损耗角正切值($10^3$Hz) | 0.028 | 0.027 | 0.012 | 0.025 | 0.29 | 0.023 | 0.002 | 0.001 |

**(1) 透明性** 尼龙 TMDT 最大的特点是具有持久的、玻璃一般的透明性，即使是在较厚的制件中，本色树脂的可见光透过率达 80%～90%，着色的透过率要低一些，折射率 $n$ 为 1.566。

**(2) 热性能** 同 PA66 和 PA612 相比，其耐热性能要好很多，热变形温度高，由于分子结构中含有芳香（苯）环成分，其玻璃化温度可达 148～152℃，这样在一定程度上降低了对含湿量的敏感性，达到饱和以后，玻璃化温度降低 10℃，这与其他半结晶性脂肪族尼龙的行为是完全不同的。

**(3) 加工成型** 尼龙 TMDT 加工温度范围 260～320℃，可以在大多数通用设备上进行注塑或挤出成型，因其无定型结构，所以成型收缩率很小（0.4%～0.7%）；生产中一般先以 100～120℃的热空气预干燥，以减少水分引起聚合物的降解，也可采用改性方法来提高性能，如对尼龙 TMDT 进行共混或玻璃纤维增强改性，几种 TMDT 改性产品性能见表 3-42 所列。

■表 3-42 尼龙 TMDT 共混改性产品性能

| 项目 | 试验方法 | 低黏度注射成型级 | 高黏度通用级 | 加入半结晶尼龙共混物 | 高黏度玻璃纤维含量 35% |
|---|---|---|---|---|---|
| 密度/(g/cm³) | ISO1183 | 1.12 | 1.12 | 1.12 | 1.40 |
| 热变形温度/℃(1.8MPa)<br>0.45MPa | ISO75A/ISO75B | 120/140 | 120/140 | 75/85 | 140/150 |
| 吸水率/% | DIN53945 | 7.5 | 7.5 | 12 | 5 |
| 拉伸强度/MPa | ISO527 | | | | 140 |
| 断裂伸长率/% | ISO527 | >50 | >50 | >50 | 2 |
| 冲击强度 | ISO180/1C | | | | |
| 23℃无缺口/(kJ/m²) | | NB | NB | NB | 25 |
| −40℃无缺口/(kJ/m²) | | NB | NB | 260 | 24 |
| 表面电阻率/Ω | IEC93 | $10^{15}$ | $10^{15}$ | $10^{15}$ | $10^{15}$ |
| 体积电阻率/Ω·cm | IEC93 | $10^{15}$ | $10^{15}$ | $10^{15}$ | $10^{15}$ |
| 介电强度/(kV/mm) | IEC243 | 25 | 25 | 25 | 35 |

**(4) 应用** 基于尼龙 TMDT 的优异性能，可用于食品容器（可以与食品接触），如家用搅拌机、榨汁机等，也可用于汽车的燃油过滤器件。同时其优良的电性能和力学性能，在电力系统、通信系统中得到广泛应用，如室内的高压开关部件、分配器部件、高压断流器部件、蓄电池密封件等；其高透明性、力学性能、耐化学品性，尼龙 TMDT 在气体、液体、蒸汽流的测量仪器中指示流量得到了应用，而且采用尼龙 TMDT 制造的流量计安全可靠性，远远胜出用玻璃制造的同类产品。尼龙 TMDT 在光学仪器、精密仪表、精密部件、汽车和电气机械零件方面有着广泛应用，加上其优秀的阻隔性用于薄膜包装领域。

### 3.6.2 铸型聚酰胺

铸型聚酰胺（简称 MC 尼龙）是 20 世纪 60 年代初采用己内酰胺阴离子聚合技术发展起来的新型工程塑料。己内酰胺阴离子聚合是指在强碱存在下己内酰胺形成阴离子并快速聚合，可生成分子量高达 10 万以上的聚合物，该种阴离子聚合的特点是反应时间短、聚合物黏度高、平均分子量比水解聚合高得多，且设备利用率高、能耗低。阴离子聚合尼龙 6 的成型，可用单体直接浇铸，也可以用反应注射成型工艺，还可以用反应挤出生产，但都是一次成型，成型的尺寸大小不受限制，而且由于聚合和成型都是在内部各部位同时进行的，因此产品的结构比较均匀。铸型尼龙产品的分子量比一般的尼龙大得多，普通尼龙 6 聚合体分子量一般在 3 万以下、结晶度不超过 40%，而阴离子聚合尼龙 6 的分子量一般在 7 万～10 万，有些甚至更高，且结晶程度很高，结晶度可以超过 50%，密度也较大。因而机械强度、刚度、耐磨性比一般尼龙好，另外耐化学药品性好、吸水性较小、尺寸稳定性也较通常的尼龙好，不同牌号 MC 尼龙与普通 PA6 的性能见表 3-43 所列。

■表 3-43 各国 MC 尼龙与普通尼龙产品性能比较

| 项目 | 单位 | 普通尼龙 | 英国 NYLACAST | 美国杜邦 | 荷兰 DSM | 国产 MC 尼龙 | 备注 |
|---|---|---|---|---|---|---|---|
| 密 度 | $g/cm^3$ | 1.14 | 1.16 | 1.32 | 1.15 | 1.18 | |
| 拉伸强度 | MPa | 60～75 | 71～89 | 82.7～110.3 | 78.6～88.2 | 80.3～98.6 | 23℃,50%HR |
| 弹性模量 | GPa | 1.2～1.3 | 4.8～5.2 | 1.3～2.6 | 2.7～4.1 | 3.8～4.6 | 23℃,50%HR |
| 压缩强度 | MPa | 82 | 123～158 | 162～228 | 110～126 | 124～168 | |
| 弯曲强度 | MPa | 88 | 128～178 | 145～168 | 130～166 | 128～175 | |
| 冲击强度 | $kJ/m^2$ | >3.1 | >7.6 | >7.9 | >12 | >17 | 23℃,50%HR |
| 伸长率 | % | 15～20 | 4 | 4～5 | 12～14 | 4～6 | |
| 硬 度 | HB | 8～12 | M82～M103 | M90～M103 | M70～M86 | 14～24 | |
| 磨 损 | mg | 6～8 | 4.6～5.2 | 3.4～3.6 | 4.1～5.2 | 3.6～4.1 | |
| 摩擦系数 | | 0.3～0.4 | 0.09～0.3 | 0.15～0.32 | 0.1～0.2 | 0.04～0.25 | 油润滑状态 0.002～0.1 |
| 体积电阻 | Ω·m | $10^{14}$ | $>10^{12}$ | $10^{15}$ | $10^{14}$ | $10^{14}$ | |
| 介电强度 | kV/mm | >18 | >20 | >18 | >15 | >16.5 | |
| 热变形温度 | ℃ | 55 | 155～165 | 196～210 | 148～160 | 188～200 | 1.8MPa |

目前，MC 尼龙在许多领域中正逐步替代铜、铝、钢铁等金属材料，广泛用于机械、石油化工、纺织、交通、建筑、冶金等行业。铸型尼龙的主要特点如下。

**(1) 低密度** 铸型尼龙的密度一般在 1.15～1.16g/cm$^3$，仅是钢 7.8g/cm$^3$的 1/7，铜 8.9g/cm$^3$的 1/8，合金铝 2.7g/cm$^3$的 2/5。由于质轻，作为机械材料使用时，可以减少零部件不必要的强度和动力，并可减轻运动惯量，简化机器的维修保养、节约劳动力。

**(2) 机械性能好** 具有良好的回弹性，能够弯曲而不变形，同时能保持韧性，抵抗反复冲击；高强度，能够长时间承受负荷，且具有优良的机械切削加工性能。

**(3) 低摩擦系数、低磨损、耐磨自润滑性** MC 尼龙的磨损特点是在使用初期时稍有磨损，在经过一阶段磨合后就很少磨耗；自润滑性好，不像金属材料那样，随着使用时间的增长，磨损也成比例地增加，MC 尼龙则具有比青铜铸铁碳钢和酚醛层压板在无油（或脱油）润滑应用时更好的工作性能，降低消耗，节约能源；另外铸型尼龙的摩擦系数也很小，单位面积压力在 6.87～0.98MPa 范围内，摩擦系数为 0.1～0.4；并且，由于铸型尼龙的硬度比金属小得多，所以它不易损伤对磨件，这对用于做辊筒、轴承、轴套、车轮、轮衬等是非常有利的。

**(4) 吸噪声、减震** MC 尼龙模量比金属小得多，对震动的衰减大，提供了优于金属防止噪声的实用途径，例如：铸型尼龙齿轮比钢质齿轮可降低噪声 10～15dB。

**(5) 高化学稳定性** 耐碱、醇、醚、碳氢化合物、弱酸、润滑油、洗涤剂、水（海水），并具有无臭、无毒、无味、无锈的特点，为其广泛应用在抗碱腐蚀的环保卫生、食品、纺织印染等方面的机械零部件使用提供了优良条件。

### 3.6.3 超支化聚酰胺

具有酰胺结构的超支化聚合物是近年聚胺研究的一个方向。因为芳香族聚酰胺虽然具有高强度、高模量、高耐热性等优点，但芳香聚酰胺又存在只溶解于少数无机强酸（浓硫酸）、熔点接近分解温度等加工性能差的问题，影响应用推广。而超支化芳香聚酰胺则在保持同类线型聚合物的高热性能和阻燃性能等优异性能，另外，其支化聚合物的独特结构能产生许多独特的性能，可用于对现有材料性能的改进，弥补了芳香族聚合物加工性能的不足，溶解性得到极大改善，能溶解于 $N,N'$-二甲基甲酰胺（DMF）、$N,N'$-二甲基乙酰胺（DMAc）、$N$-甲基吡咯烷酮（NMP）、间甲酚等非质子溶剂中。另一方面，因为自然界的许多生命物质是含有酰胺键的树枝状结构，这种相似性引发了人们将支化聚酰胺应用于生物化学、医药等领域的极大兴趣。例如，研究认为芳香骨架的树枝状聚酰胺非常适合做载体或脚手架来构建功能材料用于酶固定、催化剂、生物医用影像示踪剂等，因为其刚性能使生物技术加工过程中的收缩/膨胀现象减少而使所获得的加合物具有非常高的生物活性。自然界许多生命物质都为酰胺键接，如多肽，长期以来对它们的研究已形成了肽化学这个重要的领域，同时积累了丰富的合成酰胺键接化合物的经验。大自然中还有许多生命物质如糖原、糊精等具有树枝状结构。因此，出于探索生命真谛、改进现有材料性能、扩大材料应用领域等追求，树枝状结构和酰胺键接的结合是学者们关注的热点。

超支化聚合物是最具有批量生产和工业应用前景的一类树枝状聚合物，由于其具有低熔体黏度、高流变性、良好的溶解性和大量的末端官能团等一系列独特的物理化学性能而在催化剂、药物载体、紫外光固化涂料、添加剂、共混组分等诸多领域获得了广泛的应用。

与线型聚合物相比，支化（星型）聚合物的流体力学体积相应减小，熔融黏度和溶液黏度相对降低，具有很好的流动性，可以在较低的温度和压力下进行加工成型，且可以成型对尺寸要求较高的薄壁及微型制品，而且具有较高相对分子质量的聚合物也可以进行加工成型，这些性能对于高熔点的聚合物来说尤其重要。因此近年高流动性聚酰胺的开发研究进展很快。Technyl Star 是罗地亚公司开发的高强度高弹性模量非线型支化尼龙新品种，是基于聚合创新技术的新型聚酰胺 66，呈网状或星型结构，主要特点如下。

(1) 保持尼龙产品原有的耐热性、力学性能和化学性能。

(2) 制品具有很高的刚性，性能水平可以与成本较高的高性能专用聚酰胺（如 PPA、PA46 等）相媲美。

(3) 具有非常优良的熔融流动性，不仅能充分渗入、填充到增强纤维内部，同时还能提供精湛的界面，以满足半成品的性能标准，可制成大尺寸和形状复杂的部件，以及那些带有薄壁和加强筋的部件，可以填充高比。表面外观更出色，可广泛用于汽车工业等要求高刚性、高强度和必要的耐热性尼龙部件领域。

(4) 尺寸稳定性好，在较宽温度范围和湿度环境下各项性能的长期稳定性。并具有优良的耐老化性能，如图 3-30 所示。

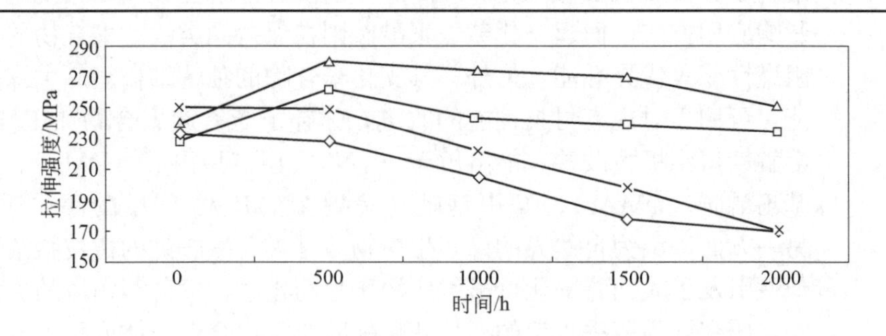


■ 图 3-30 TECHNYL STAR 热老化性能比较

—◇— PAA GF50；—□— PASTAR GF50；—△— PASTAR GF60；—×— PAA GA60

(5) 出色的流动性还减少了模垢和模具磨损现象，从而降低了维护成本，延长了工具使用寿命，降低了工具的摊销成本。新产品还具备独特的刚性、耐温性和易加工的特点，从而拓宽了应用范围，使其替代成本较高的功能性塑料或金属材料成为可能。

TECHNYL STAR 可制成适用于各种高性能汽车零部件、消费品和工业用品等。由于具有较高的刚度和抗蠕变性能，它可以替代常用金属制造的高荷载部件，这类部件包括后视镜支架、齿轮组件、雨刮器摇杆和座位部件的结构部分。除此以外，那些与油脂接触的要求高刚性、高尺寸稳定性和长期耐久性的机械部件也可用 Technyl Star 加工，其典型应用包括：电动机部件、高压液压清洗机部件、管线保护链条、轴承箱和皮带轮等。另外，由于高温环境下优越的物理特性，Technyl Star 还十分适用于与热空气接触的应用场合，如电线线槽、电动机罩壳和发动机罩下机械部件等。

国内对星型 PA12 进行了研究开发，同线型 PA12 相比，星型 PA12 的拉伸强度、弯曲强度基本持平，冲击强度保持率在 80%以上，断裂伸长率最在降低 25%。与线型 PA12 相比，星型 PA12 的相对黏度降低了 17%，熔体流动速率提高了近 15 倍，平衡转矩减小了近 92%，说明星型 PA12 具有较好的加工流变性能，应用前景较好。

### 3.6.4 改性聚酰胺

通过对现有尼龙进行物理改性和化学改性，赋予它新的结构、性能和应用领域，是聚酰胺近年不断发展源泉，因此聚酰胺的改性一直很活跃，改性聚酰胺的品种很多，如增强、增韧、阻燃、抗静电、抗氧化和纳米尼龙等。物理改性主要通过共混，包括不同尼龙品种之间尼龙/聚烯烃、尼龙/聚烯烃弹性体、尼龙/高性能工程塑料、尼龙/无机物、尼龙/有机低分子物的共混等几类。如聚乙烯与聚酰胺共混，破坏了其各自的结晶序列，使韧性大大提高：直接用橡胶与尼龙共混也可使尼龙的晶体微小化，并间有很多非晶态微粒橡胶，对尼龙的吸水有很大的改善；另外添加玻璃纤维改性聚酰胺是提高聚酰胺强力的好方法，并可降低聚酰胺的收缩率，该方法可用于制造大型、复杂形状的机械零件。辐照能显著地提高聚酰胺的强度，例如，未填充玻璃纤维的 PA60 经过 75kGy 电子束辐照后，其拉伸强度提高了 13.0MPa，即提高幅度达 25%，填充玻璃纤维 PA610 辐照后拉伸强度也提高了 10.3MPa。

与物理改性不同，化学改性从改变尼龙化学结构出发达到根本改变性能的目的，方法包括：接枝或嵌段共聚、交替共聚、交联或降解等。采用化学改性的方法在某种程度上可实现分子设计，制造预想性能的共聚物。许多聚合物如 PP、PE、SEBS、PC 等与聚酰胺形成相容性极差的共混物，但通过接枝后易与聚酰胺反应的官能团后，相容性大大改善，例如 PP 接上马来酸酐与 PA6 共混，形成了冲击强度极优的材料，同时降低了聚酰胺的吸湿性，提高了尺寸稳定性。SEBS 接枝马来酸酐与 PA6 共混，使冲击韧性大大提高，且与反应性官能团马来酸酐的含量有直接关系，PC 接枝马来酸酐与 PA6 共混得到了断裂伸长率 101%、高冲击强度和耐溶剂的共混复合物。

近年来纳米复合材料在实际应用中取得了很大的进展，纳米尼龙也是发展最快的品种。如采用插层复合法制备的 PA6/蒙脱土纳米复合材料与 PA6 的力学性能相比较，其拉伸强度及模量有较大的提高，尤其是热变形温度提高了 1 倍，并且该种聚酰胺纳米复合材料具有特殊的阻燃性能。共聚改性是聚酰胺改性常用的方法，PA6 和 PA66 与橡胶接枝共聚的超韧聚酰胺；聚酰胺与软段聚醚嵌段共聚的热塑弹性体。聚酰胺与乙烯和辛烯共聚的一种颗粒状热塑弹性体（POE）共混，此种超韧合金随着 POE 含量的增加，其缺口冲击强度呈直线上升，含量为 20%达到 $120kJ/m^2$。

另外在聚酰胺中添加抗氧剂可防止制品在高温下氧化脆化。加入 0.5% 的硬脂酸钙可以改善加工性能和脱模性。在聚酰胺中添加炭黑可提高其抗老化性能。添加二硫化钼和石墨则可提高聚酰胺的耐磨耗性能。对聚酰胺改性品种及其特性将在第 4 章作介绍。

## 参考文献


[1] 何曼君，陈维孝，董西侠．高子物理．上海：复旦大学出版社，1990.

[2] G. W. 艾伦斯坦．聚合物材料．张萍，赵树高译．北京：化学工业出版社，2007.

[3] 彭治汉，施祖陪．塑料工业手册聚酰胺．北京：化学工业出版社，2001.

[4] Harry R. Allcock，Frederick W. Lampe，James E. Mark. 当代聚合物化学．张其锦，董炎明，宗惠娟等译．北京：化学工业出版社，2006.

[5] 邓如生，魏运方，陈步宁．聚酰胺树脂及其应用．北京：化学工业出版社，2002.

[6] Yang H H. Aromatic High-Strength Fibers. USA：A Wiley-Interscience publication，1989，22，66.

[7] Hideo Matsui，et al. Process For Producing High Strength Polymetaphenylene Isophthalamide Fiber. US，4842796. 1989-6-27.

[8] 王新威，胡祖明，刘兆峰．芳香族聚酰胺纤维耐高温性能分析 [C]. 全国高分子学术论文报告会．北京：2005.

[9] 曲良俊．SA 型透明聚酰胺的成型加工、结构与性能 [D]. 2004 郑州大学硕士学位论文李新法；陈金周．

[10] Tomova D，Radusch H J. Morphology and properties of ternary polyamide 6/polyamide66/elastomer blends. Polymers for Advanced Technologies，2003，14 (1)：19-26.

[11] 汪多仁．纳米聚酰胺 1010 的应用与开发．塑料技术，2003，1.

[12] 郑州大学．石油发酵尼龙 1212 热熔胶及其制备方法：中国，CN1283662 [P]，2001. 02. 14.

[13] 尤秀兰，刘兆峰．聚对苯二甲酰对苯二胺及其共聚体纤维的成型新技术．高分子通报，2007：6 (67).

[14] 崔晓文．新型脂肪族聚酰胺的结构和性能研究 [D]. 上海交通大学博士学位论文．2005.

[15] 傅群，胡祖明，于俊荣．PA46 的性能及其纤维的用途．产业用纺织品，上海，2005：19 (127).

[16] Anthony Kelly，Carl Zweben. Comprehensive composite materials volumel. Fiber reinforcement and general theory of composite. Amsterdam，Elsevier，2000：205.

[17] Kwolek S L，Yang H H. Du Pont Fibers E I：History of Aramid Fibers. DuPont de Nemours& Co，Inc，Richmond，VA 23234.

[18] 刘尊武．间位芳香族聚酰胺聚合与纺丝的研究 [D]. 东华大学硕士学位论文，2004.

[19] Puiggali J，Fmnco L，Aleman C，Subirana J A. Crystal structure of nylon 5，6 a model with two hydrogen bond directions for nylons derived from odd diamines. Macromolecules，1998，31 (24)：8540-8548.

[20] 张红荣，魏运方．高性能半芳香族尼龙工程塑料的性能及应用进展．精细化工中间体，2002，32 (6).

[21] 朱志伟，杜文书，胡国胜．蓖麻油深加工产物——尼龙 11 的合成及应用．中国油脂，2007：3 (32).

[22] 柳洪超．聚酰胺 12 弹性体的性能及其应用 [C]. 张家界．2009 年中国工程塑料复合材料技术研讨会．

[23] 朱俊，张兴元．晶型转变对尼龙 11 分子链运动的影响．化学物理学报，2005，18 (4)：631-634.

[24] 王新威．芳香族纤维耐高温性能研究 [D]. 东华大学博士学位论文．2007.

[25] 周应学，胡国胜．尼龙 11、尼龙 12 和尼龙 1212 的合成、性能及应用．塑料工业，2004，32：56-59.

[26] 帝人株式会社间位型全芳香族聚酰胺长丝及其生产工艺 [P]. CNl363001 2002. 08. 07.

[27] 任艳蓉．衣康酸在 PA6M、PA6P 的合成及尼龙-66 纤维改性中的应用 [D]. 郑州大学硕士学位论文，2007.

[28] 张继新，华永珍，吕沪华．芳香族聚酰胺工程塑料．自动驾驶仪与红外技术，2005：1 (34).

[29] 张明，唐旭东，陈晓婷．改性聚芳酰胺的研究进展．合成技术及应用，2008：2 (23).

[30] Martin E R. Synthetic Methods in Step-Growth Poly-mers，USA：A Wiley Interscience publication，2004：186.

[31] 张桂芳，张华，任萍．压电高聚物尼龙 11 的研究进展．天津工业大学学报，2006，25 (3)：20-22.

[32] 孙向东．MC 尼龙的合成、改性研究 [D]. 东北大学博士学位论文．2006.

[33] 李涛．PA9T 的生产技术与应用．南京．2005 塑料助剂生产与应用技术信息交流会．

[34] 何伟，邢彤，林伟等．高性能特种工程塑料改性研究进展 [C]. 成都．2008 年全国塑料改性及合金工业技术交流会．

# 第 4 章 聚酰胺树脂改性

聚酰胺是一种强极性、分子之间能形成氢键、在一定条件下具有一定反应活性的结晶性聚合物。聚酰胺较易与极性化合物反应，通过添加各种助剂或其他高分子聚合物来改善或提高其某一性能，所制造的聚酰胺称为改性聚酰胺，通常称为改性尼龙。

聚酰胺改性的应用范围很广泛，几乎所有聚酰胺树脂的性能都可通过改性方法得到改善，如外观、透明性、密度、加工性、力学性能、化学性能、电磁性能、耐腐蚀性能、耐老化性、耐磨性、硬度、热性能、阻燃性、阻隔性及成本等方面。

聚酰胺改性的主要目的是在聚酰胺原有树脂性能的基础上改善其性能，以满足特定的使用要求。聚酰胺改性过程中，很重要的一点是注意综合性能的平衡，在提高树脂某一方面性能的同时，不能过度牺牲其他特性。

聚酰胺改性的目的和方法很多，如共聚、增强、增韧、合金化、阻燃、增塑和润滑改性等。其中最常用的是增强、合金和阻燃改性。

## 4.1 聚酰胺改性与加工设备

任何产业的发展都离不开设备制造业，工程塑料更是如此；20 世纪 90 年代，国内双螺杆挤出机制造技术走向成熟，出现了一批专业装备公司，产品性能基本达到国际水平，促进了改性工程塑料发展，可以说，设备制造技术的进步是工程塑料业发展的重要基石。

本节只简略介绍尼龙加工与改性常用的设备种类，相关装置的详细结构与特性、运行条件及操作方法等参见有关专著。

### 4.1.1 干燥混合设备

常用于尼龙的干燥设备有：鼓风烘箱、立式鼓风干燥器、真空转鼓；混合设备有：高速混合机、Z 型啮合机和螺杆式混合机。

### 4.1.2 单螺杆挤出机

挤出机是制造管材、单丝、棒材、电缆覆层、中空制品、板材、薄膜造粒的主要设备。常见以下几类。

**(1) 普通螺杆** 整根螺杆只有螺纹结构，适用于 PP、PE、PA 纯树脂的挤出。

**(2) 屏障型螺杆** 该类螺杆具有较强的剪切混合作用。

**(3) 波形螺杆** 螺杆的螺槽根部是偏心的，偏心部位沿轴向按螺旋形移动，这种螺杆的流体阻力小，产量高，塑化及混炼效率高，不仅适用于一般聚合物的挤出成型，也适用于共混改性。

**(4) 销钉型螺杆** 该类螺杆是在压缩段末端到计量段这一区间设置一组或多组带有销钉的混炼段；这种结构可以促进固体的破碎和熔融、摩擦剪切、料流分割等效果。

**(5) 分布型（DIS）螺杆** 这类螺杆具有很好的分散效果。

**(6) 往复式单螺杆混炼机** 该类混炼机是在各种混炼型单螺杆挤出机基础上发展起来的新型混炼挤出设备；为积木式组合。该类设备吸取了双螺杆挤出机的部分特点，可用于各种聚合物的共混改性。

**(7) 配置静态混合器的单螺杆** 这类螺杆是在挤出机至模口之间装有静态混合器，物料经混合器产生多次分流与合流，从而增强了混合效果。该类螺杆适用于板材挤出、薄膜成型。

### 4.1.3 双螺杆挤出机

双螺杆挤出机制造技术近几年发展迅速。常见以下几类。

(1) 按两根螺杆的相对位置，分为啮合型与非啮合型。

(2) 按螺杆的结构形状，分为平行双螺杆和锥形双螺杆。

(3) 按两根螺杆啮合的旋转方向，可分为同向旋转和异向（反向）旋转两大类。

(4) 按功能分为共混合反应型螺杆。

在实际使用中，同向螺杆最多，一般用于共混挤出的螺杆均为同向啮合普通型。而反应型螺杆与共混型螺杆的区别在于长径比大，设有多个脱挥口、螺杆转速相对较低。

## 4.2 纤维增强聚酰胺

### 4.2.1 玻璃纤维增强聚酰胺

#### 4.2.1.1 概述

玻璃纤维（简称玻璃纤维，GF）增强是 PA 改性的一种重要途径，同未增强的 PA 相比，增强后拉伸强度、弯曲强度、硬度、抗蠕变性、热变形温度以及耐疲劳性等均得到大幅提高。自 1956 年美国 Fiberfil 公司首先工业化生产玻璃纤维增强 PA 以来，经过 20 世纪 60 年代的推广、应用，从 70 年代开始，产量直线上升。

#### 4.2.1.2 玻璃纤维特性

玻璃纤维是由石英砂、长石、石灰石、硼酸、$MgCO_3 \cdot Al_2O_3$ 等干混后，在 1260～1500℃的耐火炉内形成熔融的玻璃，然后经过耐火炉底部的喷丝孔以极高的速率牵拉而得到的连续长纤维，其直径一般为 5～13μm。

玻璃纤维按组成分为 E、S 和 C 级。其组成见表 4-1。

■表 4-1 玻璃纤维的化学组成

| 种类 \ 成分/% | $SiO_2$ | $Al_2O_3$ | FeO | CaO | MgO | $Na_2O$ | $B_2O_3$ |
|---|---|---|---|---|---|---|---|
| E(电绝缘级) | 54.3 | 15.2 | | 17.3 | 4.7 | 0.6 | 8.0 |
| S(高强度级) | 64.2 | 24.8 | 0.21 | 0.01 | 10.27 | 0.27 | 0.01 |
| C(抗化学级) | 65.0 | 4.0 | | 14.2 | 3.0 | 8.0 | 6.0 |

E 型玻璃纤维即通常所说的无碱玻璃纤维，是在其组成中几乎不含碱成分的硼硅酸玻璃。玻璃组成中存在碱成分时容易破坏玻璃的硅酸构造，引起玻璃的风化，所以，玻璃中碱成分含量越高，越易引起玻璃纤维强度和电绝缘性降低。作为增强剂使用的玻璃纤维一般为无碱玻璃纤维。

按纤维直径大小可分为初级、中级、高级、超级几种，其直径分别为大于 20μm、10～20μm，3～9μm、小于 3μm，直径越小，玻璃纤维增强塑料的弯曲性能越好。

不同型号的玻璃纤维其折射率不同，要得到透明玻璃纤维增强塑料，应使玻璃纤维与树脂两者的折射率相近。因此，玻璃纤维型号、组成不同对复合材料性能影响不同。

玻璃纤维具有如下性能：高拉伸强度；抗化学性优异；不吸潮；玻璃纤维具有低的热膨胀系数和高的热导率，具有极好的热稳定性；玻璃纤维不导电，是理想的电绝缘体；耐热防火。

#### 4.2.1.3 玻璃纤维的增强机理

决定纤维增强复合材料性能的三大要素为：纤维、基体以及纤维-基体界面。三者都必须有适宜的特性。

基体的作用是将应力传递和分配到各个纤维上以及将各孤立的纤维黏结在一起并使之按要求取向。基体还保护纤维免于磨损以及与湿空气和其他环境介质直接接触，同时，基体使纤维作为一个整体来抵抗负荷下的破坏和变形。

纤维-基体界面是决定复合材料在使用过程中能以何种程度发挥并维持其潜在性能的关键因素。在界面及界面附近通常应力集中最大，这可能成为复合材料过早破坏的场所，因此，纤维-基体界面必须有适当的化学和物理特性以促使负荷从基体转移到增强剂。为改善纤维界面状况，纤维表面一般用由偶联剂、黏结剂和润滑剂组成的浸润剂进行处理。浸润剂在玻璃纤维表面形成的涂覆层，介于玻璃纤维表面与树脂表面之间，起着中间黏结层及传递应力的作用，并将应力从低模量的树脂传递到高模量的增强材料；当玻璃纤维在复合材料中含量达到15%以上时，复合材料的强度主要取决于玻璃纤维的作用。对于玻璃纤维与机体树脂具有良好结合的复合材料，Bikeman等学者认为，界面黏结破坏不大可能发生，因为界面处分子间作用力大于基体树脂的内聚强度，一个介于玻璃纤维高模量和树脂低模量之间的具有中间模量的边界层，也可起到应力松弛和缓冲的作用，如图4-1所示。

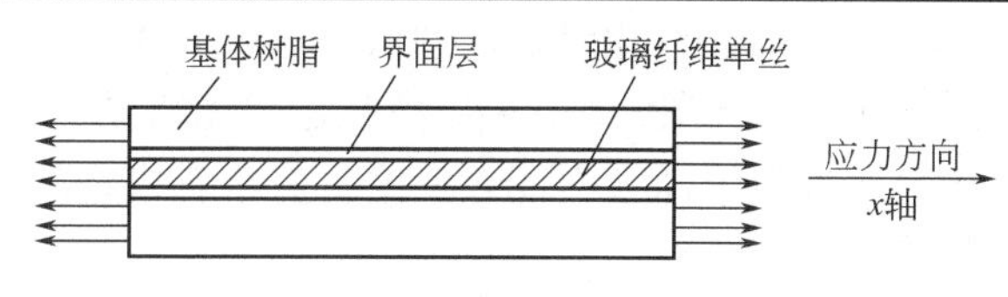


■ 图4-1 纤维增强材料中的应力传递

当复合材料在$x$轴方向受力时，玻璃纤维增强材料的强度受纤维与基体树脂相互黏结作用的影响，如果界面黏结力较小，则只能是基体树脂受力，此时基体树脂迅速变形拉长，其中玻璃纤维与基体树脂产生相对位移而无法传递应力，起不到增强作用。而当界面黏结力达到或超过破坏强度时，增强复合材料的强度和模量达到最高值。显然，要获得理想的复合材料，最本质的是要解决两相物质之间的界面及形成。玻璃纤维或基体的应力都会通过相互间的界面传递给对方，形成整体的宏观力学行为。

#### 4.2.1.4 偶联剂的种类及作用

偶联剂是一种表面处理剂，一般含有两种性质不同的基团，一种官能团能很好地与玻璃纤维表面结合，另一种官能团能很好地与树脂结合，既保护了玻璃纤维表面，又增强了玻璃纤维与树脂界面的黏结，防止水分或其他有害介质的侵入，减少或消除界面的弱点，改善界面状态，有效传递应力，使多种材料间能形成一个牢固的整体；另外使用表面化学处理剂的玻璃纤维增强塑料具有更好的耐候性、耐水性、耐化学腐蚀性，机械强度成倍提高，耐热性和电性能也有很大改观。

**(1) 偶联剂种类** 偶联剂从化学组成分为有机硅、有机铬以及钛酸酯三大类。

① 有机硅烷偶联剂 是一类品种最多、作用效果明显的玻璃纤维表面处理剂，结构通式为$R_nSiX_{4-n}$（$n<4$的自然数）；根据结构式中R基团的不同，可以分为乙烯基硅烷、烯丙基硅烷、氨基硅烷、改性氨基硅烷、氯基硅烷、环氧基硅烷、甲基丙烯酰氧基硅烷、甲基硅烷、苯基硅烷以及$\alpha$-官能团硅烷等几大类。表4-2为适用于聚酰胺的硅烷偶联剂的主要品种。

■表 4-2 硅烷偶联剂的主要品种

| 国外型号 | 国内型号 | 化学名称 |
| --- | --- | --- |
| A-143 | | γ-氯丙基三甲氧基硅烷 |
| A-187、Z6040、KBM-403 | KH-560 | γ(2,3-环氧丙氧基)丙基三甲氧基硅烷 |
| A-1100 | KH-550 | γ-氨基丙基三乙氧基硅烷 |
| A-1120、Z6020、KBM603 | KH-792 | *N*-(β 胺基乙基)-γ-氨丙基三甲氧基硅烷 |
| A-174、Z-6030 | KH-570 | γ-(甲基丙烯酰氧基丙基)三甲氧基硅烷 |
| A-5162、B201 | | γ-二乙烯三胺丙烯三乙氧基硅烷 |

② 有机铬络合物偶联剂　是一类由有机酸和氯化铬反应制得的络合物，常用的是甲基丙烯酸氯化铬盐，即沃兰（volan）。

③ 有机钛酸酯偶联剂　主要特点是在无机填料表面形成一层有机单分子层，可改变填料外部表面能，使之具有亲有机物的性质，能改善复合材料的力学性能。

此外，还有很多不同类型的偶联剂，如铝酸酯型、锆铝酸酯、铝钛复合型等品种。

**(2) 偶联剂对玻璃纤维表面的处理方法**　偶联剂对玻璃纤维表面的处理方法有前处理、后处理和迁移法 3 种。

① 前处理法　用偶联剂代替石蜡型浸润剂生产玻璃纤维时，直接用于玻璃纤维拉丝集束，用这种玻璃纤维作复合材料增强时不需脱蜡处理，因此仍能保留其强度，但柔性较差。大批量生产玻璃纤维时，可采用此法。

② 后处理法　将玻璃纤维处理脱蜡，然后浸润偶联剂的稀水溶液（浓度一般为 1%～2%），对水溶解性差的偶联剂可采用 0.1%的醋酸溶液或水-乙醇的混合溶液，最后进行干燥处理。

③ 迁移法　将偶联剂直接加入树脂配方中，让它在浸胶和成型过程中迁移到玻璃纤维表面发生偶联作用。

#### 4.2.1.5 增强聚酰胺的生产过程与控制因素

**(1) 玻璃纤维增强聚酰胺的生产**　玻璃纤维增强 PA 粒料的生产有如下要求。

玻璃纤维要均匀地分散到 PA 树脂中；PA 树脂与玻璃纤维要尽可能包覆或黏结牢固，避免包装运输、烘料、成型过程中玻璃纤维飞扬；生产过程中应尽可能减少对玻璃纤维的机械损伤，尽可能减少 PA 树脂的降解。

① 短玻璃纤维增强尼龙粒料的生产　短玻璃纤维增强热塑性塑料是以热塑性树脂为基体与经表面处理剂处理过的无碱无捻或中碱无捻玻璃纤维在一定的工艺条件下，经组合排气式双螺杆挤出机挤出而制得的。

短玻璃纤维增强尼龙粒料最理想的生产方法是采用如图 4-2 所示的排气式双螺杆挤出机组合法。

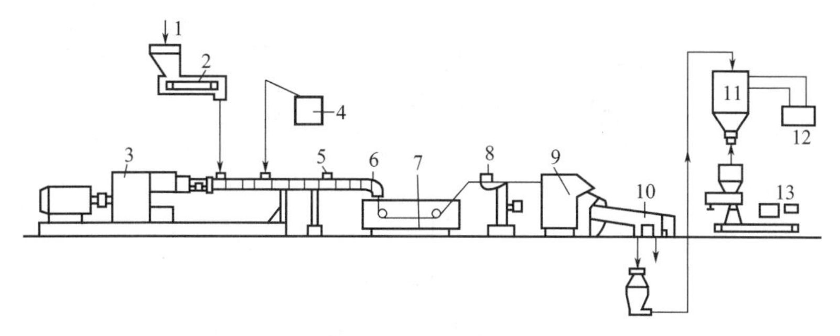


■ 图 4-2 双螺杆挤出机生产增强改性聚酰胺树脂的流程

1—聚合物＋添加剂；2—加料斗；3—ZSK 双螺杆挤出机；4—玻璃纤维；5—排气口；6—造粒口模；7—水槽；8—牵引；9—切粒机；10—分选器；11—干料定位器；12—干燥机；13—装袋工位

该机筒和螺杆采用积木式结构，通过改变螺杆组合方式及改变玻璃纤维送入后的第一段螺杆长度，可以在一定范围内改变玻璃纤维的平均长度。

② 长玻璃纤维增强尼龙粒料的生产　长玻璃纤维增强热塑性塑料是指将连续玻璃纤维用熔融的热塑性树脂充分浸渍后，通过定型模头，拉出成棒状或带状，切成不同长度（一般为 10～25mm）的纤维增强复合材料。与传统的短纤维增强材料的生产方法不同，用这种方法生产的长玻璃纤维增强材料，由于玻璃纤维没有通过挤出机的混炼过程，玻璃纤维不会因为螺杆的剪切作用而被切短，因此纤维的长度与所切粒子的长度一样，可达到能够注射成型时的最大长度，通过采用合适的注射成型工艺，制品中的玻璃纤维长度仍然可以保持在 3～5mm 的长度（短玻璃纤维仅有 0.2～0.7mm）。所以，长玻璃纤维增强塑料比短玻璃纤维增强材料具有更高的冲击强度，更好的刚性，弹性模量对温度的依赖性更小；同时成型收缩率更小，制品的变形较小；而且用这种方法可以制造出玻璃纤维含量很高（60%～80%）的增强材料。

长玻璃纤维增强尼龙的生产方法分为熔融浸渍法、粉末浸渍法、混编法等，主要采用熔融浸渍法，其制备方法为：连续玻璃纤维无捻粗纱通过特殊模头，同时向模头供入由螺杆挤出熔融的尼龙树脂，在模头中无捻粗纱与熔融的尼龙树脂接触被强制散开，受到熔融树脂充分浸渍后，使每根纤维被树脂包覆，经冷却后，再切成较长的粒料（11～25mm），工艺流程如图 4-3 所示。

**(2) 影响玻璃纤维增强主要因素**　要得到高性能的玻璃纤维增强聚酰胺产品，需要严格控制生产过程中的各个影响因素。玻璃纤维的分散、尺寸及其分布、玻璃纤维与基体的界面作用、螺杆转速、挤出温度、螺杆组合等都会影响产品性能。

① 玻璃纤维的分散　挤出过程中，玻璃纤维的分散主要通过双螺杆的剪切混合作用实现，所以，双螺杆挤出机剪切元件的尺寸，组合形式至关重要。

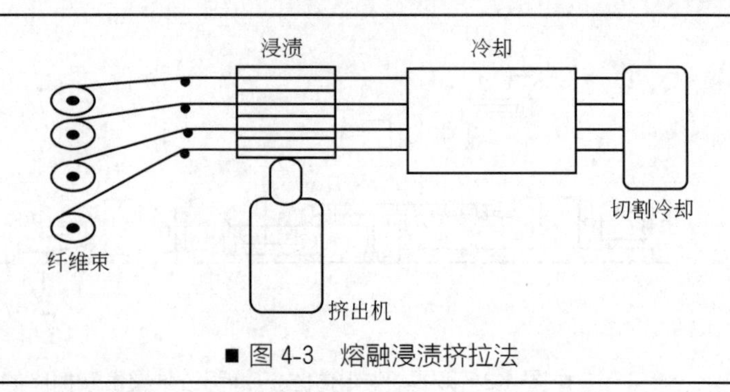


■ 图 4-3 熔融浸渍挤拉法

② 玻璃纤维长度 一般而言，短纤维增强的制品中，纤维受剪切严重，其长度较短。从理论上讲，纤维长度越大，增强效果越好，但成型难度增加，制品表面粗糙。

③ 玻璃纤维直径 用于聚酰胺增强的玻璃纤维直径一般在 10～20μm。玻璃纤维过细，则纤维易被螺杆剪切成粉末或长度过小的纤维，没有足够的长径比，玻璃纤维就失去了增强作用；玻璃纤维过粗，则与聚酰胺基体粘接性差，不能得到力学性能优良的改性聚酰胺产品。

④ 玻璃纤维表面状况 玻璃纤维生产过程中，一般需进行表面浸润处理，浸润处理既保护玻璃纤维不受磨损，同时为玻璃纤维与聚合物基体间的粘接提供良好界面。

玻璃纤维与聚酰胺共混挤出时，应适当添加一定量的偶联剂。适合玻璃纤维表面处理的偶联剂主要是硅烷类化合物，常用的硅烷偶联剂有 KH-550、KH-560、KH-570 和 A-1120 等。对于不同熔点的聚酰胺，应选择不同的偶联剂，PA6、PA1010、PA11、PA12、PA610 等可用 KH-550。对高熔点尼龙 PA66、PA46 等，应选择分解温度高的偶联剂，如 KH-560 或 KH-570。

⑤ 玻璃纤维用量 玻璃纤维增强复合材料吸收能量的方式有 3 种：纤维断裂、纤维拔出、树脂断裂。随着玻璃纤维用量的增加，玻璃纤维长度大于临界值的数量增多，且基体和纤维界面接触面积相应增加，从而使纤维拔出消耗更多的能量，拉伸强度和缺口冲击强度也随着玻璃纤维用量的增加而增大。

⑥ 挤出工艺 根据不同的玻璃纤维含量，应采用适当的共混挤出温度；如挤出温度过低，则玻璃纤维的包裹效果差，玻璃纤维外露，制品表面粗糙，脆性大；挤出温度过高，则易造成基料氧化分解，产品外层变黄，使产品力学性能降低。玻璃纤维含量低时，挤出温度略高于基体熔点，玻璃纤维含量高时，应选择更高的挤出温度。

## 4.2.2 碳纤维增强聚酰胺

### 4.2.2.1 碳纤维的特性

碳纤维（简称 CF）由有机纤维在 300℃以下空气中预氧化，然后在惰性气体保护下高温碳化、烧制而成。碳纤维具有高强度、密度小、耐高温、耐水、耐腐蚀等特性，是一种优异的高强度增强材料。

按CF结构可分为石墨纤维和无定型碳纤维两种。

#### 4.2.2.2 影响碳纤维增强主要因素

碳纤维增强聚酰胺材料的性能受CF表面处理状况、长度、含量、螺杆转速、加工温度等多种因素影响。下面以PA6为例，分析这些因素对聚酰胺材料性能的影响状况。

**(1) 表面处理状况** 碳纤维经表面处理后，纤维表面石墨微晶变细，不饱和碳原子数目增加，—OH、—$NH_2$等极性基团易与聚酰胺基体发生反应形成化学键，有利于复合材料性能的改善。

表面氧化，表面涂层和表面沉淀是碳纤维常用的表面处理方法。

**(2) CF长度和含量对力学性能的影响**

① 对拉伸性能的影响 从图4-4中可看出，CF长度一定时，随纤维含量的增多，增强聚酰胺（CFRPA6）复合材料的拉伸强度有明显的提高。当碳纤维含量相同时，长碳纤维增强PA6的拉伸强度比短碳纤维增强PA6的大。

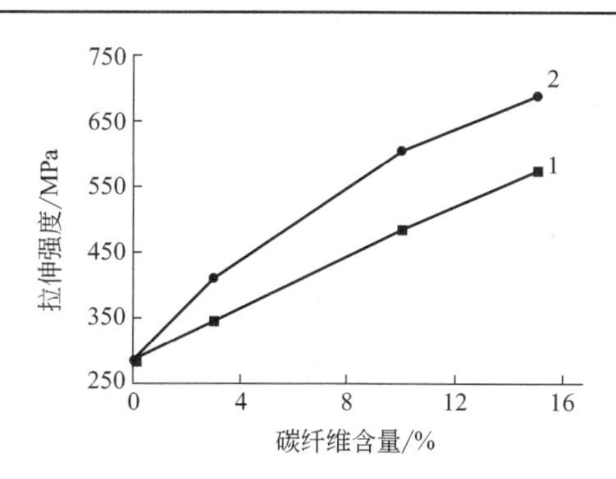


■ 图4-4 CF含量及长度对拉伸强度的影响

1—短碳纤维(2～4mm)增强PA6；2—长碳纤维(8～10mm)增强PA6

② 对弯曲强度的影响 由图4-5可以看到，碳纤维长度一定时，随碳纤维含量的增多，CFRPA6的弯曲强度有所增加。当碳纤维含量相同时，长纤维增强PA6的弯曲强度比短纤维增强的大。

③ 对冲击性能的影响 由图4-6可以看出，在CF长度一定的情况下，随CF含量的增多，CFRPA6的冲击强度有所降低。CF含量相同时，长纤维增强PA6的冲击强度比短纤维的高。

**(3) CF含量对吸水性的影响** 随碳纤维含量的增加，CFRPA6的吸水率呈下降趋势，如图4-7所示。

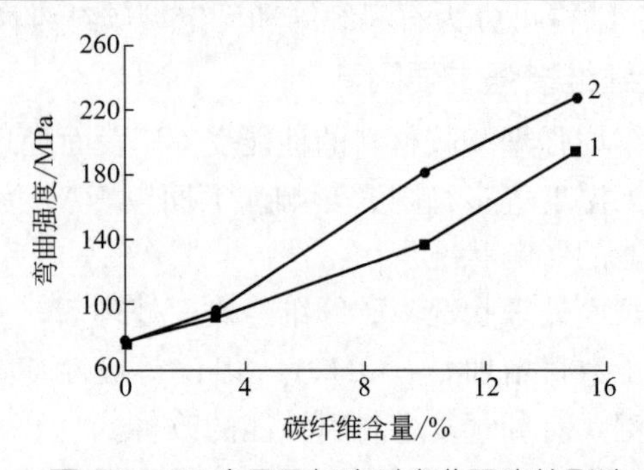


■ 图 4-5 CF 含量及长度对弯曲强度的影响

1—短碳纤维(2～4mm)增强 PA6；2—长碳纤维(8～10mm)增强 PA6

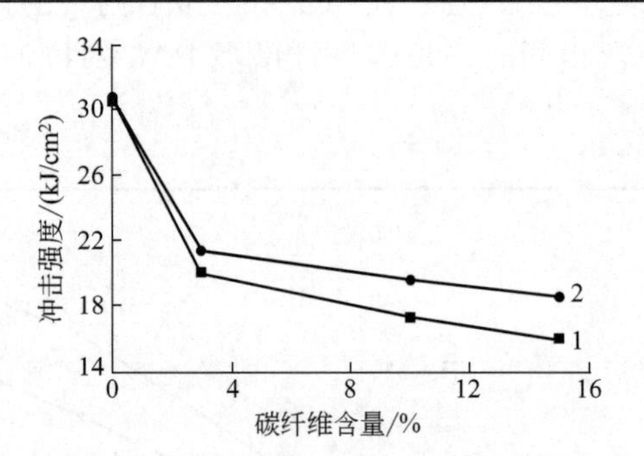


■ 图 4-6 CF 含量及长度对冲击强度的影响

1—短碳纤维(2～4mm)增强 PA6；2—长碳纤维(8～10mm)增强 PA6

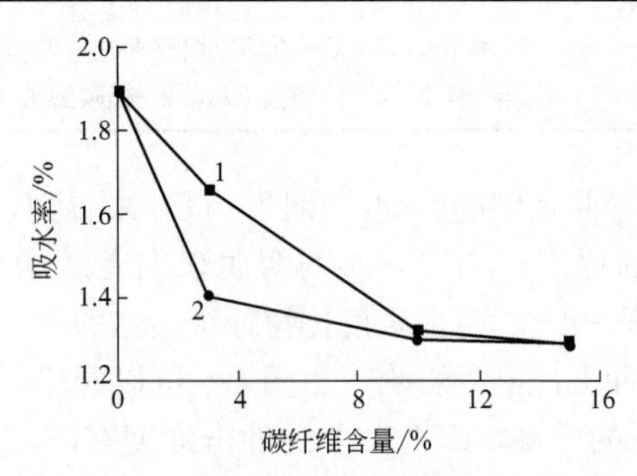


■ 图 4-7 CF 含量及长度对吸水率的影响

1—短碳纤维(2～4mm)增强 PA6；2—长碳纤维(8～10mm)增强 PA6

(4) 加工工艺

① 螺杆转速对分散性的影响　图 4-8 中的 S7～S10 依次代表双螺杆转速为 40r/min、60r/min、80r/min 和 100r/min，挤出温度为 230℃时制备的 CFRPA6 光学显微镜照片。

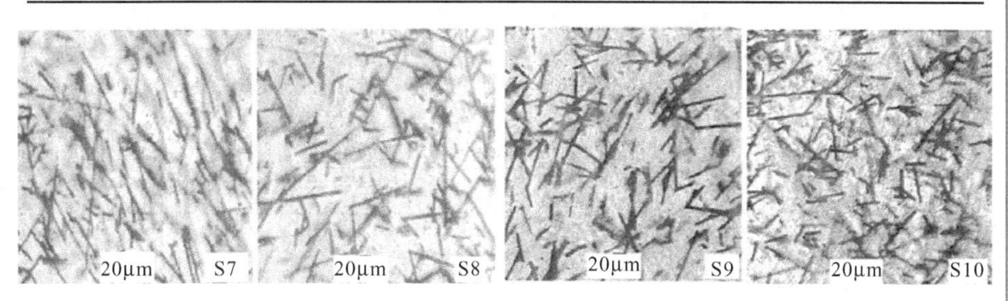


■ 图 4-8　不同螺杆转速的 CFRPA6 光学显微镜照片

由图可以看出，碳纤维在四种不同螺杆转速下挤出制备的 CFRPA6 中保持了良好的分散性和一定的长径比分布。同时可以看到随螺杆转速的增加，碳纤维的长度有所减小，碳纤维的分散变得越来越均匀。

② 螺杆转速对 CFRPA6 力学性能的影响　由表 4-3 可以看出，不同螺杆转速对应的 CFRPA6 的硬度基本相同。碳纤维作为一种高刚性材料，其硬度很大，在 PA6 基体中达到一定含量时，成为载荷的主体，可以提高基体硬度，所以 CFRPA6 的硬度主要由碳纤维含量决定。

■表 4-3　螺杆转速对 CFRPA6 力学性能的影响

| 螺杆转速 /(r/min) | 硬度 | 屈服伸长 /% | 弹性模量 /MPa | 冲击强度 /($kJ/m^2$) | 屈服强度 /MPa |
|---|---|---|---|---|---|
| 40 | 82 | 7.35 | 1998 | 14.6 | 75 |
| 60 | 82 | 5.62 | 2037 | 15.1 | 75.9 |
| 80 | 82 | 8.11 | 1944 | 14.8 | 74.8 |
| 100 | 83 | 5.24 | 2105 | 16.2 | 78.1 |

③ 加工温度对 CFRPA6 性能的影响　挤出温度对 CFRPA6 的性能影响见表 4-4 所列。表中数据表明：在 PA 加工温度下制备的 CFRPA6 熔体流动速率和各项力学性能基本接近。

■表 4-4　不同挤出温度制备的 CFRPA6 的加工性能和力学性能

| 温度 /℃ | MFR /[g/(10min)] | 硬度 | 屈服伸长 /% | 弹性模量 /MPa | 冲击强度 /($kJ/m^2$) | 屈服强度 /MPa |
|---|---|---|---|---|---|---|
| 230 | 5.13 | 83 | 5.9 | 2287 | 16.6 | 88.7 |
| 240 | 5.15 | 83 | 6.59 | 2037 | 16.7 | 87.8 |

#### 4.2.2.3 碳纤维增强聚酰胺的性能

碳纤维增强聚酰胺材料最显著的特点是机械强度高、线膨胀系数小，具有良好的耐磨性、一定的导电能力和电磁屏蔽效果，密度变化很小，耐紫外性较纯尼龙有所提高；但由于碳纤维制造技术相对较难，制造成本高，因此，一般仅用于航空航天等需要高性能材料要求的技术领域。表 4-5～表 4-7 列出了碳纤维增强 PA6、PA66、PA610 复合材料与纯尼龙性能比较数据。

■表 4-5 碳纤维增强 PA6 与纯 PA6 性能对比

| 性　能 | C1 | C2 | C3 |
|---|---|---|---|
| 拉伸强度/MPa | 66.2 | 74.2 | 78.4 |
| 拉伸模量/MPa | 1591 | 1944 | 2472 |
| 切口冲击强度/(kJ/m²) | 12.8 | 14.8 | 16.9 |
| 断裂伸长率/% | 13.3 | 8.11 | 4.95 |

注：C1 为纯尼龙 6；C2 为 5%（质量）未处理碳纤维增强尼龙 6 复合材料；C3 为 5%（质量）处理碳纤维增强尼龙 6 复合材料。

■表 4-6 碳纤维增强 PA66 的一般物性

| 性　能 | 1 | 2 | 3 | 4 |
|---|---|---|---|---|
| CF 含量/% | 10 | 30 | 40 | 50 |
| 密度/(g/m³) | 1.17 | 1.27 | 1.32 | 1.38 |
| 收缩率/% | 0.6～0.9 | 0.2～0.3 | 0.2～0.3 | 0.1～0.2 |
| 拉伸强度/MPa | 130 | 200 | 220 | 240 |
| 断裂伸长率/% | 3.0～4.0 | 2.0～3.0 | 2.0～3.0 | 2.0～3.0 |
| 弯曲模量/MPa | 4000 | 17000 | 22000 | 27000 |
| 缺口冲击强度/(J/m²) | 40 | 70 | 75 | 80 |
| 热变形温度(1.82MPa)/℃ | 210 | 260 | 260 | 260 |

■表 4-7 碳纤维增强 PA610 的性能

| 性　能 | PA610 | CF 增强 PA610 | 性　能 | PA610 | CF 增强 PA610 |
|---|---|---|---|---|---|
| 密度/(g/m³) | 1.03 | 1.22 | 弯曲强度/MPa | 64.0 | 126.4 |
| 拉伸强度/MPa | 54.0 | 106.3 | 缺口冲击强度/(kJ/m²) | 3.5 | 14.5 |
| 拉伸模量/MPa | 2000 | 7800 | 成型收缩率/% | 1.32.0 | 0.8 |

### 4.2.3 芳纶纤维增强聚酰胺

芳纶是一种高强度、高模量、质轻、耐高温、耐磨损的有机高分子纤维，可以与玻璃纤维、碳纤维等混用。

#### 4.2.3.1 影响芳纶纤维增强聚酰胺性能的主要因素

与玻璃纤维、碳纤维比较，芳纶不易被剪断，因此，制备芳纶纤维增强聚酰胺材料时应注意：①要适当增加啮合元件，以提高剪切强度；②提高共混温度，以增强芳纶纤维与聚酰胺基体间的粘接；③纤维长度方面，短纤维的增强效果好于长纤维；④加工助剂的选择。

#### 4.2.3.2 芳纶纤维增强聚酰胺的性能

芳纶纤维增强聚酰胺的力学性能优良，其强度、模量是所有增强聚酰胺中最好的。表 4-8 列出了牌号为 K3D 的芳纶纤维增强聚酰胺的力学性能。由表可以看出，增强聚酰胺的弯曲强度、弯曲弹性模量、冲击强度及剪切强度均随纤维体积比的提高而增大。

■表 4-8 K3D/PA 复合材料的力学性能

| 性 能 | 纤维体积分数/% | | |
|---|---|---|---|
| | 30 | 35 | 40 |
| 弯曲强度/MPa | 204.6 | 226.1 | 243.3 |
| 弯曲模量/GPa | 15.1 | 16.8 | 18.7 |
| 缺口冲击强度/(kJ/m²) | 126.7 | 144.6 | 154.5 |
| 剪切强度/MPa | 160.3 | 178.4 | 208.2 |

### 4.2.4 晶须增强聚酰胺

#### 4.2.4.1 晶须的特性及其增强原理

晶须是以可结晶无机物和有机聚合物为原料，经处理以单晶形式生长的尺寸远小于短纤维的须状单晶体，外观看是直径极小的丝，其直径约为 0.05～10μm，长径比较大。

由于晶须近乎完全结晶，且不含晶格缺陷，故力学强度极高，接近原子间力，是一种性能极高的增强剂。晶须兼有玻璃纤维和硼纤维的突出性能，如具有玻璃纤维的伸长率（3%～4%）和硼纤维的高弹性模量。

为了获得最大的增强作用，晶须必须具有合适的长度、形状和适当的截面。若晶须在聚合物熔体中能很好地浸润和取向，塑料的拉伸强度能够提高 10～20 倍。用于聚酰胺增强的晶须主要有钛酸钾、硼酸铝、硼酸镁、氧化锌、硫酸钙和碳化钙晶须等。

#### 4.2.4.2 影响晶须增强聚酰胺的主要因素

晶须增强尼龙的生产类似于短玻璃纤维增强、无机填充共混。晶须的分散以及与基体的黏结是制备过程中的主要技术环节；晶须剪切性类似于碳纤维。因此，在共混过程保持晶须的尺寸稳定是其技术关键。针对晶须的加工特点，在控制上应注意以下问题：①选择合适的偶联剂及其用量；②适当提高共混熔融挤出温度，以增加基料熔体对晶须的包裹程度，减少螺杆元件对晶须的剪切作用来保持晶须的尺寸；③选择合理的螺杆组合，螺杆组合的构型应按混合型构型设计；④螺杆转速尽可能低。

#### 4.2.4.3 晶须增强聚酰胺的性能

与其他增强聚酰胺材料相比，晶须增强聚酰胺机械强度高、耐热性优良、加工流动性和耐磨性好，制品不易翘曲变形。

图 4-9 是镁盐晶须、玻璃纤维分别增强 PA6 拉伸强度的比较，在增强剂含量小于 15%时，玻璃纤维的增强效果比镁盐晶须好；但含量超过 15%时，镁盐晶须对聚酰胺的增强作用比玻璃纤维的增强作用更明显。

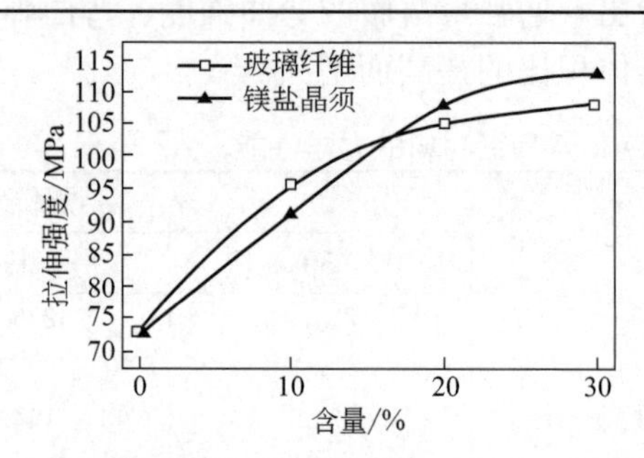


■ 图 4-9 镁盐晶须与玻璃纤维增强 PA6 拉伸强度的比较

## 4.3 填充改性聚酰胺

聚酰胺的填充改性是指在聚酰胺基材中加入价格低廉的填料，经共混挤出得到填充聚酰胺复合材料的方法。PA 的填充改性，主要是无机矿物粉体的填充增强改性。改性的主要目的是在保持复合材料主要性能的前提下降低材料的成本，同时还改善 PA 的有关性能，如提高刚性、耐热性、尺寸稳定性和降低成型收缩率等。用于 PA 填充改性的无机矿物有滑石粉、高岭土、碳酸钙、云母、玻璃微珠及硅石灰等。

### 4.3.1 填料的物理特性与改性功能的关系

(1) 纤维状、柱状、片状等纵横面比值较大的填料，有利于提高 PA 的力学性能。

(2) 球状、粒状填料可提高加工性能，但会降低材料的力学性能。

(3) 粒径越小，材料的强度越高。

(4) 表面具有表面活性基团有利于提高填料与聚合物的粘接性。

(5) 表面硬度高，则有利于提高复合材料的表面硬度。常见填料的硬度见表 4-9 所列。

■表 4-9 常见填料的硬度

| 填料名称 | 莫氏硬度 | 维氏压痕硬度 |
| --- | --- | --- |
| 滑石 | 1 | |
| 高岭土 | 2 | |
| 云母 | 2～2.5 | |
| 硅灰石 | 5～5.5 | |
| 窗玻璃 | 5.5 | 500 |
| 金刚砂 | 10 | 2280～2800 |

## 4.3.2 填充剂对聚酰胺性能的影响

基于聚酰胺分子链上具有氨基和羧基极性基团等共同特点，其填充改性的原理、方法基本一致，而 PA6 是聚酰胺家族中应用量最大的品种，故本节主要以 PA6 为例介绍各种填充剂对聚酰胺性能的影响状况。

### 4.3.2.1 高岭土填充聚酰胺

**(1) 不同改性剂的影响** 不同改性剂改性高岭土填充效果见表 4-10 所列。

■表 4-10 改性高岭土填充 PA6 的性能

| 类型 | 缺口冲击强度 /($kJ/m^2$) | 拉伸强度 /MPa | 断裂伸长率 /% | 弯曲强度 /MPa | 弹性模量 /MPa | 洛氏硬度 /HRR |
| --- | --- | --- | --- | --- | --- | --- |
| 钛酸酯改性 | 6.88 | 40.33 | 26.19 | 26.64 | 876.93 | 90.5 |
| 硅烷改性 | 8.73 | 48.10 | 23.29 | 38.43 | 1271.40 | 95.0 |

从表中可以看出，硅烷改性的高岭土填充复合材料的各项力学性能优于钛酸酯改性高岭土的填充效果。

**(2) 高岭土含量对材料冲击强度的影响** 从图 4-10 中可以看出，复合材料的缺口冲击强度随高岭土填充量的增加呈逐渐降低趋势。

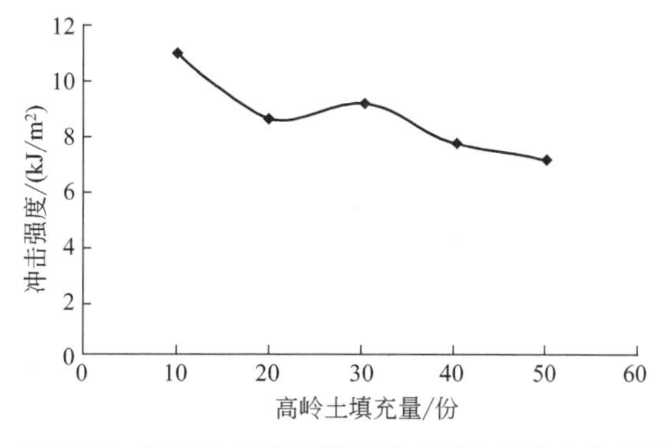


■ 图 4-10 缺口冲击强度随高岭土填充量的变化曲线

**(3) 高岭土含量对材料流动性能的影响** 图 4-11 表明，复合材料的熔体流动速率随高岭土填充量的增加呈逐渐降低趋势。

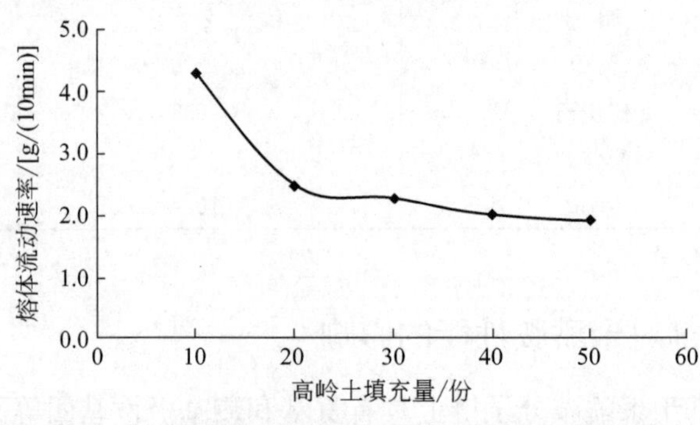


■ 图 4-11 熔体流动速率随高岭土填充量的变化曲线

**(4) 高岭土含量对吸水率的影响** 从图 4-12 中可以看出，吸水率随着高岭土填充量的增加呈下降趋势，说明高岭土的加入，可以降低复合材料的吸水率。

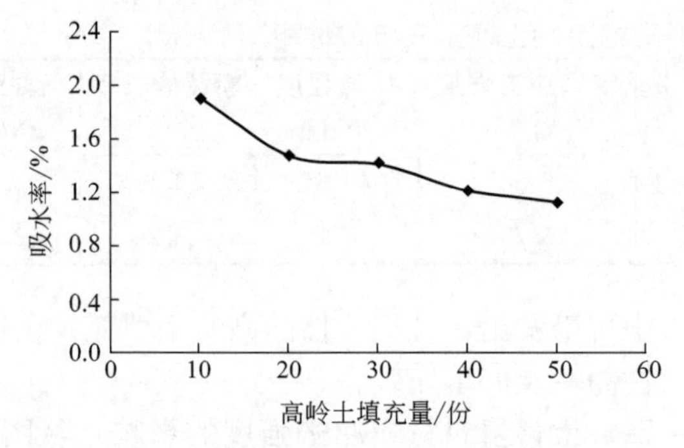


■ 图 4-12 吸水率随高岭土填充量的变化曲线

#### 4.3.2.2 云母填充聚酰胺

**(1) 绢云母品种对聚酰胺力学性能的影响** 活性绢云母填充聚酰胺的效果优于绢云母原矿。表 4-11 为活性绢云母和绢云母原矿填充 PA6 的力学性能的对比。

■表 4-11 绢云母原矿和活性绢云母填充尼龙 6 的力学性能

| 组 成 | 密度/(g/$cm^3$) | 拉伸强度/MPa | 弯曲强度/MPa | 冲击强度/($kJ/m^2$) | 断裂伸长率/% | 热变形温度(1.82MPa)/℃ |
|---|---|---|---|---|---|---|
| 绢云母原矿/PA6(20：100) | 1.31 | 47.74 | 68.52 | 3.3 | 4.6 | 85 |
| 活性绢云母/PA6(20：100) | 1.33 | 88.63 | 139.30 | 9.3 | 3.1 | 95 |

**(2) 填充量对聚酰胺力学性能的影响** 适当的云母填充量有利于提高聚酰胺的力学性能。表4-12为活性绢云母用量对PA6力学性能影响的数据。

■表4-12 活性绢云母用量对PA6力学性能影响数据

| 项 目 | 0# | 1# | 2# | 3# | 4# | 5# | 6# | 7# |
| --- | --- | --- | --- | --- | --- | --- | --- | --- |
| PA6/活性绢云母 | 100：0 | 100：10 | 100：15 | 100：20 | 100：25 | 100：30 | 100：35 | 100：40 |
| 密度/(g/cm³) | 1.14 | 1.22 | 1.28 | 1.33 | 1.36 | 1.40 | 1.43 | 1.47 |
| 拉伸强度/MPa | 68.83 | 79.32 | 84.42 | 88.63 | 94.23 | 87.35 | 71.58 | 50.14 |
| 弯曲强度/MPa | 84.25 | 125.0 | 134.8 | 139.3 | 145.2 | 133.6 | 118.1 | 70.5 |
| 冲击强度/(kJ/m²) | 5.3 | 12.1 | 10.9 | 9.3 | 8.4 | 7.5 | 6.4 | 5.8 |
| 断裂伸长率/% | — | 7.4 | 5.3 | 3.1 | 2.1 | 1.6 | 1.4 | 0.7 |
| 热变形温度(1.82MPa)/℃ | 58 | 75 | 84 | 95 | 158 | 166 | 173 | 185 |

**(3) 云母粒度对聚酰胺力学性能的影响** 随云母目数增加，聚酰胺的综合性能得到逐步提高。见表4-13不同目数的云母填充PA6的性能。

■表4-13 不同目数的云母对云母填充PA6性能的影响数据

| 项目 \ 云母目数 | 600 | 800 | 1000 | 1500 |
| --- | --- | --- | --- | --- |
| 云母含量/% | 20 | 20 | 20 | 20 |
| 拉伸强度/MPa | 69.1 | 76.5 | 76.0 | 80.4 |
| 弯曲强度/MPa | 129.6 | 136.1 | 138.2 | 139.1 |
| 缺口冲击强度/(kJ/m²) | 8.8 | 8.8 | 9.8 | 9.2 |
| 断裂伸长率/% | 1.2 | 1.0 | 0.7 | 1.1 |
| 热变形温度(1.82MPa)/℃ | 80.7 | 90.9 | 119.2 | 146.5 |
| 熔体流动速率/[g/(10min)] | 1.764 | 1.736 | 1.702 | 1.286 |

**(4) 偶联剂种类对聚酰胺力学性能的影响** 不同种类偶联剂处理的云母填充聚酰胺的性能不同，见表4-14所列。

■表4-14 偶联剂种类对云母填充聚酰胺性能的影响数据

| 项目 \ 偶联剂种类 | 101 | 201 | KH550 | KH570 |
| --- | --- | --- | --- | --- |
| 云母含量/% | 20 | 20 | 20 | 20 |
| 拉伸强度/MPa | 75.3 | 75.0 | 78.6 | 81.3 |
| 弯曲强度/MPa | 127.6 | 133.3 | 140.4 | 141.0 |
| 缺口冲击强度/(kJ/m²) | 7.4 | 6.9 | 7.1 | 8.6 |
| 断裂伸长率/% | 2.3 | 2.3 | 2.3 | 2.0 |

**(5) 偶联剂用量对聚酰胺力学性能的影响** 偶联剂的加入量通常为云母的1%，用量过少会造成部分云母不能与聚酰胺很好结合；偶联剂用量过多，会造成偶联剂作为无效填料，使体系性能降低。表 4-15 比较了不同用量的偶联剂对填充 PA6 性能的影响状况，偶联剂种类为 KH570。

■表 4-15 偶联剂用量填充 PA6 性能的影响数据

| 项目 \ 偶联剂用量/% | 0 | 0.5 | 1.0 | 1.5 | 2.0 |
| --- | --- | --- | --- | --- | --- |
| 云母含量/% | 20 | 20 | 20 | 20 | 20 |
| 拉伸强度/MPa | 78.8 | 82.5 | 82.3 | 83.7 | 84.7 |
| 弯曲强度/MPa | 134.0 | 141.5 | 146.1 | 145.3 | 143.2 |
| 缺口冲击强度/(kJ/m²) | 5.9 | 5.4 | 5.8 | 5.4 | 5.5 |
| 断裂伸长率/% | 1.6 | 1.3 | 1.1 | 1.7 | 1.4 |

### 4.3.2.3 玻璃微珠填充聚酰胺

对玻璃微珠进行适当活化处理，有利于提高填充聚酰胺力学性能；下面介绍了玻璃微珠对 PA6 的拉伸、冲击性能的影响趋势。

**(1) 拉伸性能的影响** 由图 4-13 可以看出：对于未活化的空心微珠，当含量低于 15%时，复合材料的拉伸强度随微珠含量的增加而缓慢上升；含量在 15%～25%时，其拉伸强度缓慢下降；超过 25%后，其拉伸强度变化不大，与纯 PA6 的拉伸强度相近。

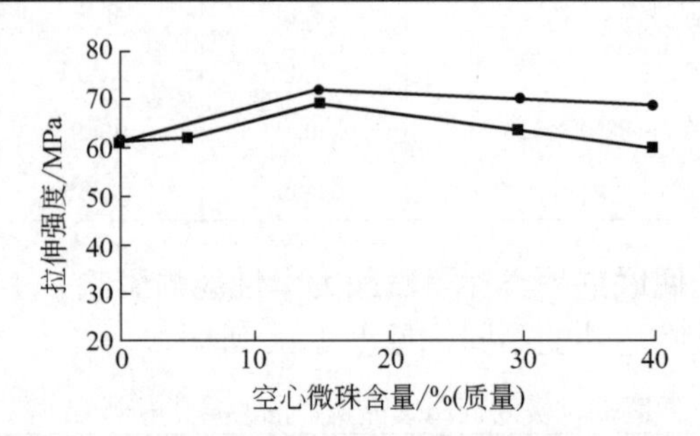


■ 图 4-13 空心微珠含量对 PA6 材料拉伸性能的影响

•—活化；▪—未活化

对于活化的空心微珠，当填充量低于 15%时，PA6 的拉伸强度随微珠含量的提高而缓慢上升；当微珠含量高于 15%后，拉伸强度逐渐下降。

**(2) 冲击性能的影响** 由图 4-14 可以看出：添加未活化和活化处理的微珠，当微珠含量低于 30%时，复合材料的冲击强度随微珠用量的增多而缓慢上升；当用量高于 30%后，冲击强度急速下降。

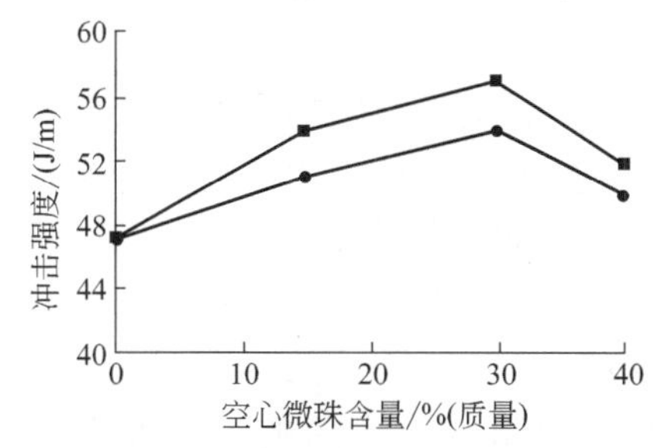


■ 图 4-14 空心微珠含量对尼龙 6 低温冲击性能的影响

▪—未活化；•—活化

#### 4.3.2.4 硅灰石填充聚酰胺

硅灰石对 PA 性能的影响如下。

① 含量的影响 由表 4-16 可见，随硅灰石含量的增加，材料的压缩强度增加，缺口冲击强度下降，尤其是当硅灰石含量大于 30%时，材料的缺口冲击强度下降幅度更大；当硅灰石含量达到 30%时，材料的拉伸强度最高，而当硅灰石含量超过 30%时，拉伸强度随硅灰石含量的增加而大幅降低。

■表 4-16 硅灰石含量对硅灰石增强尼龙 6 性能的影响

| PA6：硅灰石(质量比) | 缺口冲击强度/(kJ/m²) | 拉伸强度/MPa | 压缩强度/MPa |
|---|---|---|---|
| 100：0 | 10.5 | 73.7 | 96.4 |
| 80：20 | 9.6 | 85.1 | 114.9 |
| 70：30 | 7.9 | 93.8 | 125.8 |
| 60：40 | 4.9 | 81.0 | 137.5 |

② 表面性质的影响 经表面改性的超细硅灰石具有较高的疏水亲有机体的能力，可使其在 PA 基体中更好地分散，改善填充 PA 的性能。见表 4-17所列。

■表 4-17 硅灰石界面性质对填充 PA6 性能的影响

| 材料组成/% | 缺口冲击强度/(kJ/m²) | 拉伸强度/MPa | 压缩强度/MPa |
|---|---|---|---|
| PA6/硅灰石(200 目)/GF=60/10/30 | 10.0 | 154.0 | 205.6 |
| PA6/硅灰石(改性 200 目)/GF=60/30/10 | 14.1 | 160.1 | 222.0 |

## 4.4 聚酰胺共混物

本节所述聚酰胺共混物，是指聚酰胺与其他高分子聚合物通过一定加工方式而制得的共混物，以往称之为聚酰胺合金，现在很多专家学者称之为共混物，但本书仍沿用“合金”这一概念。聚酰胺合金一直以来是工程塑料合金中重要的品种。目前已开发的聚酰胺合金大致分为 3 种：①聚酰胺与聚烯烃的合金；②聚酰胺与其他工程塑料的合金；③不同聚酰胺合金。

聚酰胺合金的制备技术关键是改善聚合物之间的界面相容性，因此研究和选择合适的相容剂就显得十分重要。合金化是促进聚酰胺工程塑料向高性能和高功能化方向发展的重要途径之一，随热塑性塑料合金化的核心技术——相容剂的制备与应用的逐步完善，聚酰胺的合金化进程也逐步加快。

## 4.4.1 聚酰胺合金的制备

### 4.4.1.1 聚酰胺合金化的目的

(1) 改善 PA 的吸水性和尺寸稳定性。如在 PA 中加入聚烯烃，可有效降低 PA 的吸湿性，提高制品尺寸稳定性。

(2) 提高 PA 的耐热性。如通过加入高耐热聚合物共混可得到耐热性高的聚酰胺合金。

(3) 提高 PA 的耐化学药品性和耐磨耗性。如 PA 中加入 PBT 提高 PA 的耐药品性；PA 中加入 PTFE，赋予 PA 优良的耐磨性。

(4) 提高 PA 的低温抗冲击性。如通过加入 PE、POE、EVA、EPDM、SBS 等可改善 PA 的低温韧性。

(5) 提高 PA 的刚性。通过与半芳香族聚酰胺、热致性液晶高分子（TLCP）等共混可提高 PA 的刚性和强度。

### 4.4.1.2 聚酰胺合金的设计

聚酰胺合金的设计包括组分的选择、相容剂设计与性能预测。

**(1) 组分的选择** 选择合适的组分是制造理想合金的基本条件。原则如下：具有针对性；符合相容性原则；共混组分黏度比原则；性能价格比原则。

**(2) 相容剂的设计** 制备聚酰胺合金时，相容剂的设计与制造是其核心。根据反应官能团的结构特征，相容剂大致分为马来酸酐型、羧酸型、甲基丙烯酸缩水甘油醚型等。相容剂的设计与选择应注意的问题如下。

① 对于非极性聚合物与聚酰胺的共混合金，相容剂与聚酰胺大分子链中的端基发生反应的极性基团应同时与非极性聚合物有很好的互容性。

② 对于极性聚合物与聚酰胺的共混合金，宜选择单体共聚物作相容剂。

③ 相容剂的相对分子量应适当小于共混组分的相对分子量。

### 4.4.1.3 聚酰胺合金化的发展方向

经过近几十年的发展，聚酰胺合金化技术已经相当成熟，其未来发展方向是：聚酰胺合金的专用化；聚酰胺合金的高性能化和功能化；聚酰胺合金的纳米化；各种新技术如纳米技术、分子复合技术、增容技术的综合应用和完善。

### 4.4.1.4 影响聚酰胺合金性能的因素

**(1) 相容剂用量** 聚酰胺合金的拉伸强度和弯曲强度随相容剂用量的增大呈减小趋势，冲击强度则随相容剂用量的增大而增大。如图 4-15 为 PA6∶PP 质量比为 75∶25 的情况下，相容剂聚乙烯接枝马来酸酐（PE-*g*-MAH）的用量对于合金力学性能的影响。

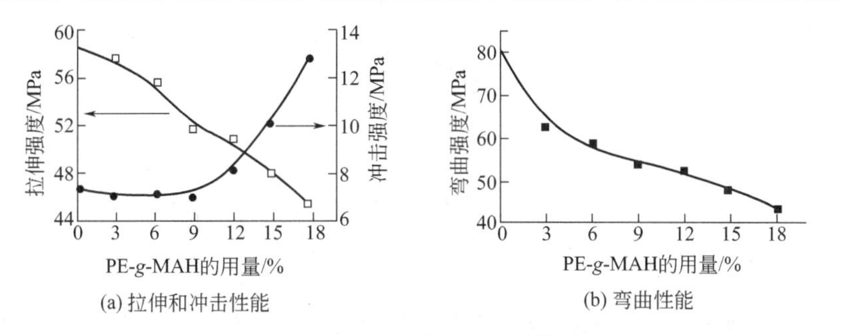


■ 图 4-15 PE-*g* -MAH 用量对 PA6/PP 合金力学性能的影响(75%PA6/25%PP)

**(2) 相容剂种类** 不同种类的相容剂对聚酰胺合金性能的影响程度不同，图 4-16 为 PA6∶PP 质量比＝75∶25，PE 接支不同用量的 MAH 对合金力学性能影响趋势。由图可见：3 种相容剂的加入对 PP/PA6 共混物力学性能的影响规律大致相似，由图 4-16(a) 可知：就共混物的拉伸强度来说，随着相容剂用量的不断增加，体系 1 的拉伸强度先缓慢增加然后线性下降，当 PE-*g*-MAH 用量为 6%时拉伸强度达到最大；体系 2 和体系 3 的拉伸强度均呈线性下降趋势。由图（b）可以看出：PE2-*g*-MAH 的加入，对于合金冲击强度的提高最明显，其次是 PE1-*g*-MAH，再次是 PE-*g*-MAH；由图（c）可以看出：3 种合金体系的弯曲强度均随相容剂用量的增多而下降，在相同相容剂用量的情况下，体系 2 的弯曲强度最大，其次是体系 1，再次是体系 3。

**(3) 共混比例** 合金组成比例的变化对聚酰胺合金的性能影响较大，图 4-17 为相容剂 PE-*g*-MAH 的用量为 12%时，不同 PP、PA6 基体比例对 PP/PE-*g*-MAH/PA6 共混合金力学性能的影响趋势。由图可见：随 PA6 含量的不断增加，材料的拉伸强度和弯曲强度不断线性提高，而冲击强度呈现出先增大后减小的趋势，在 PA6 用量为 50%时，冲击强度最大。

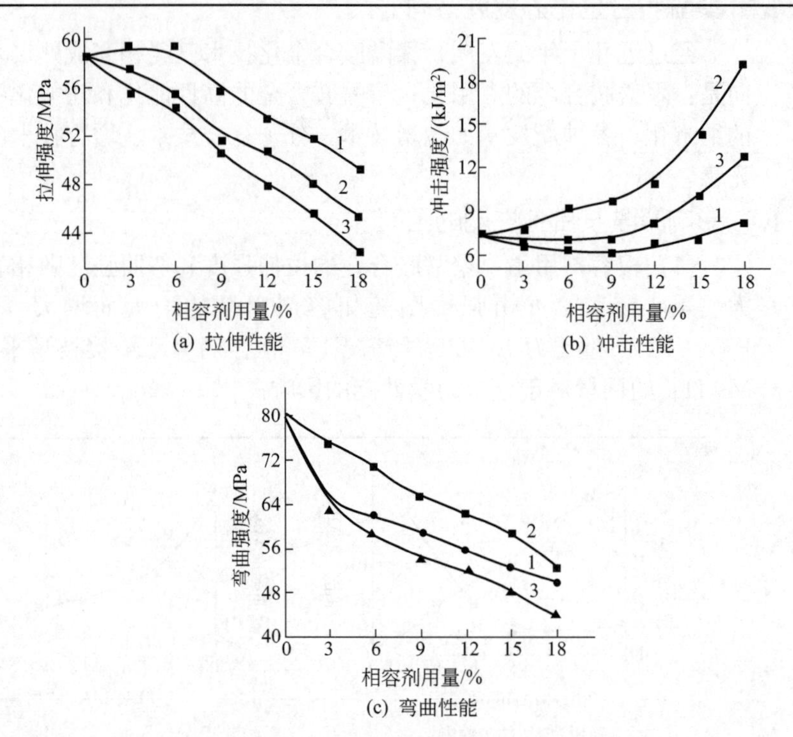


■ 图 4-16 马来酸酐接枝物种类对合金的力学性能的影 P 向(75％PA6/25％PP)

1—PE-g-MAH；2—PE2-g-MAH；3—PE1-g-MAH

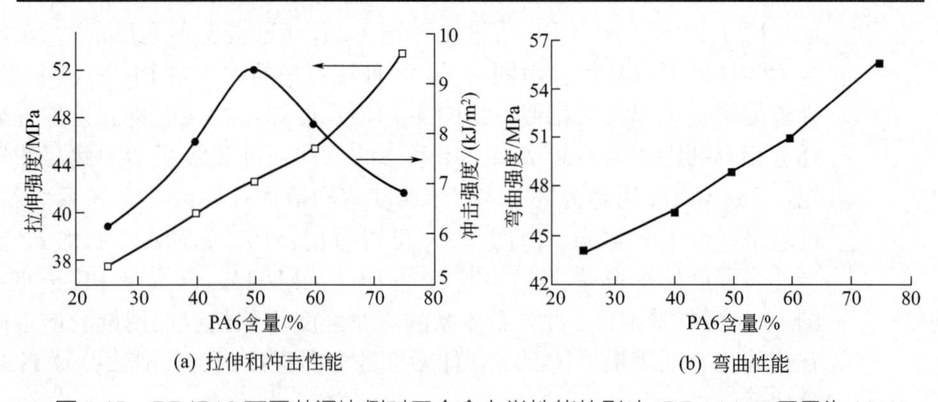


■ 图 4-17 PP/PA6 不同共混比例对于合金力学性能的影响(PE-g-MAH 用量为 12％)

## 4.4.2 聚酰胺合金的品种与性能

目前，尼龙合金的品种已发展到上百种，大多是含 PA6 或 PA66 组分的合金。

#### 4.4.2.1 PA与聚烯烃合金

此类合金可以提高PA在低温和干态下的冲击强度，降低PA吸湿性，特别是PA与含有烃基的聚烯烃弹性体或弹性体的接枝共聚物等组成的合金可得到超韧性的PA合金材料。1975年Dupont公司就开发了超韧性的聚酰胺Zytel-ST系列产品。根据聚烯烃品种的不同，可分为PA/PE和PA/PP合金。下面介绍PA6/PP合金的性能。

PA/PP合金综合性能优良，随PP含量的增加，吸水性下降，图4-18是PP含量对PA6/PP合金吸水率的影响情况。表4-18列出了清华大学研制生产的PA6/PP合金的力学性能。

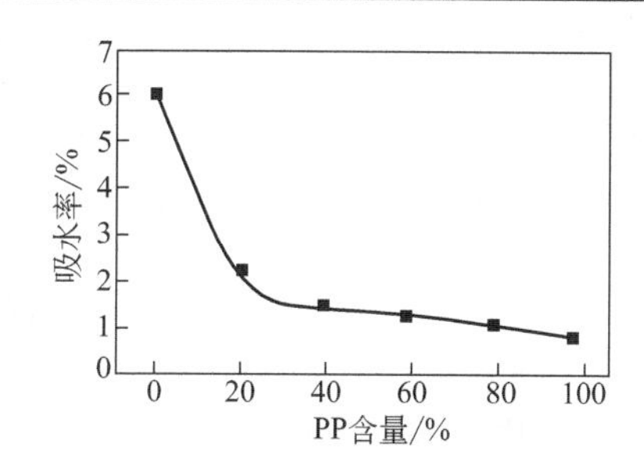


■ 图4-18 PP含量对PA6/PP合金吸水率的影响

■表4-18 PA6/PP合金的力学性能

| 性能 | 测试状态 | |
| --- | --- | --- |
| | 0RH | 50%RH |
| 拉伸强度/MPa | 56.2 | 62.3 |
| 断裂伸长率/% | | |
| 弯曲强度/MPa | 81 | 87 |
| 弯曲模量/GPa | 6.3 | 6.0 |

#### 4.4.2.2 PA与其他工程塑料的共混合金

此类合金可以提高PA的耐热性并改善其综合性能。

**(1) PA/PBT合金** PBT表面光滑、富有光泽，具有较高的熔点和结晶度，低的吸水率和膨胀系数，所以尺寸稳定性好，硬度大，机械强度好，耐摩擦磨耗性、耐环境应力开裂性和耐气候性好。

已研制成功的PA/聚酯合金，如以具有高玻璃化转变温度的芳香族聚酯（聚芳酯）作为分散相的共混物，属于高抗冲性聚合物合金，其典型代表是日本的X-9（商品名）。

**(2) PA/PET合金** 聚对苯二甲酸乙二醇酯（PET）树脂通常在加工模温（70～110℃）下结晶速度慢、成型周期长、表面粗糙、容易变形、冲击性差，限制了其应用范围。PET与PA共混制备PA/PET合金是改善两组分性能缺点的有效方法。

PET 与 PA 是不相容的晶/晶共混体系，马来酸酐接枝聚烯烃是 PA/PET 的有效相容剂。如在 PA6/PET 共混体系中加入 5%～15%的马来酸酐接枝聚烯烃，共混物的相容性可以得到改善。典型的合金性能与组成见表 4-19。

■表 4-19 PA6/PET 合金的组成与性能

| 样　品 | 缺口冲击强度/(kJ/m²) | 弯曲强度/MPa | 拉伸强度/MPa | 断裂伸长率/% |
|---|---|---|---|---|
| PA6/PET(100/0) | 14.70 | 53.23 | 61.20 | 49.90 |
| PA6/PET(80/20) | 12.39 | 50.00 | 29.37 | 34.25 |
| PA6/PET(60/40) | 11.43 | 34.05 | 21.08 | 31.20 |
| PA6/PET(40/60) | 8.10 | 39.80 | 14.95 | 21.50 |
| PA6/PET(20/80) | 8.70 | 42.21 | 16.15 | 24.30 |
| PA6/PET(0/100) | 8.98 | 47.00 | 27.70 | 20.40 |
| PA6/PET/GPP(80/80/15) | 27.76 | 44.70 | 44.35 | 43.90 |
| PA6/PET/GPP(60/80/15) | 24.91 | 45.20 | 38.00 | 40.80 |
| PA6/PET/GPP(40/80/15) | 20.67 | 31.85 | 28.93 | 29.12 |
| PA6/PET/GPP(20/80/15) | 23.68 | 44.41 | 38.54 | 31.20 |
| PA6/PET/GPE(20/80/5) | 13.98 | 34.55 | 32.70 | 25.63 |
| PA6/PET/GPE(20/80/10) | 14.75 | 26.37 | 33.75 | 26.00 |
| PA6/PET/GPE(20/80/15) | 16.74 | 25.42 | 34.75 | 28.32 |
| PA6/PET/GPE(20/80/20) | 12.25 | 19.65 | 21.83 | 27.95 |

**(3) PA/ABS 合金**　从增韧原理上讲，比 PA 的 $T_g$ 低的聚合物对 PA 都有一定的增韧作用，如 PP、PE、ABS 等。PA 与 ABS 两者的相容性差，PA/ABS 合金是典型的结晶性塑料与非结晶性塑料的复合体系，加入有效的相容剂，能提高 PA 与 ABS 的相容性，从而得到高性能的合金。

目前主要的相容剂为改性的 ABS 树脂，其分子上极性端与 PA 有强的相互作用，其非极性部分与 ABS 结构相似，从而有良好的相容效果；用得较多的有 ABS 接枝马来酸酐，另一种为苯乙烯-丙烯腈-马来酸酐三元共聚物。

日本盂山都公司研制开发的 NX45、NX50-PA6/ABS 合金、清华大学研制开发的 PA6/ABS 合金主要性能指标见表 4-20 所列。

■表 4-20 PA6/ABS 合金的性能

| 性能 | NX45 | | NX50 | | ABS 合金(清华大学) | |
|---|---|---|---|---|---|---|
| | 0%RH | 50%RH | 0%RH | 50%RH | 0%RH | 50%RH |
| 拉伸强度/MPa | 45.1 | 32.4 | 41.2 | 29.4 | 45.6 | 33.6 |
| 断裂伸长率/% | 120.0 | 200.0 | 160.0 | 200.0 | 180.0 | 209.0 |
| 弯曲强度/MPa | 65.7 | 45.1 | 59.8 | 38.3 | 50.0 | — |
| 弯曲模量/GPa | 1.9 | 1.3 | 1.6 | 1.1 | 1.5 | — |
| 冲击强度/(J/m) | 688.0 | 873.0 | 814.0 | 932.0 | 702.0 | 907.0 |
| 热变形温度/℃ | 126 | 115 | 120 | 111 | 117 | — |

**(4) PA/聚苯醚合金** 聚苯醚（PPO或PPE）具有良好的力学性能、耐热性（$T_m$为257℃，$T_g$为210℃，$T_d$为350℃）、化学稳定性、尺寸稳定性、电性能及低吸水性，它可在−160～190℃的温度范围内连续工作，高温下热蠕变性是所有热塑性工程材料中最优异的。但PPO树脂耐溶剂性差、制品容易发生应力开裂、缺口冲击强度低，熔体黏度高，加工成型性极差，纯PPO树脂不能采用注射方法成型；而尼龙具有良好的耐溶剂性，易于加工等优点，但其耐热性和制品的尺寸稳定性欠佳，这样大大限制了它们各自的应用范围。为克服这些缺点，人们将PPO与PA共混形成合金即可实现两种材料的优势互补。

PA/PPO合金最早于1966年由GE公司开发成功，该合金是以PA为海，以PPO为岛组成的微观相分离结构，它综合了PA和PPO各自的优点。由GE公司研制的PA/PPO合金性能见表4-21所列。

■表4-21 Noryl GTX和PPO、PA的物性比较

| 物化项目 | 单位 | Noryl GTX | | | | PPO | PA6 |
|---|---|---|---|---|---|---|---|
| | | 600 | 900 | 910 | 830 | | |
| 密度 | g/cm³ | 1.10 | 1.10 | 1.10 | 1.31 | 1.06 | 1.14 |
| 吸水率(23℃水中饱和) | % | 4.0 | 3.5 | 3.5 | 3.6 | 0.1 | 10.7 |
| 23℃(50%RH平衡) | | — | 0.9 | 0.9 | 1.1 | 0.3 | — |
| 成型收缩率 | % | (9～13)×10⁻³ (mm) | 1.2～1.6 | 1.2～1.6 | 0.3～0.5 | 0.007～0.009 (in/in) | 0.6～1.6 |
| HDT：0.45MPa | ℃ | 185 | — | — | — | 179 | 151 |
| 1.82MPa | ℃ | — | — | — | 225 | 174 | 60 |
| 维卡软化点 | ℃ | 190 | 195 | 195 | 240 | — | — |
| 线膨胀系数/×10⁻⁵ | m/(m·℃) | 6.8(mm/mm/℃) (−30～130℃) | 9 | 9 | 1.31 | 9 | 7 |
| 拉伸屈服强度 | MPa | 55 | 61 | 61 | | — | — |
| 拉伸断裂强度 | MPa | 50 | 58 | 58 | 163 | 80 | 75 |
| 拉伸屈服伸长率 | % | 5 | 5.7 | 5.7 | | | |
| 拉伸断裂伸长率 | % | 150 | 100 | 100 | 3 | 20～30 | 150 |
| 弯曲强度(23℃) | MPa | 69 | 102 | 102 | 224 | 114 | 110 |
| 弯曲弹性模量(23℃) | MPa | 1760 | 2140 | 2410 | 9180 | 2568 | 2400 |
| 悬臂梁冲击强度 | | | | | | | |
| (缺口，23℃) | J/m | 390 | 240 | 250 | 90 | 84 | 70 |
| (缺口，−23℃) | J/m | 195(−30℃) | 190 | 190 | 80 | 53.4 (−40℃) | — |

**(5) 聚酰胺/聚碳酸酯（PC）合金** PA 与 PC 共混得到的合金既可保持原有 PA 和 PC 的优良性能，又可克服各自性能上的不足，因而引起人们的重视。PA/PC 共混体系是热力学不相容体系，两相间因界面张力大、界面粘接力弱，导致分散状况不好、共混物的力学性能差。

#### 4.4.2.3 聚酰胺之间的共混物合金

各种聚酰胺之间的共混，可以平衡聚酰胺各自之间的特性，拓展其应用领域。为了获得高性能的聚酰胺材料，较通用的方法是将不同的聚酰胺进行共混制得合金。

**(1) 脂肪族聚酰胺与半芳香族聚酰胺共混** 在脂肪族聚酰胺中添加 $T_g$ 温度高、可溶混的非结晶半芳香族聚酰胺，可降低其等温结晶速率。

**(2) 脂肪族聚酰胺之间的共混** 脂肪族聚酰胺 PA6、PA66、PA610、PA11、PA12 等之间共混后熔融纺丝，能有效改善丝的性能。如在 PA6 中加入 PA66 能使 PA6 的弯曲强度、韧性有一定提高；PA6/PA66＝70/30 共混并用玻璃纤维增强所制得的合金材料的弯曲强度比玻璃纤维增强 PA6 高 30～40MPa，拉伸强度提高 15%。表 4-22 列出了 PA1010/PA12 及其共混物的性能指标。

■表 4-22 PA1010/PA12 及其共混物的性能指标

| 性 能 | | PA1010(Ⅱ) | 共混物 PA1010/PA12 | | PA12 (L1940) |
|---|---|---|---|---|---|
| | | | 4/6 | 2/8 | |
| 屈服拉伸强度/MPa | | 42 | 40 | 40 | 38 |
| 断裂拉伸强度/MPa | | 55 | 53 | 59 | 59 |
| 断裂拉伸率/% | | 300 | 270 | 290 | 320 |
| 弯曲弹性模量/MPa | | 1390 | 1150 | 1250 | 1200 |
| 缺口冲击强度/(J/m) | 23℃ | 75 | 74 | 70 | 60 |
| | －40℃ | 88 | 94 | 88 | 60 |
| 相对黏度(间甲酚) | | 1.76 | | 1.90 | |

## 4.5 阻燃聚酰胺

### 4.5.1 概述

随着国内外一系列环保法规的颁布实施，安全、环保、高性能的材料日益受到人们的关注。如 2008 年 RoHS 指令对十溴二苯醚（DBDPO）的豁免被欧洲法院否决、中国电子信息产品污染控制管理办法（被称为中国的 RoHS）以及 GB 20286—2006《公共场所阻燃制品及组件燃烧性能要求和标识》于 2007 年 3 月 1 日的实施、公安部消防局批准下发的《阻燃制品标识管理办法》于2007年5月1日实施等对高分子材料阻燃改性和无害化提出了更高要求；脂肪族聚酰胺如PA6、PA66等，由于其极限氧指数不高，用于电子电气等领域时，还应进行阻燃改性。

#### 4.5.1.1 国内阻燃PA开发现状

我国阻燃PA的开发大致从20世纪80年代开始，品种主要集中在PA6、PA66的阻燃，先后开发出阻燃PA6、PA66及其阻燃增强型；这些早期的阻燃尼龙产品均以卤素阻燃剂为主。近年来，人们对环境保护的呼声越来越高，塑料的无卤阻燃已引起人们的高度关注。

阻燃剂的研发工作始于19世纪60年代，经过多年的发展，虽然有了较大进步，但整体工艺技术和应用技术水平仍落后于世界发达国家。目前，能用于尼龙阻燃增强的阻燃剂，主要是十溴二苯乙烷、十溴联苯醚、溴化聚苯乙烯、红磷及其母粒等。20世纪80年代中期，中石化巴陵石化、四川精细化工研究设计院率先研制、工业化生产了非增强无卤阻燃尼龙用三聚氰胺三聚氰酸盐（MCA)，其消费量从最初的几百吨已发展到现在的上万吨；近年来四川大学采用分子复合技术实现了MCA阻燃PA燃烧时无焰滴落，进一步提高了MCA对PA的阻燃效率。

#### 4.5.1.2 国外阻燃PA开发现状

具有高强高韧不漏电、耐电解质腐蚀、耐焊接温度高、可电镀的阻燃尼龙，是电子电气和汽车部件的理想材料。目前，具有代表性的阻燃尼龙产品有：罗地亚公司开发的系列不含卤素和红磷的TECHNYL阻燃PA66树脂、三菱开发的无溴阻燃聚酰胺树脂“Novamid 1010N5-GW”、美国GE公司推出的以尼龙6、尼龙66和尼龙6/66共聚物为基础树脂与20%～40%的短玻璃纤维和无卤、无磷阻燃剂共混制备的阻燃尼龙StaflamXGen等。

#### 4.5.1.3 阻燃PA发展方向

随着人们环保认识水平的不断提高和电子电气、通信、家电设备向高性能微型化发展的需要，市场对阻燃尼龙材料的质量要求越来越高，阻燃尼龙工程塑料将向以下几方面发展：高性能功能化；绿色环保型；阻燃剂的使用呈现多元化、复合型：如阻燃剂纳米化、微胶囊化、母粒化和无卤无毒化。

### 4.5.2 阻燃聚酰胺及阻燃剂品种与特点

阻燃剂的分类方法有多种，根据材料的加工方法，分为添加型阻燃剂和反应型阻燃剂。按化学物质类别，分为有机阻燃剂和无机阻燃剂两大类：其中有机阻燃剂又可分为磷系、卤系、氮系和现在新研制的硅酮系；无机阻燃剂的主要品种有氢氧化物（如氢氧化铝、氢氧化镁、氢氧化锆)、氧化锑、红磷、钼酸铵、硼酸锌等，其中氢氧化铝和氢氧化镁应用最为广泛，它们不但具有阻燃作用，还有填充增强作用，有较好的热稳定性、抑烟和防滴作用，且填充安全和对环境无污染等。

#### 4.5.2.1 阻燃剂的应用

一般来说，基材中加入阻燃剂，会影响材料的物理-力学性能、电气性能和热稳定性及加工工艺。因此应选择合适的阻燃剂以求得材料的阻燃性和使用性能的最佳综合平衡。

**(1) 主辅阻燃剂的选择** 设计一个配方时，一般需要选择几种阻燃剂，这些阻燃剂可分为主阻燃剂和辅助阻燃剂。主阻燃剂一般是阻燃效果好而发挥着主阻燃作用；辅助阻燃剂只起配合作用或协效作用，如消烟、防滴落等；主阻燃剂的加入量一般较大。尼龙达到自熄时所需阻燃元素的量见表4-23 所列。

■表 4-23 尼龙达到自熄时所需阻燃元素的量 单位：%

| 磷(P) | 氮(N) | 三氧化二锑十碳 |
|---|---|---|
| 3.5 | 3.5~7 | 10+6 |

辅助阻燃剂有协效剂 $Sb_2O_3$、硼酸锌等；消烟剂 ZnO、$Mo_2O_3$、富马酸、二茂铁等。

**(2) 阻燃剂协同效应的应用** 前面已提到，在一个配方中，有时需要使用几种阻燃剂，在选择阻燃剂搭配时，必须了解哪些阻燃剂组合时有相互补充作用，哪些阻燃剂是相互抵消的。

以下组合起到相互补充作用。

① 卤系-锑系 $Sb_2O_3$ 单独使用时并没有阻燃效果，但与卤系阻燃剂配合使用有明显效果。这是因为在燃烧时阻燃剂分解的卤素与 $Sb_2O_3$ 发生反应，生成了 $SbX_3$ 及 $SbOX_3$、$SbX_3$ 密度大，具有明显的隔氧效果；同时 $SbX_3$ 具有捕捉自由基的作用，增加了卤系气相阻燃效果。

卤系与锑系的配比一般为 3∶1。

② 卤系-磷系 在卤磷复合体系中，卤系阻燃剂主要产生气相阻燃效果；磷系阻燃剂在燃烧时会形成偏磷酸，产生固相阻燃效果，两者形成完整的气-固相阻燃体系。同时，卤、磷之间反应还可生成 $PX_3$、$PX_2$、PX 气体，这类气体密度较 HX 大，不易扩散，包围在火焰表面，起到阻氧作用。

卤系与磷系的配比一般为 3∶2。

③ 氮-磷复合系 氮系阻燃剂可促进磷系化合物的碳化，碳层覆盖在燃烧物表面起到隔氧阻燃效果。磷、氮加入量按表 4-24 比例混合时阻燃效果相同。

■表 4-24 磷、氮混合（质量比）时阻燃效果

| 磷∶氮 | 磷∶氮 | 磷∶氮 | 磷∶氮 |
|---|---|---|---|
| 3.5∶1 | 2.0∶2.5 | 1.4∶4.0 | 0.9∶5.0 |

④ 磷系-锑系　其协同机理与卤-锑体系相似。

⑤ $Sb_2O_3$/硼酸锌　配合使用产生协同效应；硼酸锌可起防滴落、减少 $Sb_2O_3$ 用量而降低成本。

红磷与金属氧化物、聚磷酸铵、炭黑之间配合使用有协同作用。

**(3) 阻燃剂之间的对抗作用**　如前所述，很多阻燃剂组合能产生协同效应，提高阻燃效果。但下列情况也会降低阻燃作用，使用时必须引起注意：卤系-有机硅、溴系阻燃剂-硬脂酸、红磷-有机硅、溴系阻燃剂-$CaCO_3$ 或 $MgCO_3$。

### 4.5.2.2 影响阻燃聚酰胺性能的因素

影响阻燃尼龙性能的主要因素有：阻燃剂用量、混合效果、树脂及助剂的水含量、挤出工艺、添加剂种类及用量等。

**(1) 阻燃剂用量**　与纯 PA 相比，随阻燃剂用量的增加，阻燃 PA 的流动性变好，但冲击强度下降。因为大多数阻燃剂为小分子或低分子聚合物，阻燃剂小分子在 PA 大分子间起到增塑作用，特别是 MCA，既是阻燃剂，又是理想的润滑剂。

**(2) 阻燃剂分散程度**　阻燃剂的分散性对产品性能有两方面的影响：一是阻燃效果，阻燃剂分散不匀，会造成产品阻燃性能的不匀；另外，会引起 PA 冲击性能的不一致，特别是在阻燃剂集中处会产生应力集中而断裂，出现制品表面分层脱落现象。

改善阻燃剂分散程度的措施有：加入适量的分散剂；采用合适的混合工艺，如加料斗安装搅拌器，保证各组分下料均匀；适当改进螺杆熔融段结构，保证阻燃剂与 PA 混合均匀。

**(3) 树脂及助剂的水分**　PA 易吸湿且在熔融状态下易水解而发生大分子的降解，引起强度的下降，所以，制造阻燃 PA 时，应对易吸湿的原材料进行干燥处理。如图 4-19 反映了基体树脂（PA6、PA66）含水量对阻燃 PA6、PA66 冲击强度的影响趋势。

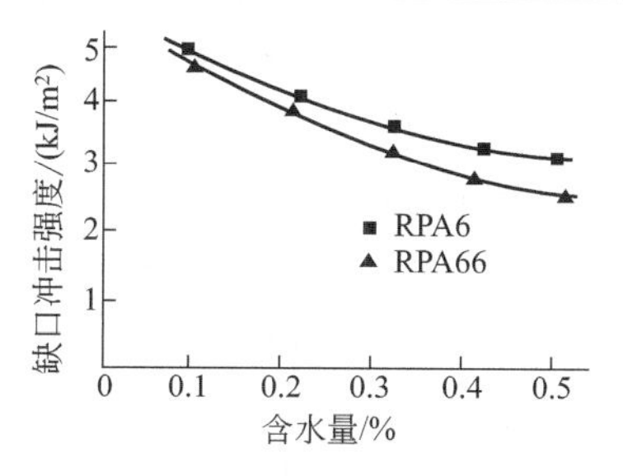


■ 图 4-19　PA6、PA66 含水量与冲击强度的关系

（加工温度：RPA6 230℃；RPA66 240℃）

**(4) 挤出温度** 在阻燃 PA 制造过程中，挤出温度对产品性能有较大影响，挤出温度太低，PA 熔融塑化不好，阻燃剂分散不均匀，必然造成产品性能不均。挤出温度太高时，又会导致阻燃剂分解而影响产品阻燃性。

#### 4.5.2.3 阻燃剂及阻燃聚酰胺品种与特点

尼龙用阻燃剂品种按是否含卤分为卤素系列和无卤系列两大类，下面分别介绍这两类阻燃剂及阻燃聚酰胺的品种与特性。

**(1) 卤系阻燃剂及阻燃聚酰胺**

① 卤系阻燃剂 用于尼龙的传统卤系阻燃剂主要是含溴阻燃剂，如十溴二苯醚（DBDPO）、五溴卞基溴、溴化聚苯乙烯（BPS）、聚五溴基丙烯酸酯、十溴二苯乙烷等；含氯阻燃剂主要是双（六氯环戊二烯）环辛烷（dechlorane plus），这些阻燃剂的性能及来源见有关专著。下面详细介绍几种最新研制并投放市场的溴系阻燃剂。

Firemaster® CP-44HF 阻燃剂为美国大湖化学公司的产品，是一种二溴和三溴苯乙烯与甲基丙烯酸缩水甘油醚的共聚物，琥珀色粉末状，含溴量为 64%～65%；具有良好的热稳定性，损失质量 1% 和 5% 的温度分别为 316℃及 347℃，与 PA 相容性好、熔体流动性好。用它阻燃的 PA 主要适用于生产小型、薄壁、结构复杂的元器件，如接插件、继电器和开关等；也适用于无铅焊接，抗起泡。它与传统溴化聚苯乙烯阻燃剂比较有如下优点：具有良好熔体流动性，螺旋流动长度可提高 20%～30%；具有良好的抗起泡性，耐起泡温度可提高 5～10℃；与 PA 相容性好，分散均匀；与三氧化二锑协同效应极佳。

Saytex® HP-3010 阻燃剂为美国雅宝（Albemarle）公司新开发的溴代聚苯乙烯，苯环上平均有 2.7 个溴原子，含溴量为 68%，热稳定性好，1%、5%和 10% 质量损失温度分别为 340℃、360℃和 370℃，可以满足 HTPA 的加工要求。它用于生产阻燃 PA（包括含玻璃纤维产品）时，阻燃效率高，热稳定性极佳，加工时熔体流动性好，能改进混配和模塑速度，制品尺寸稳定，不变色，可用于生产复杂薄壁元器件。

SaFRon5251 是以色列化工集团销售的一种聚合型阻燃剂，溴含量为 68%，软化点为 190～260℃；热稳定性较好，2%、5%和 10%质量损失温度分别为 322℃、333℃和 340℃；阻燃效率高，加工性能优良，熔体流动性好，可降低 PA 的加工温度，生产效率高，能满足 PA 的加工要求。

② 卤系阻燃聚酰胺品种 卤素阻燃体系中，使用较多的有十溴联苯醚（DBDPO）、十溴二苯乙烷（DBDPE）、溴化聚苯乙烯（BPS）等。这些阻燃剂与 $Sb_2O_3$ 配合使用，也可与氮系阻燃剂、磷系阻燃剂和无机阻燃剂配合使用。溴系阻燃尼龙存在两大缺陷：一是表面析出；二是漏电起痕指数（CTI）较低，一般不高于 300V。表 4-25～表 4-30 列出了几种溴系阻燃尼龙的性能。

■表 4-25　$Sb_2O_3$ 协同 BPS 阻燃 PA6 的力学性能

| 性能 | 单位 | 指标 |
| --- | --- | --- |
| 维卡软化点 | ℃ | 211.30 |
| 邵氏硬度 | D | 79.10 |
| 平行注塑成型收缩率 | % | 1.18 |
| 垂直注塑成型收缩率 | % | 1.29 |
| 热变形温度(1.82MPa) | ℃ | 118.10 |
| 断裂伸长率 | % | 23.50 |
| 拉伸强度 | MPa | 58.40 |
| 简支梁缺口冲击强度 | $kJ/m^2$ | 7.55 |
| 悬臂梁缺口冲击强度 | $kJ/m^2$ | 2.93 |
| 弯曲强度 | MPa | 70.98 |
| 弯曲模量 | MPa | 2499.50 |
| UL94(3.00mm) |  | V-0 |
| 氧指数(LOI) | % | 28.7 |
| BPS+$Sb_2O_3$ | % | 25+8 |

■表 4-26　阻燃 PA66 的配方及性能

| 配方及性能 | 无 | DBDPO | Saytex120 | P-68PB |
| --- | --- | --- | --- | --- |
| 配方 |  |  |  |  |
| 阻燃剂用量/% | — | 14.0 | 14.0 | 21.0 |
| $Sb_2O_3$ 用量/% | — | 5.0 | 5.0 | 7.0 |
| PA66 用量/% | 100 | 81.0 | 81.0 | 72.0 |
| 性能 |  |  |  |  |
| 拉伸屈服强度/MPa | 68.2 | 66.2 | 48.3 | 83① |
| 拉伸弹性模量/MPa | 2620 | 3450 | 3170 | — |
| 屈服伸长率/% | 24.7 |  |  |  |
| 弯曲强度/MPa | 106.9 | 102.8 | 107.9 | 110 |
| 弯曲弹性模量/MPa | 2550 | 2900 | 2690 | 3690 |
| 缺口冲击强度(3.2mm)/(J/m) | 79.9 | 26.7 | 42.6 | 32 |
| 热变形温度(1.82MPa)/℃ | 93 | 125 | 131 | — |
| 熔体指数(265℃，1200g)/[g/(10min)] | 3.3 | 10.9 | 3.4 | — |
| 氧指数/% | 26.5 | 30.5 | 30.5 | 34.0 |
| UL94 |  |  |  |  |
| (3.2mm) | V-2 | V-0 | V-0 | — |
| (1.6mm) | V-2 | V-0 | V-0 | V-0 |
| (0.8mm) | V-2 | V-0 | V-0 | — |
| 介电强度/(kV/mm) | 0.3 | 0.3 | 0.3 | — |
| 介电常数 | 3.4 | 3.2 | 3.2 | — |
| 介电损耗角正切 | 0.4000 | 0.0129 | 0.0156 | — |
| 体积电阻率/Ω·cm | $2.9\times10^{14}$ | $5.8\times10^{16}$ | $7.5\times10^{16}$ |  |
| 表面电阻率/Ω·cm² | $8.2\times10^{8}$ | $2.3\times10^{14}$ | $4.2\times10^{14}$ |  |

① 为断裂拉伸强度。

■表 4-27　30%玻璃纤维增强阻燃 PA66 的配方及性能

| 配方及性能 | PO-64P | P-68BP | Dechlorame Plus |
|---|---|---|---|
| 配方 | | | |
| 阻燃剂用量/% | 16.0 | 16.0 | 16.0 |
| $Sb_2O_3$ 用量/% | 4.0 | 4.0 | 4.0 |
| 30GF 增强 PA66 用量/% | 80 | 80 | 80 |
| 性能 | | | |
| 拉伸屈服强度/MPa | 179.1 | 151.6 | 165.4 |
| 屈服伸长率/% | 5.0 | 3.6 | 4.8 |
| 弯曲强度/MPa | 282.5 | 213.6 | 248.0 |
| 弯曲弹性模量/MPa | 10800 | 10800 | 10900 |
| 冲击强度(3.2mm)/(J/m) | | | |
| (缺口) | 90.8 | 96.1 | 90.8 |
| (无缺口) | 907.8 | 961.2 | 854.4 |
| 热变形温度(1.82MPa)/℃ | 240.5 | 240.5 | 240.5 |
| 氧指数/% | 26.5 | 30.5 | 30.5 |
| UL94(0.8mm) | V-0 | V-0 | V-0 |

■表 4-28　增强阻燃 PA66 性能

| 性能 | 数值 | 性能 | 数值 |
|---|---|---|---|
| 拉伸屈服强度/MPa | 104.5 | 表面电阻率/Ω | $>10^{12}$ |
| 弯曲强度/MPa | 138.3 | 体积电阻率/Ω·cm | $>10^{12}$ |
| 缺口冲击强度/(kJ/m²) | 10.1 | UL94 | V-0 |
| 热变形温度(1.82MPa)/℃ | 195 | GF/% | 25 |

注：阻燃体系为溴、氮、$Sb_2O_3$ 复合体系。

■表 4-29　阻燃高抗冲尼龙“Zytel”STFR-80 的性能

| 物性 | 指标 | 物性 | 指标 |
|---|---|---|---|
| 密度/(g/cm³) | 1.29 | 体积电阻率/Ω·cm | $10^{14}$ |
| 拉伸强度/MPa | 43.5 | 介电强度/(kV/mm) | 16.5 |
| 伸长率/% | 44 | 介电常数($10^3$~$10^6$Hz) | 3.1~3.0 |
| 弯曲模量/MPa | 1476 | 介电损耗角正切($10^3$~$10^6$Hz) | 0.009~0.016 |
| 悬臂梁缺口冲击强度/(J/m) | 870 | 熔点/℃ | 238 |
| 热变形温度(0.45MPa)/℃ | 198 | UL94(1/8~1/32in) | V-0 |
| UL 温度指数/℃ | | HATR/(mm/min) | 7.1 |
| (电气的) | 120 | CTI/V | 240 |
| (机械的) | 105 | HWI/s | 300 |

注：1in=25.4mm。

■表 4-30　阻燃增强 PA46 树脂物性

| 物　性① | Stanyl(PA46) | | | |
|---|---|---|---|---|
| | TS250F6 TS250F6(D) (GF30%) | TS250F8 (GF40%) | TS256F6 (低吸水) (GF30%) | TS256F8 (低吸水) (GF40%) |
| 拉伸强度/MPa | 180 | 200 | 180 | 185 |
| 伸长率/% | 3 | 2 | 2 | 2 |
| 弯曲强度/MPa | 260 | 275 | 240 | 255 |
| 弯曲模量/MPa | 11000 | 13000 | 10500 | 13000 |
| 冲击强度(V 形缺口)/(J/m) | 90 | 100 | 80 | 80 |
| 热变形温度(1.82MPa)/℃ | >285 | >285 | >285 | >285 |
| UL94 阻燃性(0.8mm) | V-0 | V-0 | V-0 | V-0 |
| 介电强度(1.6mm)/(kV/mm) | 25 | 24 | 27 | 26 |
| 体积电阻/(Ω·cm) | $10^{15}$ | $10^{15}$ | $10^{15}$ | $10^{15}$ |
| 焊接强度②/MPa (拉伸强度)(JSR 法) | 65 | 60 | 60 | 55 |
| 流动性③(JSR 法)/mm (注射压力 700kg/cm²) | 105(100) | 90(100) | 95(100) | 85(100) |
| 耐重复性/℃(基板) (JSR 法，23℃，水中 24h) | 230 | 240～250 | 240～250 | 250～260 |

① 测定方法除标明外，均为 ASTM 方法测定。

② 焊缝长 127mm 宽 12.7mm，厚度 0.8mm 试验片测定值。

③ 宽 12.7mm，厚度 0.8mm 的板状模具中测定的流动长度，括号内为模具温度。

### (2) 无卤系阻燃剂及阻燃聚酰胺

① 磷系阻燃剂及阻燃聚酰胺　磷系阻燃剂主要有磷酸三苯酯（TPP）、磷酸三甲苯酯（TCP）、红磷和有机次磷酸盐等。磷系阻燃剂中，用量最大、阻燃效果最好的是红磷。磷系阻燃尼龙的特点是材料的力学性能较好，CTI 值高，适合用于电子电气部件。

a. 有机次膦酸盐　典型产品有德国克莱恩公司生产的 Exolit OP 系列，化学结构式如下：

$$\left[\begin{array}{c} R_1 \quad O \\ \quad \diagdown \ \| \\ \quad P{-}O \\ \quad \diagup \\ R_2 \end{array}\right]_n^- M^{n+}$$

式中 $R_1$、$R_2$ 为 $C_1$～$C_6$ 的烷基或芳基，如甲基、乙基、苯基等。M 为金属，如锌、钙等。

该类化合物的熔点（$T_m$）与其分子上有机基团的种类和金属种类有关，特别是后者。Exolit OP 系列主要有三个牌号 1311、1320 和 1312，外观均为白色结晶，含磷量为 14%。OP 1311 适用于 PA6；OP1312 M1 适用于 PA66；OP1320 适用于 HTPA。烷基次膦酸盐 Exolit OP 系列阻燃剂由于成本比较高，主要用于对环保要求严格的阻燃增强尼龙品种中。

b. 红磷　红磷是一种较好的阻燃剂，具有添加量少、用途广泛等优点，但自燃问题并没有得到有效的解决，粉尘污染严重，色调单一（暗红和黑色），无法赋予制品更多的颜色选择。红磷阻燃尼龙的 CTI 值高，一般在 350V 以上。

表 4-31～表 4-32 分别列出了红磷阻燃 PA66、Exolit OP 阻燃 PA66 的物性数据。

■表 4-31 CPC400 阻燃 PA66（30%GF 增强）的性能

| 项目 \ CPC400 含量/% | 0 | 4(1.7)① | 8(3.4) | 12(5.1) | 16(6.8) | 20(10.2) |
|---|---|---|---|---|---|---|
| 阻燃性/UL94 | | | | | | |
| 0.8mm | NR | V-2 | V-2 | V-2 | V-1 | V-1 |
| 1.6mm | NR | V-2 | V-2 | V-2 | V-1 | V-0 |
| 3.2mm | NR | V-2 | V-1 | V-1 | V-0 | V-0 |
| 6.4mm | NR | V-2 | V-0 | V-0 | V-0 | V-0 |
| 氧指数/% | 25.0 | 30.8 | 29.1 | 28.0 | — | 26.3 |
| 拉伸断裂强度/MPa | 91.84 | 78.80 | 79.15 | 74.00 | 72.30 | 71.40 |
| 拉伸模量/MPa | 3635 | 3274 | 3263 | 3147 | 3086 | 2984 |
| 断裂伸长率/% | 3.41 | 2.94 | 3.03 | 2.62 | 2.59 | 2.61 |
| 带 V 形缺口冲击强度/($kJ/m^2$) | 7.54 | 5.04 | 5.04 | 4.98 | 4.50 | 4.34 |

① 括号内的数值为试样磷含量。

■表 4-32 三种阻燃玻璃纤维增强 PA66 的配方及性能比较

| 项目 | GFPA66 | BPS 阻燃 GFPA66 | RP 阻燃 GFPA66 | Exolit OP 1312 M1 阻燃 GFPA66 |
|---|---|---|---|---|
| 配方 | | | | |
| PA66 | 70 | 43.6 | 56 | 52 |
| GF | 30 | 30 | 30 | 30 |
| BPS | — | 20 | — | — |
| $Sb_2O_3$ 母粒 | — | 6.0 | — | — |
| RP 母粒 | — | — | 14 | — |
| Exolit OP 1312 M1 | — | — | — | 18 |
| PTFE | — | 0.4 | — | — |
| 性能 | | | | |
| 熔体流动速率/[g/(10min)] | 10 | 3 | 4 | 7 |
| 拉伸强度/MPa | 177 | 164 | 174 | 132 |
| 拉伸弹性模量/GPa | 9.6 | 12.3 | 11.0 | 9.9 |
| 断裂伸长率/% | 3.7 | 2.7 | 3.2 | 2.8 |
| 冲击强度/(kJ/m) （无缺口） | 79 | 64 | 78 | 64 |
| （缺口） | 19 | 13 | 16 | 14 |
| CTI 值/V | 600 | 275 | 600 | 600 |
| 阻燃性 UL94(样厚 0.8mm) | 不通过 | V-0 | V-0 | V-0 |

注：1. PA66 为德国 Bayer 公司 Durethan A30，CTI 值为 600V。

2. GF 为法国 Vetrotex 公司生产的 Vetrotex EL 104.5 MM4983。

3. BPS 为比利时 Albemarle 公司生产的 Saytex HP-7010。

4. $Sb_2O_3$ 母粒是 PA66 载体，$Sb_2O_3$ 含量为 80%，由比利时 Campme 公司生产，牌号为 Antiox PA 2617。

5. 红磷母粒以 PA66 为载体，磷含量为 50%，由德国 Clariant 公司生产，牌号为 Exolit RP 695。

6. Exolit OP 1312 M1 由德国 Clariant 公司生产。

② 氮系阻燃剂及阻燃聚酰胺　氮系阻燃剂主要有三聚氰胺、MCA。该类阻燃剂具有低毒、无腐蚀性、对热和紫外线稳定、电性能好，可回收再利用、价格低等优点，有良好的发展前景。在电子电气制品中优势最为明显，不退色，不起霜。MCA 只适用不含填料的 PA 阻燃，有较好的阻燃效果，玻璃纤维增强 PA 用其阻燃效果不理想（由于烛芯效应）、耐冲击性不佳。

目前，市场上用量最大的是 MCA，用其阻燃的 PA 制品表面光泽性好，颜色浅；氮系阻燃剂的阻燃效果不如卤系和磷系，用于纯尼龙的阻燃可以达到 UL94 V-0 级。表 4-33 列出了 MCA 阻燃 PA 物性数据。

■表 4-33　MCA 阻燃 PA 的性能

| 性　　能 | 试　　样 | |
|---|---|---|
| | 阻燃 PA66 | 阻燃 PA6 |
| 密度/(g/cm³) | 1.10(1.16)① | 1.10(1.16) |
| 拉伸强度/MPa | 76.0(76.5) | 74.0(72.6) |
| 弯曲强度/MPa | 88.4(127.4) | 84.7(122.5) |
| 弯曲模量/MPa | 2700(2940) | 2580(2380) |
| 简支梁带缺口冲击强度/(kJ/m²) | 6.7 | 8.2 |
| 热变形温度(1.82MPa)/℃ | 130(70) | 135(63) |
| 氧指数/% | 38(24) | 32(24) |
| 阻燃性 UL94(3.2mm) | V-0(V-2) | V-0(V-2) |

① 括号内数字为基材的相应指标。

③ 磷-氮系阻燃剂及阻燃聚酰胺　磷-氮系阻燃剂主要有：聚磷酸铵、焦磷酸盐（MPYP）和聚磷酸盐（MPP）等。

聚磷酸铵（APP）含磷高，同时含有阻燃元素氮，用做阻燃剂时，制品燃烧无滴落，化学稳定性好。APP 可与多种化合物并用，如膨胀石墨、滑石粉、$MnO_2$、$Fe_2O_3$ 等。使用 APP 时，最好经蜜胺类树脂包覆处理；作为尼龙阻燃剂，APP 的相对分子质量应尽可能高些，聚合度愈高，APP 的热稳定性愈好。

APP 阻燃 PA6 配方及氧指数列于表 4-34。

■表 4-34　APP 阻燃 PA6 配方及氧指数

| 试样 | PA6 | APP | $MnO_2$ | APP∶$MnO_2$ | LOI/% |
|---|---|---|---|---|---|
| F1 | 80 | 20.0 | 0 | 1∶1 | 25 |
| F8 | 80 | 17.8 | 2.2 | 8∶1 | 41 |
| F7 | 80 | 17.5 | 2.5 | 7∶1 | 42 |
| F6 | 80 | 17.1 | 2.9 | 6∶1 | 43 |
| F4 | 80 | 16.0 | 4.0 | 4∶1 | 35 |
| F0 | 80 | 0.0 | 20.0 | 0 | 24 |

④ 无机氢氧化物、金属盐及阻燃聚酰胺　无机阻燃剂主要有氢氧化镁[$Mg(OH)_2$]、硼酸镁、硼酸锌、三氧化二锑、磷酸锌络合物等。

氢氧化镁：具有较高的起始分解温度（320℃），且分解时要吸收大量的热并释放出结晶水（如下所示），因而，能够用于尼龙的阻燃。

$$2Mg(OH)_2 \longrightarrow MgO + H_2O - 93.3kJ$$

近年来，国内外对氢氧化镁等无机阻燃剂的需求量增长迅速，如美国、日本、西欧无机阻燃剂消费量分别占阻燃剂总消费量的60%，64%和50%；在美国正以15%的需求速度上升。氢氧化镁阻燃尼龙制品燃烧时具有低腐蚀性和低烟性。表4-35列出了以氢氧化镁阻燃尼龙的阻燃数据。

■表 4-35　氢氧化镁阻燃 PA6 的阻燃数据

| $Mg(OH)_2$ 类型① | $Mg(OH)_2$ 或其他阻燃剂含量②/% | 氧指数③/% | UL94 阻燃级别④ | 10 个试样阻燃总时间/s |
|---|---|---|---|---|
| 1 | 59.2 | 51.8 | V-0 | 24.5 |
| 2 | 60.3 | 71.8 | V-0 | 23 |
| 3 | 59.0 | 70.0 | V-0 | 21 |

① 1～3 号粒径分别为 7.7μm，0.7μm，1.5μm。
② 由分析灰分求得。
③ 试样尺寸 100mm×6mm×3mm。
④ 试样尺寸 127mm×12.7mm×3mm。

⑤ 其他阻燃剂　如有机硅、层状硅酸盐、双金属氢氧化物、膨胀石墨等也是近年来研究较多的新品种。

# 4.6 增韧聚酰胺

## 4.6.1 概述

增韧聚酰胺是以聚酰胺为基础树脂，经添加增韧剂共混改性得到的。尼龙的弯曲强度、耐磨、耐蠕变等性能非常突出，但在低温及干态下冲击强度差、吸水率大，针对这些不足的增韧改性研究很多。在尼龙基体中加入一定量的橡胶或弹性体，能使其冲击强度成倍增加；通过弹性体增韧能有效提高尼龙的抗冲击性能和低温性能。

尼龙的增韧改性主要采用弹性体官能化的反应相容技术，这种方法的本质是在加工过程中发生化学反应，生成接枝或嵌段聚合物来作为共混相容剂。通常用做接枝的聚合物有 POE、EPDM、SBS、EPR、EVA 等；POE 作为一种热塑性弹性体，不但具有塑料的热塑性，而且具有橡胶的交联性，在尼龙增韧的研究中备受关注。

增韧尼龙作为增韧塑料的一大品种，从其组成看，应属于高分子共混合金的范畴，增韧改性同样遵循共混的一般原理，在组成与结构上也有多相体系，但橡胶增韧机理以及增韧尼龙的制造工艺与尼龙合金有一定的差异；同时，增韧尼龙是非常重要的新型高分子材料，因此，将增韧尼龙单列一节。增韧理论参见有关专著。

## 4.6.2 聚酰胺增韧剂

尼龙增韧剂大致有以下几类：聚烯烃类、橡胶类、热塑性弹性体、高性能工程塑料、有机低分子物质、无机刚性填料等。

### 4.6.2.1 橡胶

常用的有：三元乙丙橡胶、乙丙橡胶、丁腈橡胶、丁苯橡胶、顺丁橡胶等，其中最为常用的是三元乙丙橡胶。橡胶具有很高的弹性和很低的玻璃化转变温度（$T_g$），其增韧效果好，但会降低尼龙的弯曲强度；同时，由于其与聚酰胺的相容性问题，往往会导致增韧聚酰胺力学性能的下降。橡胶使用前最好先进行适度硫化。

### 4.6.2.2 热塑性弹性体

热塑性弹性体主要品种有：苯乙烯-丁二烯共聚物（SBS）、氢化SBS（SEBS）、乙烯-辛烯共聚物（POE）、乙烯-乙酸乙烯共聚物（EVA）、乙烯-丙烯酸共聚物（EAA）等。热塑性弹性体的增韧效果好，与橡胶弹性体增韧聚酰胺相比，用其增韧的聚酰胺的弯曲强度下降幅度要小。

在研究和生产开发中，往往都不是使用单一的橡胶或热塑性弹性体增韧剂，一般会对这些增韧剂先接枝处理。

### 4.6.2.3 刚性聚合物

常用的刚性聚合物有PP、PE、ABS、液晶高分子等。从增韧理论上讲，这些玻璃化转变温度比聚酰胺低的聚合物都会对聚酰胺有一定的增韧作用，但增韧幅度有限。

### 4.6.2.4 无机刚性粒子

如果无机填料的粒径达到纳米尺度，会有一定的增韧效果。常用的有碳酸钙、滑石粉、蒙脱土、硅灰石等。

## 4.6.3 增韧聚酰胺的方法

尼龙增韧的方法有：橡胶或热塑性弹性体、其他有机聚合物、无机刚性粒子填充以及有机无机纳米粒子与尼龙共混等方法。其中，橡胶类弹性体（包括普通橡胶和“壳-核”型乳液聚合物）、热塑性弹性体类是增韧尼龙最有效的方法。

#### 4.6.3.1 聚酰胺/普通橡胶弹性体

为了获得良好的增韧效果，共混体系中，橡胶分散相与聚酰胺基体间应具有良好的界面相容性，并在基体中达到一定的分散程度。提高尼龙 6 与橡胶弹性体之间的界面黏结性，常采用的方法是将聚烯烃弹性体与马来酸酐进行熔融接枝，使聚烯烃弹性体带上酸酐官能团，有利于在熔融共混时与尼龙 6 的末端氨基反应形成化学键，提高界面相容性，从而提高合金的韧性。

此外，橡胶用做尼龙的增韧剂时，使用前应先进行硫化，使橡胶适度交联，由线型结构变成网状结构。

#### 4.6.3.2 聚酰胺/核壳型共聚物弹性体

“核-壳”型共聚物是以交联的弹性体为核，由具有较高玻璃化转变温度的聚合物为壳的共聚物。“核-壳”结构理论模型认为：以低模量的弹性体为核，以高模量刚性聚合物为壳，有可能设计出比基体树脂更具韧性和刚性的聚合物复合材料；如用乳液聚合法，将活性单体如丙烯酸（AA）、马来酸酐（MAH）或甲基丙烯酸缩水甘油酯（GMA）接枝到 ABS 上形成核壳共聚物，将它们分别用于 PA6 的增韧时，与 AA 接枝物相比，GMA 和 MAH 接枝改性 ABS 核壳共聚物的增韧效果更好。

#### 4.6.3.3 聚酰胺/热塑性弹性体

热塑性弹性体是在常温下显示橡胶弹性，高温下能塑化成型的高分子材料。与橡胶不同之处在于热塑性弹性体不需硫化交联可直接使用。苯乙烯-丁二烯-苯乙烯的嵌段共聚物（SBS）中丁二烯的存在赋予 SBS 很高的弹性，丁二烯含量不同弹性亦不一样。巴陵石化采用双螺杆共混挤出方法对极性化 SBS 增韧 PA6 进行了研究，结果表明，极性化 SBS 对 PA6 具有较好的增韧作用；随着极性化 SBS 用量的增加，PA6/极性化 SBS 共混物的缺口冲击强度增大数据见表 4-36 所列。

■表 4-36 PA6/极性化 SBS 共混物力学性能数据

| 共混类型 | 共混比例（质量） | 缺口冲击强度/($kJ/m^2$) | | 拉伸强度/MPa | 弯曲强度/MPa |
|---|---|---|---|---|---|
| | | 25℃ | −30℃ | | |
| PA6 | | 12.3 | 5.0 | 76.9 | 100 |
| PA6/SSB | 90/10 | 11.4 | | 56.9 | 74.7 |
| PA6/极性化 SBS | 90/10 | 25.1 | 10.4 | 58.4 | 77.0 |
| PA6/GF | 75/25 | 13.1 | | 143.9 | 195.0 |
| PA6/GF/极性化 SBS | 70/20/5 | 24.3 | | 135.7 | 181.4 |

乙烯-1-辛烯共聚物热塑弹性体（POE）经马来酸酐接枝改性后，可与 PA6 发生化学反应，生成 POE-*g*-PA6 共聚物起到原位相容作用，能有效改善共混物的力学性能。

#### 4.6.3.4 聚酰胺/纳米无机填料复合材料

固相剪切碾磨法制备PA6/蒙脱土纳米复合材料，在蒙脱土（MMT）质量分数为4%时，复合材料的拉伸强度可以由纯尼龙的63.6MPa提高到77.8MPa，其他力学性能和热稳定性也有所提高。以己内酰胺和无机酸酯或无机酸盐水解产物的混合液为原料，在20～200℃、高纯氮气保护下凝胶0.5～72h，待凝胶生成后在高纯氮气保护下聚合成复合材料，再对复合材料进行纯化即可制得力学性能优异、耐热、抗压、耐溶剂的PA6/无机粒子纳米复合材料。

#### 4.6.3.5 聚酰胺/TLCP复合材料

热致性液晶聚合物（TLCP）熔融黏度低，少量TLCP可使热塑性塑料熔体黏度降低，并能提高加工性能。

以PP-*g*-MAH为相容剂对PA6/TLCP共混体系进行相容改性时，随着TLCP含量的增加，材料的拉伸强度和模量增加。用注塑成型方法制备PP-*g*-MAH和固态环氧树脂增容PA6/ABS/TLCP三元复合材料时，环氧树脂和PP-*g*-MAH的加入能有效提高各组分间的界面黏结并在复合材料内形成被拉伸的TLCP长纤维；改性后的PA6/ABS/TLCP复合材料，其拉伸强度、硬度和冲击韧性得到改善。

### 4.6.4 增韧聚酰胺制造过程的主要控制因素

**(1) 增韧剂种类** 增韧剂本身的结构与性能是增韧作用的关键因素。表4-37列出了含量均为10%的不同增韧剂增韧尼龙66的性能数据。

■表4-37 不同增韧剂增韧尼龙66性能对比

| 性　能 | EPDM-*g*-MAH | POE-*g*-MAH | PE-*g*-MAH |
|---|---|---|---|
| 拉伸强度/MPa | 56.70 | 61.53 | 71.03 |
| 弯曲强度/MPa | 68.77 | 69.35 | 76.96 |
| 弯曲模量/MPa | 2125.66 | 2078.1 | 2237.3 |
| 悬臂梁缺口冲击强度/(J/m) | 138.10 | 155.06 | 53.05 |
| 断裂伸长率/% | 89.6 | 49.19 | 31.27 |
| 熔体流动速率/[g/(10min)] | 4.96 | 15.33 | 2.16 |

由表4-37可以看出，橡胶类弹性体（EPDM-*g*-MAH）增韧效果最好，主要是橡胶具有很高的韧性，但也存流动性差的明显不足；另外，由于该类弹性体增韧剂一般都经过硫化交联处理，因此，在用量较大或与玻璃纤维共同使用改性尼龙时，会出现交联杂质累积在螺杆挤出机机头的现象，从而导致加工困难、挤出量波动较大等问题。而热塑性弹性体（POE-*g*-MAH、PE-*g*-MAH）中PE-*g*-MAH无论是增韧效果还是加工流动性均较差；POE-

$g$-MAH 增韧效果虽略逊于橡胶类弹性体，但加工流动性好，而且不存在橡胶类弹性体的交联问题。

**(2) 增韧剂用量** 增韧剂用量对 PA 力学性能影响较大，用量在 10%以下时，增韧效果不明显。如图 4-20 所示，用量超过 10%时，随用量增加，增韧共混体系的冲击强度大幅上升，但其拉伸强度下降明显。

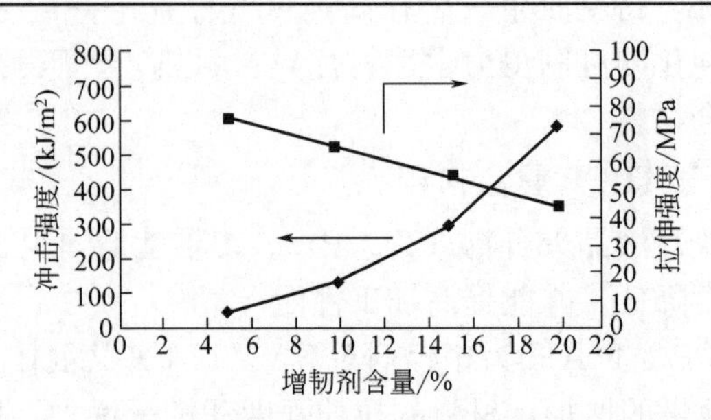


■ 图 4-20 增韧剂含量对增韧尼龙冲击强度、拉伸强度的影响

**(3) 挤出温度** 共混挤出温度对增强增韧聚酰胺复合材料力学性能的影响很大，挤出温度影响聚酰胺/弹性体的熔融速度、弹性体在聚酰胺连续相中的扩散速度及分散程度。图 4-21 为挤出温度对增强增韧 PA6 复合材料缺口冲击强度的影响趋势。由图可以看出：在略高于 PA6 熔点（220～235℃），复合材料的冲击强度随挤出温度的升高而线性上升，再提高温度，则会缓慢降低。

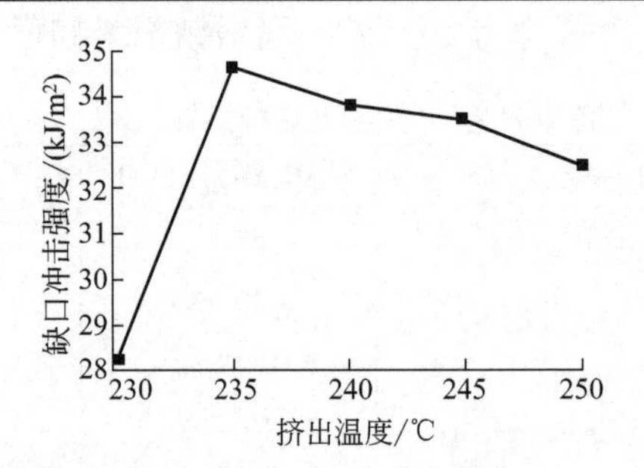


■ 图 4-21 挤出温度对增强增韧 PA6 复合材料缺口冲击强度的影响

**(4) 螺杆转速** 螺杆转速对共混效果影响很大。提高螺杆转速，其剪切混炼的效果相应增强，有利于共混组分的混合与分散，在一定程度上改善复合材料的力学性能；同时，可提高挤出量，减少物料停留时间，对于易塑化体系是有利的。但对于热敏性聚合物，由于高转速、高剪切力作用，螺杆内摩擦发热，造成物料受热老化。共混挤出中，螺杆转速采用中高速（即 300～340r/min）较为合适，图 4-22 反映了螺杆转速与复合材料的缺口冲击强度之间的相互关系。

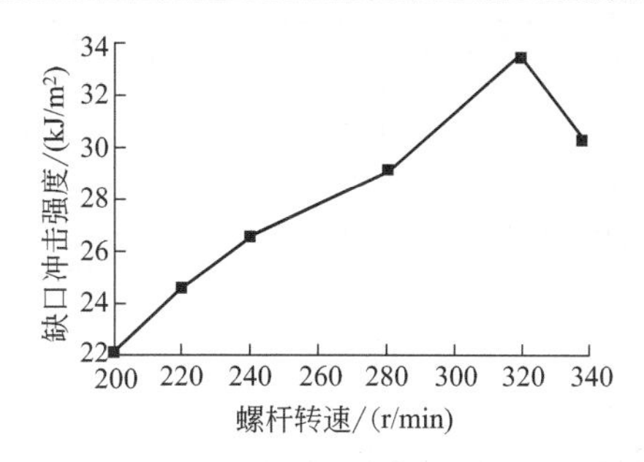


■ 图 4-22　螺杆转速对增强增韧 PA6 复合材料缺口冲击强度的影响

## 4.6.5 增韧聚酰胺的性能

聚酰胺增韧后：①低温韧性、抗冲出强度显著提高，刚性明显下降；②表面光洁度有一定下降；③有利于降低吸水性；④加工流动性下降；⑤成型收缩率增加。

不同接枝弹性体对 PA66、PA6 的增韧效果见表 4-38、表 4-39 所列。表 4-40、表 4-41 表明了弹性体的加入明显地降低了 PA 的吸水性。

■表 4-38　不同增韧剂对增韧 PA66 力学性能的比较

| 性能 | PA66 | 接枝 PP | 接枝 PE | 接枝 EPDM | 接枝 POE |
|---|---|---|---|---|---|
| 拉伸强度/MPa | 78 | 52 | 45 | 39 | 40 |
| 弯曲强度/MPa | 104 | 87 | 73 | 69 | 70 |
| 弯曲模量/MPa | 2700 | 2200 | 2150 | 1980 | 2100 |
| 冲击强度/(J/m) | 61 | 298 | 390 | 687 | 652 |
| 热变形温度/℃ | 180 | 160 | 150 | 132 | 130 |

■表 4-39　不同增韧剂对 PA6 的增韧效果

| 性能 | 无 | MN-4930D | DEFB-1373 | PC-8 | SWR-3C |
|---|---|---|---|---|---|
| 悬臂梁冲击强度/(kJ/m²) | 10.1 | 18.4 | 14.0 | 17.0 | 25.7 |
| 拉伸强度/MPa | 69.3 | 52.9 | 49.6 | 59.5 | 56.0 |
| 弯曲强度/MPa | 90.5 | 83.8 | 77.4 | 82.3 | 80.3 |
| 弯曲弹性模量/MPa | 2210 | 2040 | 1940 | 1950 | 1980 |
| 断裂伸长率/% | 322.3 | 232.9 | 217.0 | 210.0 | 252.3 |

注：SWR-3C 为马来酸酐和丙烯酸酯双官能化的乙烯类弹性体、美国陶氏化学公司的 DEFB-1373、美国杜邦公司的 MN-493D 和广东柏晨高分子新材料公司的 PC-8。

■表 4-40　各种增韧剂对 PA66 增韧料吸水性能比较　　单位：%

| 序号 | 增韧剂含量 | 吸水率 |
|---|---|---|
| PA66 | 0 | 4 |
| PA66/接枝 PP | 25 | 1.5 |
| PA66/接枝 PE | 25 | 1.48 |
| PA66/接枝 POE | 25 | 1.51 |
| PA66/接枝 EPDM | 25 | 1.54 |

■表 4-41 两种增韧剂 PA6 吸水率的比较 单位：%

| 材料 | 增韧剂含量 | 吸水率 |
| --- | --- | --- |
| PA6 | 0 | 4 |
| PA66/接枝 PE | 25 | 1.42 |
| PA66/接枝 POE | 25 | 1.48 |

# 4.7 聚酰氨基纳米复合材料

## 4.7.1 概述

纳米材料是指在三维尺度至少有一维处于纳米量级（1～100nm）的材料。由于聚合物基纳米复合材料在力学、热学、光学、电磁学、生物学等方面具有特殊性能，被誉为“21 世纪最有前途的材料”，正在成为材料科学研究的热点而日益受到关注。

尼龙 6/蒙脱土纳米复合材料是最早研制出来的聚合物基黏土纳米复合材料。1987 年日本丰田中央研究所报道了尼龙 6/蒙脱土纳米复合材料，并最早实现商品化；所采用的工艺是单体插层原位聚合法。我国多家科研院所均开展了此方面的研究。

## 4.7.2 用于工程塑料的纳米材料种类与特性

纳米材料大致分为无机和有机两大类；根据其结构还可分为零维纳米、一维纳米、二维纳米和三维纳米材料等 4 种。

### 4.7.2.1 无机纳米材料

用于工程塑料的无机纳米材料有层状无机纳米材料和无机刚性纳米粒子两大类；天然层状无机物常用的有滑石、云母、黏土；人工合成的层状物有沸石、锂蒙脱土；层状金属氧化物 $V_2O_5$、$Mo_2O_3$ 以及层状过度金属二硫化物和金属磷酸盐、磷酸酯盐等。无机刚性粒子主要有纳米 $Al_2O_3$、$CaCO_3$、$SiO_2$、$TiO_2$、ZnO、纳米陶瓷粉末、纳米银粉等。下面介绍常用的几种纳米材料的性质及特点。

黏土：主要成分为蒙脱土，具有层状结构；聚合物可以通过一定方向插入蒙脱土的片层间。这种材料具有增强增韧、气体阻隔和阻热性能。

纳米碳酸钙：由不同反应条件，可以制备出不同形态的纳米碳酸钙：立方形、纺锤形、球状、链锁状、无定形。

纳米 $SiO_2$：按制备方法可分为气相法和沉淀法，以气相法为主。气相

法 $SiO_2$ 粒径小，尺寸均一，表面羟基含量低，吸附活性高，内部结构几乎完全是排列紧密的三维网络状结构，具有一定的物理化学稳定性；沉淀法纳米 $SiO_2$ 尺寸大，粒径不易控制，羟基含量高，分子体系排列疏松，残存有较多的二维线性结构，这种毛细管结构现象极易吸湿空气和水形成硬团聚，严重影响 $SiO_2$ 微粒以纳米量级分散形式在复合体系中发挥作用，影响增强效果。

纳米 ZnO：具有很好的压电性、导电性、荧光性、非迁移性、无毒杀菌，能吸收和散射紫外线。

纳米 $Al_2O_3$：主要以 $\alpha$-$Al_2O_3$ 和 $\gamma$-$A1_2O_3$ 为主，具有优异的光、电、热力学等性能。

纳米银粉：纳米级银粉材料具有永久性抗菌功能，是制造抗菌工程塑料理想的抗菌剂。

#### 4.7.2.2 有机高分子纳米材料

有机高分子纳米材料主要有液晶聚合物和纳米弹性体。

液晶聚合物：与其他聚合物共混时，液晶大分子链沿外力作用方向形成微纤，由于这种微纤的长径比大，模量高，对基体树脂具有显著的增强作用。

纳米弹性体：与工程塑料共混时，能实现高度分散，其增韧效果优于普通弹性体。

### 4.7.3 聚酰氨基纳米复合材料的制备、性能与应用

#### 4.7.3.1 纳米复合材料的制备

制备 PA 基纳米复合材料的方法主要有插层法、溶胶-凝胶法、共混法、原位聚合法等。

**(1) 插层法**　插层法工艺简单、原料来源丰富、价廉，制备的纳米复合材料具有填充体系质量轻、成本低、热稳定性和尺寸稳定性好等优点，同时，其线膨胀系数小、气体阻隔性强，在航空、汽车、家电等行业作为高性能工程塑料具有较广阔的应用前景。

插层法是先将单体嵌入蒙脱土片层中，然后在热、光、引发剂等作用下聚合制备纳米复合材料的一种重要方法，根据插层形式的不同，该法又可分为原位插层聚合、溶液或乳液插层及熔体插层等几种。其中原位插层聚合法还可分为一步法和两步法。一步法就是将精制好的蒙脱土的有机化与聚合单体（酰胺）的聚合在一个体系中同时完成；两步法则是首先将蒙脱土有机化，然后与聚合单体混合再进行聚合。

插层法所用的纳米材料主要成分为硅酸盐层状结构的蒙脱土。

下面以 PA6/蒙脱土纳米复合材料的原位插层聚合制备为例，介绍原位插层聚合法制备 PA6/蒙脱土纳米复合材料的原理及过程。

① 有机蒙脱土的制备

a. 制备原理　蒙脱土的结构单元如图 4-23 所示，它是由一片铝氧八面体夹在两片硅氧四面体之间，靠共用氧原子而形成的层状结构，属于 2∶1 型的硅酸盐，每一片层的厚度约为 1nm，长和宽各约为 100nm；由于天然的蒙脱土片层在形成过程中，一部分位于中心层的 $Al^{3+}$ 被低价的金属离子（如 $Fe^{2+}$、$Cu^{2+}$）同晶置换，导致各片层呈现出弱的电负性，因此在片层的表面往往吸附着金属阳离子（如 $Na^{+}$、$K^{+}$、$Ca^{2+}$、$Mg^{2+}$ 等），以维持整个矿物结构的电中性。由于这些金属阳离子是被很弱的电场作用力吸附在片层表面，因此很容易被无机金属离子、有机阳离子型表面活性剂和阳离子染料交换出来，属于可交换性阳离子。在制备聚合物基/蒙脱土纳米复合材料的工艺过程中，将这些离子交换剂统称为插层剂。

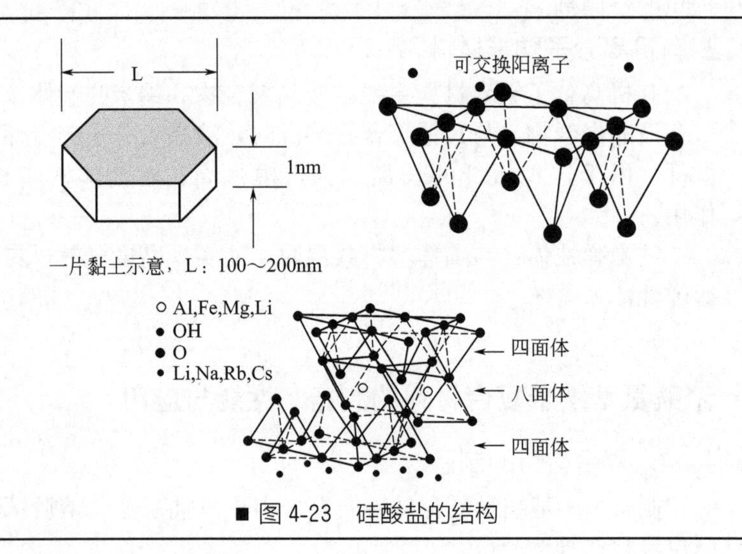


■ 图 4-23　硅酸盐的结构

b. 制备过程　第一步，把蒙脱土配成固含量为 3%～5%的水分散液，用超声波处理或高剪切机乳化，采用旋液分离器或蝶式高压均质机去除惰性杂质得到精制的蒙脱土。第二步，通过离子交换反应，使插层剂分子中的阳离子与蒙脱土片层间可交换的金属阳离子进行交换，实现蒙脱土的有机化，增大蒙脱土片层间距，以利于聚合单体在蒙脱土片层间进行聚合。

② PA6/蒙脱土纳米复合材料的制备

a. 制备原理　原位插层聚合改性用的蒙脱土一般采用分子中同时含有氨基和羧基的长碳链氨基酸处理。将这种有机化改性蒙脱土加入到己内酰胺中，在适量去离子水和聚合温度下进行开环聚合。聚合过程中，一方面，有机蒙脱土片层间距随温度的上升而增大；另一方面，有机蒙脱土片层间插入的长碳链氨基酸不断将片层外开环的己内酰胺拉入片层间聚合，由于分子链的不断加长，蒙脱土片层间距逐渐被撑开，最后形成高度剥离的 PA6/蒙脱土纳米复合材料。其聚合示意图如图 4-24 所示。

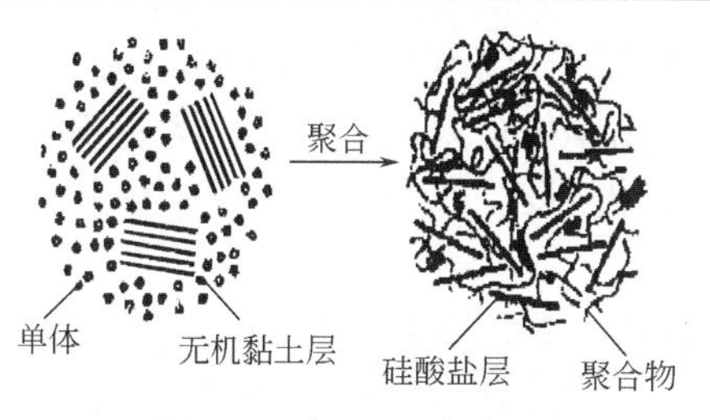


■ 图 4-24 插层聚合法示意

b. 聚合过程 将有机化处理后的蒙脱土和适量的去离子水加入到熔融的已内酰胺单体中，在已内酰胺熔融温度以上搅拌，使黏土均匀分散于已内酰胺中，然后升温到 260℃左右，在 $N_2$ 保护下常压反应一定时间，再减压反应一定时间，达到所需黏度后终止反应，铸带、切粒、萃取、真空干燥，得成品 PA6/黏土纳米复合材料。

c. 材料结构 PA6/蒙脱土纳米复合材料包括插层型和剥离型两种，其结构示意如图 4-25。插层型纳米材料［图 4-25(a)］中层状硅酸盐在近程仍保留其层状有序结构（一般 10～20 层），而远程是无序的。剥离型纳米材料［图 4-25(b)］中层状硅酸盐有序结构皆被破坏，因此两者在性能上有很大差异。

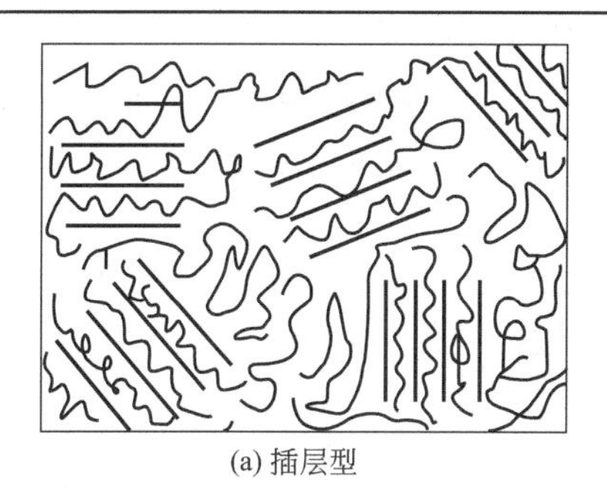
(a) 插层型

(b) 剥离型

■ 图 4-25 PA6/蒙脱土纳米复合材料类型

插层型纳米材料可作为各向异性的功能材料；剥离型纳米材料具有很强的增强效应，是理想的强韧型材料。

另外，还有溶液或乳液插层和熔体插层等。

溶液或乳液插层法是通过溶液或乳液将聚合物嵌入蒙脱土片层中，其制备关键是寻找合适的单体和相容的聚合物/黏土矿溶剂体系，并分析聚合物与黏土片层间的相互作用；熔体插层法不需溶剂，聚合物熔融嵌入蒙脱土片层，应用较广。目前，用熔体插层法已制备了 PA6/黏土、聚酰亚胺/黏土、PA66/蒙脱土、聚乙烯醇/高岭土、PA6/云母等纳米复合材料。

**(2) 原位聚合法** 原位聚合法是制备聚合物/无机粒子纳米复合材料的

一种有效方法。它先使纳米尺度的无机粉体在有机单体中均匀分散，然后用类似于本体聚合的方法进行聚合反应，从而得到纳米复合材料。如以水玻璃生成的硅酸为前驱体，采用原位聚合法制备的 PA6/$SiO_2$ 纳米复合材料，其熔体黏度、拉伸强度、拉伸弹性模量、热分解温度及玻璃化转变温度等得到有效提高。

**(3) 共混法** 共混法是制备纳米复合材料最简单的方法，适合于各种形态的纳米粒子。为防止纳米粒子团聚，共混前要对纳米粒子进行表面处理。共混法又可分为溶液共混、乳液共混、熔融共混、机械共混等。

**(4) 溶胶-凝胶法** 溶胶-凝胶法是目前制备无机-有机纳米复合材料最常用、也是最成熟的方法，以纳米 $SiO_2$ 与各种有机组分形成的复合材料居多。其基本原理是：将无机纳米粒子的前驱体与 PA 的前驱体或单体在共溶剂中水解和缩合，形成的凝胶与 PA 不发生相分离即可获得 PA 纳米杂化材料。该法的关键是选择具有良好溶解性能的共溶剂，以保证两者具有很好的相容性，凝胶后不发生相分离。

#### 4.7.3.2 纳米复合材料的性能与应用

**(1) 纳米复合材料的性能**

① 高强度和高耐热性。

② 良好的光泽性和透明度。

③ 高阻隔性。

④ 质轻（密度小），具有高比强度。

⑤ 吸水时材料的力学性能和尺寸稳定性随温度变化小。

⑥ 低剪切速率下具有较高的非牛顿流体熔融黏度，成型制品不产生塌坑、溢边等缺陷。

⑦ 结晶速度比纯 PA6 显著加快，能够得到很细小的结晶，因结晶速度大，成型周期较短，有利于提高生产效率。

⑧ 耐摩擦性较好 纳米填料具有小尺寸效应，作为塑料填料可以有效地提高其摩擦学性能。添加 2%的纳米 $SiO_2$ 的 PA6 纳米复合材料的摩擦系数是 0.18，而纯 PA6 的摩擦系数为 0.5。

⑨ 具有良好的阻燃抗滴落性 PA6/黏土纳米复合材料还有一定的阻燃性能，纳米级分散的层状硅酸盐使材料在燃烧过程中形成均匀的炭化层，从而提高材料的阻燃性，美国国家标准技术学院对 PA6/黏土纳米复合材料的燃烧性评估表明，PA6/黏土（95/5）纳米复合材料的热释放速率下降至纯 PA6 的 63%，燃烧释放的 CO 量也较少。

⑩ 尼龙基纳米复合材料具有良好的再生利用特性。研究证明，尼龙基纳米复合材料经过 10 次回收再利用试验而性能没有变化。

表 4-42 为中石化巴陵石化公司技术中心生产的 PA6/黏土纳米复合材料的性能与通用尼龙力学性能的比较。表 4-43 是尼龙薄膜与尼龙/蒙脱土纳米复合材料薄膜的气体透过率的性能对比。

■表 4-42 尼龙 6/黏土纳米复合材料的性能与通用尼龙力学性能的比较

| 性　能 | PA6 | ZH-8-9 | ZH-11 |
|---|---|---|---|
| 黏土含量/% | 0 | 1.15 | 3.20 |
| 拉伸强度/MPa | 65.6 | 79.2 | 95.7 |
| 拉伸模量/MPa | 1.87 | 2.17 | 2.51 |
| 断裂伸长率/% | 170.0 | 190.0 | 74.6 |
| 弯曲强度/MPa | 93.5 | 108.0 | 128.4 |
| 弯曲模量/MPa | 2290 | 2790 | 3390 |
| 压缩强度/MPa | 88.6 | 91.2 | 94.3 |
| 压缩模量/MPa | 1720 | 1980 | 2070 |
| 缺口冲击强度/(kJ/m²) | 13.7 | 11.5 | 10.8 |
| 热变形温度(1.82MPa)/℃ | 65 | 134 | 152 |
| 成型收缩率/% | 1.75 | 1.36 | 1.26 |
| 硬度(RHL) | 121.0 | 122.7 | 124.8 |
| 体积电阻/×$10^{14}$Ω·cm | 3.5 | 3.65 | 3.94 |
| 表面电阻/×$10^{12}$Ω | 0.47 | 1.3 | 1.7 |

■表 4-43 尼龙膜与纳米尼龙膜性能对比

| 性能 | 单位 | PA6 | | PA66 | |
|---|---|---|---|---|---|
| | | 普通尼龙 | 纳米尼龙 | 普通尼龙 | 纳米尼龙 |
| 拉伸强度 | MPa | 92 | 86 | 120 | 101 |
| 断裂伸长率 | % | 560 | 520 | 740 | 650 |
| 弯曲模量 | MPa | 580 | 880 | 310 | 580 |
| 雾度 | % | 1.3 | 1.2 | 0.6 | 1.8 |
| 光泽 | % | 150 | 153 | 151 | 151 |
| 氧透过率：0%RH | | 42 | 21 | 43 | 23 |
| (23℃)15%RH | cm³/(m²·24h) | 45 | 22 | 44 | 23 |
| 100%RH | | 160 | 95 | 165 | 98 |
| 水蒸气透过率 | 40℃，90%RH | 113 | 65 | 130 | 72 |

**(2) 纳米复合材料的应用** 聚酰胺纳米复合材料的应用主要有两个方面：一是基于其优异的力学性能，用于制造发动机部件、车身结构部件和驱动控制部件等汽车零部件。开发和应用较好的有日本丰田汽车公司、宇部兴产公司和尤尼奇卡公司，美国的 Nanomer 公司和南方黏土产品公司等；二是基于其优异的阻隔性能，用于制造多层聚酯瓶和食品包装膜等包装材料中的阻隔层，这方面三菱气体化学品公司、Honeywell 专业聚合物公司、Triton Systems 公司、Alcoa CSI Crawfordsville 公司等处于领先地位。

# 4.8 抗静电聚酰胺

PA 是优良的电绝缘高分子材料，其表面电阻为 $10^{14} \sim 10^{16}\Omega$，体积电阻率为 $10^{13} \sim 10^{14}\Omega \cdot cm$。当 PA 的表面电阻为 $10^{8} \sim 10^{10}\Omega$，体积电阻率为 $10^{11}\Omega \cdot cm$ 时，可达到抗静电要求。通过提高高聚物表面电导率或体积电导率使高聚物材料迅速放电可防止静电的积聚。添加导电填料或与其他导电分子是提高高分子材料表面电导率的有效方法。

抗静电 PA 是十分重要的功能高分子材料，其重点应用领域是矿山机械、矿山电气设备、电子设备部件、纺织机械部件等。

## 4.8.1 抗静电剂的作用机理

### 4.8.1.1 降低表面电阻率

表面电阻率是平行于材料表面上电流方向的电位梯度与表面单位宽度上的电流之比，其单位为欧姆（Ω）。

目前所用抗静电剂大多为表面活性剂，即具有亲水基团及亲油基团的一类物质。抗静电剂的亲水亲油基团的分类见表 4-44 所列。

■表 4-44 抗静电剂亲水亲油基团分类

| 亲油基团 | 弱亲水基团 | 中等亲水基团 | 强亲水基团 |
|---|---|---|---|
| $CH_3-(CH_2)_n$ | $-CH_2-O-CH_3$ | $-OH$ | $-C_6H_4SO_3H$ |
| $C_4H_5-$ | $-C_5H_4-O-CH_3$ | $-COOH$ | $-SO_3H$ |
| $C_4H_{11}-$ | $-COOCH_3$ | $-CN$ | $-SO_3Na$ |
| $C_{10}H_9-$ | $-CS-$ | $-NH-$ | $-COONa$ |
| $CH_3-(CH_2)_n-C_6H_4-$ | $-CSSH$ | $-CONH_3$ | $-COONH_4$ |
| $(CH_3)_2-Si-(CH_2)_n$ | $-CHO$ | $-COOR$ | $-Cl, -Br, -I$ |
| $-[CH_2-\underset{CH_3}{\underset{\mid}{CH}}O]_n-$ | $-NO_2$ | $-OSO_3H$<br>$-NH_3$ | |

抗静电剂分子在塑料表面的亲油基向着塑料内部取向排列，而亲水基向着外侧取向排列，空气中的水分子被亲水基吸附，形成一层很薄的连续水相，由于抗静电剂具有表面活性，故还可以降低水和塑料之间的临界接触角，使表面水分分布更均匀。借助离子导电机理，这层水可以大大降低塑料表面的电阻率。抗静电效果随湿度而变化，空气中湿度越高，抗静电效果越好，湿度越低，效果也相应变差。

通过质子置换，也能发生电荷转移。含有羟基或氨基的抗静电剂，可以通过氢键连成链状，所以在较低的湿度下也能起抗静电作用。

在实际应用中，表面活性剂要具备一定的表面浓度才能满足抗静电的要求。研究表明，对于各种不同的塑料，抗静电剂在表面层中的含量要达到0.1～10个分子层膜。对于外部抗静电剂，由于受表面蒸发、向成型制品内迁移及表面的摩擦、洗涤等因素影响，抗静电效果就会降低甚至完全消失；内部抗静电剂在树脂内部存在，当表面的抗静电剂损失后，抗静电剂会从内部向表面慢慢地迁移，从而达到恢复抗静电的效果。这就说明抗静电剂要与树脂有一定的相容性，但又不能太好；相容性不好则迁移速度过快，导致制品表面性质严重受损；相容性太好则迁移速度太慢，从而影响抗静电效果的恢复。

有些抗静电剂如甘油的脂肪酸酯本身也是优良的润滑剂，降低了制品表面的摩擦系数，减少了制品在生产及加工过程中静电现象的产生。

#### 4.8.1.2 降低体积电阻率

体积电阻率是平行材料中电流方向的电位梯度与电流密度之比，单位是欧姆·厘米（Ω·cm）。

在通常情况下使用外部型抗静电剂或内部型抗静电剂，只能将塑料表面电阻率从$10^{14}$～$10^{16}$Ω降至$10^{8}$～$10^{10}$Ω左右，如果要进一步降低表面电阻率，只能采取降低体积电阻率的方法，让电子传导代替离子传导，以担负抗静电的作用。在工业生产中，一般是添加炭黑、金属粉及一些特殊化合物达到这一效果。

### 4.8.2 抗静电剂的种类与特性

按化学组成分，抗静电剂分为离子型、非离子型和亲水性高分子聚合物。

**(1) 离子型** 离子型抗静电剂属离子型表面活性剂，分子中的亲水基团具有电离特性，而且依据亲水基离子的带电性质分为阳离子型抗静电剂、阴离子型抗静电剂和两性型抗静电剂。

阳离子型抗静电剂包括季铵盐类化合物、各种胺盐化合物、烷基咪唑啉类化合物、季磷盐类和季锍盐类化合物等，其中季铵盐类化合物最为常见。阳离子型抗静电剂的抗静电效果优良，对高分子材料的附着力较强，但其热稳定性较差，且对皮肤有刺激性，一般以外部涂覆的形式使用。

阴离子型抗静电剂主要是烷基磺酸盐、磷酸盐类化合物，它们的市场用量较小，工业化品种以烷基磺酸盐居多。阴离子抗静电剂具有优良的抗静电效果及耐热性，但其与聚合物的相容性较差，且会影响制品的透明性。

两性型抗静电剂的分子内同时含有阳离子和阴离子，在一定条件下既可起到阳离子型作用，又可起阴离子型作用；在应用中可分别与阳离子型抗静电剂和阴离子型抗静电剂配伍使用。两性型抗静电剂与高分子材料的附着力较强，但热稳定性较差。其化合物包括季铵内盐、两性烷基咪唑啉盐和烷基氨基酸等。

**(2) 非离子型** 非离子型抗静电剂不具有电离性，故无法通过自身导电来泄露电荷，其抗静电效果明显不及离子型抗静电剂。但其热稳定性优异，一般不对塑料配合物产生有害影响，多数产品无毒或低毒，因此构成了混炼型塑料抗静电剂的主流。其化合物包括脂肪酸多元醇酯、脂肪酸及脂肪醇与烷基酚的环氧乙烷加合物；烷醇胺、烷醇酰胺以及磷酸酯类等，其中应用最广的是脂肪酸多元醇酯、烷醇胺和烷醇酰胺类化合物。

**(3) 亲水性高分子聚合物** 亲水性高分子聚合物是指分子内含有聚环氧乙烷（PEO）、聚季铵盐结构等导电性单元的高分子聚合物，属永久性抗静电剂。与表面活性剂抗静电剂相比，具有如下优势：①具有持久的抗静电效果；②制品成型后即发挥抗静电作用；③受擦拭、洗涤等应用条件的影响小；④对空气的相对湿度依赖性小；⑤带电压低，且衰减速度快；⑥不影响制品的物理性能，表面性能和耐热性能等。如聚醚类嵌段共聚物，聚（2,6-二甲基-1,4-亚甲基苯基）醚、聚二环氧甘油醚乙二醇酯、聚氧化乙烯二元羧酸酯等都是 PA 理想的高分子永久性抗静电剂。但受其成本、相容性及加工条件等因素限制，目前尚不可能取代表面活性剂类抗静电剂。

**(4) 无机导电填料** 无机导电填料主要有炭黑、金属粉、金属氧化物和炭纤维等。对于传统的炭黑类抗静电剂，其用量一般要在 20%以上才能使高分子材料电阻明显下降，此外炭黑作抗静电剂时只能得到黑色产品，而且其用量大时材料的某些力学性能会受损；用膨胀型石墨和碳纳米管制备的复合材料，其拉伸强度得到了提高，但断裂伸长率和冲击韧性却下降。金属粉末如金、银等不易氧化，但成本较高；普通金属粉如铜、铝、铁等在加工过程中易生成氧化层，此外，高密度的金属粉末与相应较低密度的高聚物材料不易形成均匀分布的混合料，导致材料导电性不均匀和指定性能的重现性差；另外，金属粉末的用量较大（约占复合材料质量的 40%），使材料的性能明显变差。金属氧化物由于其本身具有多种特殊功能，如三维四针状氧化锌晶须 T-ZnOw 具有导电性、吸液性、电磁屏蔽性，减震和增强作用，可以作为高分子复合材料的填充料添加到塑料中，作为一种新型抗静电填料，它可以克服一般填料填充量大、易氧化、颜色单一、力学性能差等缺点。碳纤维是一种新型高强度、导电性良好的材料，用碳纤维填充 PA 可用做静电复印机的低强导辊、音响器材、盒式磁带导辊等。工业生产中常用的导电填料见表 4-45 所列。

■表 4-45 常用的导电填料

| 填料种类 | | 填料名称 |
|---|---|---|
| 碳系 | 炭黑 | 槽法炭黑、热裂炭黑、炉法炭黑、乙炔炭黑 |
| | 碳纤维(石墨纤维) | PAN 系碳纤维、沥青系碳纤维 |
| 金属系 | 金属粉及金属碎屑 | 铜、银、镍、铁、铝、镍合金等 |
| | 金属氧化物 | ZnO、PbO、$TiO_2$、$Sb_2O$、$SnO_2$、$In_2O_3$ 等 |
| | 金属片、金属纤维 | 铝、铜、镍、不锈钢等 |
| | 其他 | 镀金属玻璃纤维及玻璃微珠、镀金属云母、镀金属碳 |

## 4.8.3 抗静电聚酰胺的影响因素

**(1) 抗静电剂种类的影响** 理想的抗静电剂应具有抗静电效能好且持久、耐热性好、在聚酰胺挤出过程及后加工成型的加工温度条件下不分解、与聚酰胺有适中的相容性、与增强剂及其他助剂无对抗效应，同时要求加工中无毒、无刺激气味。用粒径小比表面积大的导电填料作抗静电剂，易于形成导电通道。聚酰胺常用的内加型抗静电剂的牌号及用量见表 4-46 所列。

■表 4-46 聚酰胺常用的内加型抗静电剂的牌号及用量

| 牌号 | 生产厂家 | 用量/% |
|---|---|---|
| Chemstat192 | Chemax | 0.10～0.22 |
| Lonzaine16s, 18s | Lonza | 1.00～5.00 |
| Electrosol SIX | Alframine | |
| MerixAnti-Static 79-OL | Merix | 0.10～0.50 |
| Addaroma IN | Merix | 0.05～0.25 |
| K-100 Series Flakes | Transmet | |
| Larostat HTS904, 905 | PPG | 0.50～2.00 |
| Madd wiz int 33PA | Axel PLastics | 0.10～5.0 |
| Antistat Concentrate | Hitech | |

**(2) 抗静电剂用量对 PA 表面电阻的影响** 有机抗静电剂在低用量时抗静电效果较好，超过 4%时，增加用量对抗静电作用不明显，而无机导电材料在低用量时，其作用不大，用量超过 5%才有明显效果。不同抗静电剂的抗静电作用是不一样的，使用时最好采用多种复合体系。

抗静电剂的加入，在一定程度上会影响 PA 的力学性能。随其用量的增加，PA 的性能会随之下降。因此，在实际使用中，通常用添加增强剂来提高抗静电聚酰胺强度。为了使在有增强剂的聚酰胺复合体系中抗静电性能不至于被抵消或被消弱，国外还开发了既对增强剂起界面活化作用又具有抗静电效果的新型功能化偶联剂，代表性的品种有美国道康宁公司 Z 和 Y 系列，具体见表 4-47 所列。

■表 4-47 具有抗静电功能偶联剂

| 商品名 | 化学名称 | 商品名 | 化学名称 |
|---|---|---|---|
| Z-6301 | 含甲基丙烯酰氧基的阳离子硅烷 | Y-5816 | *N*-二甲基氨丙基三甲基硅烷醋酸盐 |
| Z-6302 | *N*-乙烯苄基氨乙基-*N*-氨丙基三甲氧基硅烷盐酸盐 | Y-5817 | *N*-三甲基氨丙基三甲基硅烷醋酸盐 |

**(3) 抗静电剂的分散性对抗静电效果的影响** 抗静电剂的分散性对提高抗静电作用有较大的影响。有机抗静电剂实际上是表面活性剂，具有一定的分散性，只要在一定的剪切混合条件下，就能达到较均匀分散，无需添加分散剂；但对于无机类导电材料，必须添加一定量的分散剂，才能保证其均匀分散。

### 4.8.4 抗静电聚酰胺的性能

抗静电聚酰胺的性能主要从两个方面考察：一方面是材料的抗静电效果，一般采用表面电阻率来表征；另一方面是考察材料的力学性能。表 4-48列出了抗静电增强 PA6 的主要性能。

■表 4-48 抗静电增强 PA6 的性能

| 性能 | 日本东洋纺织 T450 | 荷兰 AKZO K224 G6 | 德国 Bayer BKV-140 | 巴陵石化研究院产品 |
|---|---|---|---|---|
| 密度/(g/cm³) | 1.46 | 1.36 | 1.46 | 1.45 |
| 成型收缩率/% | 0.4～0.8 | — | 0.3～0.8 | 0.2～0.5 |
| 拉伸强度/MPa | 75 | 100 | 120 | 113 |
| 弯曲强度/MPa | 116 | 140 | 190 | 187 |
| 缺口冲击强度/(kJ/m) | 0.038 | — | 0.261 | — |
| /(kJ/m²) | — | 15 | — | 20 |
| 热变形温度/℃ | 170 | — | 200 | 195 |
| 表面电阻率/Ω | — | — | $1\times10^{10}$ | $5\times10^{8}$ |
| 体积电阻率/Ω·cm | $6\times10^{8}$ | $5\times10^{9}$ | — | — |

## 4.9 聚酰胺改性用加工助剂

塑料助剂是指在塑料生产或加工过程中所添加的各种化学品，用以改善材料的加工性能、力学性能、表面性能、稳定性能、光学性能或降低塑料配方的成本，又称塑料添加剂。

工程塑料的助剂一般分为工艺性助剂和功能性助剂。工艺性助剂有利于高分子材料的加工，若缺乏工艺性助剂则无法加工，如热稳定剂、润滑剂、抗氧剂、增塑剂等；功能性助剂赋予高分子材料制品一定的性能，如成核剂、阻燃剂等。

聚酰胺的端羧基、端氨基、酰胺基官能团具有较高的反应活性，有可能与添加剂反应。助剂的加入会改变聚酰胺的许多特性，因此助剂的选择和纯化很重要，用量也必须严格控制。

一般来说，选择助剂和加入助剂时应考虑以下方面问题：

(1) 助剂与聚酰胺的相容性和在聚酰胺中的迁移性；

(2) 助剂对加工条件的适应性；

(3) 助剂间的协同效应和相抗作用；

(4) 助剂在聚合物体系中的分散性；

(5) 选用助剂必须考虑到其外观、气味、污染性、毒性、经济性等因素，不能影响加工人员和消费者的健康以及塑料制品的使用。

## 4.9.1 热稳定剂

热稳定剂是一种可以提高树脂热分解温度从而改变其热稳定性的一类助剂。应用于聚酰胺中的热稳定剂与一般意义上的塑料热稳定剂不同，主要是指抗氧剂，亦称“防老剂”。塑料老化是由于其分子结构上存在某些弱点以及外界因素的影响，造成其性能下降，因此在高分子材料中需要添加防老剂，以保证制品的性能稳定。

### 4.9.1.1 聚酰胺老化的机理

聚酰胺含有酰胺键（—NHCO—），在加工和使用过程中，由于热、紫外线、氧及大气中的湿气等因素而引起老化。尼龙在加工时会发生一系列的热解反应，生成水、$CO_2$、CO、烃与少量环戊酮等。一般认为发生了如下反应。

**(1) 交联反应**

$$\begin{matrix} -NH-\overset{\overset{\large O}{\|}}{C}- \\ -NH-\overset{\overset{\large O}{\|}}{C}- \end{matrix} \xrightarrow{\triangle} \begin{matrix} -NH-\overset{\overset{\large O}{\|}}{C}- \\ \overset{\overset{\large OH}{|}}{-C=N-} \end{matrix} \xrightarrow{-H_2O} \begin{matrix} -N=C- \\ | \\ O \\ | \\ -C=N- \end{matrix}$$

**(2) 降解反应**

$$-NH(CH_2)_6NH \vdots CO-(CH_2)_4-CO \vdots NH(CH_2)_6NH \xrightarrow{\triangle} \cdot\overset{\overset{\large O}{\|}}{C}-(CH_2)_4\overset{\overset{\large O}{\|}}{C}\cdot \longrightarrow \text{环戊酮} + CO$$

或

$$-NH(CH_2)_6NH-CO-(CH_2)_4-COOH \xrightarrow{\triangle} \text{环戊酮} + CO_2$$

由于C—N键的键能低（仅为275.88kJ/mol），受热时酰胺键断裂，生成环戊酮、CO和$CO_2$等，主链被切断，引起分子量的降低，使制品各项性能下降，导致老化。

水是加速尼龙老化的一个因素，它可以引起酰胺键水解，接着引发脱除 $CO_2$ 反应：

$$R-\overset{\overset{O}{\|}}{C}-\overset{H}{N}-R' + H_2O \longrightarrow RCOOH + R'NH_2$$

$$RCOOH \longrightarrow RH + CO_2$$

氧是加速尼龙老化的重要因素，尼龙在空气中加热，其颜色逐渐变黄，其结构发生如下变化：

$$2\left[(CH_2)_6NHCO-(CH_2)_4\right] + \frac{1}{2}O_2 \xrightarrow{-H_2O} \begin{array}{l} -(CH_2)_6-NCO-(CH_2)_4- \\ \qquad\qquad\ \ | \\ -(CH_2)_6-NCO-(CH_2)_4- \end{array}$$

尼龙在光的作用下也会发生脆化、变黄。这是由于尼龙对小于 350mm 的短波紫外线敏感，350mm 紫外线对应的能量远比 C—N、C—C 键能大，易于将主链切断。氧的存在，促使尼龙 66 光老化特别严重，生成双酮或双醛之类的二羰基化合物。在光的作用下，尼龙断链的同时，也产生了交联。

#### 4.9.1.2 尼龙抗氧剂的种类

从抗氧剂的作用机理分，抗氧剂一般分为三种：一是自由基捕捉剂，也叫链终止抗氧剂，是工业生产中的主抗氧剂，这是一类能捕捉塑料在自动氧化过程中产生的自由基，使自由基失去活性，从而终止老化进程的化合物，酚类化合物属于此类抗氧剂；二是过氧化物分解剂；三是金属离子钝化剂。后两种是工业生产中的辅助抗氧剂。

尼龙常用的抗氧剂主要有以下几类：①卤化铜，特点是效率高，在非常低的浓度下也能够有效地抑制氧化，其主要缺点是会使尼龙基体变色，而且容易被水溶解而抽出；②芳香胺类抗氧剂，同样存在变色问题，应用场合受到限制；③酚类抗氧剂，有较好的颜色稳定性，满足食品加工要求，是首选的抗氧剂；④亚磷酸酯类抗氧剂，单独使用时抗氧效果有限，主要作为辅助抗氧剂。

某些不同的抗氧剂品种之间存在协同作用，最典型的是以酚类抗氧剂作为主抗氧剂，亚磷酸酯类作为辅助抗氧剂的复配体系。如在尼龙 6 中，3,5-二叔丁基-4-羟基苯丙酰-己二胺（抗氧剂 1098）与亚磷酸三（2,4-二叔丁基苯酚酯)(抗氧剂 168）配合使用具有很好的抗氧化效果。常用的尼龙抗氧剂的化学名称和商品名见表 4-49 所列。

■表 4-49 常见的尼龙改性用抗氧剂

| 抗氧剂种类 | 代 表 例 |
| --- | --- |
| 铜盐与碘化钾化合物 | 醋酸铜＋碘化钾 |
| 受阻酚类化合物 | 抗氧剂 1010，抗氧化剂 1098，抗氧剂 1035，抗氧剂 1093，抗氧剂 1222，抗氧剂 1076， |
| 亚磷酸酯 | 抗氧剂 168 |
| 受阻胺类化合物 | 抗氧剂 DNP，抗氧剂 H，抗氧剂 4010 |

据报道，美国 Clariant 公司开发的芳香族受阻胺光稳定剂 Nylostab S-EED，适用于所有尼龙聚合物，它以化学键与聚合物连接，保护聚合物及尼龙纤维对外界光稳定、热稳定，称之为反应性稳定剂。

#### 4.9.1.3 抗氧剂加入对尼龙性能的影响

高分子材料的化学结构和物理状态是决定其耐老化性能的关键。一般来说，高分子材料的稳定性随聚合物分子量的增大而提高，但分子量过大，聚合后的放料及加工成型均有很大困难。此外分子量分布不宜过宽，低分子部分易遭受外因作用而引起老化。尼龙大分子的端基对老化性能影响很大，其端氨基和羧基相互作用，脱氨形成体型结构，羧基脱羧生成二氧化碳。端基乙酰化可以提高耐热与耐光性。为了达到一剂多效的目的，选择的端基封闭剂应具有抗氧或紫外吸收的作用。

图 4-26、图 4-27 表明了在热老化过程中抗氧剂对 PA66 的性能的影响趋势。随着抗氧剂的加入，树脂的性能明显好转。图 4-28 显示在 160℃烘箱老化条件下，抗氧化剂含量对 PA6 拉伸特性的影响：可以看到抗氧剂含量对性能变化的影响很大，伸长率的降低比拉伸强度的降低更快。

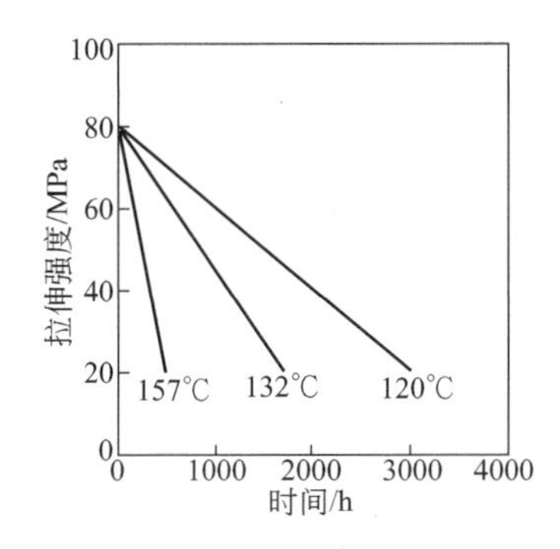


■ 图 4-26　空气中热老化对不含热稳定剂的 PA-66 的拉伸强度的影响

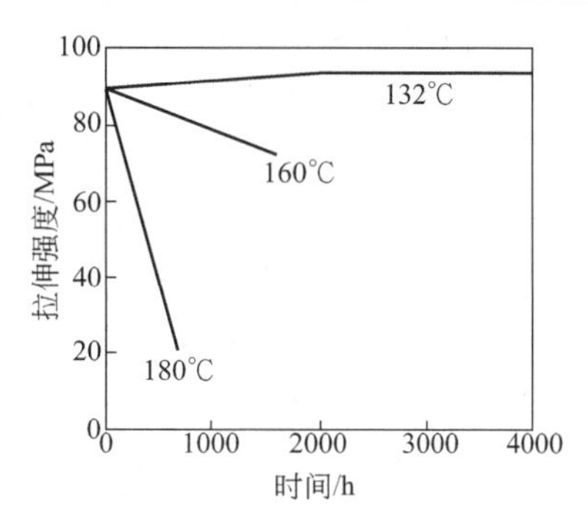


■ 图 4-27　空气中热老化对加热稳定剂的 PA-66 的拉伸强度的影响

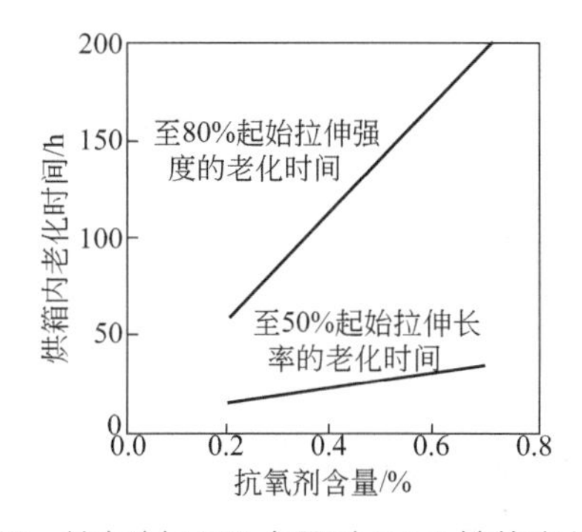


■ 图 4-28　抗氧剂 1098 含量对 PA-6 性能变化的影响

抗氧剂的加入也有不利的一面，一方面会增加成本，另一方面有些抗氧剂在加工和使用过程中变色，同时还有可能带来毒性危害，如含铜稳定剂能使天然色树脂和制品着色，受阻胺类抗氧剂除了颜色因素外，还有较强的毒性，因此在添加抗氧剂时，要予以充分考虑。

### 4.9.2 润滑剂

润滑剂是为改善塑料，特别是热塑性塑料在加工成型时流动性和脱模性而添加的一类助剂。

润滑剂主要是通过改变聚合物的流变行为以及聚合物与加工设备的相互作用来改善聚合物的加工性能。润滑剂的作用可以分为内润滑作用和外润滑作用，内润滑剂与树脂间有一定的相容性，它能够减少树脂分子链间的内聚力，降低熔融黏度，减弱高分子间的内摩擦力，降低加工过程中的能耗，改善流动性及提高透明性。

尼龙中加入润滑剂主要有以下目的：①降低固体尼龙颗粒的摩擦系数，改善尼龙粒子之间的自由流动性；②降低尼龙熔体和加工设备金属表面之间的摩擦系数，提高熔体的流动性，避免由于局部过热而引起的物料分解，提高制品的外观质量；③降低尼龙和制品表面间的摩擦系数，提高表面光洁度。

一个优良的润滑剂应该满足以下要求：①分散性好；②与树脂的相容性好；③热稳定性好；④不引起制品颜色的漂移；⑤不损害产品的最终物理性能。

用于 PA6 的润滑剂主要品种见表 4-50 所列。

■表 4-50 尼龙 6 润滑剂的种类

| 物质种类 | 典 型 物 质 |
|---|---|
| 长碳链羧酸 | 硬脂酸、棕榈酸、褐煤酸 |
| 酰胺蜡 | 乙撑双硬脂酰胺、芥酸酰胺 |
| 羧酸酯 | 硬脂酸季戊四醇酯、褐煤酸酯 |
| 羧酸金属盐 | 硬脂酸锌、硬脂酸钙、褐煤酸钠盐、钙盐 |
| 多元醇 | 季戊四醇、双季戊四醇 |
| 烯烃蜡 | 聚乙烯蜡、氧化聚乙烯蜡 |

### 4.9.3 增塑剂

将增塑剂添加到高分子聚合物中能够增加高分子聚合物的塑性，从而使之易于加工并且使制品具有柔韧性。增塑剂可以降低树脂的软化温度、熔融温度和玻璃化温度，降低熔体的黏度，增加其流动性，从而改善树脂加工性能。聚酰胺最常用的增塑剂是 *N*-乙基邻-甲苯磺酰胺和未取代的邻-对甲苯磺酰胺。表 4-51 列出了日本东丽用 *N*-丁基苯磺酰胺增塑尼龙 12 的一般物性。

■表 4-51　增塑尼龙 12 的一般物性

| 性能 | 未增塑尼龙 12 | 增塑尼龙 12 |
|---|---|---|
| 吸水率(20℃水中饱和)/% | 1.50 | 1.0 |
| 拉伸断裂强度(80℃，绝干)/MPa | 40～55 | 40 |
| 弯曲弯曲模量(80℃，绝干)/MPa | 400 | 250 |
| 悬臂梁缺口冲击强度(20℃，65%RH 平衡)/(J/m) | 50～70 | 250～350 |
| 洛氏硬度(R 标度) | 105 | 80 |

## 4.9.4 成核剂

成核剂是一类促进树脂结晶并使晶粒细微化的改性助剂。添加成核剂，有助于提高制品刚性、缩短成型周期、保证最终产品的尺寸稳定性并改善透明性和表面光泽度。成核剂的添加可使 PA 的加工性能和力学性能发生如下变化：①加快结晶速度，缩短注塑周期；②使 PA 的球晶颗粒更细微化；③生成晶核改变成型制品收缩率；④增加拉伸强度和弯曲弹性模量；⑤提高耐热性；⑥降低断裂伸长率和冲击强度。

### 4.9.4.1 成核剂的种类及特点

PA 用成核剂必须具备以下特征：不与 PA 产生化学反应；在 PA 的熔点以上不熔；与 PA 具有良好的共混性；在 PA 中能以微细颗粒形式分散；最好与 PA 具有相似的结晶结构；无毒或低毒；最好无色。

用于 PA 的成核剂有无机、有机和高分子 3 类。无机类又分为无机质微粒和金属氧化物，前者有滑石粉、二氧化硅和石墨等，后者有氧化镁和氧化铝等，这类成核剂开发较早且价廉实用，但对制品透明性和表面光泽度有影响，限制了其在 PA 透明材料中的使用；有机类成核剂主要是低聚物如己二酰胺二聚体、有机次磷酸盐类和乙酸盐等，由于这类成核剂克服了无机成核剂透明性和光泽度差的不足，能够显著提高制品的加工性能；高分子成核剂是指高熔点的 PA，如 PA6T、PA46 等，也可以是一些结晶结构与 PA 相似的高熔点聚合物，这类成核剂不仅显示常规成核剂的通性，而且在分散性方面尤为突出，因此又可成为均相成核剂。

### 4.9.4.2 成核剂的用量

一般无机类和有机类成核剂的最佳用量为 0.001%～0.05%。高分子类成核剂的最佳用量为 0.005%～0.05%。低于此用量时起不到成核效果，高于此用量时其结晶促进作用并不提高，反而可能损害制品的性能，从实际应用上讲也不经济。如PA66或半芳香族PA共聚物作为纺丝用PA成核剂时，PA66或半芳香族PA含量为0.005%～0.05%时，其结晶温度随成核剂含量增加而升高很快；当成核剂含量低于0.005%时，几乎不起成核作用；含量高于0.05%时，结晶温度增加缓慢，即结晶速率变化不大。

## 4.9.5 着色剂

着色剂是一种可以改变塑料固有颜色的物质。塑料着色不但可以美化产品外观，且可赋予塑料多种功能，改善塑料的某些性能。

### 4.9.5.1 尼龙用着色剂的选用原则

**(1) 耐热、耐光**

**(2) 化学性稳定** 着色剂与树脂不发生化学反应，不促进树脂分解。

**(3) 耐迁移性**

**(4) 着色力** 着色力大小决定了为达到目标颜色的着色剂的用量。一般来说，着色力随着色剂粒径的减小而增加。有机颜料的着色力比无机颜料高，当彩色颜料与白色颜料并用时，着色力可以得到显著提高。

**(5) 分散性** 着色剂在聚合物中只有以微小的粒子状态均匀分散，才能有良好的着色效果。

### 4.9.5.2 尼龙用着色剂的种类

**(1) 无机颜料** 无机颜料中炭黑是最好的黑色颜料，它不仅是一种发展最快的聚合物着色剂，还是良好的光稳定剂。常用的黑色颜料一般有槽法炭黑、塑料黑、尼龙黑、油熔黑。

衡量炭黑性能的优劣有两个指标：着色力与遮盖力。着色力越大则着色剂用量越小。表4-52是添加量为1%时的着色效果对比。

■表 4-52 炭黑的种类与效果

| 种类 | 槽法炭黑 | 塑料黑 | 尼龙黑 | 油熔黑 | 尼龙黑、油熔黑 |
|---|---|---|---|---|---|
| 效果 | 黑中有红 | 黑但无光泽 | 黑有光泽 | 黑中有红 | 黑且有光泽 |

**(2) 有机颜料** 一般来讲，有机颜料与无机颜料相比，显示出高着色强度及鲜艳度。PA加工温度较高，对颜料的耐热稳定性要求也较高，同时PA树脂熔融时显示极强的还原性，使得很多塑料用有机颜料不适合用在尼龙中。

① 偶氮颜料 常用于丙纶纤维中耐热性很好的偶氮红、偶氮黄颜料品种，在尼龙熔融加工过程中，会发生退色和变暗，不适于对PA的着色。

② 茈系颜料 茈系颜料是用于塑料着色的理想着色剂之一，由于具有很好的耐热稳定性，因此可用于大多数塑料的着色，但它们在PA熔融物中会发生可逆的还原反应。

③ 稠环酮类（还原型）颜料　稠环酮类（还原型）有机颜料具有优良的耐光牢度、良好的耐溶剂性、耐迁移性、耐热稳定性，其中的某些红、黄颜料品种适于 PA 着色，其他的还有喹吖啶酮类等。

④ 酞菁类颜料　由于酞菁分子结构的平面性、对称性，使其具有良好的稳定性和极好的耐热、光、迁移、酸及碱等性能。其蓝、绿色的颜料品种适于 PA 着色。

⑤ 新型金属络合颜料　近年来发展了含有苯并咪唑基或异吲哚啉基的镍络合颜料，同样具有优异的性能，适用于 PA、PE、PC 等几乎所有塑料的着色。

在适用于尼龙的浅色有机颜料品种中，有 3 个重要品种：C.I. 颜料黄 150、192 和颜料橙 68，它们的热稳定性、耐晒牢度、耐溶剂性和化学稳定性均很好，完全能满足尼龙加工的要求。C.I. 颜料黄 150 为绿光黄色（4G-5G），颜料黄 192 为红光黄色（1R-2R），颜料橙 68 为红光橙色。这 3 种颜料覆盖了浅色色谱，共同的缺点是不够鲜艳。

## 4.10 共聚改性聚酰胺

### 4.10.1 概述

共聚改性作为聚酰胺化学改性的方法之一，通过选择合适的单体，采用与普通尼龙（如 PA6）基本相同的聚合方法，改变聚合物大分子的主链、支链及大分子链之间的结构以改变尼龙共聚物的熔点、玻璃化转变温度、溶解度、结晶性、透明性等性能。根据所得共聚物结构的不同，可将改性工艺分为：无规共聚、嵌段共聚、交替共聚以及接枝共聚等。

共缩聚方法具有工艺简单、效果优良等特点，发展迅速、被广泛应用于光学元器件、电机部件、汽车部件、化妆品、胶黏剂以及包装材料等领域。共聚酰胺的熔点比较低，柔软，根据共聚比的不同，可以成为非结晶性的，亦可成为醇溶性的。透明、柔软共聚酰胺主要用于制造薄膜、管道和单丝；醇溶性共聚酰胺主要用做结构用胶黏剂、漆包线用漆、涂层织物的表面喷涂，热合用涂料，感光性尼龙印刷版的基础树脂；共聚酰胺热熔胶黏剂（通常称热溶胶）主要用做纤维制品的衬里和面料的胶黏剂。还可利用共聚酰胺的耐磨耗、自润滑和低熔点等特性而用于轴承、齿轮等成型制品、电线包覆材料和黏结用薄膜等。

在国内，共聚尼龙以尼龙 6 与尼龙 66 的共聚物居多。共聚尼龙于 20 世纪 60 年代初在上海赛璐珞厂陆续投入生产，先后开发了二元、三元醇溶尼龙，三元、四元以及多元 T-170、T-150、T-130 等共聚尼龙。

## 4.10.2 共聚合尼龙品种及性能

### 4.10.2.1 无规共聚合尼龙

制备无规共聚合尼龙，通常有以下三条工艺路线：①先制得各链节所对应的酰胺盐，再进行溶液或熔融缩聚；②各初始单体——二元羧酸/羧酸酯、二元胺、内酰胺或氨基酸直接进行熔融缩聚；③各初始单体——二元胺和二元酰氯进行界面缩聚等。根据产品的应用，无规共聚合尼龙主要分为：同晶型置换共聚尼龙、透明共聚合、热熔胶用共聚合尼龙、水溶和醇溶性共聚合尼龙等。

**(1) 透明共聚尼龙** 透明共聚酰胺，亦称为非晶性聚酰胺，是一种几乎不发生结晶或结晶速度非常慢的特殊聚酰胺。透明共聚酰胺最早在 20 世纪 60 年代由诺贝尔炸药公司（Dynamit Nobe1）开发成功，此后日本，美国和瑞士等也相继进行了研制和生产。国内，郑州大学对透明尼龙的合成与应用也有较深入的研究，并与有关厂商推出了系列透明尼龙产品投放市场。

① 制备 透明尼龙的聚合，一般采用熔融聚合或溶液聚合。熔融聚合法与尼龙 6 或尼龙 66 的聚合方法基本相同，只是聚合温度相对较高，聚合时需加入磷系化合物以防止聚合物易发黄和凝胶化。

② 常见品种与性能 透明尼龙除透明性好外，一般还有较高的强度和硬度、尺寸稳定性好、热变形温度较高、尺寸稳定性好，吸水性低、易与其他非晶相或半结晶性聚合酰胺形成合金等特点。

国外典型的透明尼龙品种及性能见表 4-53 所列。

■表 4-53 国外典型的透明尼龙品种及性能

| 性 能 | Trogamid-T | PACP9/6 | GrilamidTR-55 | Isonamid PA7030 |
|---|---|---|---|---|
| 拉伸强度/MPa | 69 | 84.5 | 75～80 | 73 |
| 断裂伸长率/% | 130 | 50～100 | 50～100 | 80～120 |
| 弯曲模量/MPa | 2700 | 220 | 1750 | 2110 |
| 悬臂梁缺口冲击强度/(J/m) | 100～150 | 54 | 60 | 54～130 |

透明共聚酰胺的力学性能、电性能、机械强度和刚性与 PC 和聚砜几乎属于同一水平。

国内郑州大学与平顶山华伦塑料有限公司，以直链脂肪族二元胺与对苯二甲酸和间苯二甲酸等为单体，采用多元共缩聚方法制备的半芳香透明尼龙（SATPA）见表 4-54 所列。

■表 4-54 SATPA 透明尼龙性能

| 项 目 | 性 能 | 项 目 | 性 能 |
|---|---|---|---|
| 拉伸强度/MPa | 90～95 | 弯曲模量/MPa | 2200～2700 |
| 断裂伸长率/% | 140～200 | 缺口冲击强度/(kJ/m²) | 3.5～5.4 |

**(2) 醇溶性尼龙** 醇溶性共聚酰胺是指与多量第二组分共聚合或者由三元四元共聚合体组成的溶于醇的一类聚酰胺。

① 制备方法 改变共聚酰胺配比；聚酰胺分子链引入羟基，如用各种羟基单元酸对聚酰胺树脂分子链进行封端，可以赋予树脂的醇溶性；降低分子量，该类方法易导致树脂抗黏性能下降、树脂的光泽度和耐热性降低。三种方法中用得最多的是第一种。

② 常见醇溶性尼龙品种组成及性能 常见的醇溶性聚酰胺的基本组成、特性、物性见表 4-55～表 4-57。PA6/66 二元共聚酰胺配比在 50/50-75/25 之间为醇溶性，减小己内酰胺的用量可以制得非醇溶性材料；三元共聚酰胺 1010/66/6 的配比等于 40/30/30 时为醇溶性，配比等于 10/20/70 和 70/20/10 时为非醇溶性。

■表 4-55 醇溶性聚酰胺的组成

| 组成/% | 熔点或软化点/℃ | 组成/% | 熔点或软化点/℃ |
|---|---|---|---|
| 6/66(70/30～50/50) | 175～190 | 6/66PACM6 | 150～170 |
| 6/66/610 | 140～160 | 6/66/610/12 | 120～140 |
| 6/66/610＋增塑剂 | 140～160 | | |

■表 4-56 醇溶性共聚合聚酰胺的基本特性

| 性质 | 测定条件 | 单位 | 试验方法(ASTM) | 牌号 | |
|---|---|---|---|---|---|
| | | | | CM4000 | CM8000 |
| 相对密度 | | | 浮沉法 | 1.13 | 1.12 |
| 熔点 | 升温速度10℃/min | ℃ | DSC法 | 140 | 128 |
| 吸水率 | 20℃，24h | % | D570 | 3.5 | 3.5 |
| | 20℃，水中平衡 | % | D570 | 12.5 | 12.0 |
| | 20℃，RH65%平衡 | % | D570 | 2.0 | 2.0 |
| 热导率 | | W/(m·K) | | 0.279 | |
| 比热容 | | J/(kg·K) | | 1674 | |
| 线膨胀系数 | | | D696 | $1.2\times10^{-4}$ | |
| 介电强度 | 短时间法 | kV/mm | D149 | 16.8 | |
| 比电阻 | | Ω·cm | D257 | $5\times10^{13}$ | |
| 介电常数 | 60Hz | | D150 | 4.9 | |
| | $10^3$Hz | | D150 | 4.6 | |
| | $10^6$Hz | | D150 | — | |
| 介质损耗角正切 | 60Hz | | D150 | 0.19 | |
| | $10^3$Hz | | D150 | 0.18 | |
| | $10^6$Hz | | D150 | 0.14 | |

■表4-57 醇溶性共聚合尼龙的材料物性

| 性质 | 单位 | 试验方法(ASTM) | 温度/℃ | 东丽尼龙CM4001 |
|---|---|---|---|---|
| 拉伸强度 | $kg/cm^2$ | D638-56T | 5/23/76 | 915/520/355 |
| 屈服强度 | $kg/cm^2$ | D638-56T | 23 | 450 |
| 伸长 | % | D638-56T | 23/76 | 300/400 |
| 纵向弹性模量 | $kg/cm^2$ | D638-56T | 23 | 15200 |
| 剪切强度 | $kg/cm^2$ | D736-46T | 23 | 400 |
| 弯曲弹性模量 | $kg/cm^2$ | D790-49T | 23/80 | 14900/1200 |
| 缺口悬臂梁冲击强度 | kg·cm/cm | D256-56 | 4.4/23 | 5/>87 |
| 1%变形压缩应力 | $kg/cm^2$ | D695-54 | 23 | 56 |
| 洛氏硬度 | | D785 | 23 | R83 |

注：$1kg/cm^2=0.098067MPa$，1kg·cm/cm=9.8067J/m。

**(3) 热熔胶黏剂用共聚酰胺** 热熔胶黏剂简称热熔胶，是一种以热塑性高聚物为黏料、不含溶剂或水的固体胶黏剂。热熔胶使用时经过加热熔融、涂布、润湿、压合、冷却固化而形成胶接。

① 典型制备工艺 以PA1010为组分的热熔胶制备过程如下：向聚合釜中按质量比=1∶1∶1.33分别加入己内酰胺、PA66盐和PA1010盐，在加入其他助剂后，抽真空并用$CO_2$或$N_2$交替置换体系，然后在4～5h内升温至250～260℃，保压反应一定时间，再缓慢卸至常压反应一定时间，降温至190℃放料；料带经冷水冷却、牵引送入切粒机切粒、真空干燥、深冷粉碎即为成品。

尼龙型热熔胶的熔点一般控制在140℃以下，结晶度小。

② 热熔胶黏剂共聚酰胺的特性 与纤维制品有较高的粘接强度；具有优良的耐干洗性；热熔胶型性共聚酰胺中的亚甲基与酰胺基比值越大，吸水性越低，耐水性越好。

纤维黏合用共聚酰胺热熔胶的主要特性见表4-58所列。

■表4-58 共聚合尼龙热熔胶的主要特性

| 牌号、性能 | Plate“Platamid” | | | |
|---|---|---|---|---|
| | (H105) | (H005) | (H104) | (H103) |
| 共聚物组成 | 6/66/12 | 6/66/12 | 6/12 | 6/12 |
| 熔融温度/℃ | 115～125 | 115～125 | 125～135 | 80～90 |
| 黏度数/($cm^3$/g) | 130 | 110 | 100 | 80 |
| 熔融指数/[g/(10min)] | | | | |
| 100℃ | — | — | — | 3 |
| 110℃ | — | — | — | 6 |
| 120℃ | — | — | — | 12 |
| 130℃ | 1 | 3 | 3 | 22 |
| 140℃ | 2 | 6 | 8 | 40 |
| 150℃ | 3 | 10 | 12 | 65 |

续表

| 牌号、性能 | Plate“Platamid” | | | |
|---|---|---|---|---|
| | (H105) | (H005) | (H104) | (H103) |
| 水萃取物/% | 4.5 | 4.5 | 2.5 | 2.5 |
| 吸水率/% | | | | |
| 20℃/(65%RH) | 3 | 3 | 1.5 | 2.5 |
| 浸泡 | 7 | 7 | 3.5 | 7 |
| 断裂强度/($kg/cm^2$) | 500 | 300 | 280 | — |
| 断裂伸长/% | 550 | 400 | 320 | — |

注：$1kg/cm^2=0.098067MPa$。

热熔胶共聚酰胺主要应用在纺织业、电气行业、制鞋业、金属粘接等领域。

#### 4.10.2.2 嵌段共聚酰胺热塑性弹性体

聚酰胺类热塑性弹性体（TPAE）与聚氨酯热塑性弹性体和聚醚酯热塑性弹性体一样，都属于分段型嵌段共聚物。

TPAE 按构成硬段的聚酰胺类型可分为 PA6 系、PA66 系、PA12 系等。商品化的 TPAE 有 Dow 化学公司的以半芳香酰胺为硬段，分别以脂族聚酯、脂族聚醚、脂族聚碳酸酯为软段的聚酯酰胺（PEA）、聚醚酯酰胺（PEEA）、聚碳酸酯-酰胺（PCEA）和 Atochem 的以脂族酰胺为硬段、聚醚为软段的聚醚-*b*-酰胺（PE-*b*-A）等，其中以 PA12 系最为常见。

**（1）热塑性弹性体的制备** 根据聚酰胺热塑性弹性体合成所需原料的不同，其合成方法可以分为二元酸法和异氰酸酯法。

① 二元酸法 目前大多数 TPAE 生产厂家均采用二元酸法。该法是由端羧基脂肪族聚酰胺嵌段与端羟基聚醚二元醇通过酯化反应制备。双端羧基脂肪族聚酰胺可由环内酰胺，或者脂肪族二元酸和二元胺或者 $\alpha,\omega$-氨基酸来制备。用做 TPAE 硬段的聚酰胺包括尼龙 6、尼龙 11、尼龙 12，尼龙 46、尼龙 66、尼龙 610、尼龙 611 以及尼龙 612，反应条件与高相分子质量聚酰胺相同。为保证其末端基团为羧基，需加入过量的二元酸。

用做软段的聚亚氧烷基二元醇常为聚环氧乙烷二元醇、聚环氧丙烷二元醇以及聚四氢呋喃二元醇等，它们的相对分子质量范围为 200～3000。

聚合工艺：反应温度 200～300℃，真空度下反应一定时间；反应体系中加入四烷氧基金属化合物类催化剂可以提高酯化反应速率，提高聚合物相对分子质量。

② 异氰酸酯法 异氰酸酯法最早由美国 Dow 化学公司开发。这种聚酰胺类热塑性弹性体是以半芳香族聚酰胺为硬段，脂肪族聚酯、聚醚或聚碳酸酯作为软段。其中，半芳香族聚酰胺硬段由芳香族二异氰酸酯与二元羧酸反应制得。

**（2）影响聚酰胺热塑性弹性体性能的因素** 影响 TPAE 性能的因素有

很多，如硬段的比例、化学组成、分子量和分子量分布，高聚物的合成方法、热历史等。增加硬段的比例会使共聚物的硬度和初始模量上升，但断裂伸长率下降；增加软段的比例会使共聚物的弹性、最大拉伸比、断裂伸长率增加。在软、硬段比例相同时，改善相分离程度会使弹性相分子链运动更加自由（即降低了 $T_g$），因此导致共聚物的硬度和模量下降。

TPAE 的使用温度范围取决于聚合物硬微区部分的 $T_g$ 和 $T_m$，当温度较高、形成物理交联点的硬段含量较低时，共聚物的模量和拉伸强度下降；软段的组成及结构影响聚合物的水解稳定性、热稳定性和低温柔软性，并且软段部分的长度对聚合物的硬度、低温柔软性也有影响。

**(3) TPAE 的性能** TPAE 的性能取决于软、硬段的化学组成，相对分子质量，软、硬段的质量比等因素，并且各个因素之间的相互影响相对复杂，如表 4-59。

■表 4-59 TPAE 的组成参数与性能和关系

| 性能 | 硬段组成 | 软段组成 | 硬段含量 |
|---|---|---|---|
| 硬度 | + | | + |
| 相分离程度 | + | + | + |
| $T_m$ | + | | |
| 拉伸性能 | + | | + |
| 热氧稳定性 | | + | + |
| 耐化学品性 | + | + | + |
| 水解稳定性 | | + | + |
| 低温性能 | | + | + |

注：+表示该因素对性能有影响。

由表 4-59 可以看出，硬段组成通常与硬段的结晶度、硬微区结晶的熔点有关。当硬段的相对分子质量较低，硬段的结晶度越大，熔点就越高，弹性体的使用温度上限也就越高，并且硬段结晶度越高，相分离就愈完全，弹性体也就愈柔软，溶解度愈低。软段通常在 TPAE 中所占的比例较高，其化学组成对弹性体的热稳定性有较大影响，如以聚醚为软段的弹性体通常比聚酯为软段的弹性体更易氧化断链，但抗水解能力较高。

总的来说，TPAE 具有以下特点。

① 综合力学性能好 拉伸强度、低温抗冲击强及柔软性好、弹性回复率高、耐曲挠。

② 耐磨性良好 其耐磨性可与相同硬度的热塑性聚氨酯和聚醚酯相媲美。

③ 吸音效果良好。

④ 热稳定性良好 热熔接性良好，能与多种工程塑料共混相容性，且热分解温度较高。

⑤ 吸水性变化范围大　吸水性与不同软段组成有关，其变化范围为1.20%～100%，高吸水性的产物可去除静电。

⑥ 耐化学药品性和耐候性优异。

⑦ 易成型加工　可加工成型复杂的制件；溢边少并可循环使用。

表 4-60 列出了一系列 TPAE 的典型性能。

■表 4-60　TPAE 的典型性能

| 编号 | 硬度 | $T_m$/℃ | 拉伸强度/MPa | 伸长率/% | 柔性模量/MPa |
|---|---|---|---|---|---|
| 1 | 25D | 148 | 34.1 | 640 | 14.5 |
| 2 | 35D | 152 | 38.6 | 580 | 19.3 |
| 3 | 40D | 168 | 39.3 | 390 | 89.7 |
| 4 | 55D | 168 | 50.3 | 430 | 20.0 |
| 5 | 63D | 172 | 55.9 | 300 | 339 |
| 6 | 70D | 174 | 57.2 | 380 | 460 |

注：在间甲酚中浓度为 0.5g/L 时，典型的特性黏数为 1.5L/g（25℃）。

**(4) TPAE 的加工**　聚酰胺热塑性弹性体可以采用注塑成型、吹塑成型和挤出成型等设备进行熔融加工，加工制品包括线材、电线炉套、薄膜等。聚酰胺热塑性弹性体的模塑收缩量因组成不同而异，范围在 0.5%～1.0% 之间。如其他柔韧材料一样，模具表面应进行蒸汽磨平，同时起磨杆应有尽可能大的表面。

TPAE 的典型加工条件见表 4-61 所列。

■表 4-61　TPAE 的典型加工条件

| 注 塑 | 成型 | 挤出 | 成型 |
|---|---|---|---|
| 后部温度/℃ | 230～240 | 进料区温度/℃ | 230～240 |
| 中部温度/℃ | 240～250 | 过渡区温度/℃ | 240～250 |
| 前部温度/℃ | 240～250 | 计量段温度/℃ | 245～255 |
| 注嘴温度/℃ | 250～260 | 模口温度/℃ | 245～255 |
| 模具温度/℃ | 75～85 | 熔体温度/℃ | 250～255 |
| 熔体温度/℃ | 245～255 | | |
| 螺杆转速/(r/min) | 80～100 | 螺杆转速/(r/min) | 50 |
| 注射压力/MPa | 8.3 | | |
| 保压压力/MPa | 3.4 | | |
| 返压/MPa | 0.7 | | |
| 注射时间/s | 2 | | |
| 保压时间/s | 5～8 | | |

TPAE 的加工温度决定于弹性体中硬段的熔点，与其他聚酰胺和聚酯类似，原料中的水分在高温下会导致聚合物链水解而断链，因此，加工前应对

原料进行干燥处理，将其水分含量降到 0.02%以下。

**(5) TPAE 的应用** TPAE 优异的性能使其在各种领域的应用日益广泛，可通过填充复合改性，替代普通橡胶和软质塑料，广泛用于制作机械和电气精密仪器的功能部件、汽车部件、体育用品、软管和机带等，如齿轮、键盘底垫、垫圈、密封材料、防震消音零部件、行李箱、挡泥板、保险杠、反射镜罩、撑条减震片、高压软管、内胎、滑雪鞋、登山鞋、足球鞋底、橄榄球、传送带、压缩空气管、医用胶管、尿道管、消防用软管及泵膜等。与 PA6、PA66、PET、PBT、POM 等共混复合改性，构成多相复合材料，其冲击强度可提高 3～20 倍。

TPAE 与其他聚合物相容性好，可制备性能优良的聚合物合金；已开发的 TPAE 合金有 TPAE/TPU、TPAE/CPE 等。

#### 4.10.2.3 交替共聚尼龙

交替共聚合可通过非常活泼的二羧酸对硝基苯酯与二酰氨基二胺的反应来合成。例如：为了避免酰胺交换反应的发生，反应在 1,2,4-三氯苯中进行，反应温度为 10℃，可以合成 PA66/610 共聚物；也可以由 6-氨基己酰胺合成 PA6/12 交替共聚物，反应温度为 120℃；采用本体聚合反应，在 200℃ 下合成了 PA6/2、PA6/3、PA6/4、PA6/5 和 SDPA43 等交替共聚物。

表 4-62 比较了交替共聚尼龙和无规共聚尼龙的熔点。交替共聚物的熔点要比无规共聚物高大约 50℃。一般情况下，交替共聚物的熔点在各自均聚物的熔点之间。

■表 4-62 交替和无规共聚尼龙的熔点（$T_m$）

| PA-A/B | 无规共聚物/℃ | 交替共聚物/℃ | 均聚物 PA-A/℃ | 均聚物 PA-B/℃ |
|---|---|---|---|---|
| PA6/12 | 140 | 197 | 222 | 182 |
| PA66/62 | 237 | 280 | 255 | 320 |
| PA66/64 | 219 | 269 | 255 | 290 |
| PA66/610 | 199 | 248 | 255 | 225 |
| PA6/11 | 136/155 | 184 | 223 | 185-190 |
| PA6/2 | | 225-230 | 223 | |
| PA6/3 | | 160-165 | 223 | |
| PA6/4 | | 195-200 | 223 | 260 |
| PA6/5 | | 210-215 | 223 | 271 |
| PA5/2 | | 248-251 | 271 | |
| PA5/3 | | 260-263 | 271 | |
| PA5/4 | | 215-218 | 271 | 260 |
| PA5/6 | | 206-209 | 271 | 223 |

#### 4.10.2.4 接枝共聚合尼龙

在接枝共聚合尼龙的合成中，找到合适的接枝点，可以取得比较理想的改性效果。

#### 4.10.2.5 超支化聚酰胺

具有酰胺结构的超支化聚合物是近年聚酰胺改性研究的一个方向。与线型聚酰胺相比，支化（星型）聚酰胺的流体力学体积相应减小，熔融黏度和溶液黏度相对降低，具有很好的流动性，可在较低的温度和压力下加工尺寸要求较高的薄壁及微型制品；因此，近年高支化聚酰胺的开发研究进展很快。主要特点如下。

**(1) 保持尼龙产品原有的耐热性、力学性能和化学性能。**

**(2) 制品具有很高的刚性** 性能水平可以与成本较高的专用聚酰胺（如PPA、PA46 等）相媲美。

**(3) 具有优良的熔融流动性** 不仅能充分渗入、填充到增强纤维内部，同时还能提供精湛的界面，以满足半成品的性能标准，可制成大尺寸和形状复杂的部件，以及带有薄壁和加强筋的部件，表面外观出色；减少模垢和模具磨损，降低维护成本。

**(4) 尺寸稳定性好** 在较宽温度范围和湿度环境下长期稳定，如图 4-29所示。

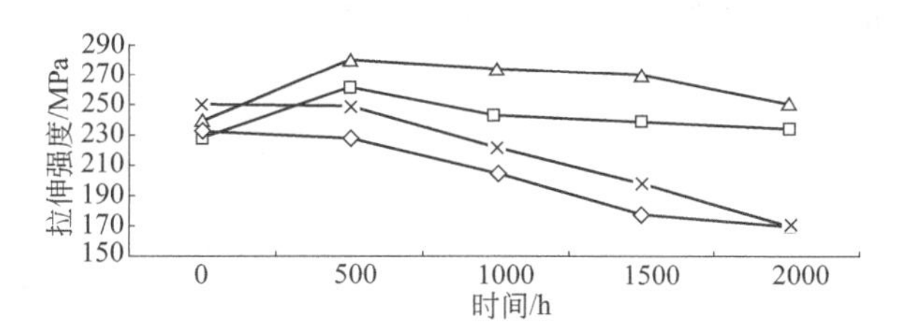


■ 图 4-29 TECHNYL STAR 热老化性能比较

—◇— PAA GF50；—□— PASTAR GF50；—△— PASTAR GF60；—×— PAA GA60

如 Technyl Star 是罗地亚公司开发的高强度、高弹性模量非线型支化尼龙 66 新品种，呈网状或星型结构，适用于各种高性能汽车零部件、消费品和工业用品等制件；由于其具有较高的刚度和抗蠕变性能，可以替代常用金属制造高荷载部件，如后视镜支架、齿轮组件、雨刮器摇杆和座位部件等；此外，还可加工那些与油脂接触的要求高刚性、高尺寸稳定性和长期耐久性的机械部件，如：电动机部件、高压液压清洗机部件、管线保护链条、轴承箱和皮带轮等。

支化聚酰胺的制备方法及产品性能：湖南大学以低代数的聚酰胺胺(PAMAM) 与己内酰胺一起混合，按水解开环聚合法制备新型高支化尼龙6 过程如下。

先将低代数的 PAMAM 分别与对苯二甲酸配制成母盐溶液，再将母盐溶液，己内酰胺，封端剂（乙酸）一起投入到 2L 高压反应釜中，多次以高纯氮充分置换釜内空气后分段升温，先升温到 220℃，保温 2h，再慢慢升温至 260～270℃保温保压反应 1h，然后降压，加入新鲜氮气来带走系统生成的水分和未聚合的己内酰胺单体，待温度至 230℃从釜底出料，冷水冷却拉带、切粒、沸水萃取、真空干燥（100℃）即可得到高支化尼龙 6。其性能见表 4-63 所列。

■表 4-63 不同代数 PAMAM 制备的高支化尼龙 6 性能

| 样品编号 | LPA6 | BPAG1 * 0.5 | BPAG2 * 0.5 | BPAG3 * 0.5 | BPAG2 * 0.3 | BPAG2 * 1.2 |
|---|---|---|---|---|---|---|
| PAMAM/%(质量) | 0 | 0.5(1.0G) | 0.5(2.0G) | 0.5(3.0G) | 0.3(2.0G) | 1.2(2.0G) |
| [η]/(dL/g) | 0.86 | 0.70 | 0.74 | 0.75 | 0.76 | 0.52 |
| MFI/[g/(10min)] | 4.52 | 7.93 | 8.69 | 7.95 | 7.55 | 17.27 |
| 拉伸强度/MPa | 74 | 74 | 75 | 74 | 75 | 65 |
| 断裂伸长率/% | 183 | 150 | 152 | 115 | 148 | 180 |
| Izod 缺口冲击强度/($kJ/m^2$) | 2.22 | 2.58 | 2.60 | 2.75 | 2.62 | 2.45 |

由上表可以看出：在己内酰胺聚合体系中加入少量不同代数的 PAMAM，制备的超支化尼龙 6 与一般线型尼龙 6 相比，拉伸强度没有减弱，缺口冲击强度有所增加，熔体流动速率提高约 80%，熔体流动性有了很大改善。

## 参考文献


[1] 梁惠霞等．汽车用增韧尼龙 6 的热氧老化研究．工程塑料应用，2009，37（9）：17-21.

[2] 钱春香，赵洪凯，李志刚，乔淑媛．碳纤维增强尼龙复合材料渗透模型的研究．材料导报，2009，23（12）.

[3] 杨宝柱．中国塑料助剂业发展现状及趋势分析．国外塑料，2010，28（1）.

[4] 李敏等．低温增韧尼龙 6 的制备与研究．塑料，2009，38（2）.

[5] 江海亮．马来酸酐（MAH）接枝 SEBS 及其对 PPO/PA6 合金性能的影响．高校化学工程学报，2009，23（6）.

[6] 陈现景，祝一民．浸润剂对短切玻璃纤维增强尼龙 66 性能影响的研究．玻璃钢/复合材料，2010，（1）：70-72.

[7] 许丽丹，王澜．碳纤维增强树脂基复合材料的应用研究．塑料制造，2007，150（1）：81-85.

[8] 梁文聪等．玻璃微珠增强改性聚酰胺 66 的力学性能研究．合成材料老化与应用，2009，38（1）：9-12.

[9] Christopher W. Macosko，Huun K. Jeon，Thomas R. Hoye. Reactions at polymer-polymer interfaces for blend compatibilizations，Progress in Polymer Science，2005，30（8-9）：939-947.

[10] 陶磊等．POE-*g*-MAH 反应性相容 HDPE/PA66 共混合金性能研究．塑料科技，2008，36（11）：50-54.

[11] 许冬梅，欧育湘．新一代阻燃剂次膦酸盐阻燃的玻璃纤维增强尼龙 66. 塑料，2005，34（2）：70-73.

[12] 刘渊，王琪．三聚氰胺氰尿酸阻燃尼龙 6 的抗熔滴燃烧性研究．工程塑料应用，2005，33

(11)：48-50.

[13] Novel Coated Files Enhance Flame-Retardant Properties. Plastics Addtives& Compunding，July/August 2007，9：26-29.

[14] 欧育湘等．加速中国阻燃剂及阻燃塑料的环保化进程．塑料，2008，37 (3).

[15] 高伟等．世界各国的阻燃法规及相关管理规定．消防科学与技术，2008，27 (8).

[16] 杨宝柱．中国塑料助剂业发展现状及趋势分析．国外塑料，2010，28 (1).

[17] 邬智勇，夏金魁，熊远凡，伍仟新，马永梅．聚酰胺 6/黏土纳米复合材料的工业化制备与性能研究．塑料，2005，34 (1)：73-76.

[18] 邓如生，魏运方，陈步宁编著．聚酰胺树脂及其应用．北京：化学工业出版社，2002.

[19] 梁全才，邱桂学．PA6 增强增韧改性研究进展．塑料科技，2009，37 (8)：80-83.

[20] R Gallego，D Garcfa-López．S López-Quintana，et a1. Toughening of PA6/mEPDM blends by two methods of compounding，extruder and internal mixer：rheological，morp hological and mechanical characterization. P01ymer Bulletin．2008，60 (5)：665-675.

[21] 刘振宏，王静江．POE-*g*-MAH 增韧改性 PA6 的力学性能．天津大学学报，2009，42 (2)：173-176.

[22] 潘燕子，邓如生等．增强增韧 PA6 复合材料共混工艺与结构性能的研究．工程塑料应用，2009，37 (10)：23-26.

[23] 张燕，彭少贤．阻隔性尼龙 6/有机蒙脱土纳米复合材料的制备．化学建材，2009，25 (6).

[24] Bhuvanesh Gupta. Polyamid6/Clay-Nanocomposites A Critical Review. Polyamid& Polymer Composites，2006，14 (1)：13-34.

[25] Chung Y C，Cho T K，Chun B C. Dependence of montmorillonite dispersion in nanocomposites on polymer matrix and compatibilizer content，and the impact onmechanical properties. Fibers and polymers，2008，19 (1)：7-14.

[26] 欧育湘，李向梅，赵毅．聚合物，层状硅酸盐纳米复合材料阻燃性能的全面评价．塑料科技，2008，36 (9)：90-95.

[27] 林一凡，潘太军．蒙脱土的有机化改性及插层剂的选择．化工科技，2010，18 (1)：24-27.

[28] 曲良俊，牛明军，蒋爱云等．SA 型透明尼龙的注射成型与力学性能．塑料工业，2004，23 (1)：23-25.

[29] 许永昌．尼龙用抗静电剂的制备与性能．塑料工业，2005，(7)：17-21.

[30] 孙书适，李杰．抗氧剂、光稳定剂在色母料和功能色母料中的应用．塑料加工，2004，39 (1)：30-32.

[31] 吕励耘，朱诚身，何素芹．成核剂对尼龙结构与性能影响的研究进展．工程塑料应用，2003，31 (5)：32-36.

[32] 闫燕．尼龙着色剂．染料与染色，2009，46 (5)：32-36.

[33] 方鲲，张国荣等．长纤维增强热塑性复合材料在汽车零配件上的应用进展．中国塑料，2009，23 (3)：13-18.

[34] 张帆等．一种含树枝单元的高流动性尼龙 6 的原位聚合及性能测试．高分子学报，2008，3 (3).

# 第 5 章 加工成型技术

## 5.1 概述

### 5.1.1 聚酰胺的特性及加工方法

在聚酰胺家族中，各品种的性能具有许多共同特征，因而熔融加工工艺有相似之处。如所有的聚酰胺品种都具有吸水性，所以在熔融加工过程中水分含量必须保持平衡，以避免引起聚酰胺水解或进一步聚合；大多数聚酰胺是半结晶体，其结晶速度快，模具温度不需要很高；聚酰胺熔体和模具之间的温差大，固化速度快，注塑周期短。但在挤出过程中，由于聚酰胺的结晶速度快、收缩率高，会使其制品的形状控制更加困难。

在干燥和熔融加工过程中，聚酰胺可能会被氧化而发黄发脆。因此，在加热熔融挤出过程中，应排空螺杆机筒内的空气。在聚酰胺切片干燥、熔融焊接以及熔融挤出过程中，要重点考虑聚酰胺的氧化问题。

聚酰胺几乎适用于所有热塑性树脂的加工成型方法，如注射成型（注塑）、挤出成型（挤塑）、吹塑成型、浇注成型等方法都可用于加工成各种部件、管材、棒材、板材、容器、薄膜、纤维、单丝等产品。

注射成型是尼龙工程塑料的主要成型方法。近十年来，由于计算机的应用，使注射成型过程的控制更为精密。模具技术的发展，促进了尼龙制品的结构由简单向复杂、大型化迈进。注射成型主要生产机械设备的零部件，如汽车齿轮、进气歧管、散热风扇、点火器、空气滤清器、低压电器开关外壳、轴承等。

挤出成型主要采用单螺杆挤出成型，其主要产品包括管材、单丝、薄膜、纤维等。近年来，业内已开始采用双螺杆挤出成型。

浇注成型分为静态浇注和离心浇注，主要适用于尼龙 6 制品的生产，与注射成型不同的是采用直接浇注单体在模具中反应成型。该方法适用于制造大型部件，其产品有轴套、滑板、板材、管材、齿轮等。浇注成型产品的突出特点是耐磨、自滑性好。

反应注射成型是集浇注与注射成型于一体，采用单体直接挤出注射成型，在催化剂作用下，单体在螺杆挤出机中迅速反应，在模具中固化成型。

### 5.1.2 聚酰胺加工技术的最新进展

由于尼龙树脂在汽车工业的广泛应用，注射成型受到普遍的关注。注射成型可以加工各种复杂的部件，生产效率高且制品应用领域十分广阔。近年来，注射成型技术发展很快，提高了尼龙制品的性能，扩展了尼龙的用途。同时，也促进了相关行业的技术进步与发展，在汽车轻量化与节能、减少大气污染等方面具有重大作用。下面介绍几种新技术。

#### 5.1.2.1 气体辅助注射成型

气体辅助注射成型是一种生产中空注塑制品的方法。其原理是：将一定量的熔体注入型腔后，将压缩空气注入熔体中心，使熔体在压缩空气的作用下充满型腔。气体辅助注射成型突破了传统注射成型的局限性，可以一次成型壁厚不匀的制件，这种技术充分利用气体能均匀、有效地传递压力的特点，使得充模压力低、制品内应力低、表面光洁度高、翘曲变形性小、成型周期短，是提高产品质量、降低成本的有效方法。

气体辅助注射成型技术在国外早已广泛使用，我国也逐渐发展成熟。气体辅助注射成型可使用普通的注塑机，只需配备空气压缩机和模具设备相应的注气口，就可实现这样的操作。该工艺还适用于表面光洁度高、结构复杂（或厚薄不匀）的大型制件的生产，如汽车保险杠、仪表板、离合器踏板等。

#### 5.1.2.2 熔芯注射成型

熔芯注射成型技术是近年开发的新技术，主要用于结构复杂的空心制件的生产。其基本原理是：先用低熔点材料铸成型芯，将型芯嵌入模具中进入注射成型，制件冷却后，将包含有型芯的制件从型腔中取出，再加热制件，将型芯熔化流出，最后得到所需的制件。

熔芯注射成型技术的关键是塑料的型芯材料、模具及熔化型芯所用介质的设计与选择。

**(1) 型芯材料的选择** 型芯材料的选择是该技术的核心，其原则是：型芯材料在注射成型温度条件下不发生熔融；不腐蚀制件；在成型过程中不发生形变；熔点低于加工原料。

铋合金可作为型芯材料，其熔点为138℃。另外，近年来研究表明：PA6、PBT、PET、PPA等也可用做型芯材料。如低相对分子量的PA6可用做玻璃纤维增强PA66芯材料。

**(2) 型芯熔融介质** 加热方式对熔化、制件的受热程度有很大影响。如因受热不均、或产生局部过热可能使制品变形。因此，一般采用加热介质来保证受热均匀，加热介质的选择原则是：在加热条件下不易产生分解；不污染制件；其熔点低于型芯材料熔点。

**(3) 成型温度** 成型温度是一个重要的工艺参数，温度偏高会使型芯表面熔化或变形，从而影响制件空心内表形状与表面光洁度，温度偏低则物料的流动性变差，也将影响产品的性能。

熔芯注射成型特别适用于形状复杂、中空和不宜机械加工的制品。如汽车进气歧管、水泵推进轮、水泵等，汽车发动机进气歧管过去一直采用铝铸造而成。采用熔芯注射成型技术开发了汽车用进气歧管成为现实。如玻璃纤维增强 PA66 进气歧管的质量远小于铝制歧管，内表面光洁、流动阻力小、抗腐蚀性能优异。

#### 5.1.2.3 夹芯注射成型

夹芯注射成型（也称共注射成型）采用两个注射单元，由一个注射单元先向型腔注入一种熔体，而后再由另一个注射单元向型腔注入另一种熔体。根据模具结构以及采用材料的不同，可以是第一种熔体包裹第二种熔体，也可以是第一种熔体为芯，第二种熔体为壳。

夹芯注射成型有单料道、双料道、三料道工艺。

#### 5.1.2.4 多层注射成型

多层注射成型是一种兼有共挤出成型和注射成型特点的成型工艺，适合多层结构制件或多层树脂注射成型，这种工艺有两种方式，一种是类似多层共挤出，即各种物料分别挤出塑化，最终进入注射腔叠加，在模具中保留挤出过程形成的层状形态；另一种是两种树脂分别挤出塑化后依次进入型腔。如饮水机热水阀体就是采用多层注射成型的，这种阀体需要耐高温、无毒，大多采用玻璃纤维增强尼龙。但玻璃纤维增强尼龙的外观粗糙、装饰性较差，因此，通常用玻璃纤维增强尼龙做阀体内层，外层用 ABS，这样同时满足耐热与装饰性要求。

#### 5.1.2.5 高光无痕注射成型

高光无痕注射成型又称快速循环注射成型（RHCM），是采用变模温注射成型，即在注射前通过模温机快速给模具加热，使模具温度达到塑料的热变形温度以上，以实现高模温注射，随后通过快速冷却以缩短成型周期。这种技术的应用可以使制品表面无熔痕、流痕、流线、缩痕，达到镜面般的高光泽效果。同时，省去了后续污染环境的表面喷涂工序，减少了工艺流程，节省能源和材料，直接降低制品的成本，保护环境和操作人员的健康。

### 5.1.3 聚酰胺加工技术发展的趋势

自我国加入 WTO 以来，汽车工业有了很大的发展，汽车用工程塑料得到了迅速发展；家电行业面对市场挑战，产品高性能、多功能、小型化是走出国门的必要条件，因此，将推动工程塑料加工技术迅速发展。根据产业发展的方向，工程塑料加工技术的发展趋势如下。

(1) 精密注射成型将受到普遍重视，机械装置小型化、高性能化要求提高部件精密度，而高密度注射成型是制造高精度部件的主要方法。

(2) 新加工技术将得到推广应用，如气体辅助成型、熔芯注射成型等。

(3) 模具的设计与加工技术引起业内普遍关注，模具是塑料成型加工的关键，模具的好坏直接影响制品的性能与生产效率。在某种意义上讲，模具生产水平直接反映了塑料加工的技术水平。因此，企业应把模具的开发放在产品开发同等位置上。

(4) 产品大型化是工程塑料加工的发展方向，所谓大型化制件也是相对现有的小型部件而言的，只有大型部件实现塑料化，才能实现装备的小型轻量化，金属与塑料相嵌的大型制件的加工技术是行业必须解决的重要课题。

(5) 制件表面处理技术将应运而生。对于一些大型结构件，既要求高强度又需要一定的装饰表面，也是业内面临的一个重要问题。研究制件表面装饰如提高表面光洁度，减少流纹、表面喷漆、印刷等问题，注射成型与喷漆印刷一体化是解决环境污染提高装饰效果的重要途径。

# 5.2 聚酰胺的加工特性

由于聚酰胺大分子链中存在 $-\overset{\overset{\displaystyle O}{\|}}{C}-NH-$ 基团，使得聚合物具有吸水性。吸水性对加工成型既有积极的作用，也有不利的影响，因此充分了解尼龙的各种加工特性，对于制造高品质的尼龙制品是十分重要的。

## 5.2.1 聚酰胺的吸水性对加工过程的影响

由于酰胺基团有较强的氢键结合能力，所以尼龙属于具有较强吸水性的一类高聚物。聚酰胺吸水率取决于其水分的扩散速率，而扩散速率是由聚酰胺品种及其结晶度、形态结构、温度和相对湿度决定。

图 5-1 是不同相对湿度下，聚酰胺在空气暴露时间与吸水率的关系。PA6、PA66 在大气中的吸水率随空气湿度增加及放置时间的延长而增加。

聚酰胺产品的吸水率不同，其熔融加工时允许的最大含水量也不同，见表 5-1 所列。

在聚酰胺熔融加工过程中，含水量的控制是关键，其水分含量低于或高于其特有的水分平衡值时，在熔融加工过程中，将相应出现聚合或水解作

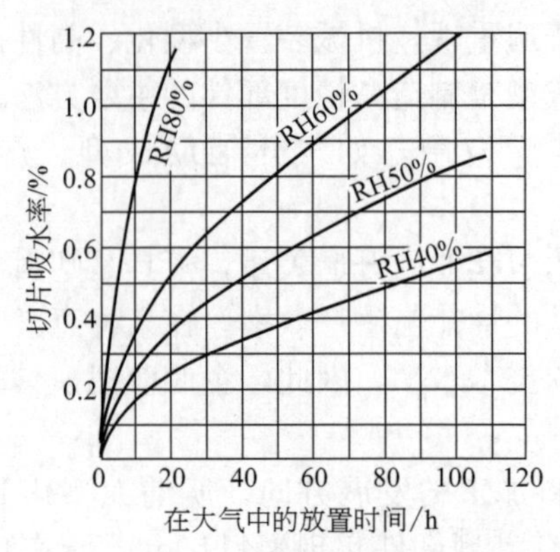

(a) 尼龙6切片在大气中的吸水速度
切片形状：$\Phi$2.5×25mm，放置条件：23℃
切片堆放20mm厚

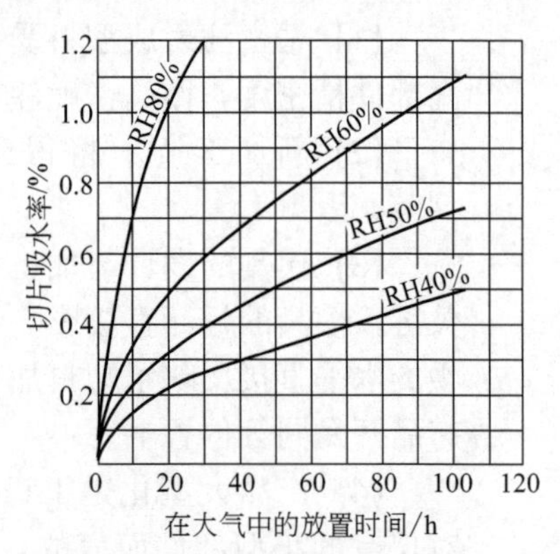

(b) 尼龙66在大气中的吸水速度
切片形状：$\Phi$3×30mm，放置条件：23℃
切片堆放20mm厚

■ 图 5-1 聚酰胺在空气中暴露时间与吸水率的关系

■表 5-1 各种聚酰胺熔融加工的最大允许含水量及吸水率

| 项目 | 推荐熔融加工的最大允许含水量/% | 在 23℃ 平衡时的水分的百分含量 | |
|---|---|---|---|
| | | 50%RH | 100%RH |
| PA46 | | 3.8% | 13.0 |
| PA66＝18000 | 0.2 | 2.5 | 8.5 |
| PA66＝34000 | 0.02 | 2.5 | 8.5 |
| PA610 | 0.2 | 1.4 | 3.3 |
| PA612 | 0.1 | 1.3 | 3.0 |
| PA1212 | 0.2 | | |
| PA6 | 0.2 | 2.8 | 9.5 |
| PA11 | 0.1 | 1.0 | 1.9 |
| PA12 | 0.1 | 0.8 | 1.6 |
| MXD6 | 0.2 | 1.9 | 5.8 |
| PA6/6T | | 2.5 | 5.9 |
| PA6/6I/66 | 0.15 | | 6.0 |
| PA6/66 | 0.2 | | 9.4 |
| PA6I/6T | 0.1 | 1.5 | 5.0 |

用。图 5-2 表示在 230℃时含水量对注塑级的 PA6 的表观熔融黏度的影响，从图中可以看出，含水量对 PA6 的熔融黏度影响很大，含水量低到一定程度时，其熔体黏度随加热时间的延长而增大，这可能是聚合作用使分子量增大的结果；而含水量高于一定值以上，其黏度则降低，这可能是水解或解聚作用的缘故。图 5-3 是含水量 0.15%的 PA6 时温度对熔体黏度影响。图中说明，温度对熔体黏度影响很大，在含水量相同的条件下，PA6 熔体黏度随温度的升高而快速下降。

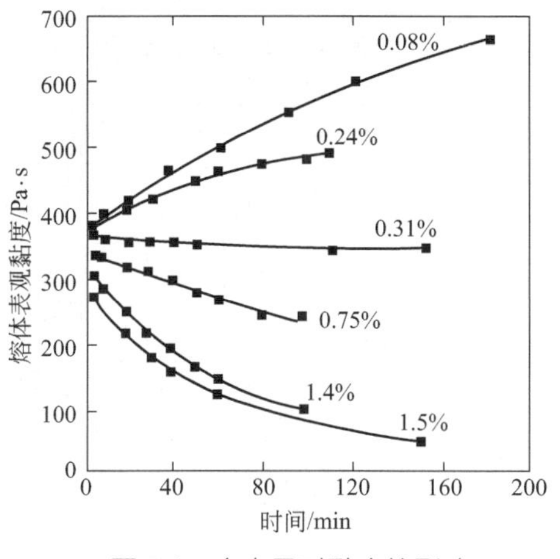


■ 图 5-2 含水量对黏度的影响

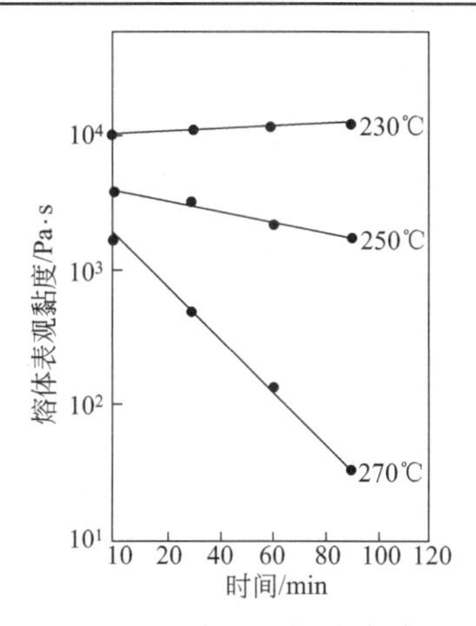


■ 图 5-3 温度对 PA6 的熔体黏度影响

## 5.2.2 聚酰胺的熔融流动特性

尼龙的熔点较高、熔体流动性很好，且随剪切速率增加表观黏度下降不大，很容易充模成型，如图 5-4 所示；不同聚酰胺熔体表观黏度随温度的变化不同，如图 5-5 所示，特别是 PA66 的熔体表观黏度随温度的变化比 PA6 更为明显。

## 5.2.3 聚酰胺的熔点和加工温度

尼龙的加工温度一般在其熔点至分解温度之间选择。PA6 的加工温度

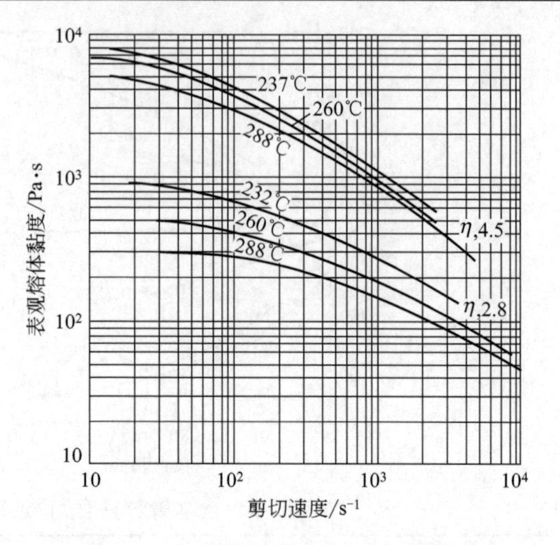


■ 图 5-4 尼龙 6 的熔体黏度与剪切速率

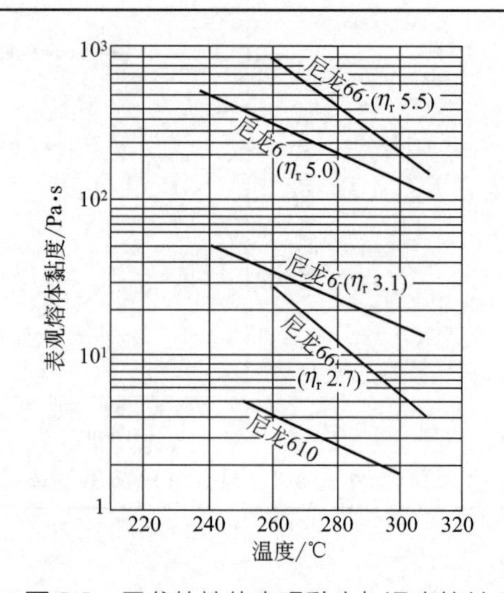


■ 图 5-5 尼龙的熔体表观黏度与温度的关系

范围较宽，PA610、PA1010、PA11、PA12 等品种次之；但 PA66、PA46 的加工温度范围较窄，大约在 3～10℃之间。表 5-2 列出了不同尼龙的熔点、加工温度及尼龙制品的收缩率。

### 5.2.4 聚酰胺的成型收缩性

聚酰胺是结晶性聚合物，大部分聚酰胺的结晶度较高，其中，PA46 属于高结晶性聚合物。由于结晶的存在，聚合物从熔融状态冷却为固态时，会

■表 5-2　尼龙的加工温度及制品的收缩率

| PA | 密度/(g/cm³) | 熔点/℃ | 加工温度/℃ | 模具温度/℃ | 成型收缩率/% | 备注 |
|---|---|---|---|---|---|---|
| PA46 | 1.18 | 290 | 280～310 | 80～120 | 0.7～2.0 | |
| PA66 | 1.14 | 255～257 | 280～305 | 40～90 | 1.5 | |
| PA69 | 1.08 | 210 | 255～270 | 21～93 | 1.1～1.3 | |
| PA610 | 1.08 | 215～227 | 255～280 | 20～90 | 1.2 | |
| PA612 | 1.07 | 219 | 232～288 | 38～71 | 1.1 | |
| PA1212 | 1.02 | 184 | 250～260 | 38～49 | 1.2 | |
| PA6 | 1.13 | 220 | 238～270 | 20～90 | 1.3 | |
| PA11 | 1.04 | 186 | 210～280 | 40～60 | 1.9 | |
| PA12 | 1.01 | 178 | 240～285 | 40～80 | 1.1～1.4 | |
| MXD6 | 1.21 | 243 | 250～290 | 120～150 | 1.4 | 缓慢结晶 |
| TMDT | 1.12 | | 250～320 | 60～120 | 0.5 | 无定形 |
| PA6/6T① | 1.18 | 298 | | | | |
| PA6T/6I/66② | 1.17 | 310 | 321～349 | 150～350 | 1.6～2.0 | 模具温度>250℃时，结晶度最大 |
| PA6/66 | 1.14 | 250 | 270～300 | 40～90 | 0.7 | |
| PA6I/6T/PACMI/PACMT③ | 1.18 | | 300～320 | 70～93 | 0.5 | 无定形 |
| PA6I/6T④ | 1.18 | | 280～290 | 80 | | 无定形 |
| PA12/MACMI⑤ | 1.06 | | 270～300 | >80 | 0.4～0.7 | 无定形 |

① Ultramid®。
② APPA®。
③ Zytel®。
④ Grivory®。
⑤ Grilamide®。

发生体积收缩。熔融状态的比容积与常温下的比容积之差就是体积收缩，这种体积收缩由两部分组成，一部分是由温度变化引起的体积变化，即熔体固化产生的体积收缩；另一部分是结晶化过程产生的体积收缩，聚合物熔融状态时，大分子链排列是无序的，结晶过程中，大分子链部分形成有序排列，链间的空隙减少，结晶化程度越高，这种空隙的减少就越大，即成型收缩率增大。

## 5.3 聚酰胺注射成型技术

注射成型（简称注塑）是一种借助螺杆或柱塞推力，将螺杆中已塑化的熔融状态的塑料注射入已闭合的模腔内，经冷却定型后得到制品的一种工艺过程。注射成型是热塑性塑料的一种主要成型方法，具有生产周期短、适应性强、生产效率高、易于自动化等特点，除了长管、棒、板、型材等不能采用此法外，其他各种形状、尺寸的塑料制品都可用这种方法成型，广泛用于塑料制品的生产。目前注塑制品约占塑料制品总量的 20%～30%。但注射成型也存在初期设备投资大、注塑制品价格高、厚薄不匀的制品会产生表面缺陷等不足。

## 5.3.1 注射成型设备

注射机是注射成型的主要设备（图 5-6），分为柱塞式和螺杆式两类。通常以“一次能注射出的聚苯乙烯最大质量（g）”为标准表示其类型和型号，最大注射量在 60g 以下的通常为柱塞式，60g 以上的多为螺杆式。一般用最大注射量和锁模力（紧固模具的力量，用吨表示）表示注塑机的能力，也有只用锁模力表示。目前小型机的锁模力约为 20t，主要生产小型精密零件；大型机的锁模力为 3000～5000t，主要生产浴缸、托板和集装箱等大型制件。

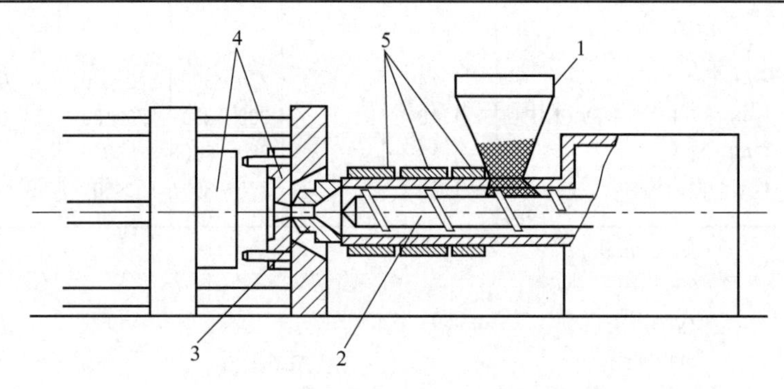


■ 图 5-6 注射成型示意

1—加料料斗；2—螺杆或柱塞；3—喷嘴；4—模具；5—加热器

尼龙一般选用专门设计的注射螺杆，使制品质量达到更高的要求。

螺杆一般分三段：加料（进料）段、压缩（过渡）段和均化（计量）段。在加料段，螺杆的螺槽较深，便于进料；在压缩段，螺槽逐渐变浅，将物料压缩，使物料易于熔化；在计量段，螺槽深度恒定。螺杆第一个螺槽的容积与最后一个螺槽的容积之比称为压实比或压缩比，螺杆长度（$L$）与直径（$D$）之比称为长径比，压缩比和 $L/D$ 是螺杆的两个重要工艺参数。

尼龙用常规计量型螺杆，计量段螺槽较浅，其长度是螺杆长度的 25%，过渡段的长度也为螺杆长度的 25%，加料段的长度为螺杆长度的 50%。进料段的螺槽深度是计量段槽深的 3.5～5 倍。图 5-7 是某生产厂家为尼龙加工专门设计的螺杆结构，表 5-3 为其推荐尺寸。

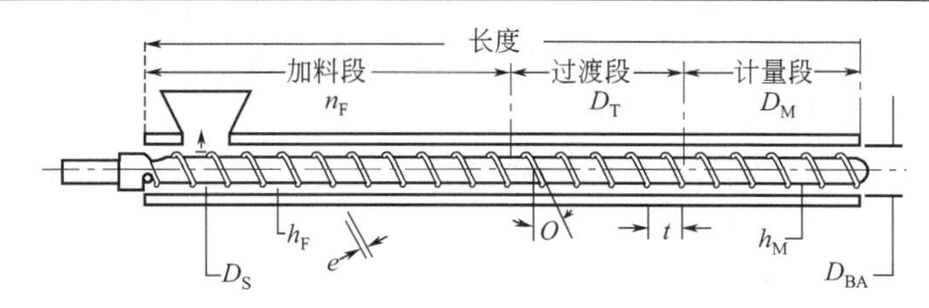


■ 图 5-7 注射螺杆示意

$D_S$ 为螺杆直径；$h_F$ 为加料段螺槽深度；$h_M$ 为计量段螺槽深度；

$D_{BA}$ 为螺杆直径；$e$ 为螺棱宽度；$O$ 为螺旋升角；$t$ 为螺距；

■表 5-3 注射 PA66 螺杆的设计参数 单位：mm

| 螺杆 | 低黏度树脂 | | | 高黏度树脂 | |
|---|---|---|---|---|---|
| | 螺杆直径 | $h_F$ | $h_M$ | $h_F$ | $h_M$ |
| 20 $L/D$ | | | | | |
| 方形螺槽式 | 38 | 7.62 | 1.52 | 7.62 | 2.03 |
| 螺丝式 | 51 | 7.87 | 1.65 | 8.13 | 2.29 |
| $n_F=10$ | 64 | 8.13 | 1.90 | 9.65 | 2.54 |
| $n_T=5$ (4)① | | | | | |
| $n_M=5$ (6)① | | | | | |
| 16 $L/D$ | | | | | |
| 方形螺槽式 | 38 | 7.62 | 1.40 | 7.62 | 1.90 |
| 螺丝式 | 51 | 7.87 | 1.52 | 8.13 | 2.15 |
| $n_F=7.5$ | 64 | 8.13 | 1.78 | 9.65 | 2.41 |
| $n_T=3.5$ | | | | | |
| $n_M=5.0$ | | | | | |

① 为高生产率设计的。

另一种特殊螺杆——排气式双级螺杆，能排出物料中的挥发分，如水、原料夹带的空气以及物料在熔化时产生的各种气体。

## 5.3.2 注射成型工艺过程

尼龙注射成型过程包括原料干燥、注射和后处理等。注射成型制品质量与许多因素有关，如原料的种类、规格特性、制品的形状和结构、使用设备的特点以及模具的结构、工艺条件的选择等。其中，工艺条件是最重要因素。工艺条件通常指注射温度、注射压力、注射时间、注射速度等。

### 5.3.2.1 原料干燥

尼龙易吸水，因此，在成型前必须进行干燥。一般保证其含水量低于 0.1%。

干燥方法有常压鼓风加热干燥和真空加热干燥。

常压鼓风干燥适用于物料含水很少，要求不高的情况。鼓风干燥一般为(100±5)℃，干燥时间约为 6～8h。

真空干燥可采用低温干燥，一般在 80～90℃，可避免树脂热氧化变色；干燥时间在 3～5h。

#### 5.3.2.2 注射温度选择

包括螺杆温度、喷嘴温度和模具温度。

**(1) 螺杆温度** 注射螺杆的加料段、压缩段和均化段分别加热，随物料前进方向螺杆温度逐步升高，使物料在螺杆内逐步塑化。

普通注塑级 PA66 和 PA6，在没有施加螺杆背压（即塑化压力）时，加料段温度稍低，螺杆压缩段和均化段温度的选择取决于挤出量和物料在螺杆中的停留时间（HUT）之间的关系。如果 HUT 大于 4min，则螺杆各段的设定温度可以基本相同，均化段温度约比压缩段温度高 5℃。如果 HUT 小于 4min，通常需要大幅度地提高均化段的设定温度，使物料迅速熔融以避免熔体温度不均匀出现不熔粒子的现象，通常选择螺杆的均化段比前段或压缩段的温度要高 30℃以上。

HUT 可以通过实验得到。当露出螺杆时，把少量黑色树脂粒子加入螺杆的进料口，并开始计时至看到黑色注射物出来为止，所用的时间就是 HUT。HUT 也可以根据注射螺杆的能力估计。

**(2) 喷嘴温度** 喷嘴温度单独控制。一般喷嘴温度低于螺杆均化段温度，以避免物料的流延，并考虑到熔体在快速通过狭小的喷嘴时会产生少量的摩擦热使熔体温度上升。但喷嘴温度不能太低，否则物料在喷嘴中因冷凝而堵塞喷孔，或进入模腔造成冷料痕。

**(3) 模具温度** 模具温度直接影响物料的流动性和制品的性能。模具温度的选定与许多因素有关，如原料品种，制品尺寸、结构、性能要求以及其他有关工艺条件（如温度、压力、速度、注射周期）等。物料在模具内冷却降温，固化后脱模，这一过程中物料由黏流态冷却至玻璃态，为了保证脱模后制件不变形，模具的温度必须低于物料的玻璃化温度。

尼龙品种的模具温度参见表 5-2 所列。

#### 5.3.2.3 注射压力

注射压力对物料充模成型起着决定性的作用，且压力大小和保压时间的长短会影响到制品的性能。注射压力应根据尼龙的品种、注塑机类型、模具结构、浇注模式、制件壁厚和注射温度等而定。

#### 5.3.2.4 注射成型周期

注射成型周期是完成一次注塑过程所需要的时间，成型周期包括以下几个时间段。

- 成型周期
  - 注射加压时间
    - 注射时间（柱塞或螺杆前进时间）
    - 保压时间（柱塞或螺杆前进到某一位置后保持的时间）
  - 冷却时间
    - 充模时间（物料进入模腔的时间）
    - 模内冷却时间（制件在模具内冷却定型时间）
  - 其他时间
    - 开模闭模时间
    - 取产品时间
    - 涂擦模具或脱模剂及安放金属嵌件等的时间

尼龙的熔体黏度低，凝结速度快，其注射保压和制件冷却时间比许多常用非晶型树脂短。常用注塑级尼龙充模时间一般不到 2s。

注塑成型周期对注塑制件的收缩有很大的影响。当调节其他工艺条件不能减少收缩率时，调节注塑成型周期可有效地解决这一问题。

#### 5.3.2.5 制品后处理

制品后处理包括对制品热处理和调湿处理，其目的是保证制品的尺寸稳定性，消除内应力。

**(1) 热处理** 冷却过快或熔体流动不匀会使尼龙制品脱模后产生内应力。消除内应力较简便的办法是对制品进行热处理。热处理有油浴和水浴两种方法。只要化学性稳定、无毒无危险性、不损害尼龙制品的任何液体，都可作为热处理的介质，如水、液体石蜡、矿物油、聚乙二醇等。充分搅拌传热介质，使尼龙受热均匀，避免局部过热。一般热处理温度应高于制品的使用温度 10～20℃，热处理时间随制品厚度而定，厚度小于 3mm 为 10～15min；厚度为 3～6mm 为 15～30min；更厚的制品，处理时间约为 6～24h，制品经热处理后应缓慢冷却至室温，以免再次产生应力。

注射制品经 150～180℃的高温热处理 2h 后，其机械性能也得到提高，如强度、弹性模量、韧性及表面硬度等。

**(2) 调湿处理** 将刚脱模的制品放入热水中进行处理，不仅可隔绝空气防止氧化，同时还可以加快吸湿平衡，此法称为调湿处理。

尼龙制品在使用或贮存过程中易吸收空气中的水分而膨胀，其尺寸需要很长时间才能稳定。为使制品的尺寸快速稳定，需进行调湿处理。过量的水分还能对尼龙起到类似的增塑作用，从而改善制件的韧性。

一般调湿处理的时间应随制品的形状、厚度及结晶度大小而定。调湿液一般用水或醋酸钾溶液，控制温度在 80～120℃。

### 5.3.3 聚酰胺系列品种的注射成型工艺

聚酰胺系列品种中，用于注射成型的主要品种有 PA6、PA66、PA1010、PA46、PA11 等。

### 5.3.3.1 尼龙 6 产品成型工艺

**(1) 干燥工艺** 干燥时间的长短应视树脂含水量大小而定。鼓风干燥：温度 100～110℃，时间 6～8h；或真空干燥：温度 80～90℃，时间 4～8h。

**(2) PA6 注射成型工艺** 应根据制品的厚度、结构、成型设备等条件而定。PA6 的大致注射成型工艺列于表 5-4。

■表 5-4 PA6 注塑工艺

| 制品厚度/mm | | ＜3 | | 3～6 | | ＞6 |
| --- | --- | --- | --- | --- | --- | --- |
| 浇口直径/mm | | 1.0 | | 1.0～3.0 | | 3.0～4.5 |
| 浇口长度/mm | | 最大为 1.0 | | 最大为 1.5 | | 浇口的 1/2 |
| 注塑机类型 | | 柱塞式 | 螺杆式 | 柱塞式 | 螺杆式 | |
| 螺杆温度/℃ | 后部 | 240～260 | 210～220 | 240～260 | 210～220 | 230～260 |
| | 中部 | 230～250 | 210～240 | 220～250 | 210～230 | 240～260 |
| | 前部 | 230～250 | 210～240 | 220～250 | 210～230 | 240～260 |
| | 喷嘴 | 230～250 | 210～230 | 210～230 | 210～225 | 210～230 |
| 模具温度/℃ | | 20～80 | 20～80 | 20～80 | 20～80 | 25～85 |
| 注射压力/MPa | | 90～200 | 60～120 | 80～200 | 60～120 | 85～160 |
| 成型周期/s | | 5～20 | 5～20 | 10～40 | 10～40 | 20～60 |
| 注射总周期/s | | 20～50 | 20～50 | 25～70 | 25～70 | 40～120 |
| 螺杆转速/(r/min) | | | 50～120 | | 50～120 | |

**(3) 改性 PA6 注射成型工艺** 改性 PA6 包括玻璃纤维增强 PA6、阻燃 PA6，阻燃增强 PA6，PA6 合金等，这些改性 PA6 因组分不同，其注射成型工艺各异。如玻璃纤维增强 PA6 的成型温度比纯 PA6 高 5～10℃，为提高其流动性，模具温度也应适当提高，以保证制品的光洁度。阻燃 PA6 因低分子阻燃剂的加入，其加工温度应尽可能低，保证阻燃剂在加工过程中不产生分解而降低阻燃效力。聚烯烃、ABS 与 PA6 的共混合金的加工温度低于纯 PA6，随共混物中掺混组分含量增加，其加工温度相应降低；否则，由于加工温度太高，引起改性组分的热降解；但加工温度不能太低，应以保证基料熔化完全为准。改性 PA6 的成型工艺列于表 5-5。

■表 5-5 改性 PA6 注塑工艺

| 成型条件 | | 玻璃纤维增强 PA6 | 阻燃 PA6 | 填充增强 PA6 | 增韧 PA6 | PP、PE、ABS 类 PA6 合金 |
| --- | --- | --- | --- | --- | --- | --- |
| 螺杆温度/℃ | 后部 | 210～220 | 210～220 | 210～220 | 210～220 | 210～220 |
| | 中部 | 230～240 | 220～230 | 230～240 | 220～230 | 220～230 |
| | 前部 | 235～245 | 220～230 | 230～240 | 220～230 | 220～250 |
| | 喷嘴 | 235～240 | 225～230 | 230～235 | 230～235 | 230～235 |
| 模具温度/℃ | | 60～80 | 40～60 | 60～80 | 40～60 | 40～60 |
| 注射压力/MPa | | 60～90 | 20～60 | 60～80 | 40～60 | 40～60 |
| 成型周期/s | | 7～12 | 5～10 | 7～12 | 5～10 | 5～10 |

### 5.3.3.2 PA66 产品的成型工艺

PA66 加工温度控制范围窄，一般在 10℃左右调整，螺杆温度稍低，就会堵塞喷嘴；螺杆温度偏高，PA66 熔体黏度急剧下降。因此，选择合适的螺杆温度是保证制品质量的重要条件。PA66 熔体对水的敏感性强，微量的水分便引起水解，相对分子质量下降，制品的力学性能降低，因此，必须严格控制其含水量。

PA66 较易受热氧化而变黄，宜采用真空加热干燥，其干燥温度 80～90℃，干燥时间控制在 5～8h。

因 PA66 熔点较高，其模具温度也应适当提高。若模温过低，熔体冷却速度过快，则制品会产生内应力。纯 PA66 注射成型工艺参数列于表 5-6。

■表 5-6　纯 PA66 注射成型工艺条件

| 制用厚度/mm | | <3 | | 3～6 | | >6 |
|---|---|---|---|---|---|---|
| 注塑机型 | | 柱塞式 | 螺杆式 | 柱塞式 | 螺杆式 | |
| 圆形浇口/mm | 直径 | 0.75 | | 0.75～3.0 | | 3.0～4.5 |
| | 长度 | 0.75 | | 0.75～3.0 | | 3.0～4.5 |
| 料筒温度/℃ | 后部 | 270～280 | 240～280 | 270～280 | 240～280 | 270～290 |
| | 中部 | 260～270 | 240～270 | 260～280 | 240～280 | 270～280 |
| | 前部 | 255～270 | 240～270 | 260～280 | 240～280 | 260～280 |
| | 喷嘴 | 250～260 | 230～260 | 250～260 | 230～260 | |
| 模具温度/℃ | | 20～90 | 20～90 | 20～90 | 20～90 | 82～94 |
| 注射压力/MPa | | 80～220 | 60～150 | 80～220 | 60～150 | 165～210 |
| 成型周期/s | | 10～20 | 10～20 | 15～40 | 14～40 | 46 |
| 注射总周期/s | | 25～50 | 25～50 | 30～70 | 30～70 | 60 |
| 螺杆转速/(r/min) | | — | 50～120 | — | 50～120 | — |

改性 PA66 品种及加工工艺与 PA 6 类似。表 5-7 列出了改性 PA66 的加工工艺条件。

■表 5-7　改性 PA66 的加工工艺条件

| 成型条件 | | 增强 PA66 | 阻燃 PA66 | 增韧 PA66 |
|---|---|---|---|---|
| 螺杆温度/℃ | 后部 | 230～240 | 220～230 | 245～255 |
| | 中部 | 277～282 | 240～250 | 255～265 |
| | 前部 | 271～277 | 240～250 | 260～265 |
| | 喷嘴 | 260～277 | 230～240 | 270～275 |
| 模具温度/℃ | | 99～121 | 50～80 | 80～100 |
| 注射压力/MPa | | 80～120 | 40～60 | 40～80 |
| 成型周期/s | | 约 50 | 30～60 | 50～60 |

#### 5.3.3.3 PA1010 的注射成型工艺

PA1010 的加工性能与 PA66 类似，但耐水解、抗热氧化性能优于 PA66。PA1010 的熔程很窄，约 3～4℃，熔体流动性较好，适合注射成型。其干燥温度为 110℃，烘干时间约 20 h；每千克尼龙 1010 树脂加入 2 mL 石蜡油，搅拌均匀。PA1010 的注射成型工艺列于表 5-8 。

■表 5-8 PA1010 系列产品注射成型工艺

| 成型条件 | | PA1010 | 玻璃纤维增强 PA1010 | PE/PA1010 合金 |
|---|---|---|---|---|
| 螺杆温度/℃ | 后部 | 190～210 | 200～210 | 200～220 |
| | 中部 | 200～220 | 220～230 | 210～220 |
| | 前部 | 220～230 | 230～235 | 220～230 |
| | 喷嘴 | 200～210 | 210～220 | 200～210 |
| 模具温度/℃ | | 40～60 | 40～80 | 40～60 |
| 注射压力/MPa | | 60～80 | 60～120 | 60～80 |
| 成型周期/s | | 30～50 | 约 50 | 30～50 |

PA1010 注射过程中易产生两种形式的气泡，第一种是因材料中挥发性物质或模腔中气体被料流包裹在制件内而形成的；第二种是在高温制件冷却降温过程中因体积收缩而形成的。

长方形注射件中，在制件边口部位及其他部位出现的大面积气泡属于第一种；浇口附近及拐角出现的属于第二种气泡。各种气泡的解决方法见表 5-9 所列。

■表 5-9 尼龙 1010 长方形制件不同部位气泡的解决方法

| 部位 | 可能的原因 | 解决方法 |
|---|---|---|
| 边口部位 | 排气不良 | 降低小泵压力，增加排气槽尺寸 |
| | 注塑压力不足 | 逐步升高，直至消除 |
| | 注射充模紊流 | 降低注塑压力 |
| | 模具温差大 | 调整冷却水流量 |
| | 模具表面粗糙 | 抛光 |
| 浇口及拐角处 | 保压时间短 | 适当延长 |
| | 保压压力不足 | 适当升高 |
| | 料筒温度偏高 | 降低至熔点附近，调整背压至工艺范围 |
| | 注射返料 | 检查修理止退环 |
| | 注射速率过快 | 适当降低 |
| | 阳模温度过高 | 用纱布擦拭，用湿毛巾降温，喷涂微量脱模剂 |
| | 注塑压力过高 | 降至适宜 |
| 其他部位 | 原材料烘干不充分 | 充分烘干，可延长烘干时间，提高烘干温度 |
| | 天气潮湿 | 充分烘干，可延长烘干时间，提高烘干温度 |
| | 背压失控 | 调整至工艺范围 |

#### 5.3.3.4 尼龙 11 产品注射成型工艺

尼龙 11 特点：吸水性小，在高温下对水分较敏感，故加工前必须对尼龙 11 粒料进行干燥；尼龙 11 为半结晶性高聚物，其结晶条件会影响制品的结晶结构；在一定条件下其熔体黏度对加工温度及剪切速率的变化较为敏感。

**(1) 干燥工艺** 干燥设备采用真空干燥箱，干燥温度为 80～110℃，干燥时间为 5～8 h，料层厚度为 30mm 以下。若采用转鼓真空干燥，则装料系数为 0.4～0.6，干燥时间应为 8～12 h，真空度为 0.08～0.095 MPa。干燥好的物料水分含量控制在 0.1%以下，应密封存放或及时使用。

**(2) 成型设备** 注射设备应根据制品的结构及其产量和物料的特性来选择。尼龙 11 熔体流动性好，故采用螺杆式注射机，螺杆型式为突变式，长径比为 20∶1，压缩比为（3.5～4）∶1，螺杆转速为 20～50r/min。制品质量应为注射机最大注射量的 50%～70%。自动启闭式喷嘴适合纯 PA11，可避免“流延现象”，但玻璃纤维增强 PA11 应选用延伸式通用敞口喷嘴，以免被玻璃纤维堵塞。喷嘴的直径为 3～5mm，并有单独的控温和保温装置。

**(3) 制品设计** 制品设计合理与否直接影响到制品的注射成型工艺及其使用寿命。设计的制品壁厚应尽量一致，避免产生内应力，防止制品断裂、凹陷。尼龙 11 注射制品的壁厚一般为 0.4～3.5mm，若同一制品壁厚不一致（当厚度变化大于 40%）时，可视情况设置肋筋。为减小应力集中，制品设计时应避开锐角，尽可能设计成圆角。沿脱模方向要有斜度，脱模斜度因制品的形状、尼龙 11 的牌号、模具的结构、表面粗糙度及加工方法等不同而异。选择模具斜度一般遵循下列原则：尺寸精度要求高、体积较大或材料含有润滑剂的制品，脱模斜度要小；制品形状复杂、不易脱模或制品较厚、成型收缩率大的制品，脱模斜度应大一些，一般脱模斜度选择 40′～1°30′。

**(4) 模具设计** 尼龙 11 制品的模具浇口可采用多种方式，浇口尺寸一般略大一些，以免压力损失大。浇口的位置最好设在制品的最大厚度部位；模具的排气孔一般应设在离浇口最远处或顶出杆周围，其深度为 0.05～0.08mm，排气不好会导致制品出现气孔、熔接不良、充模不足等缺陷。

**(5) 温度控制** 不同牌号的尼龙 11，其流动温度和分解温度是有差别的。表 5-10 列出注射不同牌号 PA11 的螺杆温度、喷嘴温度。

■表 5-10 注射不同牌号尼龙 11 的螺杆温度和喷嘴温度　　单位：℃

| 尼龙 11 品种 | 螺杆温度 | | | 喷嘴温度 |
|---|---|---|---|---|
| | 1 段 | 2 段 | 3 段 | |
| 低分子量 | 190～210 | 210～230 | 220～240 | 210～230 |
| 高分子量 | 220～240 | 240～260 | 250～270 | 240～250 |
| 增塑级 | 200～220 | 210～230 | 220～240 | 210～220 |
| 玻璃纤维增强级 | 230～250 | 240～270 | 260～280 | 250～270 |

模具温度直接影响制品的尺寸稳定性、力学性能。尼龙 11 属半结晶性高聚物，有较大的结晶速率，故模具温度不宜太高，一般需 60～90℃，但模具温度过低，结晶不完全，影响其力学性能。厚壁制品可适当提高模具温度；玻璃纤维增强尼龙 11 的模具温度可控制在 100～120℃。

**(6) 尼龙 11 注射成型中易出现的问题及其对策** 列于表 5-11。

■表 5-11 尼龙 11 注射成型中易出现的问题及其解决办法

| 问题 | 解决办法 |
| --- | --- |
| 溢料 | 修正和重新装配模具，降低注射压力，增大浇口尺寸，降低熔化温度 |
| 制品有气泡 | 充分干燥粒料，提高排气效率，增大注射量，增大保压压力，延长保压时间 |
| 熔接不良 | 提高料温和模具温度，增大注射速度，改进排气孔 |
| 充模不足 | 修改喷嘴，增大流道和浇口尺寸，提高熔化温度及注射压力和速度 |
| 顶出困难 | 延长冷却时间，降低口模温度，增大脱模斜度，修改排气孔的尺寸 |

#### 5.3.3.5 PA46 注射成型工艺

PA46 的突出特点是结晶度高、结晶速度快、熔点高，因此成型周期较其他尼龙品种短，加工温度较高，特别是 PA46 的熔点与分解温度相对较近，加工温度高往往会引起热氧化分解，从而降低制品的力学性能。因此，应严格控制 PA46 的成型温度，这是制造高品质制品的关键所在。

改性 PA46 的注射成型根据组成及制件结构确定其加工条件。PA46 在加工前也应进行干燥，除去其中的水分，其干燥工艺与其他尼龙相近。

PA46 系列产品的注射成型工艺条件列于表 5-12。

■表 5-12 PA46 系列产品的注射成型工艺条件

| 成型条件 | | PA46 | 阻燃 PA46 | 玻璃纤维增强 PA46 | PA46/PA66 |
| --- | --- | --- | --- | --- | --- |
| 螺杆温度/℃ | 后部 | 270～280 | 270～275 | 270～280 | 约 270 |
| | 中部 | 290～295 | 280～290 | 290～295 | 280～290 |
| | 前部 | 295～300 | 295～300 | 300～305 | 290～295 |
| | 喷嘴 | 300 | 295～300 | 约 300 | 290～295 |
| 模具温度/℃ | | 80～120 | 80～120 | 80～120 | 60～100 |
| 注射压力/MPa | | 50～100 | 50～100 | 50～100 | 50～100 |
| 成型周期/s | | 30～40 | 30～40 | 30～60 | 30～50 |

#### 5.3.3.6 其他尼龙的注射成型工艺

除 PA6、PA66、PA1010、PA46、PA11 主要用于注射成型制品外，PA610、PA12、PAMXD6、PA612 也可用于注射成型制品。主要工艺条件列于表 5-13。

■表 5-13 其他尼龙的加工工艺条件

| 成型条件 | | PA12 | PA610 | PA612 | PAMXD6 |
| --- | --- | --- | --- | --- | --- |
| 螺杆温度/℃ | 后部 | 170～180 | 190～200 | 200～210 | 230～265 |
| | 中部 | 180～190 | 210～220 | 220～225 | 240～250 |
| | 前部 | 200～230 | 220～225 | 230～240 | 250～255 |
| | 喷嘴 | 200～210 | 210～215 | 225～230 | 约 250 |
| 模具温度/℃ | | 40～80 | 40～80 | 40～70 | 120～150 |
| 注射压力/MPa | | 40～60 | 60～80 | 60～100 | 30～50 |
| 成型周期/s | | 30～50 | 30～70 | 30～70 | 20～30 |

#### 5.3.3.7 改性尼龙对注塑工艺的影响

改性尼龙与纯尼龙树脂比较，由于加入改性剂，聚合物树脂组成发生了

■表 5-14　尼龙改性对注塑工艺的影响

| 改性 | 影响 | 结果 |
| --- | --- | --- |
| 共聚 | 熔点和结晶速率降低 | 成型周期加长 |
| 增强 | 黏度升高，趋于翘曲，设备磨损 | 压力加大，设备磨耗，影响制件和模具的设计 |
| 填充 | 黏度升高，设备磨损 | 压力加大，设备磨耗 |
| 增韧 | 黏度升高，结晶可能加快 | 压力加大，成型周期缩短 |
| 阻燃 | 对温度敏感 | 熔体温度下降，螺杆尺寸和停留时间为最小 |
| 增塑 | 刚性减弱，熔点和结晶度降低 | 成型周期加长 |
| 成核剂 | 结晶加快，收缩减弱 | 成型周期缩短，制件尺寸增加，韧性减弱 |
| 着色剂 | 收缩可能加强也可能减弱 | 制件尺寸改变 |
| 透明化 | 非晶型，没有凝固点，黏度升高 | 熔体温度升高，成型周期加长 |

变化，因而，其加工性能也随之改变。一些常用的改性方法对注塑工艺可能产生的影响列于表 5-14。

从表 5-14 看出，增强、填充改性使共混尼龙的流动性下降，各种添加剂对产品性能有很大影响，在设计改性尼龙成型工艺时，必须考虑这一因素的影响，以获得最佳产品质量。

# 5.4 聚酰胺的挤出成型工艺

挤出成型（简称挤塑）是聚合物加工中出现较早的一门技术，是塑料的重要成型方法之一，是一种生产效率高、用途广泛、适应性强的成型方法，在塑料加工中占有重要的地位。经过 100 多年的发展，挤出成型制品已占塑料制品总量的 1/3 以上。

尼龙挤出成型主要产品有单丝、板、管材（包括软管与硬管）、棒材、薄膜、纤维、线缆包覆物等，其中产量最大的是纤维，纤维的成型除挤出拉丝外还涉及牵伸、加捻、络筒等多个工序。关于 PA 纤维的生产请参阅有关专著。本节主要介绍 PA6、PA66、PA610 单丝；PA6 薄膜；PA11、PA12 软管；PA6、PA1010 棒材等成型方法。

## 5.4.1 聚酰胺挤出成型工艺与过程

尼龙挤出成型过程包括熔融挤出、定型冷却、牵引、切割、卷绕等，其中最关键的是熔融挤出过程。

### 5.4.1.1 挤塑设备

挤塑设备分为单螺杆挤塑机和双螺杆挤塑机两类，大多数的尼龙采用单螺杆挤塑机，如图 5-8。因双螺杆挤塑机剪切速率高，一般不适合尼龙挤塑。

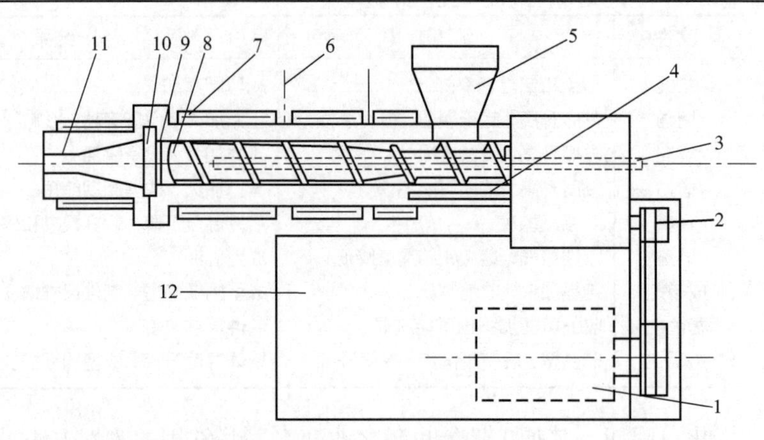


■ 图 5-8 单螺杆挤塑机

1—电动机；2—减速装置；3—冷却水入口；4—冷却水夹套；5—料斗；6—温度计
7—加热器；8—螺杆；9—滤网；10—粗滤器；11—机头和口模；12—机座

一般挤塑机长径比为 20～30。螺杆直径是挤塑机的重要参数，它标志着挤塑机产能的大小。我国挤塑机螺杆已实现标准化，螺杆直径系列为：30mm、45mm、65mm、90mm、120mm、150mm、200mm。螺杆直径与制品形状大小的关系见表 5-15 所列。

■表 5-15 螺杆直径与制品形状大小的关系 单位：mm

| 项目 | 数值 | | | | | |
|---|---|---|---|---|---|---|
| 螺杆直径 | 30 | 45 | 65 | 90 | 120 | 150 | 200 |
| 硬管外径 | 3～30 | 10～45 | 20～65 | 20～120 | 50～180 | 80～300 | 120～400 |
| 吹膜折径 | 50～300 | 100～500 | 400～900 | 700～1200 | 约 2000 | 约 3000 | 约 4000 |
| 板材宽度 | | | 400～800 | 700～1200 | 1000～1400 | 1200～2500 | |

选择挤塑机时，实际产量一般选择在其最大产量的 50%～75%。表 5-16 列出了各种直径挤塑机的挤出产量。

■表 5-16 螺杆直径与产量的关系（螺杆长径比为 24：1）

| 挤塑机螺杆直径/mm | 产量/(kg/h) | 需要功率/kW | 挤出类型 |
|---|---|---|---|
| 30 | 7～15 | 约 15 | 棒材、共挤出、薄膜、电线涂覆 |
| 50 | 15～30 | 15～30 | 单丝、共挤出、平挤、棒材、电线涂覆 |
| 60 | 30～70 | 30～45 | 软管、薄膜、片材、电线涂覆 |
| 90 | 80～135 | 55～95 | 薄膜、挤出包覆、管材 |
| 120 | 145～225 | 110～190 | 薄膜、挤出包覆 |

### 5.4.1.2 挤出成型影响因素

尼龙挤出成型的主要影响因素有原料质量、螺杆温度、熔体压力、螺杆转速等。

**(1) 原料质量** 与注射成型制品不同的是挤出成型对原料的要求较高，

主要表现在以下几点。

① 分子量　不同制品对 PA 的分子量要求不相同。一般来说，高分子量的树脂用做吹膜、挤出棒材、高强绳索、管材及型材；中分子量树脂用做管材、棒材、渔网丝；低分子量树脂则用做民用纺丝、电线包覆、单丝（渔网丝、牙刷用丝）等。

② 分子量分布　不同制品对 PA 分子量分布的要求也不同。注射制品、棒材、管材对分子量分布的要求不高，而高强丝、薄膜、薄壁管材则要求 PA 分子量分布尽可能窄，一般应小于 2。

**(2) 温度控制**　进料段的温度应比树脂熔点低 10～15℃，熔融段（压缩段）的温度比树脂熔点高 10～15℃，而均化段的温度与熔融段相近或高 5～10℃，模头温度应比树脂熔点高 15～30℃。

通常，挤出黏度较低的尼龙树脂时，螺杆温度沿物料前进方向呈上升的分布，挤出性能较好；而挤出黏度较高的树脂则相反，螺杆温度呈下降的分布。

挤出成型过程中最重要的工艺参数就是螺杆温度。螺杆温度的高低影响稳定挤出过程及制品尺寸稳定性。螺杆温度过高，往往引起出口膨胀，导致制品尺寸变化，边料过多以及冷却困难；螺杆温度过低时，树脂熔融不完全，可能出现“硬块”或“僵丝”现象。螺杆温度一般控制在±1℃范围内波动，才能保证稳定的挤出。

**(3) 螺杆转速控制**　螺杆开始的转速应较低，并连续监测熔体压力，以确定螺杆是否进料、熔体到达口模之前是否熔化均匀。若没有环结或凝结现象，即可提高螺杆的转速。

**(4) 熔体压力**　熔体压力是指机头的压力，反映挤出过程的稳定程度，一般为恒定值或在很小的范围内波动，以保证制品尺寸的稳定。熔体压力受螺杆温度、螺杆转速、PA 相对分子质量的影响，在原料质量、螺杆温度稳定的条件下，熔体压力可通过螺杆转速来调节。

在生产过程中，通常用叠网控制熔体压力，即在模头与螺杆连接处安装过滤网，滤除熔体中的不熔物、机械杂质，并起到控制压力的作用。过滤网孔径与叠网层数依不同的挤出要求而定。

### 5.4.2 聚酰胺管材的挤出成型

尼龙管材分为硬管和软管，硬管主要用于工业原料的输送、供水、排水等用途。软管主要用于汽车燃油输送、制冷管、空调系统、刹车液和液压系统以及农用水管等。

汽车管材主要采用 PA11、PA12，吸水性比 PA6、PA66 小，软管性能优异，能保持良好的力学性能、尺寸稳定性、低温韧性、耐应力开裂和动态疲劳性等。

### 5.4.2.1 管材成型设备

工业软管用挤塑机，其螺杆直径一般在 50～60mm，长径比为 20∶1～24∶1。尼龙软管可以用直通式模头（图 5-9）或直角模头（图 5-10）生产。用尼龙做护套（如用做已挤出的软管、活动电线、柔性芯材的护套）时，就必须选用直角模头。

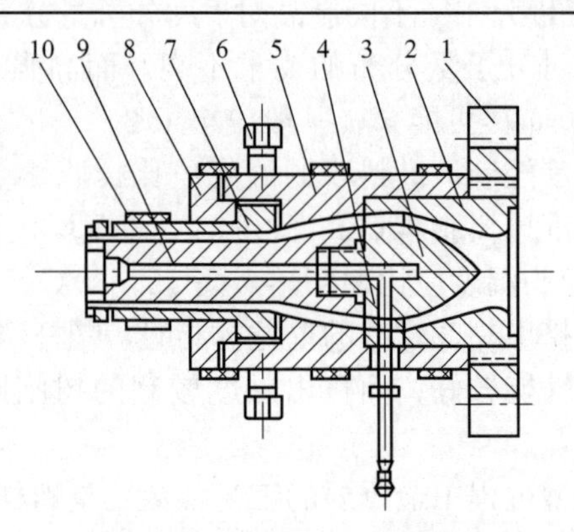


■ 图 5-9 软管挤出用直通式模头

1—模头法兰；2—模头连接圈；3—分流器及其支架；4—压缩空气
5—模头体；6—调节螺栓；7—口模；8—口模压圈；9—芯模；10—电热圈

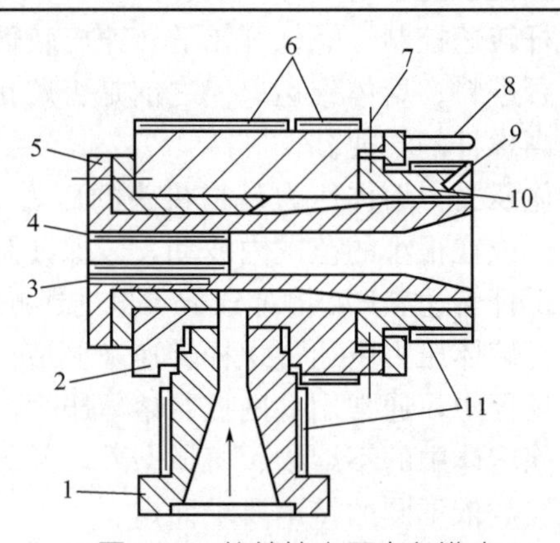


■ 图 5-10 软管挤出用直角模头

1—接管；2—模头体；3,9—温度计插孔；4—芯模加热器；
5—芯模；6,11—加热器；7—调节螺钉；8—导柱；10—口模

在同一个软管模头中，可以设计不同口模和芯模，以便生产各种规格的软管。挤出尼龙所用的口模和芯模的设计尺寸比所生产的定型软管的尺寸大，挤出的软管再通过牵伸定型得到所需尺寸。一些软管生产厂家计算口模和芯模时，用软管的外径（$OD_t$）乘上系数 2～3，就得出口模的内径（$ID_d$），该系数称为牵伸倍数（DDR）：

$$ID_d = DDR \cdot OD_t$$

尼龙软管的生产方法有很多，如自由挤出、真空定型、压差定型等。

从设备角度来说，自由挤出是最简单、最常用的一种生产尼龙软管的方法，如图 5-11 所示。在冷却槽上，装一组简单的定型盘，通过调节螺杆转速、牵引速度、软管内空气压力，并进行简单的口模和芯模配合，就可以生产出各种规格的软管。成型的软管可以根据工艺要求在线切成一定的长度，也可以直接绕在卷盘上，间隔一定时间切断。自由挤出工艺能以 60m/min 以上的速率生产外径大于 6.5mm 的软管，且挤出过程中无变形现象。然而，挤出大管径的软管时，因其在冷却槽中受浮力的作用，使软管的圆度难以控制。在软管内通入压缩空气可以保持自由挤出软管的圆度，并能保证盘绕在卷绕盘上的软管不变形，但在挤出操作过程中不可切断。

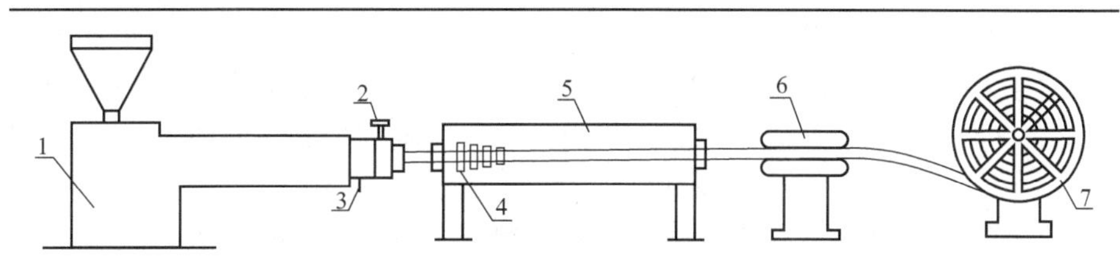


■ 图 5-11 尼龙软管自由挤出生产工艺流程

1—挤塑机；2—口模调节螺钉；3—压缩空气入口；4—定型环；5—冷却槽；6—牵引单元；7—软管卷绕

冷却水温度应保持稳定，以保证管材结晶速率恒定，才能保证挤出软管的尺寸均匀性。冷却槽中的水温一般为 15～25℃，但也有用 90℃水生产特殊性能的软管，如高刚性的 PA6 或高韧性的 PA610 和 PA612。

当软管的最终用途对圆度的要求比自由挤出的高，或挤出更大直径的软管时，则采用压差定型法（即真空冷却）。该法中，冷却槽是封闭的，可抽真空。在图 5-9 和图 5-10 中已显示芯模内有空气导入，所以软管内是有气压的。这种方法的另一优点是：在加工过程中，可以任意长度的切割而不引起软管变形。用压差定型法生产尼龙软管的工艺流程如图 5-12。

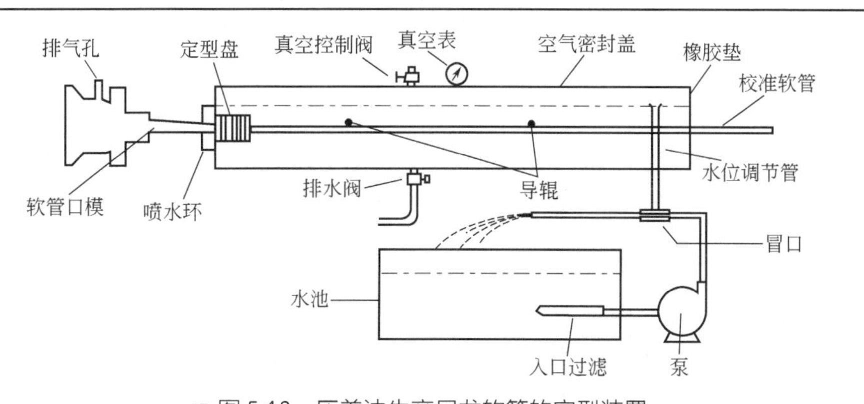


■ 图 5-12 压差法生产尼龙软管的定型装置

用压差法生产软管时，许多工艺细节非常重要。口模的内径一般为定型盘内径的 1.5～3 倍，这样可以在定型盘处形成气封。而定型盘的内径则为所生产软管外径的 1.1 倍，以防止树脂固化时产生收缩。在定型盘前有一个喷水环，起润滑作用，这样就不会因软管温度高粘在定型盘上，而是滑入定型盘内，保证了软管的圆度。在冷却的最后出口处，应装一个柔软的橡胶垫，以保持真空度，真空槽内的冷却水位应调节在高于软管表面 5mm 左右，以防止过高的压差造成软管变形不圆。

#### 5.4.2.2 管材成型工艺

尼龙 11 为例介绍软管的生产工艺。尼龙 11 加工前粒料要进行烘干处理。一般烘箱温度控制在 90～100℃烘 3～4h，料层厚度 25mm，水分含量降至 0.2%左右。

尼龙 11 的加工温度在 200～230℃为宜，温度过低或过高都会影响挤出管材的定径及表面质量；挤出时各段温度的控制与其他塑料相反。即从进料段、熔融段、均化段到机头和口模的温度逐渐递减。实践表明挤塑机各段温度控制在如下范围较为合适：进料段 230℃、熔融段 220℃、均化段 210℃、机头 200℃、口模 200℃。

定径套的结构是产品规格和质量控制的关键，其结构如图 5-13。

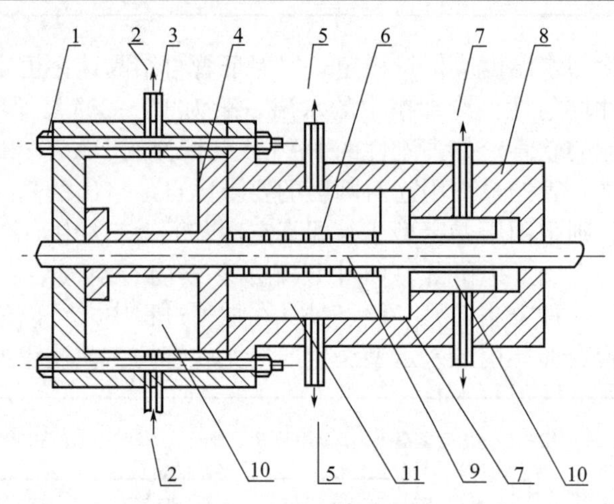


■ 图 5-13 真空定径套结构示意

1—定径芯模帽；2，7—定径套进出水；3—连接螺丝；4—定径芯模；5—定径真空管；6—抽真空圆孔；8—定径芯模套；9—尼龙 11 管；10—冷却区；11—真空区

尼龙 11 采用真空外定径法，即利用抽真空使需要定径的尼龙 11 管外壁与定径套的内壁相贴，抽真空处开数个圆孔均匀分布在定径套真空区周围。定径套由两个冷却区（10）和一个真空区（11）组成，三个区的温度分布为阶梯式能获得最佳效果。根据管材规格不同还应考虑以下参数的控制：真空区圆孔分布密度为 10 个/$cm^2$ 左右、圆孔直径 1～2mm，真空区长度约占定

径套总长的 1/2，定径套总长为 100～150mm，真空度为 0.08MPa。

法国 ATO 公司 BESNO 级尼龙 11 与国产尼龙 11 挤出管材的性能见表 5-17 所列。

■表 5-17　尼龙 11 挤出管材的性能

| 项目 | 额定值 | 实测值 | |
|---|---|---|---|
| | | 国产料 | BESNO |
| 外观 | 表面光滑，无缺陷 | 表面光滑，无缺陷 | 表面光滑，无缺陷 |
| 外径/mm | 8±0.1 | 8.04　8.02　8.04 | 8.03　8.04　8.03 |
| 壁厚/mm | 1±0.1 | 1.02　1.03　1.02 | 1.03　1.03　1.02 |
| 密度/（$g/cm^3$） | 1.02～1.06 | 1.028 | 1.028 |
| 熔点/℃ | 186±5 | 182～185 | 183～187 |
| 可萃取成分/% | ≤2.0 | 0.72 | 0.64 |
| 爆破压力/MPa | 9.70 | 10.8　11.0　11.0 | 10.9　11.0　11.0 |
| 相对强度①/（$N/mm^2$） | 34 | 37.8　38.5　38.5 | 38.2　38.2　37.8 |
| 冲击强度/（J/m） | | | |
| （23℃+2℃） | ≥6.0 或不断不裂 | 均未断裂 | 均未断裂 |
| （－40℃+3℃） | ≥4.0 或不断不裂 | 均未断裂 | 均未断裂 |
| 热稳定性（在 150℃保持 72h，放置至室温后进行冲击测试） | 应符合耐冲击性要求 | 均未断裂 | 均未断裂 |

① 依据 DIN73378 标准。

## 5.4.3 聚酰胺棒材的挤出成型

### 5.4.3.1 棒材挤出设备

尼龙棒材是用料坯定型制作的，用于机加工制作零件。大多数尼龙棒材料坯都采用无心磨削，达到要求的精度和表面光滑度。

生产直径大于 12.5mm 的尼龙棒材的最简单的方法是将尼龙树脂经自由挤出后直接进入冷却水槽。生产尼龙棒材时，一般用环形口模，其直径为定型尼龙棒材直径的 1.7～2.0 倍。尼龙棒材在接近平衡的冷却条件下，才能生产出圆形的、无空洞的尼龙棒材，因为棒材的表面比内部先固化，当棒材内部固化时，其表面就产生收缩。工艺上一般采用缩短冷却槽的长度、或用空气冷却、或放在热油中缓慢冷却等方法，消除这种收缩空洞。

生产直径大于 10mm 的尼龙棒材时要用定型箱定型。定型箱的示意如图 5-14 所示。挤出熔融状尼龙经过圆形水冷却钢管冷却，并受挤塑机产生的压力在定型箱中定型。

用定型箱生产的棒材和块材必须进行退火处理，以除去挤出时料坯成型所产生的内应力。利用棒材的热量，进行在线退火处理是最有效的退火方法，可以缩短退火处理时间。

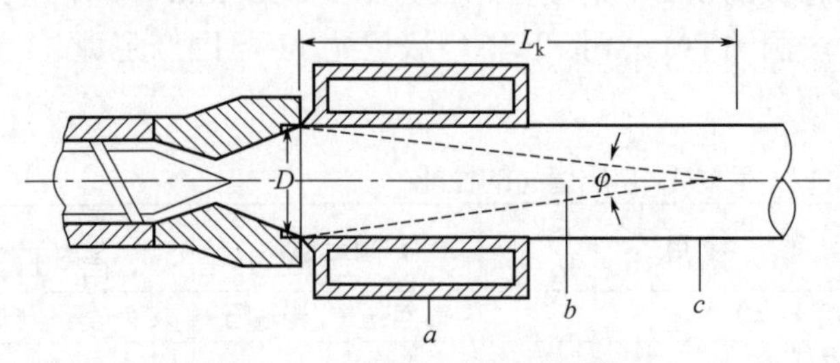


■ 图 5-14 挤出尼龙棒定型箱示意

φ—熔融锥体角；$L_k$—熔融锥体长度；a—冷却口模；b—熔融锥体；c—成型尼龙；D—棒材的直径

### 5.4.3.2 棒材成型工艺

尼龙 1010 为例介绍棒材挤出成型工艺，尼龙 1010 的最大特点是具有很好的延展性，在拉力作用下，可牵伸至原长的 3～4 倍。尼龙 1010 固态时十分坚硬，在熔融状态下流动性好，熔体黏度很低，很适合挤出成型。

**（1）成型设备** 尼龙 1010 连续挤出棒材生产工艺流程如图 5-15 所示，生产过程看似简单，实际上要得到优良品质的棒材也是不容易的，过程的控制与设备的结构要求较高。

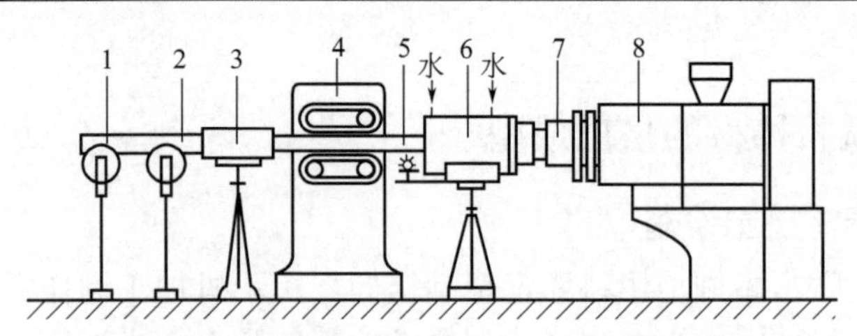


■ 图 5-15 尼龙 1010 棒材连续挤出过程示意

1—导纶；2—尼龙 1010 棒；3—托架；4—牵引机；5—电珠；6—水冷却定型模；7—机头；8—挤出机

尼龙 1010 挤出设备中关键是螺杆与定型装置。由于尼龙 1010 熔体黏度小，挤出速度快，因而，要求螺杆结构与其他尼龙用螺杆有所不同，如图 5-16 所示。这种螺杆为单头全螺纹等距、突变压缩型，长径比为 18∶1，压缩比为 3∶1。

■ 图 5-16 尼龙 1010 连续挤出螺杆

机头与定型模是尼龙 1010 成型的关键部件。图 5-17 为机头定型模内部结构与连接方式。在机头与螺杆连接处装有一块过滤板，其作用是过滤杂质

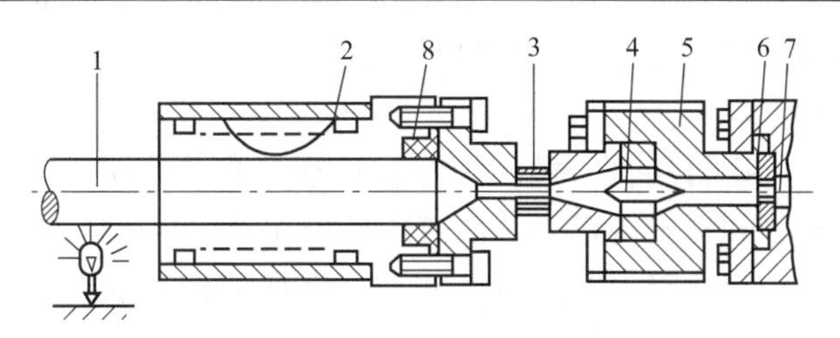


■ 图 5-17 挤出机机头和水冷却定型模

1—尼龙 1010 棒；2—水冷却定型模；3—机头与水冷却定型模连接部
4—分流梳；5—机头；6—粗滤板；7—螺杆；8—聚四氟乙烯绝热隔板

及微量未塑化的颗粒，另一个作用是使熔体分配均匀，起到使物料进一步均化及增压的作用。

定型模的内径应略大于棒材的直径，以补偿棒材冷却收缩，尼龙 1010 棒材的收缩率约为 2%～5%。定型模的长度与棒材的直径有关，棒材直径愈大，定型模的长度则愈短。

**(2) 工艺条件** 根据尼龙 1010 加工特性，其棒材挤出的工艺采取高温、快速挤出的原则。其工艺见表 5-18。

■表 5-18 尼龙 1010 棒材挤出成型工艺

| 工艺项目 | 工艺条件 | 工艺项目 | 工艺条件 |
|---|---|---|---|
| 螺杆转速/(r/min) | 10～11 | 机头温度/℃ (后) | 250～255 |
| 进料段温度/℃ | 265～275 | (前) | 200～220 |
| 熔融段温度/℃ | 275～280 | 机头与定型模处温度/℃ (后) | 210～220 |
| 均化段温度/℃ | 280～285 | (前) | 200～210 |
| 机颈温度/℃ | 270～280 | 水冷却定型模冷体温度/℃ | 70～80 |
| | | 牵伸速度/(mm/min) | 45～50 |

**(3) 其他因素** ①原料的含水量必须控制在 0.1%以下；②冷却方式可采用水冷、油浴、空气自然冷却等；③添加流动改性剂，能使熔体流动性增加，可提高棒材表面光洁度，这种助剂主要成分是低分子量聚酰胺，用量在 1%左右。

## 5.4.4 聚酰胺型材的挤出成型

型材是指截面具有一定形状的材料。尼龙树脂可以挤出各种型材。截面壁厚均匀的尼龙型材比非均匀的型材容易加工。壁厚不均匀的挤出产品易产生弯曲或翘曲现象，这是由于熔体流经口模时流动分布不均匀、壁较厚的部位冷却较慢等原因造成的。生产型材常用两种方法：自由挤出和箱式定型。因自由挤出较为灵活，挤出速率快，一般多为首选。宽度大于 12mm、厚度大于 2.5mm 的型材可用熔体黏度在 2～4kPa · s 之间的尼龙树脂自由挤塑。

要挤出更宽更大的型材，要求树脂的熔体黏度大于 5kPa·s，才能保证足够的熔体强度（弹性）。结晶度较低的均聚物和共聚物因其固化时不易翘曲，所以加工容易。

生产型材用挤出机的螺杆直径通常在 50～60mm 之间。生产空心型材时，机头和口模内设有芯模或成孔梢和外口模。

为了防止挤出时型材熔垂、扭曲或变形，有时要进行牵伸，特别是空心型材。

真空定型常用于制作空心型材，特别是制作较大的空心型材。进料箱可用空气冷却，也可以用水冷却。因型材的厚薄截面之间的冷却速率不同，所以必须对型材进行退火处理，以防止其翘曲变形。由于空气是低传热介质，用加雾装置产生水蒸气和空气的混合介质，可加快热交换速度，提高产率。

## 5.4.5 聚酰胺单丝挤出成型

尼龙单丝的直径一般为 0.09～2.5mm 之间，主要用于渔线、渔网丝、绳索、牙刷丝、各种毛刷的刷丝、医用滤网、化学工业用过滤网等。

适合单丝成型的尼龙主要有 PA6、PA66、PA610、PA612 等。PA6、PA66 可生产高强绳索、渔网、渔线；PA610、PA612 具有一定的刚性和柔性，适宜制牙刷丝。

### 5.4.5.1 尼龙单丝成型过程

单丝挤出机螺杆的直径为 50～60mm。尼龙单丝的成型过程包括：熔融挤出、喷丝板喷丝、冷却、加热牵伸、热处理、卷绕等工序。其工艺流程如图 5-18 所示。

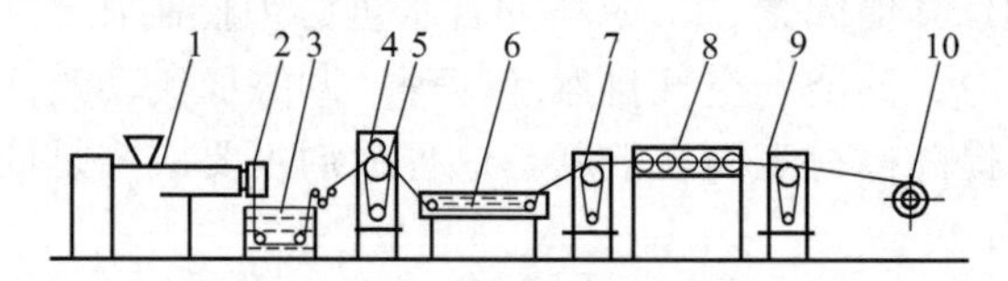


■ 图 5-18 尼龙单丝生产工艺流程

1—挤出机；2—机头；3—冷却水箱；4—橡胶压辊；5—第一拉伸辊；6—热拉伸水箱
7—第二拉伸辊；8—热处理烘箱；9—热处理导丝辊；10—卷取筒

单丝的成型类似纺丝，其差别主要是单丝的直径比一般纺丝单纤直径大，其次在于单丝采用水冷却，而纺丝成纤采用空气冷却。

### 5.4.5.2 尼龙单丝的成型工艺

尼龙单丝的挤出成型工艺类似纺丝工艺，但螺杆温度略低纺丝温度。PA6、PA66、PA610 的单丝成型工艺列于表 5-19。

■表 5-19　部分尼龙单丝成型工艺

| 工艺条件 | | PA6 | PA66 | PA610 |
|---|---|---|---|---|
| 螺杆温度/℃ | 后部 | 180～210 | 210～230 | 180～200 |
| | 中部 | 210～230 | 240～260 | 210～230 |
| | 前部 | 230～240 | 260～270 | 230～240 |
| 机头温度/℃ | | 240～250 | 270～280 | 230～240 |
| 喷丝板温度/℃ | | 250～260 | 270～280 | 240～245 |
| 冷却水温/℃ | | 30～40 | 40～60 | 30～40 |
| 一次牵伸倍数 | | 2.5～3.5 | 2.5～3.5 | 2.0～3.0 |
| 二次牵伸倍数 | | 1.2～1.5 | 1.0～1.6 | 1.0～2.0 |
| 总牵伸倍数 | | 4.5～5.5 | 3.5～5.5 | 3.0～5.0 |

注：1. 喷丝板到冷却水面距离控制在 15～40mm 之间。
2. 牵伸是在沸水中进行的。

## 5.4.6 聚酰胺膜的挤出成型

聚酰胺膜具有耐热性、耐油脂性、耐蒸煮性、韧性好、透明性好以及氧气渗透性低等特性，使得尼龙膜在食品保鲜包装材料中有广阔的市场。

尼龙的成膜性较好，大多数尼龙均可吹膜，PA6、PA66、MXD6 用量较大。MXD6 的阻隔性好，可制造高阻隔性包装膜。

已工业化生产的尼龙膜有两类，一类是双向拉伸尼龙膜（BOPA），另一类是多层共挤出复合膜，尼龙复合膜品种有三层、五层、七层复合膜。

### 5.4.6.1 聚酰胺膜的成型方法及设备

薄膜的成型方法，按模具的形状及出模后的冷却方法分为两种，即 T 形模头薄膜成型法和充气膨胀薄膜成型法。

T 形模头薄膜成型法如图 5-19 所示。PA 经 T 形模头挤出被冷却辊固化成具有一定厚度的薄膜，再经拉伸定型，卷绕成型。T 形模法也可称为流延加工法。

充气膨胀法是熔融物料从环形模头挤出成管状，向该管内吹入空气使其膨胀，再经冷却形成薄膜。充气膨胀法与其他方法相比具有以下优点：①设备简单，投资少，见效快；②薄膜经吹胀牵伸后强度较高；③无边料，废料少，成本低；④薄膜成为圆筒状，制袋工艺简单；⑤便于生产宽幅薄膜，薄膜成型时有一定的吹胀比，相应模具尺寸小。因此充气膨胀法应用范围广，在薄膜生产中占有很重要的地位。

充气膨胀法存在以下缺点：①薄膜厚度均匀性差；②受冷却条件的限制，产量较低。

充气膨胀法生产的薄膜一般规格为：厚 0.01～0.25mm，直径100～6000mm。

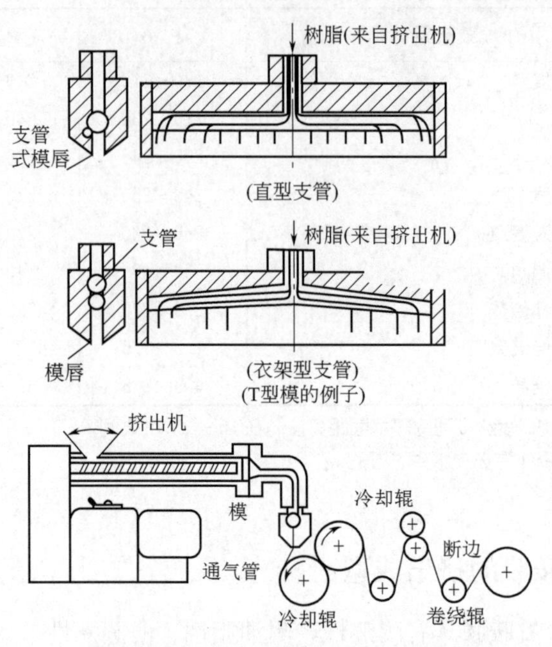


■ 图 5-19 PA6、PA66 薄膜 T 形成型法

根据挤出时的出料方向与牵引方向的不同，充气膨胀法生产工艺流程可分为平挤上吹法、平挤平吹法和平挤下吹法等 3 种。

平挤上吹法：该法是将挤出的管坯向上牵引至一定距离后由人字板夹平，该管坯由底部引入的压缩空气将其吹胀成泡管，调节压缩空气压力大小控制薄膜的横向尺寸，用牵引速度控制纵向尺寸，泡管经冷却即可得到吹塑薄膜。工艺流程如图 5-20 所示。

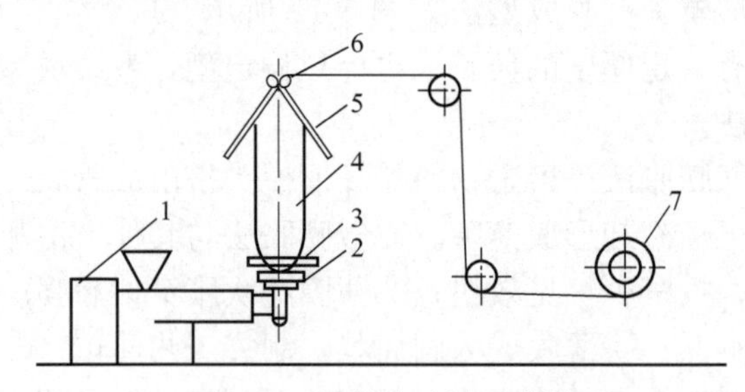


■ 图 5-20 平挤上吹法工艺流程

1—挤塑机；2—机头；3—冷却风环；4—膜泡；5—人字板；6—牵引辊；7—卷取装置

平挤下吹法：泡管从机头下方引出的流程称平挤下吹法。它特别适用于黏度小的原料及要求透明度高的薄膜。平挤下吹法工艺流程如图 5-21。

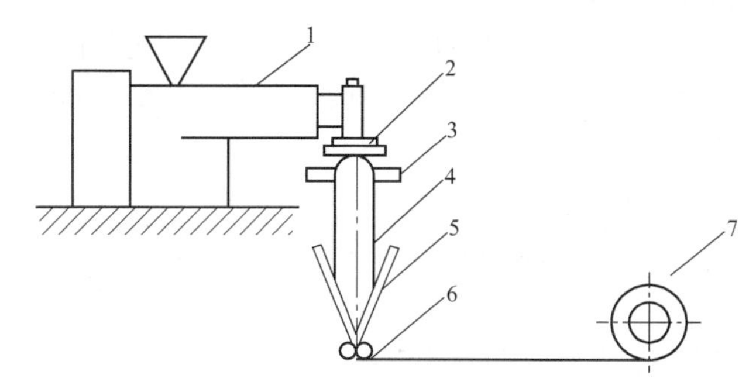


■ 图 5-21　平挤下吹法工艺流程图

1—挤塑机；2—机头；3—冷却风环；4—膜泡；5—人字板；6—牵引辊；7—卷取装置

平挤平吹法：泡管与机头中心线在同一水平面上。该法只适用于小规格薄膜的生产。其工艺流程如图 5-22。

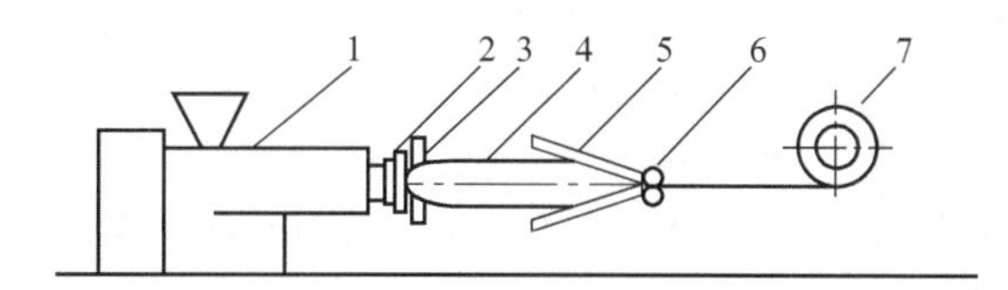


■ 图 5-22　平挤平吹法工艺流程

1—挤塑机；2—机头；3—冷却风环；4—膜泡；5—人字板；6—牵引辊；7—卷取装置

### 5.4.6.2 BOPA 膜的生产

BOPA 膜是一种用途广、用量较大的高强透明尼龙膜，其拉伸强度高，印刷性好，用于食品保鲜、包装、电子元件等领域。

**(1) 生产工艺过程**　BOPA 生产工艺过程如图 5-23 所示，PA6 粒料经螺杆熔融挤出，熔体经 T 形模头挤出成膜、冷却、拉伸、最后卷绕。

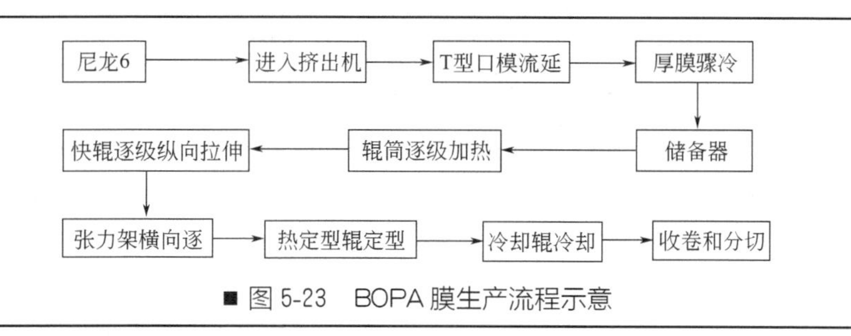


■ 图 5-23　BOPA 膜生产流程示意

**(2) 影响因素**

① 原料　BOPA6 对原料的要求较高，体现在 3 个方面：即分子量要求较高，相对黏度约为 3.4±0.1，分子量分布小于 2；含水量低于 0.05%；要求添加的助剂（如抗粘连剂、爽滑剂等）颗粒大小约 3～5μm，否则降低

过滤网使用周期。

②螺杆温度　螺杆挤出温度比一般挤出工艺条件略高，螺杆挤出机各区温度的设定原则是前低后高，即进料段低，熔融、均化段高。各段的温度范围见表 5-20 所列。

■表 5-20　挤出各段的温度范围　　单位：℃

| 进料段 | 熔融段 | 均化段 | 连接处 | 模头 | 冷辊温度 |
| --- | --- | --- | --- | --- | --- |
| 210～230 | 230～250 | 250～270 | 250～270 | 250～260 | 50～60 |

③ 熔体压力　熔体压力在线检测与控制是保证成型稳定的重要条件。影响熔体压力的因素有 PA6 的分子量的波动、螺杆转速以及原料中的灰分含量。根据熔体压力的变化来改变螺杆转速，调整进料量。

④ 拉伸取向　拉伸取向的作用是提高薄膜的拉伸强度与表面光泽。BOPA6 生产采用同时双向拉伸法，如图 5-24 所示的平板双向拉伸法，是在打开导辊在横向进行拉伸的同时，还在夹板的间隙沿纵向进行拉伸。PA6 属于结晶高聚物，其晶体难以发生塑性形变，采用同时拉伸较为适宜。同时双向拉伸可生产超薄型薄膜（如 0.5～1.5μm 厚的薄膜），拉伸比影响薄膜力学性能与厚度。当薄膜厚度、拉伸强度确定后，其拉伸比只能在很窄的范围内调节。

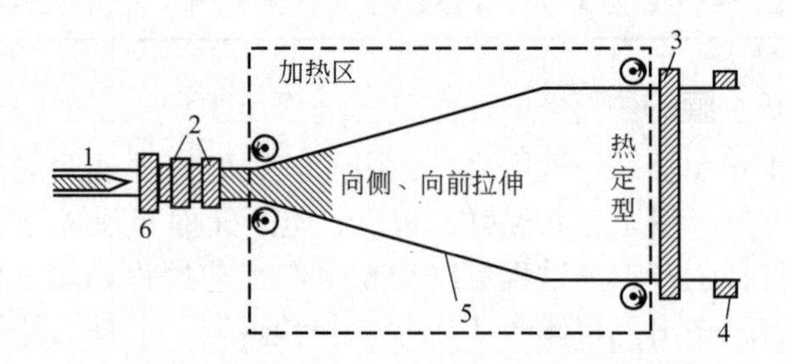


■ 图 5-24　BOPA6 平板双向拉伸法

1—挤出机；2—流涎辊；3—冷却辊；4—卷取；5—加速展幅机压板；6—模头

**(3) BOPA6 产品性能**　表 5-21 列出了 BOPA6 与未拉伸膜的性能比较，可以看出，尼龙膜经过双向拉伸后，其力学性能大大提高，同时，其透氧量、透湿度、雾度均得到了明显的改善。

#### 5.4.6.3 尼龙多层复合膜的生产

尼龙有优良的氧气阻隔性，但由于尼龙有很强的吸湿性和水蒸气透过性，尼龙在吸湿后，其阻隔性将下降，使包装物的水分减少，外表起皱。为了弥补这一缺点，保持其良好的阻隔性，一般采用多层共挤的方法，将阻水性好的聚烯烃，如 PE、PP 等与 PA 进行复合成膜。尼龙复合膜主要用于食品包装。

■表 5-21　未拉伸及双向拉伸尼龙 6 薄膜的物理性能比较

| 项目 | | 测试方法(ASTM) | 单位 | 结果 | |
|---|---|---|---|---|---|
| | | | | 未拉伸 | 双向拉伸 |
| 密度 | | 密度梯度法 | g/cm³ | 1.13 | 1.14 |
| 断裂强度 | MD | D-882 | MPa | 60～90 | 220～250 |
| | TD | | | 60～90 | 220～250 |
| 断裂伸长 | MD | D-882 | % | 300～400 | 90～120 |
| | TD | | | 300～400 | 90～120 |
| 冲击强度 | | 落锤冲击试验法 | N·m/mm | 160 | 100 |
| 透氧量 | | D-1434 | cm³/(m²·24h, 0.1MPa) | 15 | 5 |
| 透湿度 | | JIS Z-0208 | g/(m²·24h) | 80～100 | 20～30 |
| 雾度 | | D-1003 | % | 18 | 4 |
| 实际使用温度 | | | ℃ | −10～130 | −10～130 |

**(1) 尼龙复合膜的结构与组成**　复合膜的成型是利用多台挤出机，通过一个多流道的复合机头，生产多层结构的复合薄膜的技术。如前所述尼龙复合有三层、五层、七层三种结构，一般尼龙层位于中间，两边是聚烯烃，由于聚烯烃与 PA 的黏接性较差，为提高层间的黏接，往往在 PA 和 PE 或 PP 间夹有胶黏层，如图 5-25 所示。

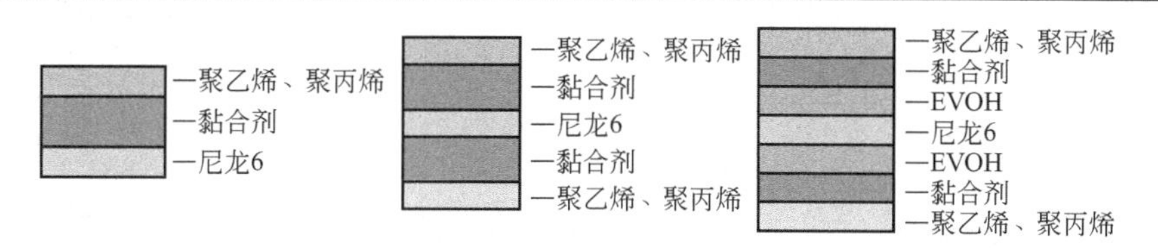


■ 图 5-25　多层尼龙复合膜的三层、五层和七层结构示意

**(2) 成型工艺及性能**　多层共挤出复合成型包括共挤吹膜和共挤流延 2 种方法，不同的加工方法有着不同的生产工艺。

共挤复合吹膜生产线用于生产多层（3 层、5 层、7 层），最大产量达 1000kg/ h；厚度可控制在 7～25μm 。其成型方法有上吹法和下吹法两种。上吹法采用空气冷却，冷却速度较慢，结晶度较高，膜制品强度较高但透明度较低；下吹法采用水冷却，冷却速度较快，结晶速度较低，膜制品强度较低，但透明度较高。

PA 的流延加工成型使用 T 型机头，幅宽可达 2m，尼龙单层薄膜机头模缝厚度在 0.5mm，多层薄膜机头模缝厚度在 1.2mm 左右。牵引速度可达 120m/min。流延冷却辊的温度在 20～100℃，辊温和辊速能影响尼龙膜的力学性能和透明度等。

表 5-22 和表 5-23 分别列出采用套筒式模头生产三层、五层复合膜的工艺参数。表 5-24 列出五层共挤 PA 复合膜的物性。可以看出，五层复合膜的阻隔性与 BOPA6 相近，但原料成本低于 BOPA6。

■表 5-22　采用传统的带有螺旋流道的套筒式复合机头生产尼龙复合膜的工艺参数（水冷式）

| 挤出机 | | 三层共挤设备，三台 Φ40mm 挤出机，水冷 | | |
|---|---|---|---|---|
| 口模直径 | | Φ 100mm | | |
| 模口缝隙 | | 1.5mm | | |
| 膜结构 | | 尼龙/30μm | 胶黏剂/30μm | LDPE/40μm |
| 挤出机温度/℃ | 进料段 | 210 | 170 | 180 |
| | 熔融段 | 230 | 190 | 200 |
| | 均化段 | 260 | 200 | 200 |
| | 连接 | 260 | 200 | 200 |
| | 模头 | 260 | 260 | 260 |
| 折径/mm | | 220 | | |
| 收卷速度/（m/min） | | 7 | | |

■表 5-23　采用传统的带有螺旋流道的套筒式复合机头生产尼龙复合膜的工艺参数（水冷式）

| 挤出机 | | 五层共挤设备，三台 Φ40mm 挤出机，水冷 | | | | |
|---|---|---|---|---|---|---|
| 口模直径 | | Φ 400mm | | | | |
| 模口缝隙 | | 1.2mm | | | | |
| 挤出机直径/mm | | Φ 60 | Φ 45 | Φ 60 | Φ 45 | Φ 60 |
| 膜结构 | | 尼龙 25μm | 胶黏剂 5.5μm | EVOH 10μm | 胶黏剂 5.5μm | LDPE 35μm |
| 挤出机温度/℃ | 进料段 | 220 | 170 | 205 | 170 | 180 |
| | 熔融段 | 230 | 190 | 205 | 190 | 200 |
| | 均化段 | 230 | 200 | 205 | 200 | 200 |
| | 连接 | 240 | 200 | 210 | 200 | 200 |
| | 模头 | 240 | 240 | 240 | 240 | 240 |
| 折径/mm | | 220 | | | | |
| 收卷速度/（m/min） | | 7 | | | | |

■表 5-24　五层共挤复合膜的物理性能

| 项目 | 测试方法(ASTM) | 单位 | 结果 | |
|---|---|---|---|---|
| 断裂强度 | D-882 | MPa | MD | 590 |
| | | | TD | 570 |
| 断裂伸长 | D-882 | % | MD | 440 |
| | | | TD | 490 |
| 透氧量 | D1434 | $cm^3/(m^2 \cdot 24h, 0.1MPa)$ | 3 | |
| 透湿度 | JIS Z-0208 | $g/(m^2 \cdot 24h)$ | 5 | |
| 雾度 | D-523 | % | 14 | |

**(3) 生产中易出现的问题**　薄膜加工中最大的障碍是晶点，而晶点的成因复杂，晶点的消除更为困难。特别是多层共挤薄膜的加工过程中，解决晶点问题显得尤为突出。共挤薄膜加工过程中，不同的材料，不同加工特性的树脂必须在同一个模头内、相同的加工条件下成型，加工温度要达到高温材料要求，否则易产生晶点。因此产生晶点是多层共挤薄膜最常见也是最难消除的问题。通常聚酰胺晶点可以通过染色的方法来进行区别，可以染黄色、

褐色或红色，若非聚酰胺晶点通常不会被染上颜色，保持白色或半透明状态。

复合膜中各类晶点的产生原因如下。

① 聚酰胺层中的聚酰胺晶点　聚酰胺晶点绝大多数是由于聚酰胺原料在加工过程中发生交联所产生的，也有部分源于设备成型加工区（模头、90°转角等清洗不够）等因素。

② 聚酰胺层的非聚酰胺晶点　主要源于层与层之间熔体黏度不匹配，黏合树脂或其他熔体进入聚酰胺层中。这种层间的流动速度和熔体黏度不匹配，使得薄膜局部截面中的某一段中的一层很容易被另外一层挤掉，因此造成了晶点。

③ 非聚酰胺层中的聚酰胺晶点　是聚酰胺料被混入其他挤出机中、传统式旋转模头流道间有泄漏、聚酰胺层和相邻层的树脂黏度不匹配。

④ 非聚酰胺层中的其他晶点　这些晶点是由交联的原料或者未熔融的树脂颗粒造成的。但90%的晶点来自于靠近黏合树脂的较厚层。

⑤ 非聚酰胺层中连续的小晶点　黏合树脂层中呈连续状的小晶点通常是由于黏合树脂受到污染或模具清洗不够、黏合树脂本身的问题所产生的。这类呈连续状的小晶点在每一层都有可能发生，其成因和现象也都类似。

# 5.5 聚酰胺的滚塑成型工艺

滚塑成型又称为旋转成型、回转成型，是塑料成型加工中的一个重要分支，始于20世纪40年代，最初主要用于PVC树脂，生产小型制品如玩具、皮球、瓶、罐等。自20世纪70年代起，滚塑成型技术在欧美等发达国家实现了工业化生产并广泛应用，不仅能生产小型制品，还可生产出用注塑和中空成型方法无法加工的大型或超大型（如30$m^3$）容器。随着国内经济的发展，滚塑制品正在进入市场，并逐渐被人们接受。

## 5.5.1 聚酰胺滚塑成型原理与工艺设计原则

### 5.5.1.1 聚酰胺滚塑成型原理

滚塑成型加工方法较独特，加热、成型和冷却等过程全部在同一个模具中进行，操作过程简单，但由于其成型机理比较复杂，目前还没有理想的数学模型给出准确的描述。

图5-26是尼龙滚塑成型示意。首先把定量的尼龙粉末或短纤维与尼龙混合料装入铁制或铝制模具型腔内，然后闭合模具并开始加热，同时使模具绕两个相互垂直的轴线旋转。当金属模具加热到一定的温度时，模内尼龙开始熔融并涂覆在模具的内表面。待所有物料熔融后，开始冷却模具并保持继

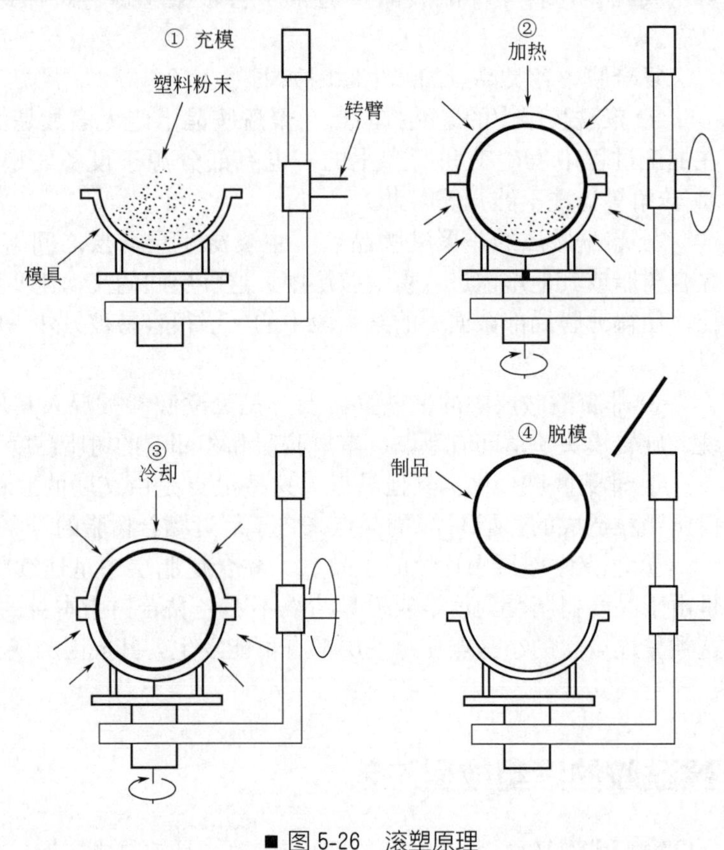


■ 图 5-26 滚塑原理

续旋转，直到尼龙完全冷却固化；打开模具，取出制品，然后再装物料，进入下一个循环。

相对于注射和吹塑成型工艺，滚塑突出的优点表现在设备和模具投资少，适用于中大型及形状复杂的塑料制品的生产，且产品不易产生凹陷和变形等。

### 5.5.1.2 工艺设计原则

**(1) 滚塑用尼龙树脂** 不是所有的尼龙都适合于滚塑工艺，例如尼龙 66 经滚塑成型后冲击强度有所降低，因为尼龙 66 的熔点比尼龙 6 高，需要较长时间的加热过程，但在高温下尼龙 66 又易氧化老化，所以不适合；尼龙 46 的熔点为 285℃，也不适用于滚塑。目前工业中广泛用于滚塑的尼龙为尼龙 6、尼龙 11 和尼龙 12。

**(2) 尼龙滚塑的设备** 尼龙滚塑设备中应有输入惰性气体（如 $CO_2$、$N_2$）保护装置，以防止尼龙的氧化。

惰性气体的输入如图 5-27 所示，模腔内的气体会加热膨胀，因此系统要有很好的密封性和耐压性。

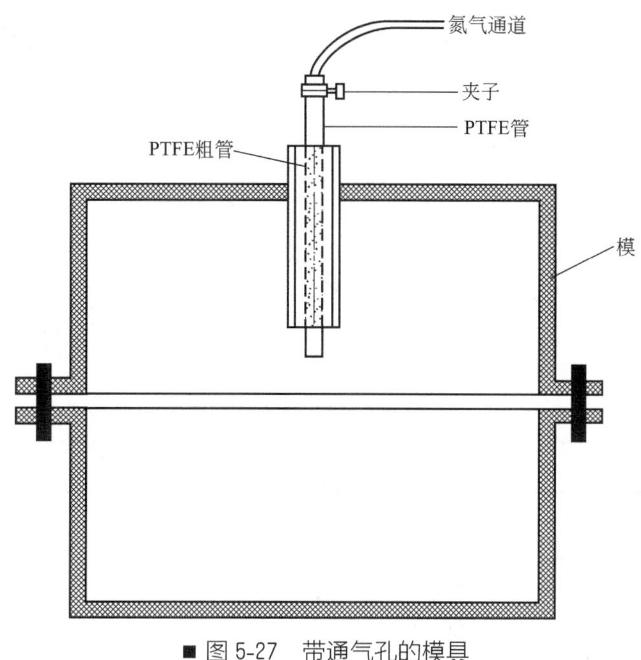


■ 图 5-27　带通气孔的模具

滚塑尼龙用的模具可用铸铝、铝板、钢板、不锈钢和电镀成型镍来制造。由于尼龙在熔融状态比聚乙烯流动性好，为防止尼龙熔体流进模具配合间隙，造成脱模困难，因此尼龙对滚塑模具的配合精度要求很高。

滚塑制品可以通过模具型腔内表面的设计来制成有纹理型表面。但是，对于尼龙制品来说，最好采用光滑表面设计。在模具型腔表面应尽力避免局部凹凸结构，在拐角处，应设计出不小于 $r=9.5$mm 的圆角，脱模斜度不应小于 1.5°。

滚塑尼龙复合材料制品时，应采用尼龙粉料和短切纤维的混合料。短切纤维的长度应控制在 0.1～2mm 以内，否则制品截面材质的均匀性会受到影响。

## 5.5.2 几种典型的滚塑成型工艺

### 5.5.2.1 尼龙粒料或粉末滚塑工艺

滚塑工艺要求物料含水不超过 0.2%，因此在装料前物料必须干燥处理。

尼龙滚塑时，模具的加热温度为 260～360℃。对于不同牌号的尼龙粉料或粒料，模具加热温度不同，通常尼龙 11 和尼龙 12 的加热温度要低于尼龙 6。图 5-28 给出尼龙 6 粒料滚塑加热时间随制品厚度的变化规律。实验数据以 6.35mm 厚的铸铝件为模具得出。实验时炉温为 343℃。通常制品厚度

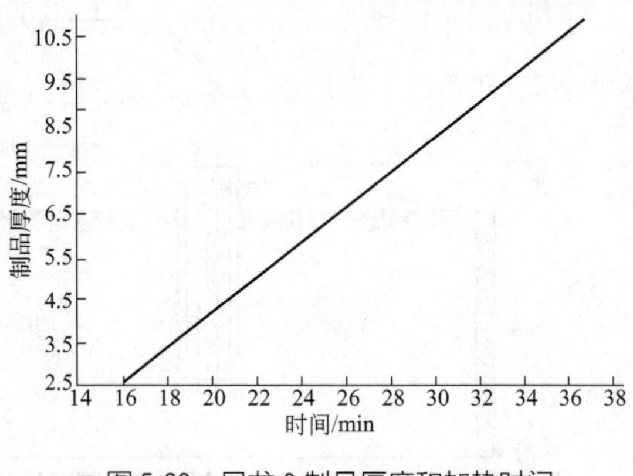


■ 图 5-28 尼龙 6 制品厚度和加热时间

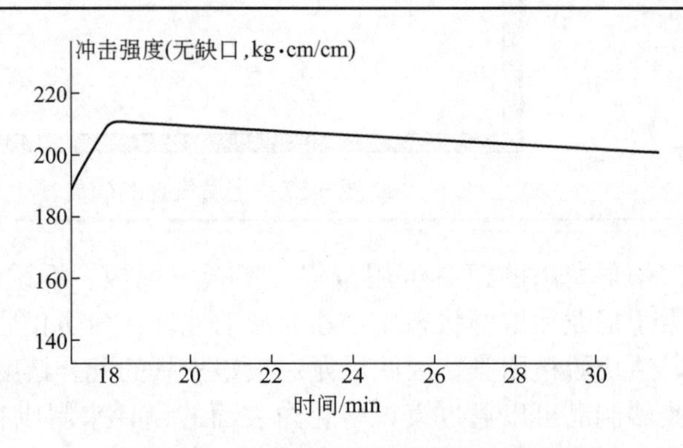


■ 图 5-29 冲击强度与加热时间关系曲线

每增加 0.76mm，加热时间应增加 2min。图 5-29 给出尼龙 6 滚塑制品的冲击强度与加热时间之间的关系曲线。

由于尼龙是半结晶材料，冷却过程的控制对滚塑尼龙制品十分重要。掌握好冷却过程可以减少制品的收缩和翘曲变形。在加热过程后期，尼龙物料已经完全熔化并黏附在模具的内壁上，这时模具的旋转运动并未停止，模具被送入滚塑机的冷却室。在冷却室，模具首先进行风冷，然后进行水冷。在冷却过程中，模具的双向旋转速度应保持与加热过程一致，这样可以防止尼龙熔体流动。特别是对于壁厚大于 6.3mm 的尼龙制品，必须满足上述要求。

对于形状比较复杂的制品脱模比较困难，需要“趁热”脱模，可以采用向模具内充水的方法进行制品快速冷却，然后使其从“热模”上脱开。这样获得的尼龙制品是非晶态的，具有很高的耐冲击性能，但是，尼龙制品会吸收一定的水分。

表 5-25 为 67L 尼龙 6 油桶滚塑工艺参数。

■表 5-25　尼龙油桶滚塑工艺参数

| 项　目 | 数　值 |
| --- | --- |
| 制品厚度/mm | 3.8 |
| 制品尺寸/cm | 40.6×40.6×40.6 |
| 制品重量/kg | 4.54 |
| 加热温度/℃ | 343 |
| 加热时间/min | 22 |
| 冷却时间/min | |
| 空气冷却(第一次) | 5 |
| 水冷 | 7 |
| 空气冷却(第二次) | 2 |
| 主轴转速/(r/min) | 6 |

#### 5.5.2.2 己内酰胺的滚塑

己内酰胺滚塑包含阴离子聚合反应和滚塑成型，过程伴有熔体聚合放热反应，因此成型温度低于尼龙 6 的熔点，滚塑能耗较小，具有较好的经济性。

与尼龙粉料滚塑不同的是，反应性己内酰胺的熔体滚塑时，温度在 170℃左右，低于尼龙 6 的熔点（210℃以上）；制品成型后，模具可以不经冷却，直接从模具中取出。整个成型过程，模具及滚塑机的转动部件温度变化不大，不需要反复高温加热和低温冷却，因此己内酰胺滚塑成型是一种能耗较小的加工方法。

己内酰胺滚塑主要制备尼龙 6 容器，早在 20 世纪 60 年代末期，这种成型工艺已引起人们关注，经过多年来的开发研究，取得了很大进展，技术、设备日臻完善，国外已用此方法生产出容积大于 1000L 的大型燃料容器。我国也掌握了该技术生产各种不同容积的尼龙中空制品。

己内酰胺滚塑过程中，物料附着在模具的型腔壁上，不是依赖于模具的温度而是决定于液态己内酰胺聚合后黏度的变化。滚塑初期物料液态己内酰胺黏度很低，难于黏附到模腔壁上，而一旦完成聚合过程，黏度高达 1.5Pa·s左右，流动减慢，就可黏附到模腔壁上，因此用于滚塑的反应性己内酰胺体系，必须具有比较合适的聚合速度，使聚合过程与滚塑模具的转动过程相适应，以便使物料能够均一地分布到模腔的整个表面上；另外，反应性己内酰胺的配方直接关系到滚塑制品的性能，是重要的参数。

大型滚塑制件的表面积可达 10～15$m^2$ 或者更大，当壁厚 4mm 左右时，物料用量将达到 45～70kg。如果用通常的滚塑方法，往往难于使这样多的物料均匀地分布在整个模腔表面上，而提高转速又会由于熔融物料的强烈运动，夹入大量气泡，为了解决这个问题，在国外采用了多次加料的办法；即将己内酰胺熔体分若干次（或者逐渐连续配入）加入到滚塑模中，比如每次加入物料滚塑形成 1.5～2.0mm 的厚度。

在生产中，己内酰胺滚塑比较理想的加料方式是通过计量泵，按给定混合比将各组分喂入混合装置，混合均匀以后加入滚塑模具中。配制反应性己内酰胺熔体有两种方法，其一是两种己内酰胺（一种含催化剂，一种含活化剂）按照1∶1的比例泵入混合器，另一种方法是将含催化剂的己内酰胺熔体泵入混合器的同时，同步泵入液态活化剂，后者要求混合系统有较高的计量精度，能保证按照200∶1～300∶1的比例进行混合。

空气加热及夹套式加热的旋转成型设备均可以用于己内酰胺滚塑，大型容器特别是特大型燃料油的贮槽，绝大多数采用夹套式滚塑设备成型，在模具的夹套中通入油类介质进行加热与冷却。

#### 5.5.2.3 多层复合材料制品的滚塑

加工多层复合材料制品时，尼龙6常用于制品的外层，以增强制品的强度和刚度；聚乙烯或聚四氟乙烯则用于制品的内层，以提供耐酸、耐水、耐腐蚀或盛装食品等功能。当两层材料相容性差，难以复合时，需在中间加入与两者都相容的材料来黏合，因此构成了三层滚塑制品。

形成多层制品的方法是：先向模具中装入一种树脂，加热旋转直至熔化；然后向模具中装入第二种树脂，加热旋转直至熔化；再装入第三种、第四种等，重复同样的加热旋转过程。多层制品的滚塑应注意下列问题：不同树脂之间的亲和性；不同树脂之间的热胀冷缩差异；第一层树脂的熔点和厚度的选择，防止模具停止旋转装第二层树脂时发生流动。

尼龙粉料用于多层滚塑制品时，最好先对尼龙进行改性，使之与其他树脂发生化学黏合；也可以在两层树脂之间复合一层可以同时与两种树脂发生化学黏合的中间黏合层。例如尼龙6和高密度聚乙烯进行复合时，可采用烯烃单体接枝改性尼龙6作为中间黏合层。

### 5.5.3 滚塑制品缺陷分析及解决方案

#### 5.5.3.1 滚塑制品有气泡或孔洞

**(1) 成因分析** 滚塑时模具内的物料在受热过程中，随模具的转动逐渐熔融、流动、黏附在热的模具内表面，模具内部空气受热体积膨胀，气压升高，通过通气孔逐渐向模具外部流动，直至模具内外空气压力平衡。同时，模具型腔内保持着一定压强，在树脂熔融致密化的过程中，滞留在粉末颗粒之间的气体被挤向塑料熔体的自由表面，但由于熔体表面张力的存在，气体的压力不足以脱离熔体表面易形成气泡，从而形成制品内表面的气泡和外表面的气孔，严重情况下形成较大的孔洞。

如果熔体流动性好、模具升温速率慢、模具通气孔通畅，则熔体中的气体可以顺利地逸出，反之则熔体中的气体易滞留形成制品缺陷。当模具合模不严，模具加热过程中型腔中的一部分气体会通过合模部位的缝隙向模具外部流动，致使在模具相应部位的产品内部产生气孔或气泡；在模具冷却过程中，如果模具闭合不严，因模具内外存在空气压力差，空气会通过合模部位（分型面处）的间隙进入模具内，在制品的外部产生气孔。

**（2）解决方案**

① 调整通气管至模具内部适当距离。通气管一般采用氟塑料管，其直径由制品尺寸和物料性能决定，管子长度根据制品型腔深度应保证其末端伸入到模腔中心或到合适位置。为避免模具旋转时树脂粉末从排气口溢出，通气管内要用玻璃丝、钢丝绒、石墨粉等充填。

② 模具适当缓慢升温、提高炉温（熔融温度）或延长加热时间，确保物料充分熔融和气体排出。

③ 在模具内表面涂覆特氟龙（聚四氟乙烯）涂层替代各种脱模剂。

④ 保持模具内部干燥。

#### 5.5.3.2 滚塑成型时树脂包覆不良

**（1）成因分析** 滚塑制品上一般有许多金属镶嵌件，通过滚塑成为制品上的一部分，以增强制品局部强度。在滚塑时，嵌件相当于模具上的一部分，使得此处模具壁厚增加，嵌件末端不易获得与模具同样的温度，导致嵌件上的树脂包覆不良。尤其是大型嵌件，如果嵌件结构设计不合理，使得嵌件传热性能不良，不能获得与模具同样的温度，更易导致树脂涂覆不均或达不到设计要求，降低嵌件与制品结合的强度。旋转滚塑成型的转速通常较低，不同于制作铸型尼龙产品的离心浇铸，嵌件相对制品表面太高时出现树脂包覆不良的概率更高一些。

**（2）解决方案**

① 使嵌件具有良好的传热结构，尽量消除不利于嵌件传热的因素。

② 在满足滚塑条件和嵌件强度需求的前提下，嵌件相对制品表面高度和体积尽量小。

③ 嵌件上的止转或防拉槽的深度和宽度与滚塑要求相适宜。

④ 滚塑时，视情况对嵌件进行预热会取得比较良好的效果，对大型嵌件尤其有效。

#### 5.5.3.3 滚塑成型制品壁厚不均

**（1）成因分析** 滚塑成型工艺适于成型壁厚相对均匀的中空制品，不容易加工壁厚突变的制品。投料量的多少决定了制品的平均壁厚，其均匀性与模具本身的结构、滚塑成型工艺有关。从制品和模具结构来说，一般在制品内凹的转角处（模具外凸）厚度较小，在制品外凸的转角部位（模具内凹）厚度较大，但如果制品外凸部位角度过小，易导致物料不能充满模具带来相应的孔洞等缺陷，所以制品不宜有尖角部位，通常用大的平滑圆弧过渡。

塑料的熔融和黏附能力主要与模具温度有关。模具温度高的地方，塑料较易先熔融并随模具的转动层层涂覆，黏附树脂会较多，而温度低的部位黏附的树脂相对较少，造成制品壁厚不均。制品的壁厚还与旋转速度有关。旋转速度不均匀，容易造成壁厚不均，而且无规律性，所以一般采用能自动控制的恒扭矩或恒转速的电动机来保证主副轴匀速旋转。当制品某处部位与其他部位壁厚悬殊较大，模具不能修改时，需从工艺角度寻求解决办法。

**(2) 解决方案**

① 把滚塑模具固定在模架上适当的位置，并调整模架的平衡。

② 主、副轴旋转速度保持比例均衡、速度均匀。

③ 加热炉能保证模具在各个方向上受热均匀。

④ 加热和冷却过程中都换向一次，换向时要迅速，要求正转、反转时间相同。

## 5.6 聚酰胺的中空吹塑成型工艺

吹塑成型是中空制品成型的一种方法。按型坯成型的方式，吹塑可分为挤出吹塑与注射吹塑两大类。挤出吹塑中，型坯的吹胀在聚合物的黏流态下进行，有较大的吹胀比，吹塑制品与吹塑模具的设计灵活性大。按生产方式，吹塑又可分为间歇式和连续式。

新发展的吹塑工艺有双轴定向拉伸吹塑和多层吹塑。前者使制品的透明性、强度、硬度等性能有很大的提高，后者能制得多层复合制品，以提高制品的使用性能。

聚酰胺的吹塑产品有着广泛的应用。PA6、PA66 吹塑产品用在有高温性能要求的应用领域，如汽车发动机的外罩、某些液压转向装置的液体储槽和散热器溢流槽、一些重型拖拉机的空气导管等。PA6 或 PA66 吹塑制成的包装材料比高密度聚乙烯（HDPE）或聚氯乙烯等具有更优良的耐热性、耐溶剂性、耐渗透性。

聚酰胺合金也可用于吹塑制品，如汽车气阻流板用非晶形/增韧 PA 三元共聚物吹塑；汽车油箱用 HDPE 与 PA66 共混吹塑。

本节将主要介绍间歇挤出（储料缸式机头）吹塑，聚酰胺的连续挤出吹塑和注射吹塑应用较少，在此不作介绍。

### 5.6.1 吹塑成型过程与工艺

储料缸法可间歇式地挤出大直径厚壁型坯，用来吹塑大型容器和包装桶。此法用一台或两台挤出机连续地向储料缸加料，使储料缸集存较大容量的熔融物料，再由注射柱塞将贮存的熔融料通过机头压出形成型坯，如图 5-30 所示。

吹塑制品的性能主要受型坯挤出、吹胀、顶出等工艺的影响。适合吹塑的聚酰胺应具有 3 种特性：在宽剪切应力范围内具有较高的熔体黏度；高熔体弹性；结晶速率慢。

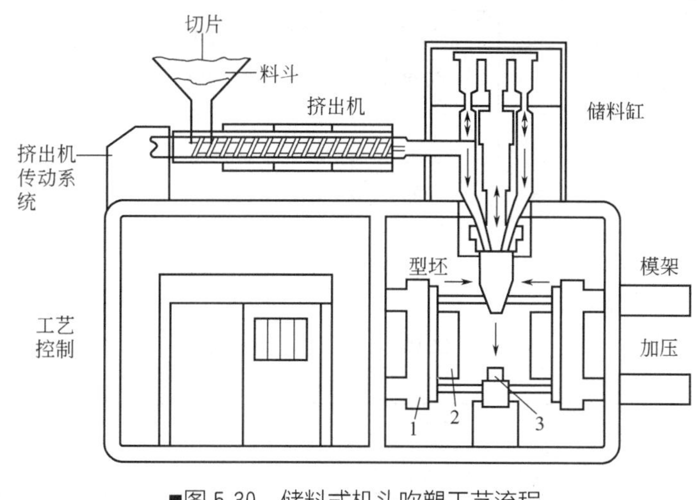


■图 5-30 储料式机头吹塑工艺流程

1—压板；2—模具；3—吹气杆

吹塑过程：当挤塑机将熔融物料送至储料缸式模头后，在型坯还未挤出前，应很快关闭进料阀。从型坯挤出到吹胀所需时间是吹塑的关键参数，小注射量型胚小于1s，而大的长的型坯则要15s左右。吹塑过程中，垂伸必须控制到最小化。垂伸是指型坯横向瘪陷，沿轴向伸长的现象。型坯冷却的速率也是一个很重要的因素，它取决于挤出-吹胀的时间间隔、型坯厚度以及型坯周围的空气温度。

为了保证型坯厚度均匀，在挤出-吹胀的时间间隔内必须尽可能地保持型坯的温度在熔点或玻璃化转变温度以上。如果型坯任何部位的温度低于熔点或玻璃化转变温度，型坯在这个部位就不可能吹胀均匀。吹胀用气体压力为0.3～0.6MPa。吹胀时间1～2s。高压下溶解在聚酰胺熔体中的水分和挥发份，在型坯的形成及吹胀期间，因压力降低又会溢出，使零件产生膜泡和条纹等缺陷。

吹塑级PA6和PA66的性能列于表5-26、表5-27。大多数的聚酰胺树脂在挤出口模处迅速加压时不能有效地胀大，且多数情况下型坯的直径只能吹胀至比口模大5%～10%。从机械角度考虑，聚流式模头可使离模膨胀最大化，而散流式则相反，因此，一般选择聚流式模头（图5-31）。然而，即使采用聚流式模头，离模膨胀在标准条件下很少超过10%。

从经济上考虑，冷却条件的控制必须以能尽快顶出零件为标准，但也不能太快，以免引起零件的形变。尼龙零件通常用于工程应用，因此要求其尺寸接近公差。常用的PA6和PA66树脂，其吹制件的脱膜温度一般低于75℃，这样有利于脱模，并且形变最小。

■表 5-26 典型的吹塑级 PA6 的性能

| 性能 | ASTM 方法 | 单位 | 未改性 PA6 | 增韧 PA6 | PPE①/PA6 合金 |
|---|---|---|---|---|---|
| 拉伸强度 | D638 | MPa | 84 | 59 | 70 |
| 断裂伸长率 | D638 | % | 180 | 150 | 75 |
| 弯曲模量 | D790 | MPa | 2896 | 1972 | 2337 |
| Izod 缺口冲击强度 | D256 | J/m | 53 | 310 | 187 |
| 热变形温度 | D648 | | | | |
| 1.82 MPa | | ℃ | 66 | 58 | 112 |
| 0.46 MPa | | ℃ | 175 | 144 | 180 |
| 熔融温度 | D3418 | ℃ | 216 | 216 | 216 |
| 密度 | D792 | $g/cm^3$ | 1.13 | 1.09 | 1.09 |

① 聚苯醚。

■表 5-27 典型的吹塑级 PA66 的性能

| 性能 | ASTM 方法 | 单位 | 未改性 PA66 | 增韧 PA66 | 增韧无定形 PA |
|---|---|---|---|---|---|
| 拉伸强度 | D638 | MPa | 94.8 | 53.1 | 73.8 |
| 断裂伸长率 | D638 | % | 60 | 94 | 120 |
| 弯曲模量 | D790 | MPa | 3100 | 2070 | 2000 |
| Izod 缺口冲击强度 | D256 | J/M | 53 | 不断 | 1010 |
| 热变形温度 | D648 | — | — | — | — |
| 1.82 MPa | — | ℃ | 81 | 57 | 115 |
| 0.46 MPa | — | ℃ | 238 | 220 | 115 |
| 熔融温度 | D3418 | ℃ | 262 | 262 | — |
| 密度 | D792 | $g/cm^3$ | 1.14 | 1.11 | 1.09 |

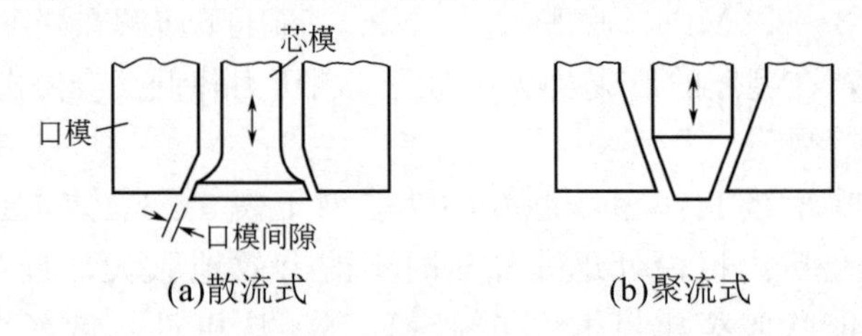


■ 图 5-31 散流式/聚流式模具

(a) 散流式：芯模向上移动时，型坯壁变薄，芯模向下移时，型坯壁变厚，通常用于制作大型型坯；(b) 聚流式：芯模向下移动时，型坯壁变薄，芯模向上移时，型坯壁变厚，通常用于制作小型型坯

## 5.6.2 吹塑过程中的异常与对策

吹塑模型中常见的问题、产生的原因及解决的办法见表 5-28 所列。

■表 5-28 吹塑模型常见的问题、产生的原因及解决方法

| 常见的问题 | 产生的原因 | 解决办法 |
| --- | --- | --- |
| 型坯有粗糙橘皮纹 | 熔体破裂，熔体温度太低 | 所有成型部件进行抛光处理，提高熔体温度 |
| 缺乏光泽 | 模具温度低 | 提高模具温度 |
| 制品中有黑斑 | 原料由于降解而被污染 | 将系统清理干净，并保持原料干净 |
| 型坯黏滞 | 回料粉碎过细<br>树脂受潮<br>螺槽太深 | 筛出回料中的细颗粒<br>用前对树脂进行干燥<br>用前剪切作用较高的浅螺槽和温度较低的料筒 |
| 壁内有气泡 | 物料夹入气体 | 增加挤出压力，降低螺杆转速，降低加料段温度 |
| 圆周壁厚不均 | 口模吹针对中不好 | 调整吹针位置 |
| 型坯变成钩形 | 机头温度不均匀 | 调整机头加热圈间隙 |
| 吹塑不完全 | 挤出速度太高<br>吹胀气压太低<br>吹胀时间太短 | 降低螺杆转速<br>增加吹胀气体压力 |
| 型坯或瓶子上有孔 | 有污物或降解树脂<br>夹入气体<br>树脂受潮 | 清理机头和螺杆<br>让挤出机运转几分钟<br>干燥树脂 |
| 型坯流延 | 树脂熔体流动速率太高<br>熔融温度太高 | 用熔体流动速率低的树脂<br>降低熔融温度，提高螺杆转速，增加挤出速度 |
| 型坯被吹破 | 吹胀太快<br>熔融温度太高<br>截坯口太锋利<br>吹胀比太高 | 吹胀先从低压开始，逐渐升压<br>降低熔融温度<br>校正模具<br>使用较大的型坯 |
| 型坯上有口模划痕、熔接线 | 口模圆周被损坏<br>型芯支架处引起物料不恰当的汇合 | 修理或更换口模<br>使支架处流线化，降低口模温度，增加机头压力 |
| 瓶底较硬 | 开模前吹入的空气未排尽<br>冷却不均匀 | 增加空气的排放时间<br>清理模具冷却通道 |
| 未拉住尾部 | 型坯太短<br>塑料或其他物质滞留在模具上 | 提高挤出速度以增加型坯长度<br>清理模具的合模面 |
| 瓶子各部分厚薄不均 | 型坯卷曲<br>型坯太长或太短 | 调整口模对中<br>降低或提高挤出速率 |
| 模具没有与瓶颈螺纹分离 | 切环不锋利 | 磨锋利或换切坯环 |
| 瓶肩太软 | 型坯垂伸<br>型坯太长或太短<br>容器太轻 | 降低熔融温度<br>降低或提高挤出速率<br>增加重量 |
| 瓶颈螺纹倾斜 | 吹针、切刀进入太深<br>型坯折叠 | 切割型坯时吹针上升<br>换掉钝刀 |
| 制品粘在模具上 | 模具太热<br>周期太短 | 改进模具冷却系统<br>加长周期 |
| 凹痕 | 空气在模具中受阻 | 改善排气系统 |

# 5.7 铸型尼龙的成型工艺

铸型尼龙又称单体浇铸尼龙、MC 尼龙（monomer casting nylon），因其合成工艺简单、力学性能优异等特性被广泛应用于机械、纺织、石油化工及国防工业等领域。

## 5.7.1 铸型尼龙成型原理

铸型尼龙是以强碱为引发剂，*N*-乙酰己内酰胺或异氰酸酯类化合物及其衍生物等为活化剂，在较高温度下己内酰胺熔体聚合的产物。

其反应原理为：己内酰胺在引发剂（如强碱）的作用下，生成较为稳定的己内酰胺阴离子。但体系中己内酰胺阴离子的浓度不高，要抽真空脱除水分才能使反应（5-1）向右移动。

$$\mathrm{NaOH} + \underbrace{\overset{\mathrm{H}}{\overset{|}{\mathrm{N}}}\text{———}\overset{\mathrm{O}}{\overset{\|}{\mathrm{C}}}}_{(\mathrm{CH_2})_5} \rightleftharpoons \mathrm{Na^{+}}\,{}^{-}\underbrace{\mathrm{N}\text{———}\overset{\mathrm{O}}{\overset{\|}{\mathrm{C}}}}_{(\mathrm{CH_2})_5} + \mathrm{H_2O} \qquad (5\text{-}1)$$

在高温下，己内酰胺阴离子进攻另一个己内酰胺分子上的羰基，使其进行反应，生成活泼的胺阴离子，反应式如下：

$$\underbrace{\mathrm{NH}\text{———}\mathrm{C{=}O}}_{(\mathrm{OH_2})_5} + \underbrace{\overset{\mathrm{O}}{\overset{\|}{\mathrm{C}}}\text{———}{}^{-}\mathrm{N}}_{(\mathrm{CH_2})_5} \longrightarrow {}^{-}\mathrm{NH(CH_2)_5CO}\text{—}\underbrace{\mathrm{N}\text{———}\mathrm{C{=}O}}_{(\mathrm{CH_2})_5} \qquad (5\text{-}2)$$

生成的胺阴离子与己内酰胺阴离子相比，因无共轭效应，比较活泼，很快夺取己内酰胺上的一个质子生成二聚体，同时再生成另一个己内酰胺阴离子，反应如下：

$$\underbrace{\mathrm{NH}\text{———}\mathrm{C{=}O}}_{(\mathrm{CH_2})_5} + {}^{-}\mathrm{NH(CH_2)_5CO}\text{—}\underbrace{\mathrm{N}\text{———}\mathrm{C{=}O}}_{(\mathrm{CH_2})_5}$$

$$\longrightarrow \mathrm{NH_2(CH_2)_5CO}\text{—}\underbrace{\mathrm{N}\text{———}\mathrm{C{=}O}}_{(\mathrm{CH_2})_5} + {}^{-}\underbrace{\mathrm{N}\text{———}\mathrm{C{=}O}}_{(\mathrm{CH_2})_5} \qquad (5\text{-}3)$$

*N*-酰化己内酰胺二聚体是聚合必需的引发剂，因酰胺键 $\text{—NH—}\overset{\mathrm{O}}{\overset{\|}{\mathrm{C}}}\text{—}$ 上的碳原子缺电子性不足，活泼不够，不易与己内酰胺的阴离子作用，即式(5-2) 中二聚体胺阴离子的生成速度慢，所以在己内酰胺阴离子聚合开始时有一个诱导期，但是当 *N*-酰化己内酰胺二聚体中环己内酰胺的氮原子上连接有羰基后，增加了酰胺键的缺电子性，从而增加了环酰胺结构被己内酰胺阴离子亲核进攻的活性。链增长反应首先是活性较高的 *N*-酰化己内酰胺与己内酰

胺阴离子反应，使 *N*-酰化己内酰胺开环，其反应产物很快与单体发生交换反应再生成己内酰胺阴离子和活泼的 *N*-酰化己内酰胺，如反应式（5-4）。

$$NH_2(CH_2)_5CO{-}\underset{\llcorner(CH_2)_5\lrcorner}{N{-}{-}{-}C{=}O} + {^-}\underset{\llcorner(CH_2)_5\lrcorner}{N{-}{-}{-}C{=}O}$$

$$\longrightarrow NH_2(CH_2)_5CO{-}\underset{\llcorner(CH_2)_5{-}\lrcorner}{N^-\quad \overset{O}{\overset{\|}{C}}}{-}\underset{\llcorner(CH_2)_5\lrcorner}{N{-}{-}{-}C{=}O} \xrightarrow[\text{快}]{\text{己内酰胺}}$$

$$NH_2(CH_2)_5CONH(CH_2)_5CO{-}\underset{\llcorner(CH_2)_5\lrcorner}{N{-}{-}{-}C{=}O} + {^-}\underset{\llcorner(CH_2)_5\lrcorner}{N{-}{-}{-}C{=}O}$$

$$\longrightarrow \text{以下类推} \tag{5-4}$$

反应（5-4）的过程，按与链引发反应（5-2）同样原理，己内酰胺阴离子向酰亚胺的羰基进攻，然后，其胺阴离子就立即被周围的己内酰胺分子所中和取代，同时又生成己内酰胺阴离子。这些阴离子又继续与酰亚胺末端加成，如此反复进行，使链迅速增长生成很长的线型高分子。

在碱催化聚合时，直接加入助催化剂 *N*-烷基酰亚胺如 $RCO\underset{\llcorner(CH_2)_5\lrcorner}{N{-}{-}{-}C{=}O}$ 这类化合物，则聚合反应可以不经过 250℃高温引发的反应（5-2）阶段，而立即进入反应（5-4），这样大大降低了反应需要的活化能，可以在 150℃甚至低至 120℃也能够很快进行聚合增长，如式（5-5）所示。

$$RCO{-}\underset{\llcorner(CH_2)_5\lrcorner}{N{-}{-}{-}C{=}O} + {^-}\underset{\llcorner(CH_2)_5\lrcorner}{N{-}{-}{-}C{=}O}$$

$$\longrightarrow RCO{-}\underset{\llcorner(CH_2)_5{-}\lrcorner}{N^-\quad \overset{O}{\overset{\|}{C}}}{-}\underset{\llcorner(CH_2)_5\lrcorner}{N{-}{-}{-}C{=}O} \xrightarrow{\text{己内酰胺}}$$

$$RCONH(CH_2)_5CO{-}\underset{\llcorner(CH_2)_5\lrcorner}{N{-}{-}{-}C{=}O} + {^-}\underset{\llcorner(CH_2)_5\lrcorner}{N{-}{-}{-}C{=}O}$$

$$\longrightarrow \cdots\cdots \tag{5-5}$$

在原理上，每一个分子的酰亚胺成为一个链的增长中心。因此，当加入一定量的助催化剂时，也控制了分子链的数目和增长过程，使得聚合物的分子量比较稳定，也不会因继续加热而产生显著的分子量下降现象。

应用活化的碱催化系统使得己内酰胺能够在聚合物熔点（220℃）以下迅速地聚合，聚合体一经生成就会凝结出来成为固体的聚合块，其形状与聚合容器一样，聚合反应进行得相当完全，因为温度比较低而且后来又是固体结晶状态，所以反应平衡的单体含量比在高温液相时低得多，这也是聚合产率比较高的原因所在。

在 MC 尼龙铸塑工艺中，己内酰胺的聚合反应因打开内酰胺环的酰胺键（聚合放热约 14kJ/mol），使体系温度升高约 50℃。己内酰胺活性单体预热至 140～150℃后，注入绝热的容器中进行聚合达到最高的转化率时，体系的温度控制在 200℃以下。而且，聚合和结晶整个过程中所有的变化都是在反应物料各个部位同时进行的，所以得到的聚合块是比较均匀的。在聚合结晶过程中，总体积的收缩大部分为过程中的放热膨胀所抵消，因此生成的聚合体能够很好地充满容器内腔，成为聚合容器的形状，而且制件的残余内应力很小。这与熔融尼龙聚合体的情况也不同，当用尼龙熔体铸模凝固时，是从外向里冷凝的，会形成很大的张力，出现缩孔和空洞。

## 5.7.2 铸型尼龙加工工艺

按照铸型尼龙加工的特点，可以将整个工艺分为 3 个部分：

(1) 己内酰胺单体的熔融、脱水后，配制成聚合活性料；

(2) 聚合成型，包括静止模具铸塑、离心铸塑、滚塑或连续挤塑等；

(3) 铸件的后处理，主要是热处理和机械加工以及边角料、切屑废料的回收处理。

己内酰胺单体铸塑成型工艺流程如图 5-32 所示，表 5-29 列出常用的工艺条件。

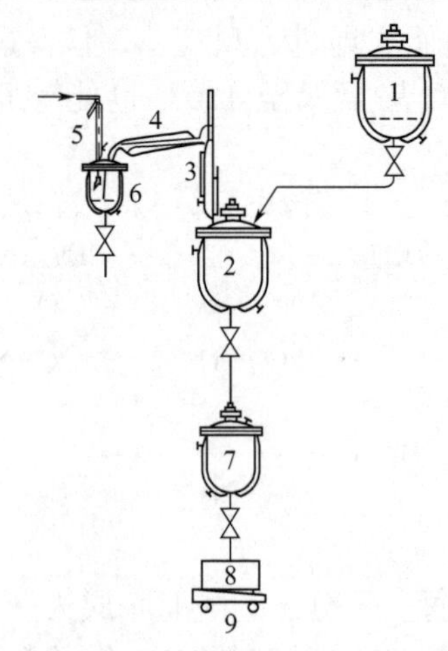


■ 图 5-32 己内酰胺单体铸塑成型工艺流程

1—熔料釜；2—除水釜；3—回流保温管；4—加热保温管；5—冷凝管；6—冷凝接受器；7—加助催化剂混料釜；8—模具；9—四轮转向小车

## 5.7.3 铸型尼龙的改性及研究进展

近年来，科研人员对 MC 尼龙做了大量的改性研究，研制出了许多综合性能优越以及可满足特殊要求的改性 MC 尼龙。

### 5.7.3.1 铸型尼龙的热处理

热处理是将铸型尼龙材料或制品浸渍于热油、热水或其他不影响铸型尼

■表 5-29　己内酰胺单体铸塑成型工艺

| 控制对象 | 控制参数 |
| --- | --- |
| 己内酰胺单体熔料 | 80～100℃ |
| 减压蒸馏时釜内熔体温度 | 130～140℃ |
| 减压蒸馏时釜内己内酰胺沸腾温度 | 130～140℃ |
| 加入助催化剂混料温度（聚合起始温度） | 130～140℃ |
| 模具温度 | 160～180℃ |
| 模具中聚合时间 | 15～40min |

龙热性能的液体介质中，其目的是消除材料的内应力，增加尺寸稳定性。在油中加热称为油处理，在水中加热称为水处理。

油热处理的温度大约比铸型尼龙的熔点低 60℃为宜。从实际应用结果，在 160～170℃的油中进行热处理比较合适。所用的油类可以是机械油、锭子油、变压器油、汽缸油等各种矿物油、石蜡、甘油、有机硅油或熔融的盐类。在水中热处理即为水的沸腾温度。热处理的时间和处理温度与制品的厚度有关，大约每 1mm 厚度需要 15min。热处理完毕后，铸件必须缓慢冷却。

油处理和水处理对材料性能改善的方向不同。在油介质中进行热处理，可以提高材料的机械强度、硬度和耐磨性，降低摩擦系数和吸水性。这是因为制件在 160～170℃的油中处理后，在缓慢冷却的过程中晶体发生重新排列而趋于规整化，因而结晶度有所提高，分子量增大。而在沸水中进行热处理，并不影响材料的晶体结构状态，因而对结晶度和分子量没有影响，除了冲击韧性因为吸水原因而提高外，其他物理力学性能并没有提高，相反由于吸水量的增加而使材料的弹性模量和力学性能有所下降。经油处理的铸型尼龙还增加了憎水性，降低了吸湿性，然而脆性也相应增大。

#### 5.7.3.2 共混改性

共混改性是一种物理改性法。根据材料的用途不同，按不同的配方，将聚合活性料与改性剂共混后，再铸模成型。

**(1) 晶核试剂的改性**　铸型尼龙在聚合成型时，加入晶核试剂，其作用是使聚合物球晶微细、均匀。通常用做晶核的有酞菁蓝和炭黑等，粒径应控制在 10$\mu$m 以内为宜。

酞菁蓝是一种很好的晶核试剂。当其用量为己内酰胺单体的 0.005%（质量）时，铸型尼龙的球晶大小约为 30～35$\mu$m；当添加量为 0.01%时，球晶直径约为 20～25$\mu$m；添加量增至 0.05%，球晶直径可降至 15$\mu$m 以下。表 5-30 是酞菁蓝的用量对铸型尼龙力学性能的影响。

■表 5-30 酞菁蓝的用量对铸型尼龙力学性能的影响

| 性能 | 酞菁蓝用量/%(质量) | | | | |
|---|---|---|---|---|---|
| | 0 | 0.01 | 0.02 | 0.05 | 0.08 |
| 拉伸强度/MPa | 54 | 56 | 53 | 50 | 49 |
| 弯曲强度/MPa | 66 | 76 | 67 | 69 | 68 |
| 冲击强度（缺口）/（kJ/m²） | 6.2 | 7.9 | 21.3 | 19.2 | 6.8 |
| 伸长率/% | 73.7 | 95.4 | 168.4 | 138 | 104 |

注：催化剂为氢氧化钠；助催化剂为 JQ-1 胶（三苯甲烷三异氰酸酯）。

**(2) MC 尼龙增强改性** MC 尼龙的增强方法主要是填充活性粉煤灰、滑石粉、高岭土、稀土、$Al_2O_3 \cdot 3H_2O$、$Mg(OH)_2$ 等无机材料，其填加量一般为 10%～20%，也有高达 40%～60%的。为了使填料与 MC 尼龙有良好的结合力和相容性，一般都要用硅烷或钛酸酯偶联剂预处理，表 5-31 给出了活性粉煤灰增强的 MC 尼龙的主要性能，其反应条件是以 NaOH 为催化剂，乙酰基己内酰胺为助催化剂、活性粉煤灰加入量为 20%进行实验得到的。

■表 5-31 活性粉煤灰对 MC 尼龙性能的影响

| 项目 | | 未加填充剂 | 加粉煤灰 | 加活性粉煤灰 |
|---|---|---|---|---|
| 马丁耐热温度/℃ | | 68～72 | 74～78 | 76～80 |
| 吸水率/% | 24h | 0.8～1.3 | 0.6～0.9 | 0.6～0.85 |
| | 饱和 | 5.8～6.6 | 4.2～5.0 | 4.2～4.5 |
| 尺寸稳定性 | | 较差 | 较好 | 较好 |
| 收缩率 | | 较大 | 较小 | 较小 |
| 拉伸强度/MPa | | 71.6～86.5 | 66.7～73.2 | 73.6～91.6 |
| 冲击强度/（kJ/m²） | | 215.8～262.5 | 210～248 | 226～264 |
| 弯曲强度/MPa | | 135.5～157.3 | 121～149 | 142～161.1 |

在 MC 尼龙中加入活性粉煤灰，不仅能减少己内酰胺的用量，显著降低成本，其拉伸强度、冲击强度和弯曲强度都明显提高，尺寸稳定性和耐热性也都得到较大的改善，同时吸水率和收缩率均有所降低。

**(3) MC 尼龙增韧改性** MC 尼龙在干燥状态下脆性较大，冲击韧性低。用其制作的铁道绝缘鱼尾板和轧钢轴瓦等使用寿命短，更换频率高。改进的方法有两种，一种是加入增塑剂，改变形态相结构进行物理改性，另一种是开发研制新的催化剂或选用多官能团助催化剂，改变分子结构进行化学改性。

目前比较理想的增韧增塑剂是六甲基磷酰三胺（HPT），其分子式为 $[(CH_3)_2N]_3PO$。在己内酰胺阴离子催化聚合反应中添加 5%～30%的 HPT，可使 MC 尼龙的冲击韧性成倍的提高。表 5-32 是 HPT 的用量对 MC 尼龙力学性能的影响。从表中可见，随着 HPT 用量的增加，伸长率、冲击强度都有大的改善，但拉伸强度相应降低。

■表 5-32　HPT 的用量对 MC 尼龙力学性能的影响

| HPT 用量/%(质量) | 温度/℃ | 拉伸强度/MPa | 伸长率/% | 冲击强度(缺口)/(kJ/m²) |
|---|---|---|---|---|
| 0 | 室温 | 82 | 31.8 | 6.4 |
| 5 | 室温 | 68 | 47.9 | 7.8 |
| 10 | 室温 | 54 | 85.6 | 10.1 |
| 20 | 室温 | 44 | 139 | 39.7 |

HPT 的增韧机理为：HPT 具有强极性的分子结构，在介入尼龙 6 大分子之间后，与极性的酰胺基团发生偶合作用，削弱了尼龙 6 分子链间的作用力，使得氢键数目减少，大分子排列的规整性下降。随着 HPT 用量的增大，上述变化的倾向更加明显，最终会促使 MC 尼龙由原来结晶度较高（50%左右）的结晶型高聚物向无定型含量渐增的韧性高聚物转化。为了更好地发挥 HPT 的增塑作用，防止它的渗析，可与硬脂酸锌一起使用，以形成络合物，效果更好。

在己内酰胺阴离子催化聚合反应中添加 5%～10%的十二内酰胺共聚，可以改善零件的吸湿性和冲击强度，提高材料的韧性。表 5-33 是十二内酰胺的用量对 MC 尼龙性能的影响。

■表 5-33　十二内酰胺的用量对 MC 尼龙性能的影响

| 性能 | 测试方法 | 单位 | 己内酰胺/十二内酰胺/%(质量) | | | |
|---|---|---|---|---|---|---|
| | | | 100∶0 | 95∶5 | 90∶10 | 80∶20 |
| 拉伸强度 | ISO527 | MPa | 75 | 65 | 55 | 50 |
| 伸长率 | ISO527 | % | 10 | — | 70 | 70 |
| 弯曲模量 | ISO178 | MPa | 3000 | 2600 | 2300 | 2000 |
| 缺口冲击强度（23℃） | ISO180 | kJ/m² | 5 | 7 | 8 | 15 |
| 邵氏硬度 | ISO868 | — | 82 | 81 | 80 | 77 |
| 密度（20℃） | ISO1183 | g/cm³ | 1.15 | 1.15 | 1.14 | 1.12 |
| 熔点 | ISO3146 | ℃ | 220 | 214 | 209 | 204 |

**(4) MC 尼龙的抗静电改性**　由于 MC 尼龙的电阻率很高，因而表面易聚集静电产生火花，造成火灾事故。石墨、炭黑等导电材料可作抗静电剂，但若想达到良好的抗静电效果，一般需较高的添加量，这样使制品的颜色变深并使制品的某些力学性能下降。磺酸盐与烷基磷酸酯类（阴离子型）、磺酸基甜菜碱类（两性型）或烷基醇酰胺类（非离子型）等是 MC 尼龙的理想抗静电剂。如添加磺酸盐或/和六甲基磷酰三胺（HPT），可使 MC 尼龙的表面电阻率由 $1.9\times10^{11}\Omega$ 下降到 $1.3\times10^{7}\Omega$，可以满足煤矿井下制品材料表面电阻率低于 $3\times10^{8}\Omega$ 的抗静电要求（表 5-34），耐洗涤和长久抗静电，而磺酸盐用量仅为 2～4PHR [对每 100 份（以质量计）己内酰胺添加的份数]，产品保持本色，其他物性基本保持不变（表 5-35）。

■表 5-34 抗静电剂对 MC 尼龙表面电阻的影响

| 抗静电辅助剂(HPT)/% | 抗静电剂(磺酸盐 A)/PHR | 表面电阻率/Ω |
|---|---|---|
| 0 | 0 | $1.9\times10^{11}$ |
| 10 | 0 | $1.9\times10^{9}$ |
| 20 | 0 | $1.7\times10^{7}$ |
| 10 | 2 | $6.8\times10^{7}$ |
| 10 | 4 | $1.3\times10^{7}$ |

■表 5-35 抗静电辅助剂 HPT 对材料力学性能的影响

| 项　　目 | 数　　值 | | |
|---|---|---|---|
| HPT 用量/% | 0 | 10 | 20 |
| 拉伸强度/MPa | 87.4 | 58.5 | 41.2 |
| 断裂伸长率/% | 30.2 | 67.0 | 157 |
| 缺口冲击强度/（$kJ/m^2$） | 8.16 | 11.6 | 73.4 |

磺酸盐的抗静电机理是其分子中既含有亲油性基团，又含有亲水性基团，亲油部分和 MC 尼龙有较强的亲和力，亲水部分则吸附空气中的水分子，使 MC 尼龙表面形成单分子导电，从而泄漏静电荷，产生抗静电效应。

**(5) 铸型尼龙纳米改性**　用纳米材料改性聚合物是近几年发展的一项新技术，与传统的聚合物增强、增韧改性方法相比，纳米材料具有独特的小尺寸和表面效应等特性，显示出许多常规材料不可能具有的性能，因此，这方面的研究十分活跃。但纳米复合材料制备中颗粒容易团聚，均匀分散一直是一个十分棘手的问题，如何解决好纳米粒子的良好分散性及对单体的阻聚作用等问题，是得到性能良好的纳米复合材料的关键。

① 纳米 $SiO_2$ 增强 MC 尼龙　在熔融的己内酰胺中加入一定量的用硅烷偶联剂 KH-550 处理过的纳米 $SiO_2$，脱水后，加入适量的 NaOH，在减压状态下继续加热反应一段时间，加入适量甲苯二异氰酸酯（TDI）活化剂，搅拌均匀，然后浇铸于事先预热好的模具中，把模具放入烘箱加热聚合，30min 后脱模成型。$SiO_2$ 纳米复合材料的力学性能见表 5-36 所列。

■表 5-36 MC 尼龙 6 / $SiO_2$ 纳米复合材料的力学性能

| $SiO_2$ 加入量/% | 拉伸强度/MPa | 断裂伸长率/% | 弯曲模量/MPa | 简支梁冲击强度/($kJ/m^2$) |
|---|---|---|---|---|
| 0 | 72.00 | 34.00 | 2600 | 11.00 |
| 1 | 87.02 | 19.33 | 3648 | 18.69 |
| 1.5 | 82.86 | 23.34 | 3014 | 14.04 |
| 2.5 | 70.00 | 16.28 | 2208 | 4.08 |

② 蒙脱土增强 MC 尼龙　将季胺盐处理过的蒙脱土按配比（以质量百分数计）加入熔融己内酰胺中，再按 MC 尼龙的合成工艺生产制备 MC 尼龙/蒙脱土复合材料。当蒙脱土含量增加时，复合材料的热变形温度和硬度均随之提高，见表 5-37 所列。

■表 5-37 蒙脱土用量对复合材料的性能影响

| 蒙脱土含量/% | 热变形温度/℃ | 硬度/MPa |
|---|---|---|
| 0 | 202 | 0.57 |
| 1 | 202 | 0.62 |
| 2 | 207 | |
| 3 | 214 | 0.69 |
| 4 | 218 | (约 0.70) |
| 5 | 212 | 0.71 |

#### 5.7.3.3 铸型尼龙化学改性

铸型尼龙的化学改性是通过改变单体结构或改变活化剂结构，从而改变MC 尼龙的分子链化学结构以提高制品的某项性能。

用环氧树脂（EP）共聚改性 MC 尼龙可提高缺口冲击强度。将已内酰胺加热至 140℃ ，待已内酰胺部分熔融时开始抽真空（真空度 0.093～0.1MPa），15 min 后停止抽真空，加入 NaOH 再抽真空；10 min 后加入经过脱水处理（在 110℃ 、真空度 0.093～0.1 MPa 条件下保持数分钟）的 EP，混合搅拌继续加热抽真空；5 min 后加入 TDI，振荡后倒入已加热至 165℃的模具中，放入烘箱中保温聚合，待完全聚合后关闭电源，让模具在烘箱中自然冷却至室温后脱模。产品性能见表 5-38 所列。

■表 5-38 环氧树脂改性 MC 尼龙的性能

| 项目 | 改性前 | 改性后 |
|---|---|---|
| 缺口冲击强度/（kJ/m²） | 14.12 | 30.68 |
| 压缩强度/MPa | 96.22 | 90.40 |
| 拉伸强度/MPa | 74.36 | 70.72 |
| 断裂伸长率/% | 35.33 | 45.73 |
| 吸水率/% | 0.49 | 0.55 |
| 咯氏硬度 | 90.07 | 79.40 |
| 密度/（g/cm³） | 1.16 | 1.15 |

从表 5-38 可以看出，MC 尼龙改性后其压缩强度和拉伸强度变化不大，缺口冲击强度却有较大提高，为改性前的 2 倍多。这是因为 MC 尼龙中的—NHCO—基团含有活泼氢能与 EP 反应后生成交联结构，破坏了原来分子空间排列的规整性，减少了氢键的数量，使改性 MC 尼龙的结晶度下降，降低了反应时形成的内应力，从而减少了材料的内部缺陷；而且交联结构也可提高材料的缺口冲击强度。

环氧树脂改性 MC 尼龙的优化配方为：已内酰胺 100 份、环氧树脂 3 份、NaOH 0.4 份、甲苯二异氰酸酯（TDI）1.0 份。

## 5.8 聚酰胺的反应注塑工艺

反应注塑（RIM）技术始于聚氨酯材料，由德国 Bayer 公司开发，并于

1967 年首次在杜塞尔多夫塑料博览会上展出。所谓反应注塑，就是将两种或两种以上高反应活性的低分子量、低黏度的液态组分经混合后立即注入密闭的模具中，在模具内实现聚合，交联并固化成型，制得具有弹性或刚性的高分子材料制品。

RIM-尼龙是由荷兰 DSM 公司和美国 Monsanto 公司于 20 世纪 80 年代初同时开发成功的。1983 年实现了商品化，其商品名为“Nyrim”。1986 年初 DSM 公司收购了 Monsanto 公司的 RIM-尼龙业务，开展 RIM-尼龙的生产和销售，成为最大的 RIM-尼龙生产企业。DSM 是唯一应用 RIM 技术制造热塑性工程塑料的厂商，目前最大的注射量可达 22.7kg/次。

## 5.8.1 反应注塑原理及工艺

RIM-尼龙体系是由己内酰胺与预聚物构成 A 组分，己内酰胺与催化剂构成 B 组分，两组分按比例混合，亦可根据需要添加填料，以调节性能，生产出各种不同规格刚性或弹性的产品。

以下是 Nyrim 的合成化学反应式。预聚物是活性聚酯多元醇，其比率是可调节的，若预聚物的化学成分已定，它同己内酰胺的混合比也就确定，则最终产物的性能也是固定的。预聚物本身也可多样化，采用各种弹性体预聚物，可进一步提高尼龙嵌段共聚物的性能，生产多种新产品。

$$x\mathrm{HO}\sim\sim\mathrm{OH}+(x+1)\underbrace{\overset{O}{\overset{\|}{C}}-N}_{(CH_2)_5}-\overset{O}{\overset{\|}{C}}-R-\overset{O}{\overset{\|}{C}}-\underbrace{N-\overset{O}{\overset{\|}{C}}}_{(CH_2)_5}\xrightarrow{\text{催化剂}}$$

弹性体　　　　　　　　　　活化剂

$$\underbrace{\overset{O}{\overset{\|}{C}}-N}_{(CH_2)_5}-\overset{O}{\overset{\|}{C}}-R\left[\overset{O}{\overset{\|}{C}}-O\sim\sim O-\overset{O}{\overset{\|}{C}}-R\right]_x\overset{O}{\overset{\|}{C}}-\underbrace{N-\overset{O}{\overset{\|}{C}}}_{(CH_2)_5}+2x\underbrace{N-\overset{O}{\overset{\|}{C}}}_{(CH_2)_5}$$

预聚物　　　　　　　　　　己内酰胺

$$x\mathrm{HO}\sim\sim\mathrm{OH}+(x+1)\underbrace{\overset{O}{\overset{\|}{C}}-N}_{(CH_2)_5}-\overset{O}{\overset{\|}{C}}-R-\overset{O}{\overset{\|}{C}}-\underbrace{N-\overset{O}{\overset{\|}{C}}}_{(CH_2)_5}\xrightarrow{\text{催化剂}}$$

弹性体　　　　　　　　　　活化剂

$$\underbrace{\overset{O}{\overset{\|}{C}}-N}_{(CH_2)_5}-\overset{O}{\overset{\|}{C}}-R\left[\overset{O}{\overset{\|}{C}}-O\sim\sim O-\overset{O}{\overset{\|}{C}}-R\right]_x\overset{O}{\overset{\|}{C}}-\underbrace{N-\overset{O}{\overset{\|}{C}}}_{(CH_2)_5}+2x\underbrace{N-\overset{O}{\overset{\|}{C}}}_{(CH_2)_5}$$

预聚物　　　　　　　　　　己内酰胺

RIM 注塑机配有自净混合头，其下连有带油浴的模具。Nyrim 的两个组分分别贮存在温度为 80～110℃的两个贮罐中，注塑循环时间一般在 3～10min 之间，这取决于零件的厚度。模具必须能加热到 150℃以上，且密封性好。

Nyrim 的聚合反应 98%是在模具中发生的，反应时间约 50～150s（图 5-33）。尽管反应放热会使物料温度最高可升到 180℃，但由于 PA6 的熔点为 220℃，因此 PA6 链段在反应期间是结晶状。聚合完成后，制件可直接从模具内取出，不需固化定型。

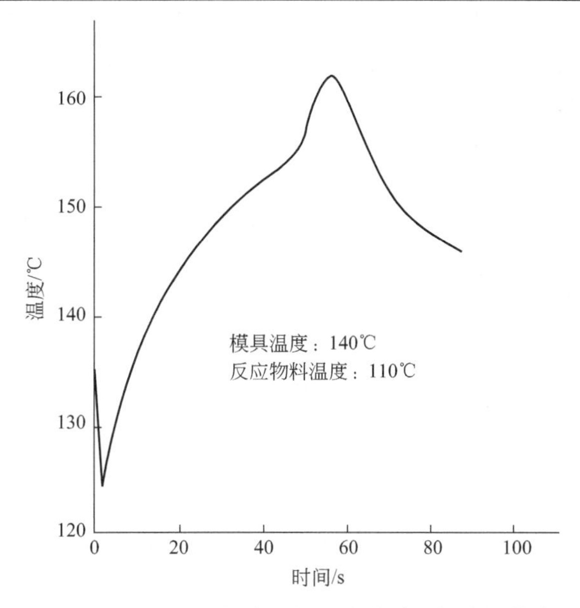


■ 图 5-33 Nyrim 聚合期间温度随时间的变化曲线

## 5.8.2 反应注塑尼龙的性能

Nyrim 的力学性能由聚合体中橡胶相与尼龙相的比例决定。橡胶段提供韧性，尼龙段提供刚性。表 5-39 是不同牌号的 Nyrim 性能，牌号的前两位数表示橡胶组分的百分含量。Nyrim 零件中一般含有 10%～40%的橡胶组分。图 5-34 是 Nyrim 尼龙组分与数均分子量的关系。图中可以看出，尽管组分中橡胶含量越高其分子质量越小，但大多数组分的分子质量比注塑级尼龙高。

## 5.8.3 反应注塑尼龙的应用及前景

RIM 尼龙与聚氨酯 RIM 相比，产品强度高、冲击性能和耐化学性好，因不使用异氰酸酯，所以无毒性、不污染环境，目前已成为聚氨酯 RIM 的强有力的竞争对手。RIM 尼龙可取代不锈钢、铝等金属及其他树脂材料制造工程构件，获得了广泛应用并有良好的经济效益。例如：Nyrim 取代弹性体增强聚酰胺制作纺织机的齿轮，取代铝材制作潜水泵转子，取代不锈钢制

■表 5-39 Nyrim PI-30 的力学性能

| 力学性能 | ISO方法 | 单位 | Nyrim 1000 | | Nyrim 2000 | | Nyrim 3000 | | Nyrim 4000 | |
|---|---|---|---|---|---|---|---|---|---|---|
| | | | 干态 | 控制态 | 干态 | 控制态 | 干态 | 控制态 | 干态 | 控制态 |
| 断裂强度 | 527 | MPa | 58 | 49 | 47 | 42 | 37 | 29 | 2 | 22 |
| 断裂伸长率 | 527 | % | 40 | 250 | 270 | 400 | 350 | 370 | 420 | 420 |
| 拉伸模量 | 527 | MPa | 2450 | 1200 | 2500 | 650 | 1000 | 450 | 450 | 250 |
| 弯曲模量 | 178 | MPa | 2500 | 1200 | 1700 | 800 | 1050 | 450 | 500 | 250 |
| 剪切模量 | 6721-2 | MPa | 1000 | 520 | 700 | 400 | | 450 | 200 | |
| tanδ | 6721-2 | | 0.01 | 0.10 | 0.025 | 0.11 | 0.035 | | 0.05 | |
| Charpy 冲击强度 | | | | | | | | | | |
| （缺口，23℃） | 179 | kJ/m² | 16B | 31D | 22D | 48D | 42D | | | |
| （缺口，－40℃） | 179 | kJ/m² | 6B | 8B | 14B | 14B | 28D | | | |
| Izod 冲击强度 | | | | | | | | | | |
| （23℃） | 180 | kJ/m² | 10B | 35D | 30D | 90D | 62D | NB | | |
| （－40℃） | 180 | kJ/m² | 7B | 4B | 9B | 12B/D | 16D | 30D | | |
| 邵氏硬度 | 868 | | 79 | 74 | 74 | 66 | 67 | 58 | 59 | 52 |

注：B为脆性；D为韧性；NB为不断。测试条件 23℃，50%RH（ISO291）。

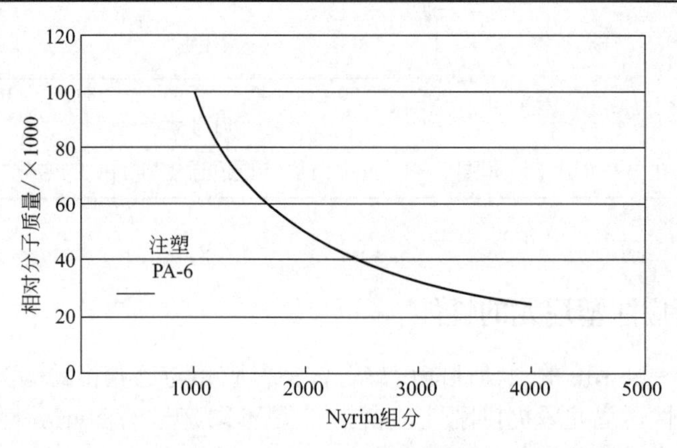


■ 图 5-34 Nyrim PI-35 的组分与数均分子量的关系

奶酪压制机的压力转盘（此件曾试图选用 MC 尼龙和 RIM 聚氨酯材料加工但未获成功）；取代铝材制作汽车用大型排风机叶轮以及取代聚乙烯制作油箱件。其主要用途还是制造汽车部件，在汽车车身上的应用研究是今后的发展趋势。由于使用 Nyrim 可以经济地解决许多工程部件的制造问题，因此 RIM 尼龙有着广阔的应用前景。

另外，在 RIM-尼龙体系中加入发泡剂，即可制成泡沫尼龙制品，密度低，是理想的绝缘材料、吸能包装和隔声材料。可应用于聚氨酯适用的各种场合，而且比聚氨酯显示出更好的抗冲击性、阻燃性、耐化学性和二次加工特性。这种低密度材料还具有足够的强度和刚性，尤其适用于飞机和汽车工业，非常引人注目。

# 5.9 聚酰胺的反应挤出工艺

反应挤出（Reactive Extrusion 即 REX）是指单体、预聚物或者聚合物在挤出加工成型的同时完成化学反应的过程，它与反应注塑成型（RIM）构成了反应性加工的主要内容。

目前国际上利用 REX 技术研制开发的聚合物材料品种主要有 PA 类、聚烯烃类、聚酯类、聚氨酯类等。自 1968 年由 G. Illig 等提出了用双螺杆挤出机设备制造 PA6 的专利以来，有许多专家学者对 REX 技术进行了不同程度的研究与开发，但所有报道、研制工作仅限于小设备、小型挤出机的实验室研究，尚无工业化生产的公开报道。

国内晨光化工研究院、华东理工大学和南化集团研究院等科研单位进行了研究，取得了一定的成效。其中晨光化工研究院经过几年的研制，采用新型高效复合催化剂使已内酰胺先期形成低聚物，后期在多功能、高真空四螺杆新型反应混炼机中进行聚合反应，单体真空抽出回收利用，该项技术已在江苏仪征市工程塑料厂工业化试生产，产品相对黏度达到 3.5。

南化集团研究院与华东理工大学合作，利用反应挤出原理进行尼龙 6 系列产品的开发，所得产品相对黏度为 3.5～4.0，各项性能指标与德国 Achen 大学的研究成果和小试结果相吻合，产品性能比普通尼龙的冲击韧性好。

## 5.9.1 反应挤出工艺特点

反应挤出合成是以螺杆挤出机作为反应器，使物料及助剂等在溶化、混合、熔融、挤出过程的同时发生化学反应、聚合成高聚物树脂的过程，与其他聚合工艺相比具有如下特点。

① 合成过程连续，产品质量稳定。

② 实现了单体-高聚物-制品一体化成型的工艺路线，缩短了制品的成型周期，减少了因物料多次加工引起材料性能下降，降低了能耗，提高了制品质量。

③ 反应挤出机具有混炼、剪切、精密的温度控制、压力控制、精确的计量进料及合理的排气等特征，为聚合物的反应过程创造了良好的环境。

④ 合成产品的多样化。灵活、方便地改变双螺杆挤出机内部结构、反应参数（包括加料位置、螺杆元件的组合、温度、压力、转速）就能生产出不同分子量的高聚物或聚合物改性品种。

⑤ 高效、高质量、低成本。反应挤出从加料至出料一般仅 5～15min 就完成反应的全过程，缩短了聚合时间，提高了工作效率。挤出机中优异的传

质、传热特性使聚合物的分子量及分子量分布能达到设定的要求，从而保证了产品的性能。

### 5.9.2 反应挤出合成工艺

聚酰胺的反应挤出主要以尼龙 6 为主。螺杆反应挤出尼龙 6 的合成工艺可分为三部分：反应前处理、螺杆反应挤出和成型与制品。其工艺流程如图 5-35 所示。

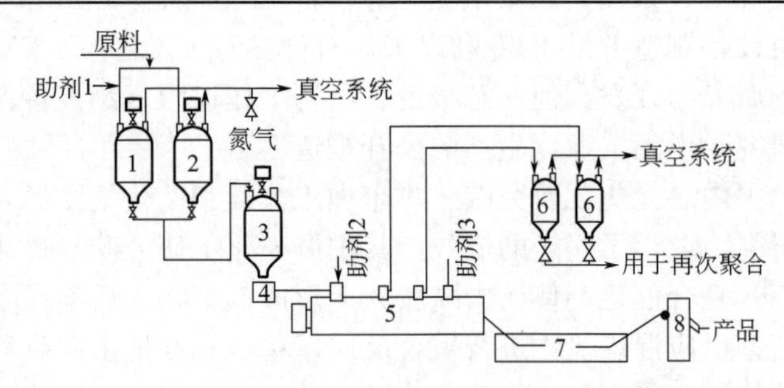


■ 图 5-35 双螺杆反应挤出合成 PA6 工艺流程

1—熔化釜Ⅰ；2—熔化釜Ⅱ；3—贮罐；4—输送器；
5—双螺杆反应挤出机；6—回收罐；7—水槽；8—切粒机

其具体制备方法：将所用己内酰胺的 50%（质量）和 0.5%（摩尔）碱式引发剂置于前处理装置 1 中进行脱水处理，另将 50%己内酰胺和 1%（摩尔）活化剂置于前处理装置 2 进行脱水处理，处理后两组物料直接计量注入反应性双螺杆挤出机。挤出机各区料筒的反应温度控制在 120～260℃之间，待反应达到单体——聚合物的浓度平衡点时加入终止稳定剂，然后真空脱除剩余单体及低分子量聚合物，这样挤出成型的聚合物（REXPA6）相对黏度最高可达 4.5、转化率为 94%～97%。整个合成工艺无溶剂，反应过程中除有部分单体析出外无其他有害副产物排出。

双螺杆挤出机模头与成型装置相连可直接制得各种尼龙 6 制品，如异型材、管材、板材等；与纺丝箱体相连可直接得尼龙丝；与吹塑设备相连可直接吹塑、吹膜等。这样将合成与成型过程联合，缩短了生产周期、降低了成本、提高了制品性能。

### 5.9.3 反应挤出产品质量、性能及应用

传统工艺合成 PA6 的相对黏度一般在 3～3.5（以 98% $H_2SO_4$ 为溶剂），结晶度不超过 40%，而反应挤出 PA6（REXPA6）的相对黏度可达 4.5～5.0，结晶度可达 50%以上。在力学性能方面，REXPA6 的拉伸强度

是普通 PA6 的 120%、缺口抗冲为普通 PA6 的 3 倍以上。此外，在耐磨、耐化学性、耐吸水性及尺寸稳定性方面都强于普通 PA6。具体比较数据见表 5-40。

■表 5-40 REXPA6 与普通 PA6 的性能比较

| 项目 | 单位 | REXPA6 | 普通 PA6 |
|---|---|---|---|
| 密度 | $g/cm^3$ | 1.12～1.14 | 1.12～1.14 |
| 熔点 | ℃ | 215～225 | 215～225 |
| 相对黏度 | | 4.2～5.0 | 2.4～3.5 |
| 拉伸强度 | MPa | 75 | 63 |
| 断裂伸长率 | % | 58 | 100 |
| 弯曲强度 | MPa | 78 | 88 |
| 无缺口冲击 | $kJ/m^2$ | N. B. | — |
| 缺口冲击 | $kJ/m^2$ | 35 | 9.8 |
| 球压硬度 | MPa | 114 | 98 |

REXPA6 的综合性能优良，是进行高韧、高强、阻燃等改性加工的理想基础树脂，可用挤塑、吹塑生产特殊要求的制件。

### 5.9.4 反应挤出的展望

利用反应挤出进行聚合物改性，生产小批量、多品种、高性能的高聚物已成为发展趋势。

反应挤出反应速率快，但工艺过程控制比较难，存在产品颜色较深、发黄等现象，因此实现工业化尚需待以时日。

反应挤出发展的侧重点包括对反应机理的探讨、反应挤出设备的研制、产品的多方位开发，尤其是对高黏度、高温、强剪切环境下材料性能的研究，进一步拓展反应挤出技术的应用空间。

## 参 考 文 献

[1] 朱 刚，孙锡红等．接插件精密注射成型工艺参数的优化研究．工程塑料应用，2010，(38) 5：35-37.

[2] 胡文文，辛勇等．高光无痕注射成型流动分析．工程塑料应用，2010，(38) 5：32-34.

[3] 赵国群，王桂龙，李熹平等．快速热循环注塑技术的研究与应用．塑料工程学报，2009，16 (1)：190-195.

[4] Li Xiping，Zhao Guoqun，Guan Yanjin，et al. Optimal design response surface and genetic algorithm. Materials and Design，2009，30：4317-4323.

[5] Melvin I Kohan. Nylon Plastics Handbook. Munich：Hanser Publishers，1995.

[6] Yao Donggang，Kim Byung. Developing rapid heating and cooling systems using pyrolytic graphite. Applied Thermal Engineering，2003，23：341-352.

[7] Chen ShinChung，Chien ReanDer，Lin SuHsia. Feasibility evaluation of gas-assisted heating for mold surfac temperature control during injectoiun molding process. International Communications in Heat and Mass Transfer，2009，36：806-812.
[8] 邓如生，魏运方．聚酰胺树脂及其应用．北京：化学工业出版社，2002.
[9] 彭治汉，施祖培．塑料工业手册：聚酰胺分册．北京：化学工业出版社，2001.
[10] Corina Mihut，Dinyar K. Capiain. Recycling of Nyoln From Carpet Waste. Polymer Engineering and science，2001，41 (9)：1457-1470.
[11] 吴生绪．塑料成形工艺技术手册．北京：机械工业出版社，2008.
[12] 张甲敏．尼龙 1010 注塑制件气泡形成的原因及解决方法．工程塑料应用，2005，33 (10)：38-40.
[13] 晋日亚，钟国晋，张静婷．尼龙 11 的注射成型与挤出成型技术．工程塑料应用，2000，28 (1)：19-21.
[14] 敖婷婷，樊振兴，韩克清．高聚物 PA66 压力诱导流动成型研究．塑料工业，2007，35 (3)：39-41.
[15] 黄伟，郭奕崇，吴大鸣等．PA12 双腔医用导管挤出成型工艺实验研究．工程塑料应用，2008，36 (2)：30-34.
[16] 王建宏，白培康．选择性激光烧结用复合尼龙粉的制备与性能．工程塑料应用，2007，35 (1)：30-33.
[17] 赵树高，郑韦，尹兴昌等．不同注射条件对尼龙 6 力学性能的影响．合成橡胶工业，2006，29 (3)：200-203.
[18] 苑会林．聚酰胺加工技术进展//冯美平等编．2001 年中国工程塑料工业协会聚酰胺专业委员会一届二次会议学术论文集．长沙：2001：11-20.
[19] 张甲敏，祝勇．尼龙 1010 注塑制品工艺设计．塑料工业，2006，34 (9)：29-31.
[20] 福本修编．聚酰胺树脂手册．北京：中国石化出版社．1994.
[21] 高勇．增强尼龙 610 的注射成型．新兴科技，1990，(3)：21-25.
[22] 韩勇，刘卫祥，陈荣等．塑料加工机械新技术进展．塑料，2008，37 (6)：77-80.
[23] 论坛．多层共挤技术专题．中国塑料，2009，23 (8)：105-108.
[24] 张玉霞．吹塑薄膜技术进展．塑料包装，2007，17 (3)：38-46.
[25] 涂志刚，吴增青，麦堪成等．阻隔性塑料包装薄膜的发展．包装工程，2003，24 (6)：1-3.
[26] 晋日亚，钟国晋．尼龙 11 的注射成型与挤出成型技术．工程塑料应用，2000，28 (1)：19-21.
[27] 高峰，李海梅，申长雨等．挤出成型发展现状．工程塑料应用，2003，31 (6)：52-55.
[28] 孔繁兴，王爱阳．滚塑成型技术及发展趋势．塑料科技，2005，166 (1～2)：57-59.
[29] 赵敏，浦艳东．滚塑技术及应用．石油和化工设备，2009，(6)：46-48.
[30] 徐洪波，许迎军，何杰等．塑料滚塑制品缺陷分析及解决方案．工程塑料应用，2007，35 (10)：40-44.
[31] 吴生绪．塑料成形工艺技术手册．北京：机械工业出版社，2008.
[32] Canalls. dow，macplas El 04，machinery & equipment，2004，06.
[33] 张甲敏，连照勤．玻璃纤维增强尼龙的注射成型工艺改进．工程塑料应用，2010，38 (5)：42-44.
[34] 宋国君，谷正，杨淑静等．聚合物反应挤出技术．工程塑料应用，2007，35 (4)：36-40.
[35] 吴生绪．塑料成形工艺技术手册．北京：机械工业出版社，2008.
[36] 黄相国，宋连珍．尼龙 RIM 反应注射成型试验研究．现代科技，2009，(11)：62-64.
[37] 王玉洁．注塑成型技术研究进展．广东化工，2007，34 (2)：31-33.
[38] 邓鑫，王进，杨军等．基于 MOLDFLOW 软件的反应注塑成型尼龙 6 的流动分析．塑料科

技，2009，37 (12)：58-61.

[39] Kye H，White J L. Continuous polymerization of cap rolactam in a modular intermeshing corotating twin screw extruder integrated with continuousmelt spinning of polyamide 6 fiber：Influence of screw design and process conditions. Appl. Polym. Sci，1994，(9)：1249-1262.

[40] H K Reimschuessei. Nylon 6 chemisrty and mechanisms. Journal Polymer Science，：Macromolecular Review，1977，12 (1)：65.

[41] 吴京，殷敬华．热塑性聚合物的反应挤出与双螺杆挤出机．塑料，2003，32 (1)：31-38.

[42] Gao S S，Zhang Y，Zheng A，et al．Polystyrene prepared by reactive extrusion：kinetics and effect of processing parameters. Polymers for Advanced Technologies，2004，15 (4)：185-191.

# 第 6 章 聚酰胺工程塑料的应用

## 6.1 概述

塑料的应用只有几十年的历史，但现在全世界各种塑料总量超过了 1.8 亿吨，体积相当于目前钢铁总量体积的 1.5 倍。塑料发展几十年能够体积超过钢铁，主要是由两个因素决定的：一个是经济节能因素，一个是石油工业蓬勃发展因素。生产同样体积的材料，塑料的投资是钢铁的 1/3～1/2，能耗只有钢铁能耗的 2/3。加上塑料的综合性能好，质量轻，不易破碎，而且生产、使用塑料能够节约能源、节省资源，因此，塑料发展潜力巨大。目前我国塑料消费量超过 6000 万吨，占世界塑料消费总量 2.38 亿吨的 1/4 强，超过美国居世界第一。2009 年我国塑料制品工业总产值达 1.1 万亿元，预计今年塑料制品业的工业总产值将突破 1.25 万亿元，居轻工行业第一位。

塑料品种从材料的应用和功能可分为普通塑料和工程塑料。由于工程塑料具有优异性能，近年来被广泛用于电子电气、汽车、建筑、办公设备、机械、航空航天等行业。如工程塑料在汽车、电子电气方面的应用占一半以上，而通用塑料的主要用途是挤出成型（51%）和非工业性制品（21%）。工程塑料已成为当今世界塑料工业中增长速度最快的领域，其发展不仅对国家支柱产业和现代高新技术产业起着支撑作用，同时也推动传统产业改造和产品结构的调整。

### 6.1.1 聚酰胺工程塑料的发展

聚酰胺是最早开发和应用较广的工程塑料，PA 有着良好的力学性能、耐热性、耐磨损性、耐化学性、自润滑性和一定的阻燃性，又具有低密度、易于加工成型、设计自由度大、可一体化成型复杂的结构部件、减少生产工序以及低的生产成本。20 世纪 50 年代，PA 开始用于生产注塑制品，利用其质轻、容易加工和成本低的优点，替代金属材料，不断扩大应用领域。2008 年全球工程塑料及合金消费量约 850 万吨，其中 PC 约占总消费量的 41% 、PA 约占 31%、POM 约占 10% 、聚酯约占 9% ，改性 PPO 约占

6%、特种工程塑料约占3%。PA工程塑料占世界工程塑料总消费量第二位，仅低于PC，远远高于POM和PBT等其他工程塑料。2002～2007年间，世界工程塑料需求保持年均8%的高增长率，特别是以中国为中心的亚洲地区（不包括日本）以年均15.4%速率递增，中国达到了年均20.6%的高增长速率。2002～2007年间不包括日本的亚洲地区PA工程塑料消费增长了104.8%，占世界市场份额由10%上升为18%，而南美北美和欧洲在世界市场中的份额缩减。预计2015年前全球PA工程塑料市场将以年均5%的速度递增，增长的潜力仍然源自于作为金属的替代材料，特别是在汽车工业和轨道交通上仍有很大的发展空间，如以发动机进气歧管为代表的大型汽车部件塑料化需求和铁路交通中大量应用的尼龙紧固件，电子通信、汽车、高铁、建材、生活用品等是拉动PA工程塑料快速发展的动力；高档包装材料、体育健身器材和医疗器械行业也将是增长幅度较大的市场。虽然我国近年PA工程塑料发展也很快（表6-1），但与国际平均水平相比还有很大差距，2009年PA的消费量仅占工程塑料的17.24%。

■表6-1　近年我国工程塑料消费量　　单位：kt

| 品种 | 1999 | 2000 | 2001 | 2002 | 2003 | 2004 | 2005 | 2006 | 2007 | 2008 | 2009 |
|---|---|---|---|---|---|---|---|---|---|---|---|
| PA | 67 | 83.2 | 120 | 138 | 161.1 | 192.2 | 217 | 256.4 | 294 | 337 | 381 |
| PC | 130 | 164 | 213 | 360 | 483.6 | 624 | 700 | 798 | 966 | 1062 | 1079 |
| POM | 83 | 96 | 107 | 130 | 158.4 | 187 | 192 | 222.3 | 249 | 278 | 306 |
| PBT/PET | 36 | 41 | 44 | 56 | 72.7 | 94 | 110 | 182 | 221 | 249 | 274 |
| mPPO | 9 | 9.8 | 15 | 18 | 24 | 33 | 40 | 49.6 | 62 | 74 | 76 |
| 特种工程塑料 | | | | | | | | 31.7 | 45 | 68 | 95 |
| 合计 | 325 | 397 | 500 | 702 | 899.8 | 1130 | 1259 | 1520 | 1837 | 2068 | 2211 |

聚酰胺品种丰富多样，其中尼龙6和尼龙66占主导地位，其次是尼龙11、尼龙12、尼龙610和尼龙612，另外还有尼龙1010、尼龙46、尼龙7、尼龙9、尼龙13等，芳香族尼龙6I，尼龙9T和尼龙MXD6等，各具不同性能特点。如PA11和PA12具有优异的耐低温和低吸水性；PA46和半芳香族PA具有优异的耐高温性，在高端领域有着其他材料无可替代的绝对优势，随着电子电气行业日益提高的技术要求，耐高温尼龙的需求量会有一个较大的增长。另外尼龙的改性品种数量繁多，如增强尼龙、单体浇铸尼龙（MC尼龙）、反应注射成型（RIM）尼龙、透明尼龙、高抗冲（超韧）尼龙、电镀尼龙、导电尼龙、阻燃尼龙、纳米尼龙以及尼龙与其他聚合物共混物等，能满足不同领域的特殊要求，广泛替代金属、热固性塑料以及木材等传统材料作为各种结构材料。

英国布里斯托尔的咨询与市场分析公司AMI提供的数据表明：汽车工业是PA的最大用户，其次是电子电器工业。2006年欧洲按最终应用的PA需求结构为：注塑汽车制品29.9%，电子电器制品21.8%，薄膜11%，其他工业注塑制品28.5%，其他挤出制品7.9%，其他成型法制品0.9%。日本 PA 工程塑料按应用领域的需求分配为：汽车 37%，电子电器 23%，工业制品 10%，挤出制品（薄膜、单丝等）30%。我国 PA 工程塑料的消费结构见表 6-2 所列。今后几年随着汽车工业、高速铁路的飞速发展及其零部件国产化进程加快，用于汽车、铁路和薄膜包装的 PA 会有大幅增长。

■表 6-2 我国尼龙工程塑料消费结构

| 项目 | 电子电气 | 汽车 | 机械 | 日用五金 | 单丝棕丝 | 尼龙粉末 | 尼龙薄膜 | 其他 |
|---|---|---|---|---|---|---|---|---|
| 所占比例 | 34.8% | 25.1% | 13% | 6.5% | 4% | 3.1% | 3.6% | 9.9% |

### 6.1.2 聚酰胺工程塑料应用的意义

**(1) 成型方便节约能源** PA 易于成型，加工过程消耗的能量比金属材料少，其制品能耗仅为钢制品的 60%～80%，为铝制品的 35%～50%。

**(2) 轻量化低成本** 与金属材料相比，PA 及其改性产品的密度低，且其性能与之相当，在很多领域可替代金属材料，降低制品成本、同时减轻制品重量。

**(3) 生态环保** PA 可以通过物理或化学方法回收利用，减少废弃物的排放，有利于生态环境保护；另外以非食用农产品来源的聚酰胺（如 PA11，PA610、PA1010 等）产品的不断开发，既不消耗石油也不影响粮食生产，更加体现了生态环保和低碳型。

## 6.2 聚酰胺树脂在汽车行业的应用

汽车工业是资金和技术密集型、规模化经济产业，并且推动国民经济发展，促进各行各业繁荣，也是衡量一个国家经济发展和科技水平的重要标志之一。目前全世界每年约生产汽车 7500 万辆，保有量 7 亿多辆；我国已成为汽车的产销大国，2009 年产销量达 1300 万辆，超过美国跃居世界第一，汽车保有量超过 6000 万辆。尽管我国近年汽车拥有量大幅增加，但汽车保有量仅为每千人 38 辆，远低于世界每千人 120 辆的平均水平，市场刚性需求仍然很大。开发生产适应汽车轻量化和低排放的新型工程塑料和复合材料，以适应全球低碳经济发展的要求。

### 6.2.1 塑料在汽车工业的应用

#### 6.2.1.1 应用优点

随着世界石油资源日益枯竭及环境问题的严峻，节能、环保和轻量化已成为世界汽车工业面临的共同问题，再加上对乘坐舒适、轻量化、抗冲击、低油耗、安全等要求的不断提高，质轻、耐腐蚀、减振、成型加工简便的塑料正越来越多地应用于汽车工业。塑料制品替代各种昂贵的有色金属和合金材料，不仅提高了汽车造型的美观与设计的灵活性，降低了零部件的加工、装配与维修的费用，而且大幅减轻了汽车的自重，从而降低了能耗。塑料应用在汽车工业的优点主要表现在以下几点。

**(1) 轻量化、低成本和节能** 塑料在汽车工业的应用不仅可以减轻40%的零部件重量，且生产成本较低，如果以单位体积计算，生产塑料制件的费用仅为有色金属的1/10，还可使采购成本降低40%左右，并且经济效益显著、节能效果明显见表6-3所列。

■表6-3 汽车轻量化对整车性能的影响

| 性能 | 加速时间 | 排放量 | 制动距离 | 转向力 | 油耗减少 | 轮胎寿命 |
|---|---|---|---|---|---|---|
| 汽车自重每减少10% | 减少8% | 减少5%以上 | 减少5% | 减小6% | 6%~8% | 提高7% |

**(2) 综合性能好** 如果按单位质量来计算材料的拉伸强度，塑料的抗冲击性并不逊于金属，有些塑料如工程塑料、碳纤维增强的塑料等还远远高于金属；塑料具有弹性变形特性，能吸收大量的碰撞能量，对强烈撞击有较大的缓冲作用，对车辆和乘员起到保护作用。另外，部分塑料还具有良好的耐磨、避震、吸音性能，对电、热、声都有良好的绝缘性能，可广泛用于制造汽车内部的电绝缘、保温、隔热以及吸音零部件。

**(3) 设计自由度大、加工性能好** 塑料可一次成型复杂结构的制品，大批量生产、生产效率高。

**(4) 绿色环保** 大多塑料可回收利用，满足人类可持续发展战略要求。

#### 6.2.1.2 应用发展

汽车轻量化是汽车工业现代化的重要标志之一，塑料部件和塑料占汽车用材料比例呈上升趋势，说明了汽车生产商加快汽车部件塑料化、小型化和低成本化的进程。因此塑料在汽车领域的用量一直在稳定增加，1981年平均每辆汽车用塑料68.4kg，20世纪90年代达到100～130kg，占整车重量的7%～10%，2010年将达到10%以上。如德国每辆汽车平均使用塑料制品近300kg，占汽车总消费材料的22%左右，是世界上采用汽车塑料零部件最多的国家；法国RENAULT汽车公司小型轿车的塑料制品用量占总质量的15.5%。

各种塑料在汽车上的应用比重逐年提高，2007年汽车中塑料树脂用量见表6-4所列。汽车用塑料的品种按用量排列依次为PP、PVC、PU、不饱和树脂、ABS、PF、PE、PA、PC复合材料，同世界其他国家比，我国塑料在汽车应用方面还有很大差距。我国每辆汽车平均塑料用量为70kg，平均占汽车总重量的6%左右，在轿车和轻型车中，CA7220小红旗轿车中的塑料用量为88.33 kg，上海桑塔纳为67.2 kg，奥迪为89.98 kg，富康为81.5 kg，依维柯0041则为144.5 kg；在重型车中，斯太尔1491为82.25kg，斯太尔王为120.5kg，与国外相比尚有较大差距。

■表 6-4 2007 年各种塑料在不同汽车中的应用情况

| 汽车种类 | BMW 1 型 | ToyoTA Aygo | ToyoTA Arius | Renault clio | Peugeot 207 |
|---|---|---|---|---|---|
| 塑料重量/kg | 279 | 128 | 140 | 166.8 | 152 |
| 塑料占整车比例/% | 20 | 15 | 10.2 | 13 | 13 |
| PP/% | 33 | 52 | 51 | 45 | 50 |
| PA/% | 14 | 9 | 4 | 7 | 9 |
| PUR/% | 14 | 13 | 9 | 13 | 12 |
| ABS/% | 7 | 8 | 5 | 2 | 2 |
| PE/% | 6 | 8 | 7 | 8 | 7 |
| PVC/% | 4 | 3 | 3 | 3 | 3 |
| PBT/PET/% | 3 | 1 | 10 | 4 | 6 |
| PC/% | 1 | 3（PC/PBT） | 3 | 1 | 1 |
| 丙烯酸树脂/% | 1 | | | | |
| PPE/% | 1 | | | | |
| 热固性树脂/% | | | | | |
| 其他/% | 16 | 8 | 8 | 11 | 10 |

PA 具有很高的冲击强度及优异的耐摩擦磨耗特性、耐热性、耐化学药品性、润滑性和染色性等，尤其是 PA 经增强或合金改性后其强度、制品精度、尺寸稳定性等均有很大的提高，因而在汽车工业中得到广泛应用，主要用于汽车发动机部件、燃料系统、驱动和底盘系统、电气仪表系统等。

### 6.2.2 聚酰胺在汽车发动机部件的应用

发动机部件塑料化是汽车轻量化的一个重要方面，但是其难度较大。因为发动机周边的零部件要能承受－40～140℃环境温度，耐砂石冲击和盐雾腐蚀以及各种油、洗涤剂的侵蚀。而发动机内的零件材料要求承受发动机高温高热、剧烈振动以及汽（柴）油、润滑油、灰尘等的污染，并且不会使内在品质和外观质量受到影响。PA 的优良力学性能、耐热性、耐磨损性和耐化学药品性，可较好地解决这一问题，PA 用于汽车发动机室内部件情况见表 6-5。汽车塑料进气歧管几乎全部由注塑尼龙使用无缝和超声波焊接技术生产而成，因为尼龙表面光滑并有一定的弹性，在既满足使用功能的同时，还能降低噪声和振动，又方便了汽车装配，提高了操作效率，降低了装配过程中的制造成本。如尼龙材料的汽缸头盖可减轻质量 50%，成本降低 30%。

■表 6-5 汽车发动机室内应用 PA 情况

| 体 系 | 部 件 名 称 | 材 料 |
|---|---|---|
| 主体系统 | 气阀门罩盖、发动机座 | PA66 GF-M，PA66 GF |
| 进气系统 | 空气进气管、空气除尘器外壳 | PA GF |
| | 空气进气歧管、调压池 | PA6 GF 、PA66 GF |
| | 节流阀体 | PA66 GF、PA66 M |

续表

| 体　系 | 部 件 名 称 | 材　料 |
|---|---|---|
| 冷却系统 | 散热器槽 | PA66 GF，PA66/612 GF |
| | 散热器中间部分支架、水进口管件 | PA66 GF |
| | 风扇叶片护罩 | PA66 GF,PA6 GF |
| | 水出口管件/水泵涡轮/水泵皮带轮 | PA6T GF |
| 润滑系统 | 油盘 | PA66 GF-M |
| | 油过滤器、油过滤网支架 | PA GF |
| | 充油罐、油水准仪 | PA66 GF，PBT GF，PET GF |
| 转动系统 | 牙轮皮带罩 | PA66GF，PA6GF |
| | 链导轨、凸链轮 | PA66，PA46 |
| 发动机罩盖 | 发动机罩盖 | PA66 G-M，M，PA6 GF-M，M |

#### 6.2.2.1 进气歧管

**(1) 尼龙进气歧管的特点**　发动机内燃机室进气歧管（air intake manifold，缩写 AIM）是汽车动力系统主要部件之一，发动机进气歧管担当着将汽油混合气体引入发动机各缸的作用，决定着发动机的进气效率和各汽缸充气均匀性，是影响发动机动力特性和油耗的关键零件，而尼龙 AIM 的综合性能可以满足气缸高温和汽车厂降低车重、减少制备工序和降低制造成本等方面的要求。尼龙进气歧管有以下优点。

① 与金属进气歧管相比，质量减轻 40%～50%，成本降低 20%～35%。

② 尼龙制造的进气歧管一次成型可大大减少制作工序、提高成品合格率和生产效率。

③ 内壁光滑，减少了汽油混合气体流动时的空气阻力。金属进气歧管内表面粗糙，常有砂眼、气孔等表面缺陷，使得汽油混合气体由于摩擦阻力过大而产生油滴黏附管壁，降低混合质量，并产生涡流。尼龙进气歧管内壁光滑，减少了功率损失，提高了汽油燃烧效率。

④ 热导率低，不易受到发动机传热的影响。这不仅改善了发动机的热启动性，还可以提高发动机的效率和扭矩，减少废气排放。同时，冷启动时可在一定程度上避免管内气体热量的损失。

⑤ 减振消声、设计自由。

**(2) 各种尼龙 AIM 的应用**　20 世纪 80 年代，欧洲开始用失芯成型法生产 AIM，该法成型工艺复杂、成本高、生产效率低，1998 年后被低成本的振动焊接——shell 法超过，现在较多的是注塑成型（或吹塑成型）与振动焊接法结合。

日本宇部（UBE）开发的 AIM 专用尼龙 6 牌号 1015GNKF 具有优异的特性和加工性，可以满足 AIM 振动焊接要求的二次加工性和焊接强度，1015GNKF 与一般尼龙性能比较见表 6-6 所列。

福特（Ford）汽车公司对其 Transit 中型卡车重新设计时，为降低车重，提高燃油效率，采用 30%玻璃纤维增强 PA46 树脂制作空气进气歧管，具

■表 6-6 AIM 用尼龙与一般尼龙性能对比

| 性能 | 试验方法 ASTM | 单位 | AIM 用尼龙牌号 1015GNKF | 一般尼龙牌号 1015GC6 |
|---|---|---|---|---|
| 拉伸强度 | D638 | MPa | 185 | 170 |
| 断裂伸长率 | D638 | % | 4 | 4 |
| 弯曲模量 | D790 | MPa | 8500 | 8000 |
| 缺口 Izod 冲击强度 | D256 | J/m | 108 | 100 |
| 热变形温度 | D648 | ℃ | 215 | 215 |
| 振动焊接强度 | UBE 自测 | MPa | 63 | 55 |
| 注射流动长度 | UBE 自测 | mm | 101 | 82 |

有高耐热性、尺寸稳定性及高温下优良的力学性能，优于其竞争树脂聚苯硫醚（PPS）。并且能满足 Ford 公司新型柴油发动机的关键性能要求，包括可靠性、耐用性，在价格上也具有竞争力。

法国罗地亚公司开发出的高流动性 Technyl Star AFX，为 60％玻璃纤维增强 PA66，其拉伸强度和铝一样，可用于制造进气歧管、空气导管，还可用于制造汽车结构部件，如轴承保持架、齿轮等。

比利时的 Solvay 公司推出 35％玻璃纤维增强的 PPA 用于 LSX 进气歧管，与现有尼龙进气歧管相比，质量减轻 25％，各项性能优异，可提高发动机功率。大型载重汽车用非增强耐冲击性和热稳定性优良的 PPA Zytel 为原料经吹塑成型的空气导管，安装在空气过滤器和涡轮充电器之间。该部件能够供给高容量 Volvo HGV 发动机燃料燃烧时所需要的空气，能耐 140℃的温度和 $2\times10^{5}$Pa 压力，可在严酷的环境条件长期使用 10000h。PPA 树脂通过模塑成型制造 AIM，已成功应用到克尔维特、卡麦罗、火鸟车型的 LS1 和 LS6 发动机用 AIM。

2004 年，中国第一汽车集团和巴斯夫公司联合开发的 33％玻璃纤维增强尼龙 6 进气歧管应用在红旗轿车上，标志着塑料进气歧管首次用于中国轿车。最近我国富康汽车已采用 PA66＋GF 制造空气进气歧管，随着成型技术日趋完善，进气歧管在我国各种车型中必将得到广泛应用。国内金发科技股份有限公司也开发出适用各种类型 AIM 的聚酰胺材料，如 PA6-G30 HS 和 PA6-G35 HS，具有非常优异性能，可适应震动焊接。

#### 6.2.2.2 气缸盖罩和发动机盖罩

汽缸盖采用塑料具有轻量化、防噪音效果好、可以降低成本等优点。现在丰田、日产、本田、三菱等汽车生产公司都采用塑料材料，特别是日产公司 2000 年的新型汽车发动机几乎都用尼龙制造汽缸头盖，用量仅比进气歧管少 10％。而德国 BMW 也采用无机矿物填充和玻璃纤维增强 PA66（商品名为 Minlon）制造带有可控调节阀（VVT）6 缸发动机的多功能汽缸盖，部件长 700mm，宽 300mm，重 3.8kg，在－40～150℃温度范围具有所需的刚性、强度、低翘曲、尺寸稳定性、噪声最佳化和机械功能等。

近年来为遮蔽发动机的声音，发动机上的总盖采用塑料材料，内贴遮音板，能遮蔽发动机的声音（特别是直接喷射型发动机）、提高了外观性。发动机总盖可用玻璃纤维和无机矿物混合物增强尼龙 6 和尼龙 66 制造，以玻璃纤维增强尼龙为主。近年开发生产的尼龙 6 系列纳米复合材料，PET 瓶和尼龙 66 回收料均可用来制造发动机总盖，现在三菱汽车 GDI 发动机已用。

### 6.2.2.3 油过滤器

油过滤器是通过油管上安装的过滤网将油盘内吸出的油分配到发动机各部件，使油渣和异物不能通过。以前是通过法兰和钢管之间安装过滤网来实现油过滤的。用玻璃纤维增强 PA 后，将原钢管部分为上部和中间部分，各自用树脂注射成型，金属过滤网和中间部分熔接在一起，如图 6-1 所示。油过滤器塑料化后的优点是：空气混入率降低 10%～30%，成本降低 50%，质量减轻 70%。

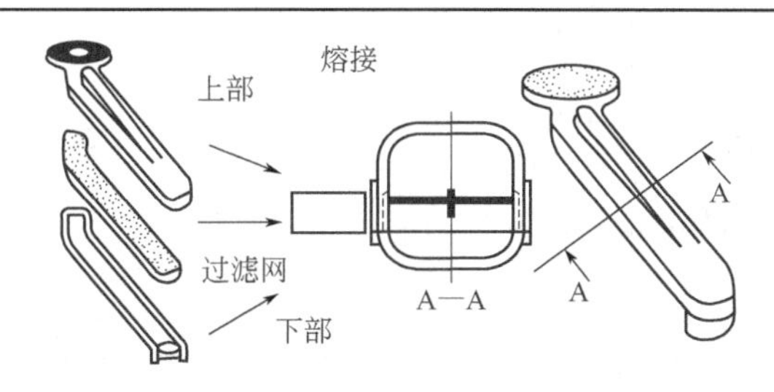


■ 图 6-1　玻璃纤维增强尼龙油过滤器

### 6.2.2.4 聚酰胺在发动机周边的其他应用

近年 PA 树脂替代金属在汽车领域的应用稳步拓展，如用耐热玻璃纤维增强半芳香族 PA 制造排水管件，玻璃纤维增强 PA 制造进水口管件，玻璃纤维增强 PA12 用来制造发动机罩和散热器，用 PPA Zytel HTN 制造变换控制恒温器盖等，表 6-9 是 PA 在各种车型发动机相关部件的应用。

■表 6-7　PA 材料在汽车发动机周边部件的应用

| 部件 | 车型公司 | 材料或牌号 | 生产企业 | 特点 |
| --- | --- | --- | --- | --- |
| 空气管 | BMW 1、3 型 | PA6 Hemid 和 TPE Thermolastk | Radici Plastic | |
| 储油槽外壳 | 戴姆勒奔驰 C 系列 | Zytel | 杜邦 | 减重 1kg |
| 无盖加油口 | 福特汽车 | Zytel | 杜邦 | 可自动关闭，减少油气挥发 |
| 冷却液管路 | Opel-Saab | Ultramid | BASF | 比铝减轻 35% |
| 发动机轴承部件 | 奔驰 V6 和 V8 | Stanyl PA46 | DSM | |

续表

| 部件 | 车型公司 | 材料或牌号 | 生产企业 | 特点 |
|---|---|---|---|---|
| 发动机润滑油底壳 | 戴姆勒奔驰 C 系列 | Zytel 35%GF PA | 杜邦 | 减重 1.1kg |
| 卡车燃料管道连接器 | A. Raymond | Ultramid PA6/6T GF | BASF | 仅重 15g |
| 汽车水箱 | 日本电装 | 生物来源 PA | 杜邦 | 极强的耐热 |
| 汽车变速箱的控制装置壳体 | 大众、Audi、Fiat、BMW | Ultramid PA66 | BASF | 适应急速大幅降温 |
| 气动转换装置外壳 | Continental | 35%GF PA | | |
| 发动机摇杆盖组件 | Dodge Caliber, Campass, Patriot | Zytel PA66 | 杜邦 | 比传统热固性塑料减轻 40% |
| 发动机顶部外罩层 | 德国重型货车 | Technyl 15%GF PA66 | 罗地亚 | |
| 发动机汽缸水夹套 | Toyota，Zero Cronn | Zytel | 杜邦 | 耐水解 |
| 变速器油箱 | BMW1、3、5、6 系列，Aston Martin，Jaguar | 35%GF PA66 | Lanxess | |
| 汽车水夹套分离器 | Toyota，大众 | PPA | 杜邦 | 减重 25 |
| 冷却风扇 | GM，大众 | PA66 GF，PA6 GF | 金发 | |

## 6.2.3 聚酰胺在燃料系统的应用

塑料质轻，耐腐蚀、安全性能好，且成型方便、安装容易，因此汽车燃料系统部件大多采用塑料，图 6-2 为燃料系统的构成。尼龙在汽车燃料系统中主要用于燃料管和燃料箱及燃料盖过滤器外壳等部件。表 6-8 为汽车燃料系统部件采用 PA 的动向。

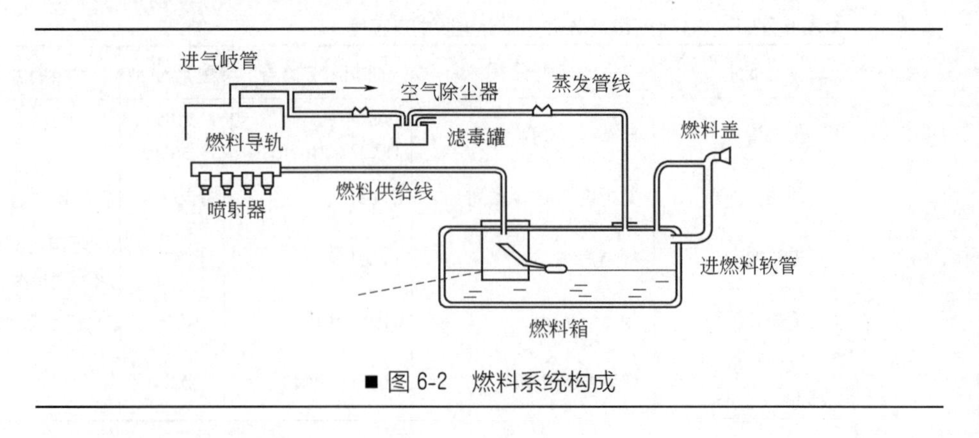


■ 图 6-2 燃料系统构成

■表 6-8 PA 在汽车燃料系统的应用动向

| 体 系 | 部件名称 | 工程塑料 |
| --- | --- | --- |
| 燃料注入系统 | 燃料盖 上部<br>中部 | PA66<br>POM |
| 燃料贮存系统 | 燃料箱 | 单层：HDPE<br>多层：HDPE/阻隔层（PA6 或 EVOH）/粘接层/HDPE |
| | 副油箱 | PA6 |
| | 燃料出口阀 | PA6T 、POM |
| 燃料供给系统 | 燃料管 | 单层：PA11、12 多层：PA12/ETFE |
| | 燃料过滤器外壳 | PA66 GF |
| | 燃料输送管 | PA66 GF |
| | 燃料喷嘴 | PA66 GF、PA6T |
| 蒸发线路系统 | 滤毒罐 | PA66，PA6、增韧 PA66 PA6 |

注：ETFE 为乙烯和四氟乙烯共聚物。

#### 6.2.3.1 燃料管

汽车用燃料管要具有耐燃料透过性、耐低温冲击、耐热性、耐震动、柔软性、耐候性好等特点。燃料管曾用 ECO（环氧氯丙烷橡胶）和 NBR/PVC（橡塑合金）与钢管组合，PA 塑料管以其质量轻、耐腐蚀、不易疲劳开裂、便于安装、密封性好等优点，开始替代金属管广泛应用在汽车的各种输油管、制动系统、离合器、空调器等装置的软管、螺旋管等。特别是长碳链 PA 管相对密度小、符合汽车轻量化要求，具有吸水性小、制品尺寸稳定性优异，力学性能受吸水性的影响小，耐挠曲疲劳性和抗震性优良，在低温下的耐冲击性能好等。如用 PA11、PA12 及其改性产品制造的输油管成本低、耐腐蚀、质轻、不变形，是世界汽车工业近 30 多年来输油管的指定产品。世界上 PA11、PA12 的总产量约 8 万吨/年，其中 40%用于汽车工业。欧美国家广泛使用 PA11、PA12 作为汽车的制动管和输油管，我国大部分汽车也采用 PA11 输油管。表 6-9 是长链 PA 在汽车管路系统的应用。

■表 6-9 长链 PA 在汽车管路系统的应用

| 汽车制造商 | 底盘管 | 气制动螺旋管 |
| --- | --- | --- |
| DAF | PA12 | PA12 |
| Daimler/ Chrysler | PA12 | PA12 |
| Fiat/Lveco | TEEE | PA12 |
| 日系车 | PA12（PA11） | PA12（PA11） |

#### 6.2.3.2 燃油箱

**(1) 塑料燃油箱的优点** 汽车用塑料燃油箱是目前产量最大的汽车用中空吹塑部件，与金属燃油箱相比，塑料燃油箱（plastics fuel tank，简称 PFT）具有以下优点：

① 轻量化，重量可减少 20%～30%；

② 设计成型方便，由于形状自由度大，提高了放置场所的自由度；

③ 耐腐蚀性好；

④ 耐低温冲击性；

⑤ 生产成本低。

汽车发达国家的塑料汽车燃油箱普及率已超过 90%，而我国塑料汽车燃油箱普及率仅为 60%左右，有很大发展空间。

**(2) PA 在燃油箱中的应用** PA 具有较好的气体阻隔性和优良的耐燃料透过性，在汽车燃油箱方面得到广泛的应用。如 PA6 与 EVOH 树脂一起用于多层燃油箱的阻隔层，燃油渗透量小于 0.2g/($m^2$ · 24 h)，提高了抗燃油渗透能力，是当前世界上最环保的燃油箱。

2008 年底，广州意普万公司推出摩托车/汽车 PA 吹塑汽油油箱专用料，是我国燃油箱新产品研究和开发上的一个重大突破。该专用料由 PA6、PA66、PA6/66 共聚物和各种改性剂组成，具有很好的低温冲击强度（在 －40℃下的缺口冲击强度为 65～100kJ/$m^2$）和较好的抗汽油透过性能；另外，该材料熔体黏度高，具有优异的吹塑加工性能，可满足各种形状产品的一次吹塑成型，开拓了 PA 应用新领域。

芳香族聚酰胺也可用于汽车燃油箱的阻隔层。如以聚芳酰胺 Ixef 为阻隔层，开发了与 PE 共挤出成两层结构或再含粘接层的 3 层结构油箱，简化的新结构油箱的燃油挥发泄漏量与含 EVOH 的 5 层燃油箱相同，可替代 5 层结构油箱，用于摩托车、游艇、洒水车和动力机械用小型燃油箱，这些产品已符合美国 CARB（加州大气资源局）关于泄漏限制法规定的要求范围。

## 6.2.4 聚酰胺在车身部件及其他的应用

### 6.2.4.1 驱动、控制等车身部件

车身、驱动控制部件用材料要求具有良好的耐冲击性和强度，PA 具有较好的韧性和强度及耐高热性，能成型钢板难以成型的曲面，且用 PA 合金制成汽车外板不仅质轻，可与金属配电盘同时进行 150℃以上的联机涂饰。PA 在汽车车体部分主要用来制造车轮前后盖板、把手、门锁、安全带固定铰链、仪表板、挡泥板、遮光板夹具、座椅靠背的摆臂、齿轮等；其中车轮盖的 PA 用量约 2kg/辆，是车用尼龙的一个大市场。日产汽车公司已用于 Be-1 型轿车的前翼板、前围和后围板，与钢板相比，质量减少 40%，能形成钢板难以成型的曲面，而且具有防腐性高、碰撞后复原性好等优点。美国通用电器公司开发的 NORYLGTX 是一种非结晶性 PPO 和 PA 合金，其热变形温度为 185～195℃，拉伸强度 56MPa，弯曲强度 70～73MPa，可耐 －30℃低温，具有良好加工性和尺寸稳定性，可和车身一起涂装。高玻璃纤维（60%）填充增强 PA 具有很高的拉伸模量（19000MPa），尽管其玻璃纤维含量高，但其流动性与 30%玻璃纤维增强 PA 相似，而高填充 PA66 可以生产质量更轻和价格更便宜的部件，并具有相同的力学性能，最早的应用之

一是 Jaguar X-Type 型车的涂覆外门把手，现在可用专用模具加工薄壁部件，加工部件刚性高。国内金发公司开发的 PA66+M15 材料，已用于 PSA 的车轮前后盖板。

#### 6.2.4.2 车身受力部件

汽车的其他受力部件如机油滤清器、刮雨器、散热器格栅等也使用增强 PA。BMW-3 型车使用 30%玻璃纤维增强 PA 制造可控空气百叶窗，可调节百叶窗和缓冲垫下空气吸入口的空气阻力系数，可减少阻力 10%，减少燃料消耗 1%，而且噪声小。我国自 1998 年开始限制汽车燃油蒸发排放污染量，用于制作燃油蒸发污染控制器的罐体材料要求耐热、耐油、且易焊接，一般采用 PA6 制作。

#### 6.2.4.3 汽车座椅结构

为了制造舒适、功能多样并具有充分防撞安全性、轻巧、低成本的汽车座椅，需要采用新座椅理念和结构，工程塑料座椅能将几种功能或元件集成于整个塑料部件之内，从而增加舒适度，并使用薄壁结构，而且表面不需要额外喷漆。目前金属座椅仍然占主导，但是，在集成复杂功能，实施新设计或提高座椅舒适度的时候，钢板有较大局限性。而塑料可以展示其强度以及优化整个座椅系统重量和成本的优势。因此，塑料在汽车座椅领域占有一席之地，并用于生产许多其他结构元件，例如头部保护系统和腰部支持件，特别是用于座椅骨架和座椅靠背结构。聚酰胺具有优良的力学性能，可承受极高的机械应力，提供极其优良的流动性和具有高的能量吸收能力，其制品设计自由度大，能将整个座椅骨架作为一个部件去制造，同时还可使座椅骨架具有优良的人体工程学特性，形成了舒适的运动型座椅。如 Opel（欧宝）、Recaro 和 BASF（巴斯夫）共同开发的 Opel Insignia OPC 的驾驶员座椅。采用 BASF 的 Ultramid 聚酰胺制造座椅靠背和骨架（图 6-3）。其座椅骨架使用玻璃纤维填充的高性能耐撞击改性聚酰胺 Ultramid B3ZG8，具有高的

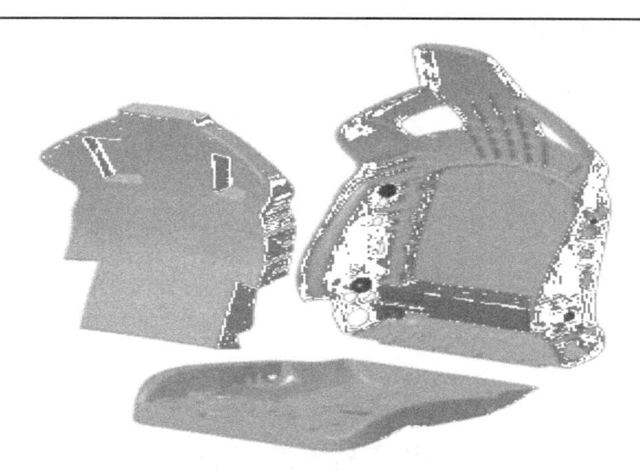

■ 图 6-3　聚酰胺用于 Opel Insignia OPC 的驾驶员座椅靠背骨架、横杆和座椅骨架

能量吸收性能；座椅靠背骨架采用 Ultramid B3G10SI 生产，能满足这种结合头部防护系统的自由直立式座椅靠背要求的极高刚度和充足的断裂拉伸率。

#### 6.2.4.4 车身外板部件

用一般塑料制造的汽车挡泥板、行李箱盖板、门板等，在线与车体一起涂层相当困难，这是塑料外装品代替汽车金属外装品最大的障碍。巴斯夫公司开发的无机矿物填充芳香族 PA，能很大地改善一体涂装性能，特别其具有非常低的膨胀系数，能够在 200℃温度下使用涂层和干燥工艺，并且用各种涂层工艺都能得到 A 级表面的制品。美国 GE 公司使用导电聚苯醚/聚酰胺材料制成的车身塑料件能与金属冲压件一起进行阴极电泳（即可实现全在线喷涂），从而消除汽车车身非金属件与金属件的色差问题。Lanxess 公司的 PA/ABS 合金，也可在线涂层 A 级表面、低吸水性、低线膨胀系数，已用于 BMW 3 型挡泥板。采用杜邦公司玻璃纤维增强 PPA HTN 制造的汽车前灯盖罩安全性高、耐高温潮湿，已在雪铁龙（Citroen）、大众（VW）、奥迪（Audi）等车使用。该前灯盖罩拓宽了拐角弯处视野，为拐角多道处提供了最佳照明，提高了前灯在拐弯处照明安全性和舒适性。PA 在汽车车身结构及其他部件的应用见表 6-10 所列。

■表 6-10 PA 在汽车车身结构及其他部件的应用

| 部件 | 车型公司 | 材料或牌号 | 生产企业 | 特点 |
| --- | --- | --- | --- | --- |
| 卡车散热器护栅 | 卡车 | Technyl star | 罗地亚 | 减轻 10%，降成本 30% |
| 踏板组件 | 雪铁龙 C5 | Technyl | 罗地亚 | 减重 50% |
| 汽车镜架 | 奥地利 Horsching<br>大众 | Ultramid<br>50%GF PA66 | BASF<br>金发 | |
| 安全气囊外壳 | 大众、AudiAs Seat leon 和 Skoda Fiat500 | 40%GF PA6 | 比利时 Quadran Cns | 比模压金属壳减重 50% |
| 车用推力垫圈 | 路虎、奔驰 | Vespel | 杜邦 | |
| 结构嵌件支架 | 雪铁龙 C4<br>福特蒙迪欧 | 30%GF PA<br>30%GF PA | 金发 | 减重 12kg |
| 车身混合前段 | Audi TT | 30%GF PA | | 比钢板质轻 15% |
| 车体镶嵌件 | 标致 308 | 50%GF PA66 | BASF | |
| 汽车座位系统的支撑结构和操纵机构 | | 40%GF PA6 | Factor | 减轻 50% |
| 汽车安全头枕 | Securest 2000 | 40%长玻璃纤维 PA6 | | |
| 货车风扇护罩 | Ddt Truch | Ultramid | BASF | |

### 6.2.5 聚酰胺在汽车电气电子系统部件的应用

汽车电气部件用塑料不仅要具有较好的力学性能、耐热性及动、静载荷承受能力，而且还要具备安全电性能和耐燃性。PA 主要用于制造汽车电子部件、电气配线、接线柱、中央电器板、风扇和车灯外壳等，见表 6-11 所列。如用耐水解玻璃纤维增强 PA66 制造电器照明系统部件，具有成型周期短，高质量表面和耐水解等优点。PA/ABS 制造内部饰件仪表板，可在线涂层 A 级表面，已用于 Peugeot 207 车型上。德尔福派克系统也大量使用金发的 PA 材料于其电子电气系统。

■表 6-11　汽车电气电子系统部件采用 PA 动向

| 项目 | 部件 | | 选用材料 |
|---|---|---|---|
| 电线配线 | 连接器 | | PBT，PA66，PA6T |
| | 断电器滑块 | | PBT，PA66，PA6 |
| | 电线固定器 | | PA66，PA6 |
| 传感器 | 各种传感器外壳 | | PBTGF，PET-GF，PA-GF，PAMXD6-GF |
| | 传感器转子 | | PA66-GF-M |
| | 各种传感器（开关、线圈、骨架）的封装 | | PBT、PET 、PA |
| 开关 | 各种开关 | | PBT，PA，PC |
| | 组合开关外壳 | | PA66-M |
| 启动充电 | 启动器 | 电磁铁开关线筒 | PA66-GF |
| | | 转换开关 | PA66 |
| 马达 | 各种马达外壳 | | PBT-GF，PEF-GF、PA6T-GF |
| | 各种马达齿轮 | | POM，PA |

德国 Renningen 的 Kromberg & Schubert 公司采用 BASF 新型可激光成型聚酰胺开发的汽车 3D-MID 电子部件，图 6-4 采用 Ultramid® T 4381 LDS，该材料是部分结晶的半芳香族高温聚酰胺 6/6T，熔点为 295℃，热变形温度 260℃（0.45 MPa）；无负荷条件下，可承受的最高温度高达 285℃；

■ 图 6-4　聚酰胺制造的 3D-MID 电子部件

该材料由 10%的玻璃纤维和 25%的矿物填料增强，镀金属时具有较宽的加工温度范围，同时又不损害其力学性能。该材料在高熔体温度、良好的加工性能及低的吸水性之间达到了最佳平衡。

## 6.2.6 聚酰胺在安全气囊和轮胎帘子线的应用

随着汽车性能的优化、路况的改善以及人们生活节奏的加快，车辆行驶速度以及安全意识的不断提高，汽车安全气囊作为司乘人员的“救命袋”越来越多地被汽车制造商采用；同时，安装位置也由前位发展到后位和侧位，从单一保护司乘人员的头、胸部发展到保护头、胸、颈、腿、膝等部位，使安全气囊的安装率增加，安全气囊已成为汽车必须具备的安全设施之一。气囊材料的要求是：在夏日的高温（80℃）和严冬（−40℃）状态下能正常触发，释放气囊，敏感度要高，任何撞击状态下都能发挥正常的功能，所以此材料不仅要承受高低温的考验，同时要有很高的耐冲击性、高的撕裂强度、伸长率要小。因此对安全气囊丝和基布的要求逐渐提高，既要保持充分的强力和耐热性，又要求高水平的低通气性、紧凑性和低成本化。尼龙纤维具有初始模量低、断裂伸长大、弹性好、热焓量高等特点，其织物在动态负荷下具有应力分布均匀、吸收能量大及抗冲击性能好等优点，而且织物的柔软性、阻燃性也优于涤纶织物。从第一代气囊织物开发至 20 世纪 90 年代，气囊织物特别是涂层织物普遍使用的是高强尼龙纤维，特别是 PA 66。汽车安全气囊织物市场，PA 织物占 99%，用量最大，其余是涤纶和其他纤维。每个安全气囊用丝为 0.5 kg，按每台车 2 个算需要安全气囊丝为 1kg。我国在 2009 年汽车产销量已超过 1300 万辆，如果全部使用安全气囊，则对安全气囊丝的需求超过 10kt。

DSM 公司最近推出 Akulon（PA6，PA66）以及 Amitel（TPE-E）来制造安全气囊系统，不仅有良好的成型流动性和良好的加工性，且性能比普通尼龙提高 80%，可减薄产品壁厚；此外 TPE-E 也比其他的热塑性弹性体注射性能更为稳定，废品率更低。奥托立夫（Autoliv）和天合（TRW）等汽车行业主要的一级供应商，越来越多地使用 Akulon PA6 作为安全气囊壳体材料。据统计，全球大约有 150 多种汽车的 1.2 亿个安全气囊使用了 Akulon PA6，而且最重要的是，失误为零。它可以在−35℃的低温下正常工作，而不出现破裂或裂痕。在 85℃的高温下，它表现出了优良的抗蠕变性能，从而确保了此部件的固定点不会出现松动现象，既不会生锈，也不会断裂，还具有非常出色的抗冲击性能。

轮胎帘子线在材料强度、刚性（模量）、与橡胶的黏合性、耐疲劳、尺寸稳定性及耐热性等方面有较高要求。依据轮胎种类以及使用部位及性能要求，轮胎帘子线的材料有涤纶、聚酰胺、黏胶纤维、芳纶等有机纤维，也可使用钢丝、玻璃纤维等无机材料。而聚酰胺的耐疲劳性好、与橡胶黏合性好、断裂强度和断裂伸长率高，主要用于斜交胎、缓冲层和大型轮胎，其发展方向是高强化。聚酰胺类帘子线又有 PA6 和 PA66 之分，两者的性能接近，而 PA6 的热收缩率略大，飞机和大型载重汽车要求轮胎的耐热性和耐疲劳性高，因此多用 PA66 帘子线。由于目前斜交胎向子午胎转变，适用于斜交胎的聚酰胺帘子线市场需求下降。而芳纶 1414 具有非常高的强度和模量，是适用于高级轿车子午胎的带层材料和高性能摩托车的轮胎帘子线材料，不仅减低成本而且性能优异。

## 6.3 聚酰胺在电子电气通信领域的应用

聚酰胺在电子电气方面的应用是较早开发的领域，其用量仅次于汽车工业。因为聚酰胺产品经过增强、阻燃、增韧等改性，完全可以满足电子电气工业领域对材料的强度、阻燃性、电绝缘性、耐漏电起痕及外观等性能的要求，而且加工性能好，价格适中。PA 在电子电气制件中主要用于制造电气接插件、绕线轴、线圈架、接线柱、开关、电阻器、电缆及其挂钩、绝缘支柱、层压板、电饭锅、电动吸尘器、高频电子食品加热器、电动制动块等。如 PA66 具有优良的耐焊锡性，在电器产品中大量用做接线柱；PA6、PA66、PA610 用做电动机罩、电器框架、线圈绕线柱、电机叶片、电视机调谐零件、电度表外壳、电话交换机、继电器零件、电器外壳、热敏元件等；PA11、PA12、PA1010 主要用做电线电缆主要原料；透明聚酰胺可以制作安全开关、流量计透明罩、油面指示计、熔断器罩、速度计等；芳酰胺用于耐高温印刷电路基板、线圈骨架、各种敏感元件等。

### 6.3.1 聚酰胺用做绝缘包覆材料

塑料的体积电阻率通常都非常高，作为电气绝缘材料使用性能无疑是十分优良的。但作为电子电气产品绝缘材料使用的塑料，除了要考虑材料的电气绝缘性能和介电性能之外，还应考虑材料的力学性能、耐热性、耐老化性、耐低温性、耐辐射性、阻燃性、化学稳定性、粘接性、杂质含量等，另外成型加工和经济性也是选材时要重点考虑的因素，应尽可能地选用价格低、容易加工、成型工艺简单、能采用常规塑料成型方法如挤出、注射、压制、吹塑等成型且对设备无特殊要求的材料，以降低产品的成本。聚酰胺品种丰富、加工成型方便，在绝缘纸、光纤和特殊用途的电线电缆等方面都有着不可替代的优势。

#### 6.3.1.1 绝缘材料

芳纶纤维所具有的优异的力学性能、电绝缘性能、透波性能等使它适用微电子组装中的表面安装技术，用于特种电路板、机载或星载雷达天线罩和运动电气部件等。用 50%玻璃纤维增强的芳纶用绝缘漆浸渍，制成耐热性、阻燃性和电绝缘性优异的合成纸浆可用于高电压装置降低电场的材料。

芳纶纸具有优良的电绝缘性能、热稳定性好，能在高温下保持良好的电气性能。芳纶纸还有较低的相对介电常数（1.77）和介质损耗因子（$5.62\times10^{3}$），可以使绝缘电场分布更均匀和运行介质损耗更小，同时具有很好的阻燃性，不会在空气中燃烧、熔化或产生熔滴，而只在极高的温度下（>370℃）才开始分解，是一种良好的环保型绝缘材料。芳纶纸是由高强度间位芳纶短切纤维制成的膜状材料，结构致密、表面平滑、柔韧性好、具有良好的抗张和抗撕裂性能，且尺寸稳定性好、比强度高，是一种性能优越的非金属蜂窝结构原材料。其最重要的特性是长久热稳定性，可在 180℃下使用 10 年以上，使用寿命高于工业用有机耐高温纸。在 200℃干热状态下放置 1000h，力学强度仍保持原来的 75%；在 120℃湿热状态下放置 1000 h，力学强度仍保持原来的 60%以上；在 370℃ 以上分解出少量 $CO_2$、CO 和 $N_2$。

#### 6.3.1.2 包覆材料

用尼龙护套包覆的电线电缆广泛用于各种电缆、飞机低压线路、高速公路监控设备线路、高速公路电感线圈的专用线，也用于照明灯具接线，能在温度－60～105℃，相对湿度在 98%的环境中正常使用。

PA11 和 PA12 用做电线电缆绝缘材料，既可作为护套还可绝缘，具有质量轻、绝缘性好、耐老化、良好的力学性能、耐湿性及加工成型容易等优点。由于架空电缆的一系列缺点，埋地电缆的应用在全球越来越普及，而电缆埋地时要考虑到电缆的运行安全，特别是铺设环境苛刻和安全要求较高的核电站、轨道交通和隧道等场合用电缆大多为一次性敷设，要求安全寿命为 40～60 年。如果遇到老鼠和白蚁的破坏不易及时发现（具有随机性），等发现后一般已造成停电或电缆爆炸等严重事故，因而电缆对白蚁和老鼠的防护要求非常重要。PA11、PA12 能防白蚁抗鼠咬，澳大利亚已数十年采用 PA11 和 PA12 作为防白蚁电缆的绝缘保护层，其效果显著，我国台湾地区也采用 PA11 和 PA12 作为防白蚁电缆的护层。我国也发布了 YD/T 1020.1—2004《电缆光缆用防蚁护套材料特性第一部分：聚酰胺》，该标准规定了电缆光缆用防白蚁材料聚酰胺塑料要求、试验方法、包装和标志等。

PA11 和 PA12 还具有脆化温度低（－70℃）、柔软、弯曲强度优等特点，可满足在－50～70℃使用条件要求，制成的电缆在弯曲卷绕时，对称线之间具有良好的相对位移，具有优异的机械特性。野外特种用途通信电缆是地面网络通信电缆，连接地面各机载设备和部件并进行信号、控制等信息的传输，PA11 和 PA12 具有足够的拉伸强度和良好的弯曲性能，可以经受频繁、快速地收、放线以及在各种地形下拖、拉以及工作人员的踩踏、汽车的压馈。因此 PA11 和 PA12 成为野外特种用途通信电缆护套材料的首选。

PA11 和 PA12 在水中具有较高的绝缘电阻，不受电弧渗透及电解腐蚀的影响，可用做海底光缆、电缆的保护材料，减少信号在传输过程中的损失。尤其在低温条件下仍具有良好的柔软性，是在海洋石油勘测和海洋地质引爆装置的专用电线，如 PA12 和 PA11 可挤出制成直径为 0.6 mm、绝缘厚度为 0.12～0.15 mm 的在水中具有较高绝缘电阻的专用电线，包覆线缆在海底浸渍 3 年无变化。作为高级军用电缆护套，PA11 是首个通过美国军用标准的品种。

另外芳纶具有的高比强度也可用于深海电缆和管缆等特殊场合。

## 6.3.2 聚酰胺在电子电气领域的应用

聚酰胺经玻璃纤维增强改性后吸水性降低，电性能非常优异，且耐高温，在电子电气行业中的应用日益广泛，既适应电子电气轻薄化的要求，又满足了低成本化的需要，聚酰胺在电子电气领域的应用见表 6-12 所列。

■表 6-12　聚酰胺在电子电气领域的应用

| 品种、牌号 | 用途 | 效果 |
|---|---|---|
| Technyl® exten | 制造 AA 和 AAA 型碱性电池 | 延长电池寿命 30%～50% |
| StanylPA46 | 高亮度 LED | 高流动性快速成型 |
| 杜邦-帝人芳酰胺 | 双层电容器隔膜 | 实现轻量化、小型化且低温特性好 |
| Electrafil™ NY-7/EC | α-跟踪氡探测器外壳 | 消除静电 |
| Technyl PA66 | 电器接插件 | 无卤阻燃 |
| Durethan DP PA6 | 结构复杂的真空吸尘器地盘 | 薄壁表面质量优良、成型周期短、节省成本 |
| Du Pont PPA | 热饮用水系统部件 | 卫生安全 |
| Sabic Xtreme LNP Srarflam | 电路闭合器、集成电路保护器、电子接插件 | 减低成本 20% |
| Latamid 和 Latigloss PA66 | 气动阀、泵壳体的控制系统部件 | 与铝相近的机械强度拉伸断裂强度 |
| DSM PA4T | 存储卡接插件、组合式接插件 | 无铅焊接 |
| Solutia PA66 | 各种电器外壳和连接板 | 自润滑性、高温快速成型、成本低 |
| Zytel HNT　PPA | 食品加工器部件 | 获食品许可认证 |
| Grilamid SST　PA12 | 实验室设备、医疗牙科仪器 | 高温高压 100 次以上消毒 |
| PA11 | 富士通电脑部件 | |

### 6.3.2.1 电子器件

**(1) 接插件**　随着通信、电子、计算机的发展，程控交换机、计算机用接插件消费量成倍增长，接插件用 PA 量占电子电气行业 PA 总量的 10%以上。接插件材料主要是阻燃 PA6、阻燃增强 PA66 及阻燃增强 PA1010。如德国某公司用矿物/玻璃纤维增强的 PA6（Durethan TP 155-001）制造的电气插座元件如图 6-5 所示，具有良好的硬度和强度，并且加工材料成本低、效率

■ 图 6-5 PA6 制造的接插件

高、周期短，而且无需进行表面处理。

**(2) 电路板** 芳纶纤维用于电路板可降低介电损耗系数和介电常数，减少整个基板的线膨胀系数，减少电路板因温度变化而造成的开裂等。用芳纶纤维还可制造高密度的无线电片基座，具有拉伸强度高、尺寸稳定性好的特点，适用于高速线路传输，利于电子设备向小型化、轻量化方向发展。另外芳纶与碳纤维的复合材料，具有良好的加工性、耐热性等半导体特性，在电子电气业有着巨大的潜在市场。

**(3) 连接器** 电子产品的日益小型化对连接器制造业提出了越来越高的要求，要求设计出更小的连接器产品。帝斯曼公司开发的聚酰胺 46 新牌号 Stanyl 46SF5030，可在最小的连接器中使用，这些连接器引脚数较多，壁厚仅为 0.1mm，倾斜度低，要求塑料绝缘材料具有优异的流动性能、强度和延展性，加工简单易行，如图 6-6 所示。30%的玻璃纤维增强的高流动性 PA46，能够承受无铅焊接的高温并保持卓越的力学性能，适合于要求极高的薄壁连接器，包括创新型平板电视、液晶显示屏、笔记本电脑、移动电话、MP3 播放器等所用 SMT 连接器，如 FPC、FFC、SIM 卡、线到板和板到板连接器等。

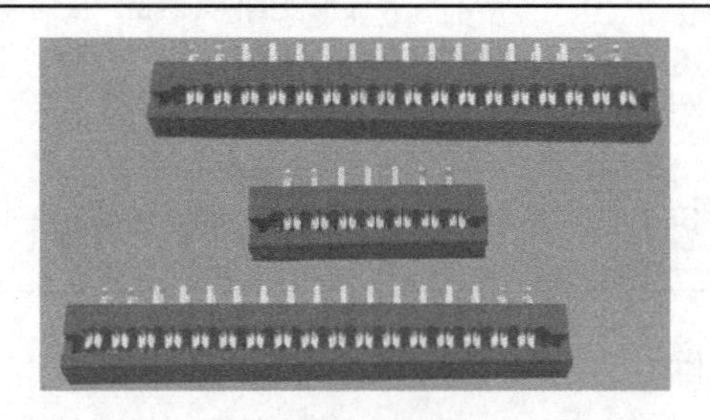

■ 图 6-6 PA46 制造的耐高温连接器

#### 6.3.2.2 低压电器

工程塑料大量用于小容量低压电器产品，取得了电器产品“轻薄短小”加工效率高的效果。低压电器有断路器、交流接触器、连接器、开关件、接线盒、插头、插座、各种接线柱等，对绝缘塑料的耐热性和环境适应性，耐潮、耐油、耐溶剂和耐候等性能要求较高。而尼龙塑料具备上述性能，并且成型性好，通过增强和填充，可以发展一系列耐热、阻燃、高强度、高韧性材料，满足低压电器的使用要求。如 Durethan PA66 用于变压器封装，该材料是含 60%玻璃纤维增强物的 PA66，在温度为 170℃时弹性模量仍然超过 6000 MPa，可以达到高水平耐炽热丝性能要求，并具有较高的耐水解性能。家庭使用的 16 安培断路器多采用玻璃纤维或矿物增强的聚酰胺制造，如 30%的玻璃纤维增强和矿物/玻璃纤维填充的 PA6 用于生产断路器，不仅具有的耐热变形性能和耐电弧性能、优良的力学性能等，而且无卤素阻燃并可达到 UL94 阻燃等级要求。

#### 6.3.2.3 油浸变压器

在油浸变压器方面，分接开关已采用多种塑料作为绝缘结构材料。由于分接开关是在变压器油中工作的，除要求有良好的力学、电气性能之外，还要求有较好的耐油性。玻璃纤维增强酚醛塑料耐热性高，尺寸稳定性好，耐油性优良，但成型加工性较差。而玻璃纤维增强尼龙（PA6、PA66、PA1010）由于电气、力学性能好、耐热性较高、耐油性好、且加工效率高，已用于分接开关产品。在国内，已研制成功玻璃纤维增强改性 PA66，成功地用于分接开关产品。另外，也用尼龙材料制作角环和垫块。

#### 6.3.2.4 耐高温电子器件

电子产品朝高性能化、集成高密度化和低成本的方向发展，更多地采用表面实装技术（SMT），要求所用材料耐焊锡，温度一般在 200℃以上，在 270～280℃维持 45～75s。传统用的 PPS 加工性能差，LCP 价格昂贵，半芳香族尼龙是较理想的材料。因此 PPA 在电子电气领域开发越来越多，如杜邦公司的 Zytel HTN 和阿莫科公司的 PPA 用于生产各种连接器、印刷电路基板、线圈骨架、各种敏感元件等，PPA 在电子电气方面的应用见表6-13 所列。

■表 6-13　PPA 在电气电子方面的应用进展

| 部件名称 | 利用 PPA 性能 |
|---|---|
| 铝电解电容器座板 | 耐热、低翘曲 |
| 电灯反射板 | 耐热、加工性好、耐药品 |
| LED 盖 | 耐热、耐锡焊 |
| 高亮度电源部件 | 耐热变形温度高、高冲击强度 |
| 传感器速度敏感元件 | 加工性好、耐药品、高扭矩 |
| SMT-LED 用材料 | 耐热、尺寸稳定、低翘曲、阻燃 |
| 高压电用螺丝刀 | 耐热、高强度、电绝缘性好 |

PA46 产品具有好的耐久性、散热性、制品轻等优点，可灵活设计，广泛用于移动电话、掌上电脑、笔记本电脑等芯片载体的高亮度 LED。在高热和高湿度下仍能提供高初始亮度，保持了反射率；能经受高达 260℃的三

个回流焊接循环，能与硅酮或环氧胶黏剂黏结在一起；高流动性、循环周期更快使其能填充高达 22 个模腔的超薄 LED。Stanyl PA46 已经用于飞利浦的 LED 灯具的外套，以往这种灯的外套都使用铝制外壳，这是世界上第一款使用塑料代替铝做外套的产品。

### 6.3.3 聚酰胺在家用电器领域的应用

家用电器主要利用 PA 韧性好、耐热及耐磨等性能，空调、电饭煲、微波炉、干燥机、洗碗机、自动切菜机、电熨斗、电吹风、VCD、摄像机等均有使用尼龙，如空调压缩机接线盒、风扇叶等用阻燃增韧 PA6 和阻燃增强 PA6 材料制备；电饭煲加强圈及微波炉接线盒可用玻璃纤维增强 PA6 和增强阻燃 PA66；VCD、摄像机外壳材料要求尺寸稳定，表面美观，耐冲击，使用 PPO/PA6 或 PS/PA66 合金。如增强阻燃 PA66，长期使用温度可达 110～120℃，可用于大电流不碎插头以及工业用电器附件，效果很好；增强阻燃 PPO/PA66 合金，这类合金具有很高的热变形温度，可长期在 200℃下工作，是电熨斗、电吹风的理想材料。另外计算机内部构件、洗衣机甩干桶刹车片、吸尘器内部构件和空调压缩机接线端子护盖等均有采用阻燃、增强尼龙材料。

长碳链 PA 耐磨性优异，用其制作的零部件在运转时噪声小，能消音，在录音机、照相机、音响、钟表等家电产品的零部件制造中得到应用。如 PA11、PA12 用于录音机和钟表齿轮、电器配线和小型精密机械件等。另外 PA11、PA12 的电阻率随温度变化大，特性变化小，可以用于制造电热毯、电器地毯的感温元件。

### 6.3.4 聚酰胺在通信领域的应用

随着通讯工业的发展，特别是卫星通信技术的快速发展，对雷达天线设备的小型化、轻型化、可靠性提出更高的要求，对雷达天线的材料性能要求也越来越苛刻。由于芳纶纤维复合材料具有优异的力学性能、电绝缘性能、透波性能及优良的尺寸稳定性，特别是具有低的线膨胀系数（纤维轴向略呈负值），使其在雷达天线领域中有着广阔的应用前景。在机载、舰载、星载雷达天线罩，雷达天线馈源功能结构件，轻型天线支撑结构，高架天线及拉索等方面都具有使用前景。如在轻型高架天线中采用芳纶纤维绳作为天线拉索，经环境试验证明耐环境性良好，并具有拉伸强度高、质轻的优点。

手机薄型化为 PA 提供了潜在市场，抗冲击、手感丰满是移动电话用材的重要标准，最受青睐的莫过于 PPO/PA6，ABS/PA6 合金。

巴斯夫向韩国天线制造商 EMW 天线公司（EMW Antenna）提供的新型可激光雕刻聚酰胺（Ultramid），已用于开发全球首批 GPS 与蓝牙手机的塑料微型天线。这种 Ultramid 新型产品是部分为半结晶型的耐高温聚酰胺

6/6T，通过10%玻璃纤维与25%矿物填料进行强化，在提供更宽的加工范围的同时又不损害其力学性能。与常规陶瓷材料相比，聚酰胺材料的频率范围更宽，电压驻波（VSWR）比更低，提高了天线性能。

对位芳纶可用做光缆中的“张力构件（Fension member 或称芯焊）”，有了这种具有高模量性能的张力构件，可保护细小而脆弱的光纤在受到拉力时不致伸长，从而不使光传输性能受到损害。由于IT技术的发展和应用，光纤铺设量猛增，每年用于此张力构件的对位芳纶约3～4kt，预计全球光纤增强用芳纶达到可达5kt。

## 6.4 聚酰胺在薄膜包装领域的应用

为适应市场的要求，高性能、多功能的塑料包装材料不断应用，同其他包装材料相比，虽然金属和玻璃是合适的包装材料，但金属较重，玻璃易碎，并且制造成本和运输费用比较高；纸和纺织品的阻隔性、透明性差，应用受限制；塑料是包装工业中需求增长最快的材料，因为塑料包装材料除能满足市场对包装产品特性和数量的要求外，塑料还具有一系列其他材料所不能替代的突出优点，如性能优、品种多、加工方便、成本低，还可节省资源、节约能源。由于软质塑料包装性能的不断进步、高阻隔性的发展及其高附加值性能的开发、成本降低、生产效率的提高，在食品包装领域也出现罐头玻璃包装向塑料转变的趋势，塑料包装材料不仅具备保鲜、装饰、卫生等功能，而且更轻更薄，因此食品和饮料包装领域对塑料包装的需求在不断增长。预计到2013年，全球塑料软包装市场的年增长率为3.5%，将达到1900万吨的市场。在日本，各种包装材料总消费量年均增长率为2.8%，其中纸和纸张4.7%，金属4.9%，玻璃3.3%，玻璃纸和木材均为负增长，而塑料则达到7.1%。我国塑料包装材料约占包装材料总产量的1/3，居各种包装材料之首，达350万吨，增幅较大。

PA无毒无味，阻隔性好，能阻止氧气进入包装、防止水分和香气逸失，可用做食品和饮料包装；还可用于五金、电子元器件、和需要抽真空要求的包装等。加上PA具有在良好力学性能和挤出加工性能，还可用做单层膜或多层膜中阻隔层膜，作为多层膜的PA芯膜能提高多层膜的力学性能和稳定性，满足各种包装要求，预计未来几年全球PA在包装材料的需求将以年均4%的速率递增。

### 6.4.1 聚酰胺薄膜在包装领域的应用

聚酰胺薄膜相对于其他通用塑料薄膜（如PE和PP），具有很好的氧气阻隔性、穿刺强度和撕裂强度、耐高温性能和印刷性能等诸多优势，同时相对于 EVOH、PVDC 等阻隔性材料，它又具有节省成本和符合环保要求的优势，此外尼龙薄膜还具有较高的透明度和安全性。基于这些优点，尼龙薄膜在食品包装、医药包装和工业包装领域得到广泛的应用。尼龙薄膜与其他薄膜包装材料的透气性能见表 6-14 所列。

■表 6-14 几种塑料薄膜的物理性能

| 项　目 | PVDC | PA6 | LDPE | EVA |
| --- | --- | --- | --- | --- |
| 密度/(g/cm³) | 1.65～1.72 | 1.12～1.14 | 0.910～0.925 | 0.920～0.950 |
| 吸水率/% | 0.1 | 1.3～1.9 | <0.01 | 0.05～0.13 |
| 拉伸强度/MPa | 21.0～35 | 74 | 15.0 | 23 |
| 伸长率/% | 250 | 200 | 630 | 700 |
| 玻璃化温度/℃ | −17 | 50 | −70 | −70 |
| 连续耐热温度/℃ | 71～93 | 105 | 91 | 180 |
| 热变形温度/℃ | 54～66 | 63 | 94 | 88 |
| 透氧率/[cm³/(m²·0.1mm·24h)] |  | 5 | 960 | 1615 |
| 透湿率/[g/(m²·0.1mm·24h)] |  | 20～30 | 1.6 | 33 |

采用阻隔性尼龙薄膜可以大大地延长食品的保鲜期和货架寿命期，从而为食品生产的厂家、流通企业和消费者带来巨大的经济效益。尼龙薄膜按照层数分为单层薄膜和多层薄膜（复合薄膜），实际应用中很少看到直接使用单层尼龙薄膜，这是因为单层尼龙薄膜的热封性能差、成本相对较高。通常尼龙与其他树脂复合成多层结构，尼龙层提供耐穿刺性能、高冲击强度和高温度稳定性，而其他树脂如 LDPE、离子化合物和 EVA 主要提供优良的热封性能和阻水性能。按照拉伸与否，尼龙薄膜又分成拉伸薄膜（BOPA）和非拉伸薄膜，BOPA 是常见的单层拉伸薄膜形式，它比普通薄膜具有更高的透明度、挺度和氧气阻隔性，因此通常用来与其他薄膜进行复合。

#### 6.4.1.1 双向拉伸尼龙薄膜

以 PA6 为原料的 BOPA，成膜加工过程中经过双向拉伸处理，加强了分子链上的定向作用，使结晶度增大，改善了力学性能，并且光泽度和透明度以及对气体阻隔性也得到相应提高。BOPA 薄膜聚合物分子处于平面定向状态，因此与其他包装薄膜相比具有以下优点。

(1) 相对于 PE 和 PP 具有很高的穿刺强度，其耐破裂、耐冲击性以及拉伸强度等都是包装薄膜中最好的，见表 6-15 所列。

(2) 相对于 EVOH、PVDC 等阻隔性材料，BOPA 薄膜又具有节省成本和符合环保要求的优势，并且其耐油性和对气体的阻隔能力又很强，对 $O_2$ 和 $CO_2$ 的阻隔性比低密度聚乙烯高 100 倍左右，所以是食品保鲜、保香的理想材料。

(3) 软柔耐寒且耐热，可在较宽的温度范围（−60～150℃）长期使用，不会过早脆裂或变硬，在拉伸方向的膨胀系数小，未经特殊处理的薄膜拉伸后热收缩率有所增加，特别适合于冷冻包装，抽真空包装和蒸煮包装。

■表 6-15　BOPA 与其他常用塑料薄膜的性能比较

| 项目 | 单位 | 尼龙 6 | BOPA6 | LDPE | CPP | OPP | BOPET |
|---|---|---|---|---|---|---|---|
| 厚度 | μm | 50 | 15 | 50 | 50 | 10 | 12 |
| 密度 | g/cm³（23℃） | 1.1～1.2 | 1.14～1.16 | 0.91～0.925 | 0.39～0.90 | 0.89～0.90 | 1.34～1.40 |
| 熔点 | ℃ | 215～225 | 215～225 | 100～110 | 160～170 | 160～170 | 225～265 |
| 拉伸强度 | kg/cm²（23℃,65%） | 6～10 | 20～25 | 1～2 | 3～5 | 18～23 | 16～20 |
| 伸长率 | %（RH） | 350～600 | 90～120 | 150～600 | 500～700 | 80～120 | 100～120 |
| 冲击强度 | kg · cm²/mm | 400～600 | 600～100 | 100～200 | 50～180 | 450～700 | 700～1000 |
| 透氧率 | mL/(m² · 0.1MPa · 24h) | 15 | 3 | 1000～1600 | 500～800 | 350～400 | 19～20 |
| 透水率 | g/(m² · 0.1MPa · 24h) | 89～100 | 20～30 | 6～10 | 5～8 | 1～2 | 5～6 |

(4) 对油脂和气体的阻隔性强，适于包装肉类、鱼类、油脂食品、海产品、易氧化变质食品、保香要求食品、蔬菜制品等，其保存期较通常用的包装材料长 1 倍以上。

(5) 表面光泽度高，折射率增加，改善了薄膜的透明度。

(6) 提高了薄膜的电绝缘性。

#### 6.4.1.2 BOPA 复合膜

尽管双向拉伸尼龙薄膜具有很多优良的特性，但由于它存在着热性能差、易吸湿等缺点，实际应用中一般将双向拉伸尼龙薄膜（BOPA）与其他塑料（如 PE、PP、PET、铝箔等）制成复合薄膜后使用，以便得到合理的性价比。其中最具代表性的产品是 BOPA/LDPE 的复合薄膜，LDPE 在复合薄膜中可以提高 BOPA 薄膜的热封合性，避免直接与含水较多的内装物品接触，保持 BOPA 的阻隔性能，同时也可以降低成本。BOPA 也可与 CPP 复合成 BOPA/CPP 复合薄膜，作为高温蒸煮袋（121～135℃，煮15～30min）用于包装米饭、肉丸类的食品；而 PET/铝箔/BOPA/CPP 可在 120～135℃煮 15～30min，并且有很高的阻隔性和遮光性，可用于咖啡、榨菜、烤鸡、酱肉、排骨等食品的包装；另外尼龙/CPP 或者尼龙/LDPE 复合袋真空包装豆腐干，可以耐 100℃，30min 的蒸煮杀菌，可有 6 个月以上的常温保存期。尼龙/锡箔/CPP 复合膜是高温蒸煮袋的主要结构型式，用这种袋包装各类食品，在 135℃下蒸煮杀菌 30min，可保存食品 2 年以上，BOPA 复合薄膜的应用见表 6-16 所列。

■表 6-16　BOPA 薄膜包装应用

| 应用范围 | 包装实例 | 复合结构举例 |
|---|---|---|
| 蒸煮食品包装 | 汉堡、米饭、液体汤料、豆浆、烧鸡等 | BOPA/EVA、BOPA/CPP |
| 冷冻食品包装 | 海鲜、火腿、香肠、肉丸、蔬菜等 | BOPA/PE |
| 普通食品包装 | 精米、鱼干、牛肉干、辣椒油、榨菜等 | BOPA/PE |
| 化工产品及医药用品包装 | 化妆品、洗涤剂、香波、吸气剂、注射管、尿袋等 | PETIALIBOPNPE |
| 机械电子产品包装 | 电器元件、集成电路 | BOPNI/PE |
| 其他用途 | 金属化膜、涂布 K-OPA、金银线、耐热分离膜等 | |

#### 6.4.1.3 尼龙热收缩肠衣膜

双向拉伸薄膜如不经过热定型的话，可以生产热收缩薄膜，即塑料薄膜在高弹态下拉伸，冷却将其冻结，遇热时，塑料薄膜有恢复拉伸前尺寸的趋势，产生的这种“弹性记忆”就是热收缩薄膜的特性。加工热收缩尼龙薄膜，一般采取管膜法（又称双泡法）工艺路线，即在其熔融状态下进行骤冷，减少其结晶，然后二次加热到 $T_g$（PA6 的 $T_g$ 为 50℃）以上进行拉伸，冷却后卷取，这样生产的尼龙薄膜就具备了热收缩性。热收缩尼龙肠衣的平吹工艺如图 6-7 所示。

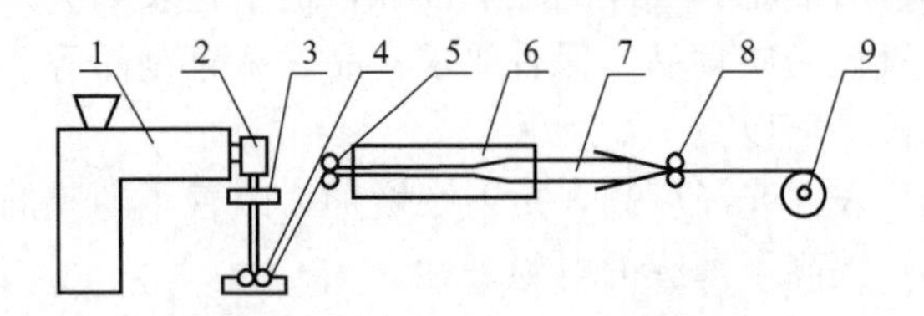


■ 图 6-7 热收缩尼龙肠衣的平吹工艺

1—挤出机；2—模头；3—水环；4—夹辊；5—牵引辊；6—加热筒；7—薄膜；8—拉伸辊；9—收卷

作为肠衣材料，应当具备如下基本条件：①符合食品卫生要求；②耐油性好；③能适应高温蒸煮，在冷藏条件下又不至于发生脆裂；④具有适当的热收缩性；⑤阻隔性能优良；⑥适合灌装机的操作；⑦印刷性好。目前，适合上述条件的塑料包装材料中，聚偏二氯乙烯（PVDC）和尼龙 6 为首选。PVDC 有良好的综合性能，是制作高温蒸煮（肉糜）肠的首选肠衣。但 PVDC 价格高，使用中需配套相应的设备（自动灌装机、蒸煮罐等），且 PVDC 不适合低温蒸煮的产品，对于低温蒸煮产品（如盐水火腿等），由于没有经过高温灭菌，其高阻隔性反而不利于延长灌制品的货架期。PA6 的综合性能较好，其高拉伸强度特别适合灌制各种大直径制品。但 PA6 的透湿性较高，容易引起灌装物中的水分流失，造成灌肠失重，这对其加工和使用都带来不利影响。因此要通过加工工艺或和其他材料复合来弥补其不足，如采用共挤复合或添加聚乙烯等，一般复合肠衣膜用树脂采用 PA6 作为内外层，中间层为聚乙烯，使用黏结树脂如宇部 528、马来酸酐接枝 PE 等黏结。

### 6.4.2 聚酰胺在塑料容器上的应用

聚酰胺作为包装材料的另一个用途就是液体包装用吹塑制品如桶、罐、瓶等。主要用做有机溶剂、农药、医药、汽柴油的包装运输、以保证产品运输的安全性。聚酰胺的高强度、刚性和耐热性，以及对芳烃、油类（如汽油）等阻隔性较好，在燃油箱、润滑油箱等方面有着巨大的市场（见 6.1），并且尼龙流动性好可以加工成薄壁容器制品，达到同样的效果尼龙材料制成的壁最薄，见表 6-17 所列。

■表 6-17　常见塑料制品的最小壁厚及常用壁厚推荐值　单位：mm

| 塑料材料 | 最小壁厚 | 小型塑件推荐壁厚 | 中型塑件推荐壁厚 | 大型塑件推荐壁厚 |
|---|---|---|---|---|
| 尼龙 | 0.45 | 0.76 | 1.5 | 2.4～3.2 |
| 聚乙烯 | 0.6 | 1.25 | 1.6 | 2.4～3.2 |
| 聚苯乙烯 | 0.75 | 1.25 | 1.6 | 3.2～5.4 |
| 改性聚苯乙烯 | 0.75 | 1.25 | 1.6 | 3.2～5.4 |
| 硬聚氯乙烯 | 1.2 | 1.60 | 1.8 | 3.2～5.8 |
| 聚丙烯 | 0.85 | 1.45 | 1.75 | 2.4～3.2 |
| 聚碳酸酯 | 0.95 | 1.80 | 2.3 | 3～4.5 |
| 丙烯酸类 | 0.7 | 0.9 | 2.4 | 3.0～6.0 |

### 6.4.3 聚酰胺 MXD6 薄膜的应用

MXD6 是一种优良的阻隔性树脂，具有优良的阻隔性和食品保香性，其阻隔性几乎与湿度无关，具有对 $O_2$、$CO_2$、烃类气体的永久和不变化的阻隔性，而且在高湿度下阻隔性下降很小，这是明显优于 EVOH 的特点。另外 MXD6 是耐热、耐高湿、耐候性及耐弯曲性佳的功能材料，其气密性比 PA6 高 10 倍多，同时还有良好的透明性和耐穿刺性，主要用于高阻隔性包装薄膜，用于阻隔性要求很高的食品软包装。MXD6 食品卫生性也得到 FDA 的许可。在欧洲，由于对环境问题的关注，作为 PVDC 类薄膜的替代产品，MXD6 的应用前景较好。MXD6 与高阻隔性树脂 EVOH 具有相近的阻隔性，并且 MXD6 可以采取多种方法复合成新型功能薄膜，如采用 MXD6 和 EVOH 共混拉伸复合而成双向延伸性的新型薄膜；采用多层化复合制得高阻隔性多层吹塑容器，结构形式如 PO/黏合性树脂/MXD6/黏合性树脂/PO。PA6、PET、MXD6 三种树脂制得的双向拉伸薄膜的物理性质见表 6-18 所列。

■表 6-18　尼龙 MXD6、尼龙 6 和 PET 双向拉伸薄膜的物理性能

| 性　　能 | MXD6 | PA6 | PET |
|---|---|---|---|
| 厚度/μm | 15 | 15 | 12 |
| 密度/（g/cm³） | 1.22 | 1.14 | 1.38 |
| 拉伸强度（纵向/横向）/MPa | 220/220 | 200/220 | 200/210 |
| 拉伸模量（纵向/横向）/MPa | 3850/3900 | 1700/1500 | 3800/3900 |
| 断裂伸长率（纵向/横向）/% | 75/76 | 90/90 | 100/90 |
| 透水率（40℃，90%RH）/［g/(m²·d)］ | 40 | 260 | 40 |
| 透气性/［cm³·mm/(m²·d·MPa)］ $O_2$（20℃，60%RH） | 0.006 | 0.065 | 0.15 |
| $CO_2$（20℃，0%RH） | 0.034 | | 0.15 |
| 拉伸比 | 4×4 | 4×4 | 4×4 |

## 6.4.4 聚酰胺纳米复合材料在包装领域的应用

近几年，对塑料包装的高性能、多功能性及环境友好性的要求越来越高，而阻隔性一直是包装材料的一项重要指标。纳米技术的理论及其应用又为进一步提高塑料包装材料的阻隔性开辟了一条新的途径。目前产量最大的纳米塑料是纳米尼龙，占绝对主导地位；其次是纳米聚烯烃，还有纳米聚酯、纳米紫外固化丙烯酸酯树脂、纳米聚酰亚胺、纳米聚甲醛等。纳米塑料的阻隔性可用于食品保鲜包装，延长食品保质期，并赋予材料的阻燃性。透明性（雾度）是包装工业对材料的重要性能要求，使顾客能看到包装内物品，增强购买兴趣。一般填料会降低薄膜透明度，尼龙纳米复合材料中不仅填料添加量小，而且由于粒子是纳米级尺寸，填料几乎不影响薄膜的透明性；尼龙纳米复合材料的另一个优点是可回收性，片状硅酸盐为超细微增强材料，成型和回收粉碎时无破损，回收再利用材料性能几乎不变，因而尼龙纳米复合材料能减少废包装料，有助于解决全球面对的材料回收和环境问题。

尼龙纳米复合材料对 $O_2$、$CO_2$ 和烃类化合物气体高阻隔性依赖于均匀分散在聚合物基体树脂中的纳米黏土粒子的尺寸特性，纳米粒子长度和宽度是其厚度的几十倍，因此延长了气体分子通过路线，类似“迷宫”作用，被称为是被动（passive）阻隔作用，如图 6-8 所示。

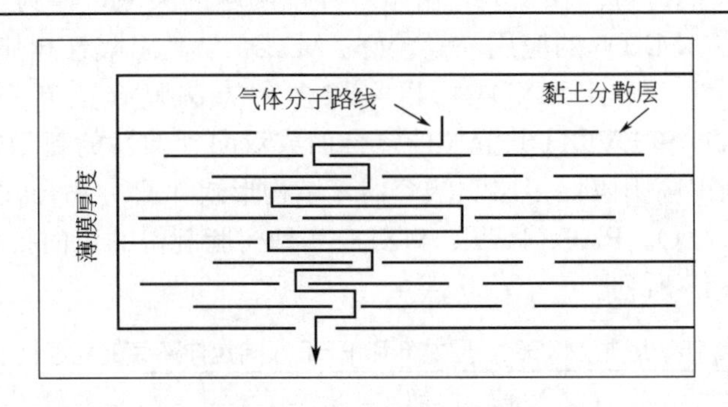


■ 图 6-8 纳米粒子提高阻隔性机理

### 6.4.4.1 PA6、PA66 纳米尼龙材料

PA6、PA66 是常用的尼龙纳米复合材料，纳米粒子大大降低气体透过率（提高阻隔性），表 6-19 是普通尼龙薄膜与尼龙纳米复合材料薄膜气体透过性能的对比。

尼龙 6 纳米复合物的主要应用集中于高阻隔包装。如美国 Honeywell 公司开发的 Aegis 0X 纳米尼龙作为三层聚酯（PET）瓶的阻隔层材料使聚酯瓶满足啤酒 4 个月和果汁 6 个月的保质期要求，可以与玻璃瓶相媲美。这

■表 6-19　尼龙膜与尼龙纳米复合材料膜的性能对比

| 项目 | 单位 | PA6 | | PA66 | |
|---|---|---|---|---|---|
| | | 普通 | 纳米 | 普通 | 纳米 |
| 拉伸强度 | MPa | 92 | 86 | 120 | 101 |
| 断裂伸长率 | % | 560 | 520 | 740 | 650 |
| 弯曲模量 | MPa | 580 | 880 | 310 | 580 |
| 雾度 | % | 1.3 | 1.2 | 0.6 | 1.8 |
| 光泽 | % | 150 | 153 | 151 | 151 |
| 氧透过率 23℃ | $cm^3/(m^2 \cdot 24h)$ | | | | |
| （0%RH） | | 42 | 21 | 43 | 23 |
| （15%RH） | | 45 | 22 | 44 | 23 |
| （100%RH） | | 160 | 95 | 165 | 98 |
| 水蒸气透过率（40℃，90%RH） | | 113 | 65 | 130 | 72 |

种组合技术的钝化阻隔层能防止吸氧剂过早消耗，靠纳米粒子的均匀分散使吸氧剂指向“易出现氧”的地方，提高总的阻隔效率。Honeywell 公司认为这种阻隔系统可与现有任何其他啤酒阻隔包装竞争，完全满足 120 天内氧的渗入量和二氧化碳泄漏量的要求。并相信通过进一步精心调整工艺，完全可达到 180 天的保质要求，这将推动和加快啤酒包装从玻璃瓶转向塑料瓶的进程。除了啤酒瓶这个巨大市场外，德国 Bayer 公司正在把尼龙 6 纳米复合材料用做多层流延包装膜的芯层材料，有两个产品已在德国杜塞尔多夫的世界塑料工业展览会上展出，引起许多用户关注。UBE 美国公司用尼龙 6/尼龙 66 共混物制备的纳米尼龙对汽油、甲醇和有机溶剂的透过率是填充尼龙 6 的 1/3，已用于汽车燃油系统的共挤出多层燃油输送管道（纳米尼龙商品名为 Ecobesta）。

#### 6.4.4.2 MXD6 纳米复合材料

MXD6 本身具有良好的阻隔性，而纳米 MXD6 则具有更加优异的阻隔性，特别是对水和氧气。美国 Estaman 化工公司开发的 MXD6 纳米复合材料，商品名 Imperm，这种芳香族尼龙纳米复合材料蒙脱土含量 3%～5%，对 $O_2$、$CO_2$ 和水汽阻隔性都大幅低于原有基础树脂 MXD6，雾度（透明性）几乎不变化；与未增强材料的光学性能相近，MXD6 和 MXD6 纳米复合材料性能见表 6-20 所列。

■表 6-20　MXD6 尼龙和 MXD6 尼龙纳米复合材料性能

| 性　　能 | 单位 | MXD6 尼龙 | MXD6 纳米复合材料 |
|---|---|---|---|
| 密度 | $g/cm^3$ | 1.19 | 1.22 |
| 玻璃化温度 | ℃ | 85 | 85 |
| 熔点 | ℃ | 237 | 237 |
| 雾度 | % | 1.4 | 1.5 |
| 拉伸强度 | MPa | 85 | 83 |
| 断裂伸长率 | % | 3.3 | 2.9 |
| 氧透过率（23℃，60%RH） | $cm^3 \cdot mm/(m^2 \cdot 24h)$ | 0.09 | 0.02 |
| $CO_2$ 透过率（23℃，60%RH） | $cm^3 \cdot mm/(m^2 \cdot 24h)$ | 0.30 | 0.15 |
| 水蒸气透过率（40℃，90%RH） | $g \cdot mm/(m^2 \cdot 24h)$ | 1.36 | 0.5 |

用 Imperm 与聚酯（PET）共挤多层吹塑，用做 PET/尼龙/PET 三层瓶的阻隔芯层材料，已用于 354g 不消毒啤酒瓶，Imperm 芯层厚度占瓶层总厚的 10％，Imperm 与 PET 间不需要粘接层，也不影响瓶子要求的透明度，能保质 28 周。

# 6.5 聚酰胺在军事及航空航天工业上的应用

工程塑料及其复合材料以其优越的耐化学性、耐腐蚀性及热力学性能等在军事及航天领域获得广泛的应用。军用材料也从钢铁和轻质铝合金时代进入树脂及其复合材料时代，塑料材料成为实现兵器轻量化、快速反应、高威力、大射程精确打击、高生存力的关键材料。军用塑料件的成型工艺简单、生产效率高，减轻了武器系统的重量，降低成本。耐高温聚酰胺复合材料用在航天工业中，对飞行器的节能轻量化、增加有效载荷方面有着极大的优势。

## 6.5.1 聚酰胺及其复合材料在军事及航空航天工业上的作用

聚酰胺树脂及其复合材料在军事及航空航天工业上的作用表现在以下几个方面。

**(1) 低密度有利于实现轻量化** 聚酰胺的密度仅为钢的 1/7～1/6，是铝合金的 1/4～1/3，却具有高韧性、优良的比强度和比刚度，可实现武器轻量化。重量是制约武器战技性能发挥的关键因素，坦克装甲车每减轻 1kg 重量可增加速度 5～10km/h；导弹火箭每减轻 1kg，可增大飞行速度 30％，对捕捉战机将起到关键作用，因此轻量化是世界各国军事工业努力的目标。

**(2) 降低成本** 聚酰胺工程塑料品种多、特性突出、综合性价比好，易改性，能与不同材料如玻璃纤维、陶瓷、金属制成复合材料满足军事及航空领域的性能要求，实现低成本化。

**(3) 加工成型特殊结构** 军事及航空航天工业对部件制造灵活性和材料性能要求都要高于普通制品。经过多种改性方法得到的高性能聚酰胺材料，能满足军事及航空航天工业部件特殊结构的要求。

## 6.5.2 聚酰胺在轻武器装备上的应用

新一代轻武器的结构设计，也是以塑料为主要材质，聚酰胺复合材料代替金属用于枪托、枪架、护木和携行具等，促进现代化武器装备的轻量化和功能化。

### 6.5.2.1 聚酰胺用于轻武器

聚酰胺及其复合材料产品于 20 世纪 60 年代就已经用于轻武器部件，如枪托、护木、握把、弹匣、发射机座等。美国亚利桑那州的 VLTOR 武器系统公司生产的“Modstock”枪托采用玻璃纤维增强的特种尼龙制成，对冲击、温度、化学药品的耐久性较好，可用于M16突击步枪和M4卡宾枪、AK突击步枪和霰弹枪；美国M9式刺刀的刀鞘、刀柄采用杜邦的尼龙产品。法国FA-MAS枪全部33个部件都是用30%和60%玻璃纤维增强尼龙制造。巴西恩纳姆12号霰弹枪外观时尚，除枪管和枪机外，其他零件全部采用尼龙材料制造，而且不需任何工具即可更换转轮和枪管，以发射不同口径的霰弹。英国L85A1突击步枪的护木、贴腮板和托底板采用高冲击韧性尼龙。我国05式5.8mm微声冲锋枪的枪托、握把等和88式狙击步枪的枪托、上护盖、下护托也都是采用尼龙材料。国产QNL 95式多用途刺刀是专门为95式5.8mm自动步枪研制的，刀外观呈银灰色，刀柄握持稳固舒适，重量仅为600g，能适应各种握持姿势，该刺刀刀柄、刀鞘采用超韧增强尼龙6注塑件，带扣用超韧尼龙66注塑，解决内带扣卡笋根部断裂的问题，如图6-9所示。

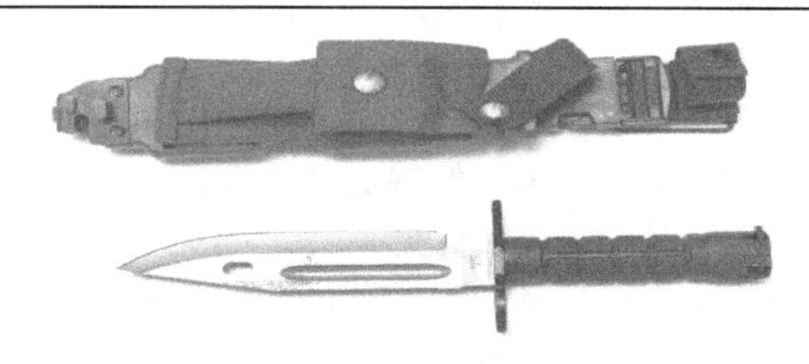

■ 图6-9 国产QNL 95式多用途刺刀

随着尼龙产品的发展，特别是长碳链尼龙11、12、1010、1212等品种的开发应用，使轻武器装备、高性能战斗机零部件等塑料化进程加快。PA11是军事装备的理想新材料，用它制作的军事器材耐潮湿、干旱、严寒（−40℃以下）、酷暑（气温达70℃）、尘土、海水或含盐分的空气及各种碰撞考验，可用做枪托、握把、扳机护圈、降落伞盖等。还可用PA11制造子弹夹、通信设施、钢盔衬套等。如法国Famas5.56口径步枪、Benelli M1和M3高级枪托、握把、枪护木等都用PA11制作。目前，国外在军械上使用长碳链尼龙已相当普遍。我国在新装备的轻武器中，也全面采用增强改性工程塑料，其中以尼龙树脂基复合材料为主要研究对象，制造了枪械护木、枪托、握把、弹匣等部件，部分枪械还采用了塑料击锤，明显降低了枪械自重。如以尼龙1010为基体、加入一定的增韧剂、玻璃纤维等材料制成的一种高强度、高刚性、高尺寸稳定性的工程塑料，具有较高的弯曲强度和冲击强度，其耐热性、耐候性好，使用寿命长，用于制造枪械尺寸精密度要求高的结构件，主要应用于5.8mm自动步枪、7.62mm冲锋枪以及电发火机用塑料件；用于WMQ302霰弹猎枪护木，具有手感好、质量轻、美观、耐用等特点。

### 6.5.2.2 聚酰胺用于携行具

聚酰胺在单兵装具及携行具上也有广泛应用，如作战训练使用得弹夹饰袋、腰带、背带和行军背囊、水壶、油壶等。美军制式单兵携行具是腰带-肩吊带式携行具，采用尼龙材料，不吸水，不会因下雨或浸水而增重。美军使用的丛林靴于 1990 年成为制式热带作战靴，采用黑色尼龙加皮革制成，靴底沿用了越战时使用的巴拿马式花纹，不易积存泥浆；现在美军丛林靴进行改用芳纶复合材料制成网状结构的靴垫取代了靴底内的金属板，改进后的丛林作战靴不但减轻了重量，而且加强了防雷能力。美军现在装备的数码迷彩服有林地数码迷彩和沙漠数码迷彩两种，均由 50%棉布+50%尼龙混纺料制成，其特点是不用熨烫。另外也用 PA11 制造军用水壶油壶等。

## 6.5.3 聚酰胺在坦克装甲车上的应用

### 6.5.3.1 用于坦克装甲车辆的发动机部件

为减轻坦克装甲车辆质量、降低成本，提高战技性能，聚酰胺树脂是坦克装甲车发动机的首选材料之一。发动机是坦克装甲车辆的心脏，要在长期高温环境下工作，要经受各种苛刻条件下的考验，如严寒、酷暑、沙漠、沼泽、山地等。为了保持高功率和耐久性，坦克减重是一个有效途径，这样可以使发动机发挥更大效率，因此大量树脂取代金属部件，如采用增强尼龙、增强聚醚醚酮材料制造供油系统的齿轮，解决了齿轮的精密加工问题，低线膨胀系数的非金属材料满足了齿轮间配合，塑料齿轮具有质量轻、自润滑、无噪声等特点。表 6-21 为聚酰胺在坦克发动机中的应用。

■表 6-21 聚酰胺在坦克中发动机中的应用

| 国家 | 部件 | 材料 | 效果 |
|---|---|---|---|
| 美国 | 弯管接头 | PA66 | 可在－40～120℃下长期工作 |
| | 高压拉杆轴套 | PA66 | 耐磨、耐 100℃高温，可在柴油中长期工作 |
| | 连接件，进排气管密封件 | PA66 | 耐－40～120℃，可在 120℃下机油中长期工作 |
| | 活塞、活塞杆连杆，调速齿轮、阀、弹簧座、推进杆体 | Torlon 7130 石墨增强聚酰胺-酰亚胺 | 韧性强度高，可在 260℃下连续长期工作。重量仅为金属件的 1/3，减重 18kg |
| 英国 | 摇箱、风扇、汽缸盖 | Fiberlight 耐热尼龙 | 150℃下长期工作，急冷不损坏、耐腐蚀、强度高 |
| | 齿轮 | 高强度石棉增强 Fiberlight 耐热尼龙 | 带钢件，使用寿命长 |
| | 排气管包覆层 | Fiberlight 耐热尼龙 | 尺寸稳定，耐温度变化 |
| | 汽缸盖、进气歧管、定时齿轮箱、输油泵体 | Fiberlight 耐热尼龙 | 表面光洁度高 |

#### 6.5.3.2 装甲防护材料

随着现代科学技术的飞速发展，各种高新反坦克武器及特种武器的出现对坦克装甲车高防弹、防辐射、防生物性及移动灵活性方面提出了更高的要求。而灵活移动则要求轻量化，因此很多新型复合材料广泛被应用。对于主战坦克的设计来说，越来越多的用到复合装甲，由高强度装甲钢、钢板铝合金、尼龙网状纤维和陶瓷材料等组成。如美 M-1 主战坦克采用“钢-Kevlar-钢”型的复合装甲。它能防中子弹、防破甲厚度约 700mm 的反坦克导弹，还能减少因被破甲弹击中而在驾驶舱内形成的瞬时压力效应。在 M1A1 坦克上的主装甲也采用 Kevlar 纤维复合材料制造，可防穿甲弹和破甲弹。在美 M113 装甲人员输送车内部结构的关键部位装 Kevlar 装甲衬层，可对破甲弹、穿甲弹和杀伤弹的冲击或侵彻提供后效装甲防护。各国在坦克易中弹的炮塔和车体各部位，普遍安装附加装甲和侧裙板。现也可采用 Kevlar 纤维复合材料制成“拼-挂”式附加装甲的背板，以提高铝装甲或钢装甲防弹及防破片的能力。制造附加装甲的 Kevlar 纤维层压薄板通常含有 9%～20%的树脂，在重量相同的情况下，Kevlar 与铝甲板的复合装甲的防护力较铝装甲大一倍，Kevlar 纤维的密度比玻璃纤维约小一半，在防护能力相同的情况下，其重量可减少近一半。在给定重量下的 Kevlar 纤维层压板防弹能力是钢的 5 倍左右，并且 Kevlar 纤维层压薄板的韧性是玻璃钢的 3 倍，故在受到弹丸攻击时，可吸收大量的冲击动能，是钢、铝、玻璃钢装甲的理想代用品，多用于复合装甲材料。聚酰胺在坦克装甲方面的应用见表 6-22 所列。

■表 6-22　聚酰胺在坦克装甲方面的应用

| 部件 | 材　　料 | 应用及效果 |
| --- | --- | --- |
| 战车履带部件 | Kevlar 纤维增强环氧泡沫塑料制品 | 抗地雷爆炸、吸能性好，无振动、无噪声 |
| 通风装置 | 尼龙，玻璃纤维聚酯 | 减重 70.76kg，净化空气 |
| 风扇外罩 | 尼龙 | 替代铝，减重 0.91kg，降低近 60%成本 |
| 炮塔平台 | 交联聚乙烯尼龙 | 替代铝，减重 4.1kg，降低近 50%成本 |
| 防中子板 | 日本用 Kevlar 纤维织物与增韧钛合金复合 76 层 | 装备 88 式主战坦克 |
| 防中子板 | 美国、英国、德国三国以钢板或铝板与陶瓷和 Kevlar 纤维板复合制成 | |
| 复合装甲板 | MIAI 坦克用贫铀单晶晶须嵌入增强芳纶纤维网状复合材料，厚度 6～15mm | 伊 T-55 坦克炮弹一滑而过，T-72 坦克炮弹只打一个坑 |
| | 美国以铝合金为面板，碳化棚板和玻璃纤维/聚酯为背板，在主装甲间铺设 38mm 厚的 10 层尼龙带制成间隙复合装甲 | 可防 23mm 杀伤燃烧弹、大口径弹，具有自熄性并可防二次中弹效应 |
| | 美用 Kevlar 纤维织物层压板与无规陶瓷耐磨粒子用胶黏剂制成 40 层厚板装甲 | 可防大口径枪弹、小口径炮弹使弹丸变形、吸收能量、阻止侵彻 |
| 拼挂板 | 英国用 Kevlar 纤维增强不饱和聚酯热压成装甲拼挂板 | 可防轻武器弹丸和弹丸碎片 |

### 6.5.4 聚酰胺在弹箭弹药上的应用

塑料在弹箭和弹药上的应用非常广泛，主要应用部件有导弹点火器触头、穿甲弹弹托、榴弹塑料药筒、弹体、闭气环、弹带、托弹板等部件。采用塑料可有效减少弹箭的消极自重，提高弹出口速度和精度，减少炮筒烧蚀，同时提高了武器装备的机动性。一般弹带、闭气环采用的尼龙品种主要是 PA66、PA12、PA11、PA612 及其增强产品，可有效改进炮弹闭气效果和内弹道性能，提高射程和射速。小口径弹还可采用 PC、PE、PPS 等，而大口径弹多数采用金属弹带，其弹带所装的闭气环则多采用自润滑性尼龙材料。

塑料药筒一般采用改性尼龙、聚乙烯、聚丙烯材料，利用吹塑和注射成型工艺制造出大口径炮弹塑料药筒、枪弹药筒，显著降低了药筒自重，提高了退壳率，简化了生产工艺，提高了携弹量。利用改性工程塑料成型出各种照明弹、宣传弹、燃烧弹、催泪弹等弹药壳体和尾翼，使用改性聚酯、聚苯醚、改性尼龙等制造引信的零部件。导弹点火器触头塑料在战术导弹上也有广泛的应用，采用注射工艺成型出各种复杂构件，主要材料品种有聚甲醛、尼龙、聚碳酸酯和聚苯硫醚等。美国采用 PA11 或 PA12 和铜粉制造一种易碎训练弹，这种射击训练器械弹惯性小、不跳弹，不易产生碎片而伤射击者；还用 PA11 制造的手榴弹外壳、尾翼，质量大为减轻，意外事故也不会损坏尾翼。此外，PA11 还用于制作导弹、炮弹部件和发射装置，以及子弹夹、通讯设施、钢盔衬套等；如“幻影Ⅲ”战斗机的减速降落伞盖和弹射器的弹射装置用 PA11 制造。PA1212 用于制作扳机护圈、飞机尾翼、部分导弹和炮弹部件、枪支的子弹夹等。法国的 Apilas 单兵火箭发射筒由芳纶纤维（Kevlar）增强环氧层压复合材料缠绕成型。聚酰胺在弹箭弹药弹托上的应用见表 6-23 所列。

■表 6-23 聚酰胺在弹箭弹药弹托上的应用

| 国家 | 型号 | 材料与结构 | 部件 |
| --- | --- | --- | --- |
| 美国 | 机关炮弹 | PA66，PA12 | 弹带 |
| | GAU8/A 易碎炮 | 玻璃纤维增强 PA12 | 弹带 |
| | 榴弹 | PA12，PA612 | 弹带、闭气环 |
| | 破甲弹、加农炮弹 | PA66 | 闭气环 |
| | 脱壳穿甲弹 | 30%玻璃纤维增强 PA66 | 弹带 |
| | 次口径穿甲弹 | PA66 | 弹托 |
| 英国 | 改进榴弹 | 尼龙 | 弹带槽 |
| 日本 | 高炮 | PA66 | 弹带 |
| 俄罗斯 | 环形弹托 | 由玻璃纤维、碳纤、芳纶 | |
| 德国 | 箭形弹托 | PA、PC、PUS、PPO、PEEK 制成 | |

## 6.5.5 聚酰胺在航空航天上的应用

### 6.5.5.1 MC尼龙用做直升机燃油箱

直升机用燃油箱按战技指标要能承受起飞、迫降时的过载冲击，具有可靠的阻燃、抗静电、耐油渗、耐腐蚀等特性。MC尼龙燃油箱是一种硬质高分子材料轻质燃油箱，质量轻、抗冲击、耐腐蚀、长寿命，是直升机燃油箱的首选材料，目前在国内外已经广泛应用。MC尼龙燃油箱比橡胶燃油箱阻燃抗静电和抗坠性能好，并减少燃油失火危险性，提高直升机乘员生存率，使用寿命长，同时也比金属燃油箱重量轻、抗坠性能好。如我国直11型机属轻型多用途直升机，其燃油箱由MC尼龙滚塑成型制造。

### 6.5.5.2 在航天工业的应用

在航天工业，自重是航空器设计师除安全性之外最关心的技术指标，有报道航空器减少1g质量就相当于节约1g黄金。因而密度很小的芳纶增强树脂复合材料被用做了宇航、火箭和飞机的结构材料，用来减轻自重，增加有效负荷，节省大量动力燃料。

近年来碳纤维或芳纶纤维增强环氧树脂复合材料在航空工业应用越来越广泛，这些材料重量很轻，强度很高，主要用于代替铝合金。美国的航天飞机中的17个高压容器和MX陆基洲际导弹的一、二、三级发动机都使用了PPA-环氧树脂复合材料，太空安全装置、防弹设备以及降落伞等都可使用Kevlar纤维。另外，芳纶还可用于制作大型飞机和航天器的二次结构材料，如机舱门、窗、机翼、整流罩体等，也可制作机内天花板、舱壁等。在民用航空工业中，复合材料用量已占到1/3，而且随着复合材料不断开发和应用，其用量将进一步增加。如波音757和波音767飞机、航天飞机、火箭引擎外壳或壳体材料、内部装饰材料、座椅等都使用复合材料，可减轻自重的30%。如用Kevlar 49作为增强材料，可使每架波音757飞机减重454 kg左右。新的波音787复合材料用量占到总重量的将近50%，而在90年代上市的波音777，复合材料用量才不到10%。

PA46用于法国空中客车（Airbus）A380的发动机部件，已经成功的通过首次飞行。A380型客机为降低重量减少噪声，采用大量塑料部件和组件。PA46成型薄壁产品可以成型形状非常复杂的A380发动机内缝填板，该内缝填板长度达40cm，而厚度仅为0.8mm，要求平衡强度高和质量轻；另外该板能在飞行中承受−20～150℃的温度变化和鸟类碰撞的冲击。

美国宾夕法尼亚州的Paramount PDS用无卤阻燃PA制造的多种飞机部件，已经用于商用豪华飞机。ICl公司生产的50%长玻纤增强PA66 Verton RF-70010已经用于战斗机上的阀门，代替了原来使用的酚醛石棉复合材料，满足了飞机阀门在宽的温度范围内与燃料长期接触也能保持其性能和形状的要求。

# 6.6 聚酰胺在轨道交通业的应用

近年我国轨道交通业的快速发展，高性能塑料在轨道交通领域的应用也逐渐增加，并在轨道交通的高速、舒适、安全、方便及经济性等方面发挥越来越重要的作用。而具有质轻、高强度、耐腐蚀、易成型的聚酰胺在铁路机车电气化、高速化的发展得到越来越多的使用，能有效解决机车抖动、噪声大的问题，并确保轴距稳定，减少维修次数，特别是尼龙具有优良的抗振性，是铁路运行高速化、长寿命和高安全性的保证。尼龙工程塑料主要用在铁道工程、电务部门和机车等三方面，如用做铁轨绝缘垫板、轨撑、弧形板座、挡板座、铁路槽板、电气信号装置、机车转向器、电路接线柱及滚动轴承保持架等。

高速铁路的快速发展也带动了我国尼龙专用料需求量的快速增长，2010 年我国铁路规划建设配套用尼龙工程塑料量每千米 2～3t 以上，仅紧固件一项每千米就要用到五千套，广深港高铁已铺设好的轨道中用到了大量的尼龙紧固件，如图 6-10 所示。

■ 图 6-10 广深港高铁轨道中用到了大量的尼龙紧固件

## 6.6.1 聚酰胺在铁路工程中的应用

随着铁路运行速度的不断提高，枕木轨道逐渐被水泥枕轨取代，但水泥与钢轨容易产生共振，特别是在高速铁路上振动就更大，为了减弱这种振动，铁轨与铁轨之间、铁轨与轨枕之间都需要加装尼龙绝缘垫和尼龙垫片。因为尼龙材料耐磨、耐老化、弹性好、强度高、柔韧性好，能有效地起到减振作用。国外在 20 世纪 70 年代就开始将改性尼龙工程塑料应用在铁路轨道紧固件中，如轨距块、挡板座和套筒等。与金属部件比，尼龙部件有质轻、防锈、抗振、抗冲击、长期热稳定性和绝缘性好，而且尼龙流动性高、加工性能优异、设计灵活性大、易于实现部件一体化，减少了部件数和组装工序，提高了安装效率，且维修简单。

#### 6.6.1.1 绝缘轨距挡板

尼龙绝缘轨距挡板能提高轨道的结构强度和轨道的稳定性，并能适应野外酷暑和严寒冰冻的恶劣环境。尼龙 6、尼龙 1010、尼龙 66 等在铁路建设中得到了广泛应用。如在青藏铁路二期格尔木——拉萨段处于高原地带，其中有 965km 线路在海拔 4000m 以上。高原地区太阳光辐射强度高，年平均气温−2～4℃，最低气温达−45℃，所处自然地理环境对轨道扣件用高分子材料提出的特殊要求，用增韧、耐候 PA66 复合材料生产的弹条Ⅰ型扣件绝缘轨距挡板（图 6-11）完全能满足在青藏高原使用的要求，PA66 材料性能见表 6-24 所列。

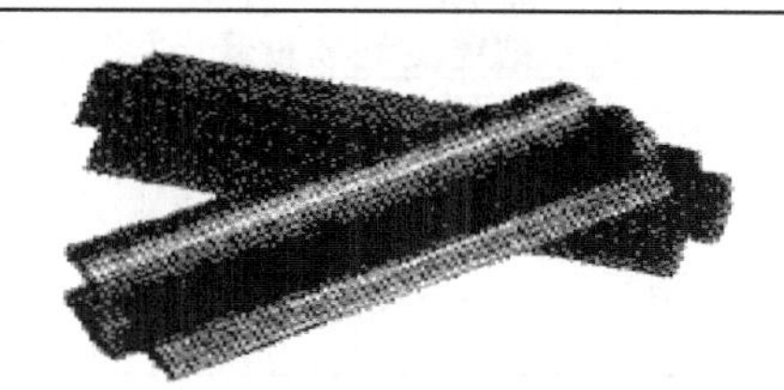

■ 图 6-11　弹条Ⅰ型扣件系统中的尼龙挡板座

■表 6-24　用于绝缘轨距板的 PA66 复合材料性能

| 项　目 | 数值 |
| --- | --- |
| 弯曲强度/MPa | 72 |
| 压缩屈服强度/MPa | 51.4 |
| 缺口冲击强度/（kJ/m²）室温 | 62 |
| −50℃ | 15.4 |
| 无缺口冲击强度/（kJ/m²）室温 | 不断 |
| −50℃ | 不断 |
| 表面电阻率/Ω | $2.1\times10^{12}$ |
| 拉伸强度保持率/% | 93.97 |
| 缺口冲击强度保持率/% | 101.3 |

#### 6.6.1.2 道岔滑床板

以前世界各国铁路道岔，在尖轨和滑床板之间主要是采用涂油润滑的方法来减小摩擦阻力，但涂油润滑的缺点就是易使滑床板面黏附粉尘等污物而使摩擦阻力增大；而一旦缺油又可能造成道岔转换不良，使其运转可靠性降低。为了改变这种现状，国内外都在致力研制减磨效果良好、摩擦系数稳定、维护少的减磨道岔滑床板。因此选择具有自润滑性能的材料制成滑床台，再以不同的方式固定在滑床板上，做成不用涂油的自润滑道岔滑床板，成为一个发展方向。

我国采用铸型含油尼龙研制出自润滑道岔滑床板，基本上解决了普通道岔滑床板由于涂油带来的道岔转换不良和道床污染状况。因为铸型含油尼龙同时综合了铸型尼龙的高强度、高耐磨和矿物油良好的润滑性能，是一种可以在比较苛刻的条件下使用的具有自润滑功能、减少维护的耐磨材料。铸型含油尼龙作为磨损部件或结构部件使用时，内部所含的矿物油助剂就可以在外界应力作用下缓慢地由基体内部释放至材料表面，从而起到良好的自润滑和润滑接触界面的作用。表 6-25 是铸型含油尼龙在实验室的条件下与钢材耐磨性的比较，可以看出铸型含油尼龙的耐磨损性比机油润滑的 Q235 钢要好很多。采用铸型含油尼龙作为自润滑材料的滑床板从使用寿命上讲是优于目前采用钢制滑床板涂油状态的使用寿命。现在采用铸型含油尼龙制成的 GPA-C 型道岔自润滑滑床板已投入使用。

■表 6-25 铸型含油尼龙材料和 Q235 钢材料各种工况条件下的磨损性能对比试验结果

| 试样及测试工况 | 磨损前重量/g | 磨损后重量/g | 磨损量 | |
|---|---|---|---|---|
| | | | 重量/mg | 按试样换算成高度/μm |
| Q235 钢 ＋ 无润滑 | 6.3799 | 6.2650 | 114.9 | 0.75 |
| Q235 钢 ＋ 无润滑 | 6.8305 | 6.6905 | 140.0 | 0.91 |
| Q235 钢 ＋ 机油润滑 | 6.6737 | 6.7095 | 54.2 | 0.35 |
| 铸型含油尼龙＋无润滑 | 1.2505 | 1.2477 | 2.8 | 0.124 |
| 铸型含油尼龙＋无润滑 | 1.2352 | 1.2326 | 2.6 | 0.115 |

#### 6.6.1.3 铁路岔枕套管

混凝土岔枕预埋塑料套管（图 6-12）通过将塑料套管预埋于混凝土岔枕中，来改变道钉和岔枕的连接方式，使其便于施工，提高道岔的过岔速度，有利于提高列车速度，延长岔枕的使用寿命。近年来随着铁路向高速重载方向的快速发展，PA66 特别是玻璃纤维增强 PA66 作为一种具有高强度、高刚度及优良耐疲劳性、耐磨损性的工程塑料，采用优化螺纹结构制得套管，提高了套管对轨枕的抗拔力。由于该套管内外都具有螺纹结构，外螺纹使套管和混凝土轨枕紧固的连接成一体，内螺纹通过塑料的弹性变形使道钉和套管紧密连接，从而大幅度延长塑料套管及其组件的使用寿命，该塑料套管已在我国铁路提速岔枕中获得广泛的应用。

■ 图 6-12 混凝土岔枕用预埋塑料套管

### 6.6.2 聚酰胺在铁路车辆中的应用

#### 6.6.2.1 滚动轴承保持架

铁道机车车辆的轮对轴承的要求很高，要在保持高速运转下的运行可靠性和安全性的同时尽可能降低维修费用。因此滚动轴承保持架起了十分关键的作用，一方面，在轴承安装和维修工作中保持滚动体的状态，使操作更加简单；另一方面，在运行中引导滚动体从非负荷区向负荷区过渡。此外，保持架还有助于润滑油的均匀分布和起阻尼振动的作用。工程塑料保持架越来越得到铁路部门的重视，由于金属保持架结构受材质、工艺等影响，易发生横梁断裂、热轴乃至热切轴事故，危及行车安全，特别是近年火车运行速度的不断提高，安全性要求是第一位的。聚酰胺材料具有高弹性、自润滑性、耐磨性、耐冲击性、耐腐蚀性、易加工、质轻等特点，能达到轴承所要求的性能，对提高铁路运输安全、高速起到了关键作用，用于货车保持架的玻璃纤维增强增韧尼龙 66 性能见表 6-26 所列。

■表 6-26　为用于货车保持架的玻璃纤维增强增韧尼龙 66 的物理力学性能

| 项　　目 | PA66GF |
|---|---|
| 洛氏硬度/HRR | 117 |
| 拉伸强度/MPa | 166.7 |
| 断裂伸长率/% | 3 |
| 弯曲强度/MPa | 236.5 |
| 压缩强度/MPa | 153 |
| 压缩屈服强度/MPa | 112 |
| 无缺口冲击强度/（$kJ/m^2$） | 69.6 |
| 吸水率/% | 1.0 |
| 热变形温度/℃ | ＞250 |

尼龙保持架相对于黄铜保持架和钢保持架有较大的热膨胀系数和低的密度，见表 6-27 所列。即使在无油状态，聚酰胺加工的保持架也具有自润滑的特点，能够维持滚动轴承一段时间的正常运转，提高了货车滚动轴承运行安全性，相比其他工程塑料更适合制造轴承保持架。

■表 6-27　不同材料保持架材料的物理特性

| 性能 | 聚酰胺 | 黄铜 | 钢板 |
|---|---|---|---|
| 密度/（$g/cm^3$） | 1.3 | 8.4 | 7.8 |
| 弹性模量/GPa | 7.5 | 86 | 210 |
| 热膨胀系数/（$\times 10^5$/℃） | 2～4.5 | 1.8 | 1.2 |

尼龙工程塑料保持架（图 6-13）采用注射成型，相对传统的金属保持架具有以下优点。

**（1）轻量化**　与铜保持架相比，仅为其质量的 1/6 左右。

**（2）润滑性能好**　由于尼龙具有很好的自润滑性作为传动部件使用，摩擦系数小、寿命长，可提高轴承在少油润滑、高速运转条件下的性能；而且尼龙摩擦不产生促进润滑脂老化的金属磨耗粉末，可提高润滑脂寿命。

**（3）耐疲劳强度好**　铁路车辆用轴承保持架的破损多数是由于振动引起材质疲劳，采用 PA 工程塑料保持架，利用其高弹性、耐冲击性等特性，可提高轴承保持架的疲劳强度。

■ 图 6-13 聚酰胺保持架（左为圆锥滚子轴承组合 TBU，右为圆柱滚子轴承）

**(4) 成型方便，低成本** 塑料保持架生产工艺简单，质量易于控制，并且对铁路车辆轴承出现热轴后可能引发的恶性事故有积极的预防作用，可以很好地替代金属保持架，提高车辆运行安全性，有效降低生产运营成本。

在国外尼龙轴承保持架已经广泛运用。如瑞典 SKF 公司在客车车辆轴承和机车牵引电机轴承上，采用 25%玻璃纤维增强尼龙 66 制作轴承保持架。德国市郊运输车辆和干线车辆的圆柱滚柱轴承采用尼龙保持架已经通过数百万次运用考核。俄罗斯自 1986 年在货车轴承上开始装用尼龙保持架，这种尼龙保持架在温升、磨损和油脂亲和等方面有优良特性，对提高轴承负荷能力和寿命，特别是润滑作用对延缓轴承事故、保证行车安全具有显著作用。我国的大连内燃机车研究所和大连塑料研究所进行了玻璃纤维增强尼龙塑料保持架的研究，并在轴承试验台上顺利地进行了 20 余万公里的模拟高速试验，结果表明，各项指标均符合设计要求，温升值及其规律均属正常。由于尼龙保持架的成本约为铜保持架的 20%，一旦此种保持架获得推广，其经济效益是非常可观的，以 1000 台东风机车的牵引电动机小端轴承为例，其购置费每年可节约 50 万元。

#### 6.6.2.2 心盘磨耗盘

心盘磨耗盘是铁道车辆关键配件之一，安装在货车转向架摇枕的中间，和旁承一起支撑整个车体。心盘磨耗盘及旁承磨耗板的摩擦阻力可以在一定程度上约束车体侧向运动，摩擦力过小，车辆蛇行运动过大，摩擦力过大，则增加了轮轨作用力，心盘磨耗盘的摩擦系数与车辆动力学有一定的关系。解决上下心盘间的磨耗，缓冲车辆行走动能，延长相关部件使用寿命，通常采用自润滑材料作为减摩的磨损件，应用在机车车辆上。机车车辆上采用玻璃纤维增强增韧尼龙、含油铸型尼龙和超高分子量聚乙烯等高分子材料取代金属磨耗件制作车辆心盘衬垫。聚酰胺材料及其改性材料具有良好耐磨性和自润滑性，能够在少油或无油的条件下安全运行。如德国货车一般采用 PA6 制作心盘衬垫，美国多用超高分子量聚乙烯，我国则选用增韧 PA66 做心盘衬垫。表 6-28 为几种用于心盘衬垫材料的性能。

■表 6-28 各种用于心盘衬垫材料的性能比较

| 性　　能 | 单位 | 超韧 PA66-1 | 超韧 PA66-2 | 玻璃纤维增强 PA66-3 | 超高分子量聚乙烯 |
|---|---|---|---|---|---|
| 布氏硬度 | MPa | | 14 | 12 | |
| 拉伸强度 | MPa | 71.4 | 75 | 135.7 | 20.3 |
| 断裂伸长率 | % | 34 | 8 | 2 | |
| 压缩强度 | MPa | 76.8 | 96 | 124.1 | 33.3 |
| 弯曲强度 | MPa | 97.1 | | 200.3 | 30.4 |
| 缺口冲击强度 | 20℃，kJ/m² | 30.3 | 15.3 | 20.9 | 135 |
| 缺口冲击强度 | -40℃，kJ/m² | 22.2 | | 20.1 | |
| 无缺口冲击强度 | kJ/m² | | | | 135 |
| 吸水率 | % | 0.86 | 1 | 0.93 | 0.01 |
| 热变形温度 | ℃ | 56.2 | 57 | 198.6 | 81 |
| 体积电阻系数 | Ω·cm | $1\times10^{15}$ | $8\times10^{15}$ | $1.6\times10^{16}$ | |

#### 6.6.2.3 聚酰胺在机车上的其他用途

美国铁路在 20 世纪 60 年代将聚酰胺用于导框衬板后，又扩大尼龙应用到摇枕磨耗板和拉杆衬套。德国一般用 PA66 制作各类车辆的车钩导框、客车的摇枕横向挡块，年使用量都已超过 1 万件；如采用添加二硫化钼的 PA66 制车钩导框磨耗板；采用添加炭黑的 PA6 制成立柱车固定货物（大管子、树干）的夹紧箍导向滚子，增加其耐候性；还采用 PA66 制成旅客列车转向架摇枕止挡以及高冲击韧性的 PA66 制成旅客列车回转窗止挡。

### 6.6.3 聚酰胺在铁路电气中的应用

聚酰胺材料还能适用于传输较高频率信息的轨道电路，保障通信信号的畅通，减少行车故障和提高行车安全性。在铁路电务方面应用尼龙材料有 PA6、PA66、PA1010、MC 尼龙等，主要产品为绝缘轨距杆、槽型绝缘、绝缘管垫、绝缘垫圈、轨段绝缘等。

铁路信号自动化的基础是轨道电路，钢轨绝缘是轨道电路的基本组成部分之一，轨道绝缘技术与绝缘材料成为轨道电路设备技术发展的关键。轨端绝缘是钢轨绝缘之一部分，它是钢轨绝缘中受力最大、损坏最严重的一种绝缘元件，它与确保行车安全和提高运输效率紧密相关。在铁路信号维修工作中，轨端绝缘占用维修费用和工时的比例很大，因轨端绝缘差而发生的故障也比较多，纸绝缘轨距杆与尼龙 6 绝缘轨距杆的绝缘性见表 6-29 所列。

■表 6-29 不同材料的绝缘杆距的绝缘性检测

| 材　　料 | 绝缘电阻/MΩ | | | |
|---|---|---|---|---|
| | 干燥 | | 浸水 15min 后擦干表面 | |
| | 杆对板 | 杆对杆 | 杆对板 | 杆对杆 |
| 纸绝缘轨距杆 | 0.3 | 1.3 | 0 | 0 |
| 尼龙 6 绝缘轨距杆 | 12 | 30 | 0.75 | 1.5 |

# 6.7 聚酰胺在其他方面的应用

聚酰胺几乎在每一种工业或消费品市场中都可发现其应用，特别是机械工业中无润滑齿轮、轴承、抗摩擦零件；快速接插、制动器或装弹簧的机械零件；能在高温下使用且耐烃类和溶剂的机械零件；截面薄而要求高强度的机械零件；高强度和高刚性的耐高抗冲的机械零件等。聚酰胺在汽车、电子电气、薄膜、军工、铁路等领域的应用在前面已经介绍，下面简单介绍聚酰胺在机械、涂料、建筑、体育和普通消费品市场的应用。

## 6.7.1 聚酰胺在机械工业的应用

机械工业包括矿山、造纸、橡塑、纺织、轧钢、食品加工、机加工、搬运机械等众多产业，工程塑料在提高机械工业的生产效率、减低噪声、抗腐蚀延长使用寿命和减轻体力劳动方面发挥重大作用。聚酰胺材料的性能优异、品种多可广泛用于各种机械的齿轮零件、耐磨零件、传动结构件等，使用的品种有 PA6、PA66、PA11、PA1010、MC 尼龙等。

### 6.7.1.1 脂肪族聚酰胺

PA6 和 PA 66 是尼龙工程塑料的常用品种，其改性品种也很多，可广泛用于各种机械结构零件和维护零件的制造，如传动齿轮轴套、密封垫圈、轴承骨架、搬运机械的滚轮，轧钢滑板以及相配套的电源装置部件，图 6-14 为玻璃纤维增强 PA66 制成的轴承。

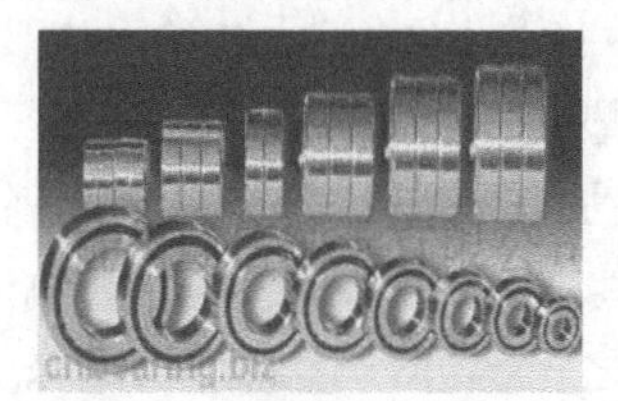

■ 图 6-14 用玻璃纤维增强 PA66 制成的推力角接触轴承

PA11 在农业机械上可用来制作播种机前叉、轮盘、喷雾器及喷头、自动扬水器等。PA1010 用做各种机械零部件和工业滤网等。表 6-30 列出各种聚酰胺在工业中的应用。

■表 6-30 各种 PA 在工业中的应用

| 品种 | 用途 |
|---|---|
| PA6、PA66 | 轴承、齿轮、滚子、滑轮、辊轴、螺钉、垫片 |
| PA610 | 齿轮、衬垫、轴承、滑轮等精密部件，传动带、纺织机械部件 |

续表

| 品种 | 用途 |
|---|---|
| PA612 | 精密机械部件、线圈成型部件、循环连接管、电线电缆绝缘层、枪托弹药箱、工具架、线圈 |
| PA11、PA12 | 输送汽油的管道，电缆护套、食品包装膜、发泡建材、静电喷涂、涂料 |
| PA1010 | 机械部件、轴承架轴套、工业滤布、筛网、毛刷 |

### 6.7.1.2 MC尼龙

MC尼龙具有自润滑、耐磨和一次成型等特点，特别适合用做机械传动齿轮、轴套、密封圈等部件。如MC尼龙用做纺织机传动齿轮，纺丝牵伸机齿轮，显示出两大优点，一是使用寿命长，二是噪声低，这对于纺织行业降低噪声，改善工厂劳动环境十分重要；另外MC尼龙用于造纸打浆机轴套其寿命比铜长5～6倍；用于矿山、皮带输送滚筒，搬运液压机地滚轮的寿命是金属轮的十多倍。下面介绍MC尼龙在机械方面的应用。

**(1) 滑轮** 传统的滑轮多采用铸铁或铸钢件，它们虽然承载能力大，但耐磨性差，而且损伤钢绳，加之铸钢类滑轮工序复杂，实际成本高于MC尼龙滑轮，使用MC尼龙制作的滑轮强度高，加工容易，提高滑轮寿命4～5倍，提高钢丝绳寿命10倍、减轻吊臂和吊臂头部重量70%，提高了生产效率，增强了起重功能和机械的整机性能，方便维修、拆装，无油润滑。国外许多起重机制造厂，如德国的利勃海尔公司、日本加藤株式会社，自20世纪70年代就开始使用MC尼龙滑轮。目前，国内各型汽车起重机上已全面应用，以LT40型汽车起重机为例，应用MC尼龙滑轮仅钢丝绳和滑轮维修费就节省10万元以上。

**(2) 齿轮、涡轮** 采用MC尼龙制造齿轮和涡轮等传动件，可大大降低噪声，延长使用寿命。以400kg空气锤和混凝土搅拌机为例，400kg气锤(小)齿轮$m=8$，$z=19$，电动机功率为40kW。原用酚醛基压板制造使用半年左右，后改用MC尼龙和铁骨架结构，使用达7年后检查仍未损坏。混凝土搅拌机(小)齿轮$m=10$，$z=20$，电动机功率为7kW，原用金属齿轮传动噪声大，齿面磨损严重，改用MC尼龙齿轮后，传动平稳，噪声小，使用寿命达10年以上，尼龙齿轮如图6-15所示。

■ 图6-15 尼龙齿轮

**(3) 滑块** 在工程机械中，滑块几乎是不可缺少的部件，如汽车起重机吊臂支承用滑块，过去一直都用黄铜制成，现改用MC尼龙滑块后，使用寿命提高4～5倍，且一次性加油后可长期保持润滑性能。MC尼龙滑块具有抗冲击、抗振、耐疲劳、噪声小、重量轻、装配方便、耐磨等优点，且不受药品侵蚀。

**(4) 轴套、轴瓦、轴承** 用MC尼龙代替铜及巴氏合金制成的各类大小轴套、轴瓦等，在工程机械中应用非常普遍。其主要特点：耐磨性、自润滑性能好，在目前一般热塑性塑料中具有较高的PV值；摩擦系数小，耐冲击、不易抱轴、熔结、不伤轴颈；润滑周期长、减少保养、恶劣环境下适应性强，寿命长。如WK-10型挖掘机的绷绳平衡轮轴套，尺寸为$\phi$200mm×$\phi$160mm×160mm，历来均选用ZQA19-4铝青铜合金材料，因工作时灰尘极大，润滑条件恶劣，轴套磨损很快。改用MC尼龙后，根据MC尼龙的压缩强度，理论计算可承载荷288～345t，实际使用载荷140t，在环境温度40～42℃露天使用5年多，挖掘526.5万吨矿石后，解体检查发现表面平整光滑已形成良好油膜，证明基本无磨损。

**(5) 活塞环、支撑环、轮衬** 用MC尼龙做活塞环的特点是：重量轻（是青铜重量的15%左右）降低运动损耗，节约机械动力；滑动性能好，静、动摩擦系数相差小，因此不会像金属那样有黏滞现象；对异物埋没性能好，能避免缸套拉毛；无油自润滑、密封性好、不易漏油、寿命长、提高工作效率。液压缸用MC尼龙支撑环，在长江液压元件研究所HSG63/35×700液压缸试验台上进行了寿命试验，在高压重载下，经过170h连续冲击32万次循环，往复运行总行程150km证明耐用性和可靠性良好，符合国家标准要求。图6-16为MC尼龙制成各种颜色规格的轮衬。

■ 图6-16 MC尼龙制成各种颜色规格的轮衬

**(6) 轮辊、辊筒** 由于MC尼龙具有耐药品、耐磨和自润滑等性能，用来做辊筒或作为金属辊筒外层衬套，用于传送导辊、反向辊、游动辊等。

MC尼龙还可用于很多方面，如：搅拌机托轮、阀体、阀芯、球阀垫圈、绝缘套、导向板、挡胶板、水泵叶轮、链轮、手柄、密封件等。

## 6.7.2 聚酰胺在涂料行业的应用

聚酰胺粉末是一种用途很广的热塑性粉末涂料，常用的品种有PA1010、PA6、PA66、PA11、PA12、二元共聚尼龙、三元共聚尼龙和低熔点尼龙等。尼龙粉末既可以单独使用，也可以加入填料、润滑剂和其他添加剂混匀使用。我国尼龙粉末涂料用量，在热塑性粉末中仅次于聚乙烯粉末。不同热塑性粉末特点比较见表6-31所列。

■表6-31 部分热塑性粉末涂料优缺点比较

| 粉末涂料品种 | 优 点 | 缺 点 |
|---|---|---|
| 热塑性聚酯 | 装饰性好、厚涂性好，可不涂底漆 | 不耐溶剂和碱，易划伤、耐候性比热固性聚酯差 |
| 聚烯烃 | 弹性、柔韧性、耐药品性厚和涂性好 | 耐候性差、与金属附着力差，有些需要底漆 |
| 聚酰胺 | 物理性能、耐磨性、硬度和耐热性好 | 烘烤温度高、受热变软，熔融时表面张力高 |
| 聚氯乙烯 | 弹性、厚涂性、耐候性和耐药品性好 | 烘烤温度高，需要底漆，受热变软，熔融黏度高 |

尼龙粉末涂层坚韧，有着优异的耐磨损性、耐磨耗性和抗冲击性，其摩擦系数也低，还具有良好的耐化学品和耐溶剂性，其涂膜表面非常光滑。因此尼龙粉末广泛应用在以下行业。

**(1) 日用品行业** 在欧洲有50%洗碗机的框架用尼龙粉末涂覆。在市场上早已认为它能很好地涂覆尖角和边缘的能力，还可用于网状物涂装。还可用于陈列设施和购物车，经尼龙粉末涂装的车子具有清洗、检修方便、噪声低，比镀锌材料成本低等优点。

**(2) 建筑行业** 粉末涂料在建筑工业中的应用，国内一些单位已做了不少工作，但都局限于建筑五金，门锁搭扣等小零件上。建筑工业是粉末涂料扩大应用的一个重要领域。在西欧的一些发达国家将耐候性粉末涂料用于户外建筑物型铝和包铝的保护，逐步代替了传统的铝阳极氧化处理工艺。据建筑部门报道，每年约需建筑门窗500万平方米，钢门窗防腐问题很为突出。据初步计算，每平方米钢门窗用粉量约为0.15kg，如果500万平方米钢门窗有1/3使用粉末涂料，用量就可以达至2500t。

**(3) 水处理工业** 尼龙粉末可涂覆水工业管道、联接器、阀门、泵、法兰、锅炉管道，能持久防腐，耐腐蚀性强，可用以输送和处理饮用水或废水的连接件。

**(4) 其他行业**（服装、电子、机械等） 尼龙粉末可用于内衣的配件（调节扣、钢圈、钩子等），电子行业耐落防松螺丝。

尼龙11涂膜可耐海水6年，耐沸水2000 h，耐盐雾2000h，耐候性好，涂膜可经户外暴晒7年，人工老化试验耐2000h，PA11是世界上用途最广聚酰胺涂料。PA11 还用于减磨涂料，如制备环氧聚酰胺涂料，航空用涂料，其涂料中的环氧树脂与聚酰胺用量比为 1∶2。目前，国家航空航天部与北京化工研究院研制的 PA11 粉末涂料，可用于直升机机尾专用衬套表面、花链表面静电喷涂及其配套底胶和用于飞行员座椅滑轨，该涂层具有耐冲击性、耐摩擦、耐腐蚀、耐虫蛀、耐光照、耐紫外线照射等优异性能。另外，用尼龙 1010 粉末涂层后的铝件其耐磨、耐腐蚀等性能优，并可改善金属材料的表面防护、减摩、耐冲击等的表面性能。

### 6.7.3 聚酰胺在油墨、化妆品行业的应用

聚酰胺树脂配制的油墨具有光泽性、黏结性能好，醇稀释性优良，胶凝性低、快干、气味小等特点，特别适合 PE、PP、PET、铝箔及多种薄膜表面上印刷，可用于柔性凸版、感光树脂版、凹版塑料及纸张凹印油墨。油墨用聚酰胺树脂由二聚酸、二元酸与二元胺或多元胺缩聚制得。如醇溶聚酰胺树脂主要用做橡胶凸版油墨，用于各种承印材料都有较好的黏附性，特别是印刷聚烯烃类薄膜，油墨的流平性、光泽、溶剂释放性都较好；也可与耐热性好的硝化纤维、纤维素醋等并用，提高其耐热性、耐指划性、耐摩擦性；同时可以提高油墨与承印物间的黏附力，若加入一些蜡、防静电剂等辅助剂，则可进一步提高其印刷适应性。用醇溶聚酰胺树脂对醋酸树脂改性，可得触变性大而流动极小的胶状物质，用做高速印刷油墨的连接料，还可与亚麻油混合制成胶质油，用于胶印油墨。另外也有添加 PA12 超细粉末到油墨涂料中，可以很好提高涂料的耐刮擦性能和表面硬度。

聚酰胺粉末还可用于化妆品领域。如 PA12 超细球形粉末赋予产品柔软触感、延展性及滑爽性；微多孔性质赋予吸附与释放特性，可吸收过多皮肤油脂，保持皮肤中的水分。

### 6.7.4 聚酰胺在热熔胶领域的应用

聚酰胺热熔胶以长碳链聚酰胺树脂为主，其突出优点是软化点范围窄，在加热和冷却时，树脂的熔融和固化都在较窄的温度范围内发生。这一特点使聚酰胺热熔胶在应用时，加热熔融涂布后稍加冷却即可迅速固化；也能使它在接近软化点的温度下，仍具有较好的胶接性能。与乙烯-醋酸乙烯共聚体热熔胶相比，聚酰胺热熔胶具有较高的软化点，因此耐热性也就更好。目前用做热熔胶基体的聚酰胺树脂的分子量，一般在1000～9000 的范围之内，随着聚酰胺树脂分子量的增大，其柔韧性、耐油性和胶接性能提高（表 6-32）。

■表 6-32　不同分子量的聚酰胺热熔胶的性能

| 项　　目 | | 低相对分子质量 | 中相对分子质量 | 高相对分子质量 |
|---|---|---|---|---|
| 软化点 | | 85～160 | 95～200 | 125～200 |
| 黏度/Pa·s | 160℃ | 0.5～固状 | 12～固状 | — |
| | 210℃ | 0.1～1 | 2～11 | 25～500 |
| | 260℃ | — | 0.5～2.5 | 2～100 |
| 抗剪强度/MPa | | 1.4～7.0 | 4.9～13.3 | 15.5～26.0 |

聚酰胺热熔胶主要分为 3 类：二聚酸与脂肪族二胺的缩聚物；PA6、PA6/12、PA6/66/1010 等的共聚物；芳香族二元酸与脂肪族二元胺或脂肪族二元酸与芳香族二元胺的二元或三元共聚物。

常用的为前 2 类，第 3 类由于在分子中引入芳香基团和其他支链以及多元共聚物，采用的是溶液聚合的制备方法，溶剂分离的后处理不可避免地带来环境污染，一般多用于电子及精密仪器行业。

聚酰胺分子链中含有氨基、羧基和酰胺基等极性基团，故对许多极性材料有较好的粘接性能，广泛应用于制鞋、服装、电子、电信、家电、汽车和机械等行业。PA11、PA12 等长碳链聚酰胺具有与金属黏结性强、固化时间短的优点，可用于纤维、皮革、木材、纸张等的粘接。聚酰胺热熔胶的优异耐水洗性、耐干洗性，不伤纤维也是服装行业的高级热熔胶。加上具有柔韧性、耐油性、介电性能和对各种材料均有良好的粘接性等特点，因此，聚酰胺热熔胶也广泛地用于电器等行业中。鞋用聚酰胺热熔胶一般使用低分子量的聚酰胺类热熔胶，若将聚酰胺与少量环氧树脂及增塑剂热混反应后，制得的鞋用热熔胶条的粘接强度和韧性会大幅度提高，该胶带（条）可缠绕成卷，脆性温度低，特别适用于鞋类及皮革的粘接，如制鞋楦如前尖、腰窝及包鞋跟等处的粘接。国外高档聚酰胺热熔胶，均采用 PA6/PA66/PA12 三元共聚物，其中 PA12 的比例高达 40%以上（为主体原料）。随着长碳链聚酰胺品种的开发使其市场应用发展很快，特别是在高档热熔胶市场方面。

## 6.7.5 聚酰胺在密封方面的应用

### 6.7.5.1 隔热条

随着人们对环保节能要求的增强，许多先进的节能产品及节能工艺已经逐渐运用于我国的建筑业，节能保温问题对建筑物而言十分重要。目前，我国建筑能耗占全社会总能耗 27%以上，而玻璃门窗造成的能耗占到了建筑能耗的 40%左右，因此隔热铝型材保温节能窗是最佳的选择。作为隔热铝合金门窗及幕墙的关键组件——隔热条，就显得至关重要。欧洲于 20 世纪 70 年代开始用隔热条。其主要材料是 PA66 加 25%的玻璃纤维，也有些企业根据工程需要增加玻璃纤维的用量。

目前国内用做隔热条材料的有 PA66 和聚氯乙烯（PVC）。25%玻璃纤

■ 图 6-17 玻璃纤维增强尼龙 66 隔热条

维增强的尼龙 66 隔热条（图 6-17），其热变形温度可达到 230℃以上，完全能满足先穿条后喷涂的工艺要求；热导率（导热系数）为 0.3W/($m^2$·K)，仅为铝合金的 1%左右；而其线膨胀系数为（2.5～3）×$10^{-5}$/K 与铝合金（2.35×$10^{-5}$/K）相近，能保证它在外界温度变化的过程中与铝合金同步；耐紫外线和热老化性能更能保证其长期的使用寿命。而 PVC 的线膨胀系数（8.3×$10^{-5}$/K）与铝合金相差甚远，而且其强度低（30N/$mm^2$ 左右）、耐热性（80℃）、抗老化性能差等缺点，在热胀冷缩的情况下造成 PVC 隔热条在铝型材内出现松动，变形、破坏门窗的气密性和水密性，严重时造成窗体整体松散、脱离等，在欧洲，PVC 塑料、PET 工程塑料产品是不能作为铝合金隔热条使用的。

市场调查显示，目前每年竣工的铝合金门窗在 4 亿平方米，按照每平方米用隔热条 8～16m 计算，每年隔热条的用量将在 40 亿米，年产值超 50 亿元。

#### 6.7.5.2 密封垫片

对位芳纶浆粕（PA-Pulp）是对位芳纶的差别化品种，世界年消费量约 1 万多吨，具有较高的吸收能量功能，密度比石棉低，而且制品质量轻，对部件的磨损小，摩擦因数稳定，寿命是石棉制品的 2～3 倍，因此可作为石棉替代品应用于摩擦材料领域，如离合器衬片、制动器垫片和刹车片，还可在密封材料上作为增强材料，提高密封垫圈的耐压性。国外 90%的刹车片和离合器面板，40%的密封垫片都采用芳纶制造。

### 6.7.6 聚酰胺在毛刷方面的应用

尼龙丝工业毛刷是将碳化硅材料融合到尼龙中，然后制成刷丝，成形后刷丝保持尼龙的弹性和韧性，及碳化硅耐磨性，可耐酸碱耐高温，广泛用于五金、食品等行业机械上去毛刺、清洗、清扫、除油、去锈等。如在欧洲、美国、日本汽车发动机零件生产线上，都使用各种各样的专机设备和含磨料尼龙刷，达到去除毛刺的效果，还用于变速器部分、电池箱去毛刺、去锈、油漆、涂层前汽车表面的精整加工等。空调冰箱行业压缩机缸体、缸盖、轴零件去毛刺精整加工。钢、铁、有色金属厂电镀金属涂层加工前的表面精整加工；铝型材切断面的去毛刺精整加工。PCB（电子线路板）铜板表面精整加工，以增加对环氧树脂的黏着功效、钻孔去毛刺等。

长碳链尼龙具有良好的柔韧性和透明度、低的吸水率及密度，是高级牙刷和生活毛刷的首选材料。尼龙毛刷，用于各类瓶子、餐具清洗，可以彻底洗去难以去除顽固污垢，图 6-18 为尼龙奶瓶刷；另外由于尼龙毛刷柔软细腻还可用做化妆毛刷；PA612、PA610 等吸水率低，不易被细菌破坏、易清洁，是常用的高级牙刷材料。

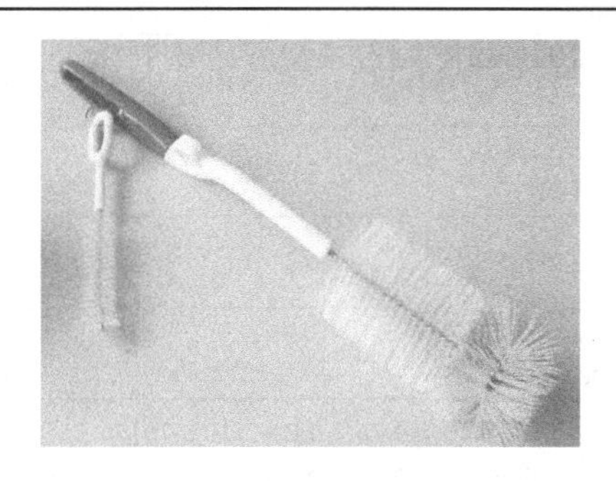

■ 图 6-18　尼龙奶瓶刷＋奶嘴刷

## 6.7.7 芳酰胺在防护及结构加固方面的应用

### 6.7.7.1 芳纶纤维在防护装备的应用

芳纶具有密度小、冲击强度优异、比弹性模量高等特点，是许多军事装备的防护材料。如芳纶增强的防弹盔、防弹背心、防雷靴质轻又具有防护能力且不会降低活动的自由度。对 11 层 Kevlar XP 防弹背心新产品测试，弹丸通常停止在前 3 层，而其他材料制成 20～40 层的背心，弹头至少停止在前 9 层，由于 Kevlar XP 的其余层吸收弹丸的冲击，对穿着者外伤很轻；对于大型防弹背心场合，KevlarXP 能减轻弹头冲击 15％，制品重量至少减轻 10％。高档防弹芳纶无纺布与高性能聚乙烯薄膜制成的软制防弹背心，比超高相对分子量聚乙烯纤维的防弹性能和耐热性能更好。另外芳纶在高温高湿等恶劣气候条件下始终能保持足够的强度和服用性能，在遇火、高温及热辐射条件下均不会产生熔滴或强烈收缩，并具有耐磨损、抗撕裂、重量轻和穿着舒服等一系列优良特性，因而在欧洲很多行业被广泛使用，如消防服、各种军警制服、税务海关等公职部门制服、科研和救护人员的隔离服，赛车服，石油、化工、电力、钢铁行业的工作服等，欧洲防护服的构成见表 6-33 所列。

■表 6-33 欧洲防护服产品分类

| 原料组成 | 克重 | 用途 |
| --- | --- | --- |
| 30%间位芳纶、5%对位芳纶、65%阻燃黏胶 | 150（衬衣）、250、300 | 消防、部队、工业、警察、救护 |
| 35%间位芳纶、65%阻燃黏胶 | 125（里料）、150（衬衣）、215（衬衣）、300、320 | 消防、部队、工业、警察、救护、冶金 |
| 50%间位芳纶、50%阻燃黏胶 | 260、300 | 消防、工业防护 |
| 95%间位芳纶、5%对位芳纶 | 165～265 | 消防、部队、工业、警察、液体化学品防护 |
| 93%间位芳纶、5%对位芳纶、2%抗静电纤维 | 150～265 | 消防、部队、工业、警察、救护（抗静电、电弧）、放液体化学品 |
| 88%间位芳纶、10%对位芳纶、2%抗静电纤维 | 260 | 消防、抗静电性能 |
| 60%间位芳纶、40%对位芳纶 | 220 | 消防、抗静电性能、防电弧 |
| 75%间位芳纶、23%对位芳纶、2%抗静电纤维 | 195、220 | 消防、抗静电性能、防电弧 |
| 60%对位芳纶、40%PBI | 200、220 | 消防 |
| 36%对位芳纶、38% Basofil、25%Panox | 300 | 工业、极热保护、镀铝防护 |

注：PBI 是指聚苯并咪唑纤维；Basofil 是德国 BASF 公司生产的一种三聚氰胺隔热和阻燃纤维；Panox 纤维为预氧化聚丙烯腈纤维。

#### 6.7.7.2 芳纶纤维布在结构加固工程中的应用

结构加固工程常用的增强复合材料（FRP）主要有芳纶纤维（AFRP）、碳纤维（CFRP）和玻璃纤维（GFRP），其材料形式主要有片材、棒材和型材。所有的 FRP 都有一些共同的性质：轻质高强、高弹模、在拉断前均为弹性，热膨胀系数低、各向异性、耐腐耐久性能好等，所以在土木结构工程中应用潜力巨大。芳纶布是芳纶纤维由单向或双向排列形成的一种片材，常用的是单向片材，表 6-34 列出了其主要性能指标。

■表 6-34 芳纶纤维布（单向）的主要性能

| 规格 | 克重/(g/m²) | 幅宽/mm | 抗拉强度/MPa | 弹性模量/GPa | 保证强度/(kN/m) | 设计厚度/mm |
| --- | --- | --- | --- | --- | --- | --- |
| AFS-40 | 280 | 100,300,500 | 2060 | 118 | 400 | 0.193 |
| AFS-60 | 415 | 100,300,500 | 2060 | 118 | 600 | 0.286 |
| AFS-90 | 623 | 100,300,500 | 2060 | 118 | 900 | 0.430 |
| AFS-120 | 830 | 100,300,500 | 2060 | 118 | 1200 | 0.572 |

芳纶纤维布抗碱腐蚀能力强、不导电、抗动载、抗冲击性能好，这就使它可用在海港码头工程、绝缘性要求高的场所如地铁、隧道及电气化铁路上路桥的施工，以及抗疲劳要求高的地方和冲击大而频繁的构件等。芳纶纤维

在抗剪方面也有很大的优势，在裁剪时就必须用专门的陶瓷剪刀，在加固墩子时一般也是利用芳纶优异的抗剪性能。因此芳纶纤维是结构加固领域中的理想材料，可用于桥梁和民用建筑或工业厂房的梁、柱子、砌体、板，烟囱、水塔等的加固。



### 6.7.8 聚酰胺在体育器材及其他方面的应用

除工业用途外，医疗保健、体育用品、家具、自行车等也是聚酰胺的较大市场。如体育用品中滑冰鞋鞋底，健身的扶手，按摩器转动轮等均用增韧、增强 PA6；自行车轮用 GFPA6，其强度高、韧性好，能满足激烈的冲击和碰撞。如 GFPA6 具备的卓越强度、耐久性及耐腐蚀性，已用于 2009 年世界杯揭幕战约翰内斯堡足球城体育场的支架、可翻起座椅装置和座椅扶手，还被应用于新改建的足球城体育场的铝梁中。表 6-35 为聚酰胺在其他方面各领域的一些应用实例。

■表 6-35　近年 PA 在其他各领域的应用

| 领域 | 部件 | 公司牌号或材料 | 备注 |
|---|---|---|---|
| 眼镜 | 泳镜框 | PA66 | 比 PC 减重 12%～15% |
| | 太阳眼镜镜片 | TROGAMID® myCX 长链脂族透明尼龙产品 | 光学性能优异，用于光学部件的层压和装饰等要求严苛的应用领域 |
| 医疗卫生 | 助听器部件 | PA66 | 有 60 多种颜色 |
| | 手术器械、内窥镜以及整形外科、脊髓外科、牙科领域使用的分析设备 | 赢创 PPA | |
| | 牙科仪器 | EMS PA12 | |
| | 医用设施、药物和医疗包装色母料 | PA12 | USP(美国药典) VI级标准认证 |
| 自行车 | 电动自行车的前叉、控制器插头、轮毂附件、公差环以及后部冲击接收器 | 沙伯基础创新材料公司的 60% 玻璃纤维增强复合材料 | 自行车重量为 16.2kg |
| | 山地自行车辐条轮圈 | Zytel 8018，14% 玻璃纤维增韧增强尼龙 66 | 优异韧性、力学强度和刚性 |
| | 生产头盔和车胎、车轮 | Kevlar 和 Zytel | |
| 机械电子 | 环保设备污泥脱水机压辊生产 | VESTOSINT 尼龙 12 粉末涂料 | 粒径只有 5～100μm 的粉末涂料 |
| | 美的热水器用塑料冷热水混合阀 | Ultramid® 聚酰胺材料 | 替代黄铜可以将冷热水混合阀的重量减少约 70% |
| | 电动水泵用定子 | 30% 玻璃增强 Stanyl TE250F6 PA46 | 180℃ 以上的高温，良好空间稳定性、低蠕变性和模内流动性能 |
| | 生产泵外壳，气胎阀门 | Latamid™ 和 Latigloss™ 由 60% 玻璃纤维增强聚酰胺 66 | 铝制品相同的机械强度和相仿的伸断裂应力 |

续表

| 领域 | 部件 | 公司牌号或材料 | 备注 |
| --- | --- | --- | --- |
| 运动器械 | 网球拍索环系统 | 阿科玛 Pebax® | 优异的耐久性，耐候性，加工性，并且可减小超过 20% 的质量 |
| | 网球拍和羽毛球拍 | Kevlar 纤维 | 能减少断弦的发生 |
| | 球拍骨架的嵌入物 | Zytel 尼龙树脂 | |
| | 棒、垒球棒、手套 | Kevlar | 减缓振动性能更好、摆动速度更快、最佳击球区域更大 |
| | 皮艇和划艇的艇身、船桨 | Kevlar 纤维 | 容易运送与操控，更好的抗冲击性和更安全 |
| | 运动鞋钉 | Zytel | |
| | 运动鞋底 | PA12 | |
| 家具 | 后撑、扶手、架构和椅子底、支架、碗橱铰链、调味品架、附件和角连接等 | DSM 高流动 PA6 | 材料具有较强的耐蚀性，因此不用进行表面维护 |

## 参 考 文 献


[1] 丁浩．塑料应用技术．北京：化学工业出版社，2000.

[2] 邓如生，魏运方，陈步宁．聚酰胺树脂及其应用．北京：化学工业出版社，2002.

[3] 曾黎明．功能复合材料及其应用．北京：化学工业出版社，2007.

[4] 傅旭．树脂与塑料．北京：化学工业出版社，2007.

[5] Anon，ポハラミナ.ズぅスヂケス，2007，58 (4)：13-15.

[6] 工业材料（日），2008，56 (6)：63-68.

[7] 周达飞．汽车用塑料——塑料在汽车上应用．北京：化学工业出版社，2003.

[8] 化学经济（日），2007，54 (11)：47-53.

[9] 工业材料（日），2008，56 (7)：96-105.

[10] 吴汾，唐伟家．聚酰胺工程塑料生产、市场及其未来走向 [C]. 青岛．2009 聚酰胺产业链技术开发研讨会．

[11] 冯美平．日本尼龙工程塑料在汽车上的应用及其动向 [C]. 青岛．2009 聚酰胺产业链技术开发研讨会．

[12] 钱志国，姚晓宁，景肃等．工程塑料及其合金在汽车工业上的应用．工程塑料应用，2008，36 (l1)：45-48.

[13] 聚酰胺技术开发中心．聚酰胺通讯，2005～2010.

[14] 刘英俊．汽车家电电子电器用塑料的改性与发展前景 [C]. 2007 塑料老化与防老化技术交流会．

[15] 须藤正夫．中国和日本工程塑料用途需要构成及其变化．工业材料（日），2009，57 (6)：6-11.

[16] 赵延伟，王惠群．塑料包装箱和中空容器设计要点．塑料包装，2008，18 ( 3)：34-40.

[17] 安田武夫．引人注目的新工程塑料动向．プテスチックス，2009，60 (4)：101-107.

[18] Arkema 公司．以植物为原料的工程塑料机器在汽车上的应用进展．工业材料（日），2009，57 (5)：52-53.

[19] 孙茂健，黄钧铭，王典新等．我国芳纶绝缘纸与国外同类产品的性能比较．高科技纤维与应用，2008，33 (6)：28-30.

[20] 王敏．纳米塑料包装材料的开发应用．湖南包装，2009，4：14-15

[21] 胡传东．直 11 型机燃油箱的研制．直升机技术，2007，2：37-40.

[22] ARIMITSU U，NAOKI H，MAKOTO K. Polymer-clay nanocomposites. Adv Polym Sci，2005，179：135-195.

[23] 张忠茂，李建琦，崔棣章等．长链二元酸的应用及市场前景．山东食品发酵，2009，3.

[24] 董跃农，王瑞林．对发展我国第四代轻武器装备的战略思考［C］．北京：2006 中国科协年会．
[25] 张春秋，张克．国产 QNL 95 式多用途刺刀．轻兵器，2005，7：47-48.
[26] 王静编译．M16/M16A1 步枪之附件．轻兵器，2009，9：48-50.
[27] 姜福斌提速货车转向架下心盘存在的问题及改进建议．铁道车辆，2007，45（5）：43-44.
[28] 刘风山，田少波．铁路客车轴承用工程塑料保持架的工艺探索与翘曲分析．铁道机车车辆，2008，28（3）．
[29] 刘青立．GFRPA66 套管注射成型的缺陷和解决措施．工程塑料应用，2006，34（9）：34-36.
[30] 危伟．尼龙 11 和尼龙 1010 粉末涂料的制备和工艺研究［D］．湖北大学硕士学位，2007.
[31] 杨彩凤．铸型含油尼龙在环保机械中的应用．天津科技，2009，36（4）：20-22.
[32] 陈谦，刘伟，杨丹．稀土含油 MC 尼龙的性能研究及其在重型车中的应用．汽车工艺与材料，2009，1：61-65
[33] 金旭东，杨云峰，胡国胜等．聚酰胺热熔胶性能研究及其应用．中国胶粘剂，2007，16（11）：49-53
[34] 王春江，诸葛小维．尼龙 12 在野外特种用途通信电缆及其他专用电线电缆中应用．电线电缆，2008，6：4-8，12.
[35] 缪明松，刘艳斌，刘强等．节能建材用高性能玻纤增强尼龙 66 隔热材料．广东化工，2010，37（1）：43-4.
[36] 孙茂健，宋西全，宋翠艳等．纽士达（R）间位芳纶主要特性及其在个体防护领域的应用［C］．南宁．第五届新纤维、非织造材料及后整理产业链论坛．20080310.

# 第7章 聚酰胺树脂废料回收利用

## 7.1 概论

随着高分子材料的大量使用越来越多的废弃物对环境及人类健康的危害已成为人们必须面对的严峻问题。因此材料的合理使用和回收处理，是保护人类生态环境、实现资源充分利用、保证经济和社会可持续发展的要求。聚酰胺作为高分子材料的成员之一，其回收和综合利用也是我们应加以研究的重要课题。

### 7.1.1 塑料回收利用的发展现状

世界各国处理回收塑料废弃物的主要方法是丢弃、填埋、焚烧、或者运往他国，实际情况是废弃塑料仅做到了部分“回收处理”，并没有真正做到“再利用”，如欧洲 2003 年回收的废旧塑料仅有约 11%得到了再利用，14%运往国外，21%被焚烧，54%被填埋。而我国废弃塑料处理状况更加令人担忧，绝大部分被填埋处理，回收利用率仅为 5%。

焚烧和填埋塑料废弃物不仅会造成环境的污染，危害人类的生存发展，而且还造成巨大的资源浪费，这与可持续发展战略是背道而驰的。

面对日益严重的塑料废弃物污染，许多发达国家已经建立了比较完善的塑料废弃物回收体系并制定了相应的法律法规。近年来我国也越来越重视塑料废弃物的回收和再利用，特别是最近关于《循环经济促进法》、废旧物资回收的增值税政策及其他相关配套政策措施的制定和调整，将对我国再生塑料产业的发展产生深远的意义和影响。

### 7.1.2 国内外聚酰胺工程塑料的消费、回收现状

聚酰胺工程塑料是通用工程塑料之一，2010 年世界聚酰胺工程塑料的消费量为 269 万吨，其中 PA6 的消费量为 145 万吨，PA66 为 124 万吨。我国聚酰胺工程塑料需求量 2010 年超过 50 万吨（不含改性品级），并将以年

均10%左右的速率增长。每年如此大量的尼龙工程塑料的使用，必然产生相当量的尼龙废弃物，如果不对这些废弃尼龙进行有效的管理和处理，将给我们赖以生存的环境造成严重污染。

与其他高分材料一样，聚酰胺工程塑料的回收利用也受到了国内外业内人士的高度重视。除了一般的物理回收利用方法外，目前已开发了多种化学回收方法，如氨解、水解等方法，为聚酰胺的回收利用提供了有力的技术支撑。

## 7.2 回收料的预处理

废旧聚酰胺的来源一般分为3种。

① 聚合过程中产生的废料：聚酰胺是由单体经缩聚、加聚等反应而制得的，合成条件的变化或合成原料的变化都会引起聚酰胺质量的变化，形成聚合物废料。这部分废料由于具有较高的利用价值，一般都由生产厂直接进行了回收利用或者作为一种副产品外销给相关企业直接投入生产。如尼龙6生产中的低聚物就可直接用于高黏切片的生产。

② 产品制造中产生的废料：这是热塑性聚酰胺材料加工中不可避免的，如模塑过程产生的边角料、废坯、废品；纺丝过程产生的废丝、引料；拉膜过程产生的引料、废品；吹塑、热压等过程产生的废料。这些废料的特点是组分单一，比较干净，往往由厂家直接回收利用。

③ 使用后产生的废料：聚酰胺材料在地毯、汽车、机械、电子电气、渔业、商业、包装材料、胶黏剂、油墨等领域的广泛应用，产生的大量聚酰胺用后废弃品，这些是聚酰胺回收利用研究的重点。

### 7.2.1 废旧聚酰胺的鉴别

塑料的品种很多，按其性能可分为热塑性和热固性塑料。热塑性塑料可溶、可熔；热固性塑料不溶、不熔。因此，利用加热和溶解的方法可将热固性和热塑性塑料分辨出来。识别塑料的方法有许多，常用的方法有：经验法；燃烧法；溶解法。除此之外还有仪器分析法，如红外光谱、核磁共振、热分析、热化学分析等，仪器分析法在某种程度上更有效、更可靠。

### 7.2.2 废旧聚酰胺的分离

废旧塑料的分选、分离是再生利用的关键环节之一，分选的主要目的有两个：其一是清除混杂在废塑料中的非塑料组分，其二是利用前述的各种方法将不同的塑料品种区分开来，以保证得到优质的再生料。可采用的分选方法有：手工分选法、风力分选法、磁力分选法、静电分选法等。

### 7.2.3 废旧聚酰胺的粉碎

在废旧高分子材料的回收过程中经常用到的是剪切式粉碎机和冲击式粉碎机，新近开发的新型粉碎机往往兼具剪切式破碎和冲击式破碎的功能。按照破碎机的工作温度，又有常温粉碎和深冷粉碎两种。

### 7.2.4 废旧聚酰胺的干燥

干燥在塑料加工中是一个至关重要的基本操作。废旧塑料经清洗或存放后都会吸附一定数量的水分，在进一步进行回收加工之前，必须对其进行干燥处理。可以根据材料的特性、形态、干燥过程中材料的变化情况，灵活选用各种干燥过程。

含水率与干燥速度存在着一定的关系，称为干燥特性曲线，如图 7-1 所示。从干燥原理上分析，任何干燥过程都包括 3 个时期：预热区（Ⅰ）、等速干燥区（Ⅱ）、降速干燥区（Ⅲ）。一般情况下，对于薄层物料的干燥，大多处于等速干燥区；对于吸湿树脂的干燥，大多处于降速干燥区；对于含水分及可挥发成分较多的粒状物的干燥，则表现为上述二种情况的混合。在实际干燥中，绝大多数情况都表现为降速干燥。非吸湿性粉料、直径小于 5mm 的成型材料、液滴、粉粒料在热空气中分散或被机械搅拌的场合都属于这种行为。

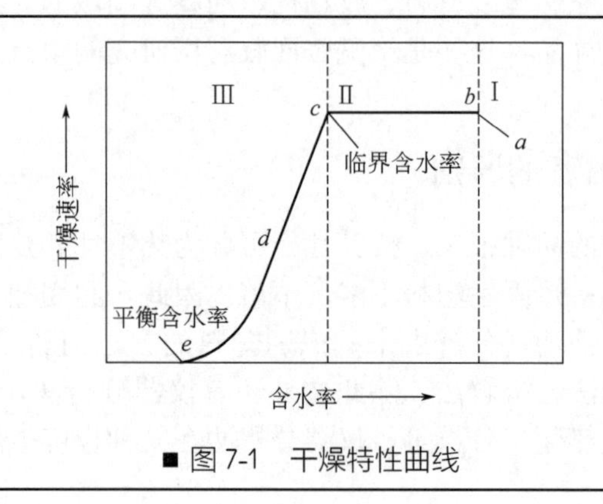


■ 图 7-1 干燥特性曲线

## 7.3 回收利用方法

废旧高分子材料回收利用的主要方法有物理回收、化学回收和能量回收等，从资源利用的角度看，物理回收应优先考虑，其次是化学回收，最后才是能量回收。

### 7.3.1 物理回收

物理回收（也称为机械回收）一般是指废旧材料的再加工过程法。将收集到的废旧聚酰胺材料破碎并洗涤、干燥后，重新造粒，然后加工成制品上市或以一定比例加入到新料中使用。这是目前废旧塑料回收利用的主要方法。

这种方法又分单纯再生和复合再生两种。单纯再生一般是指加工的边角料、废品或较清洁的同品种废旧塑料的再生技术；复合再生则是指混杂塑料的物理回收。目前以单纯再生为主。

回收的尼龙废料根据需要与新树脂混合，可作为汽车部件和其他塑料制品使用。例如：BASF 公司回收废旧卡车散热器水箱中的玻璃纤维增强 PA66，与新材料共混来生产新的散热器。Bayer 公司和 Mercedes-Benz AG 公司回收由玻璃纤维增强、弹性体改性 PA6 制成的椅背和外壳，经粉碎分离处理后与新 PA 共混重新制成工程部件。Ford 公司和 DuPont 公司开发了含有 25%旧地毯回收物的 PA66 用于生产汽车空气净化箱。为了不显著降低新制品的性能，需要控制回收尼龙的添加量，不含有玻璃纤维增强的回收 PA 最多可以添加到 50%，而玻璃纤维增强的回收 PA 通常添加量在 25%～30%之间，这是由于玻璃纤维在反复加工过程中会造成大量断裂。图 7-2 给出了 30%玻璃纤维增强尼龙的冲击强度与反复加工次数的关系，可以看出，每重复加工一次后它的冲击强度约下降 10%。

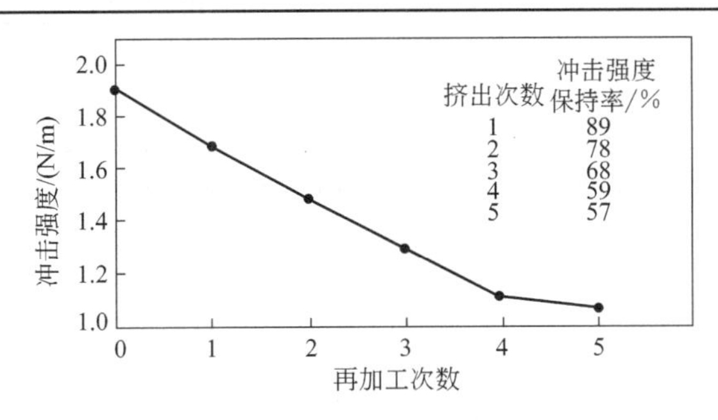


■ 图 7-2　尼龙反复加工对其冲击强度的影响

（挤出温度：300℃，剪切速率：370$s^{-1}$）

杜邦公司和电装公司利用回收尼龙生产汽车发动机进气歧管的循环利用技术获得了 2004 年欧洲塑料材料工程师协会（SPE）颁发的环境新技术奖。这项复合材料循环回收过程包括溶解废旧尼龙混料、过滤除去杂质和填料、再用玻璃纤维或无机物填充制成改性增强回收 PA6 和 PA66 部件。这项技术将提高未来报废汽车的可再生循环利用率。

聚酰胺具有优异的性能，经多次加工后，其性能下降不大。如尼龙 66 在多次加工后，其的拉伸强度仅下降 6.4%。回收尼龙可与新的尼龙共混使用，回收尼龙的比例高低，对共混物的力学性能有一定的影响。图 7-3 示出了玻璃纤维增强尼龙 6 的力学性能随着添加旧汽车座椅回收尼龙 6 含量的增加的变化曲线。

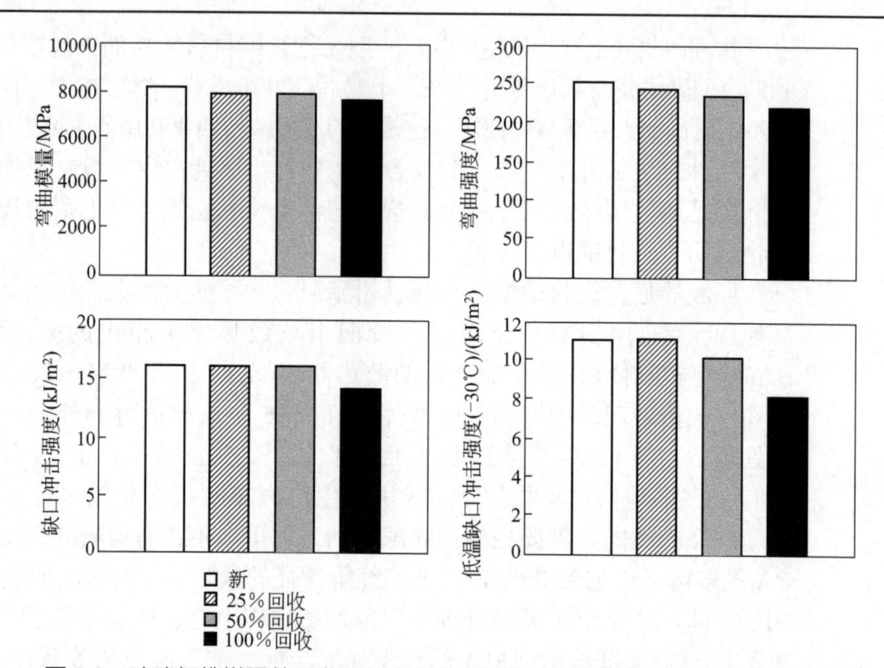


■ 图 7-3 玻璃纤维增强的尼龙 6 的力学性能随着回收尼龙 6 含量增加的变化情况

将尼龙废料与回收的聚乙烯共混，可以改善尼龙的低温脆性，制得吸水率低、冲击韧性及摩擦性能好的共混物，见表 7-1 所列。

■表 7-1 回收尼龙与回收聚乙烯的共混物性能

| 质量分数/% | | 熔体流动速率/(g/10min) | 拉伸强度/MPa | 断裂伸长率/% | 缺口冲击强度/(kJ/m²) | 吸水率/% | 介电损耗角正切(100Hz) |
|---|---|---|---|---|---|---|---|
| HDPE | PA6 | | | | | | |
| 100 | 0 | 1 | 11.5 | 230 | 19.0 | 0.1 | 0.0002 |
| 90 | 10 | 1.2 | 12.5 | 190 | 18.3 | 0.1 | 0.0012 |
| 70 | 30 | 1.25 | 17.0 | 80 | 17.5 | 0.2 | 0.0035 |
| 30 | 70 | 17.8 | 47.0 | 50 | 12.8 | 1.0 | 0.0100 |
| 10 | 90 | 25.1 | 67.0 | 85 | 9.5 | 3.0 | 0.0135 |
| 0 | 100 | 38.0 | 57.0 | 300 | 5.5 | 3.8 | 0.0170 |

## 7.3.2 化学回收

化学回收是近来发展较快的回收方法。化学回收方法有酸解、碱解、水解、醇解、热裂解、加氢裂解、催化裂解等。由于有些混杂的废旧塑料不可物理分离或分离成本很高，或者物理回收的废旧塑料的性能比原塑料的性能差很多，这时往往要采用化学回收方法来进行回收处理。废旧塑料经解聚后，可以得到单体或者低聚物，再用于合成高分子材料。表 7-2 列出了尼龙废料化学回收厂商及规模。

■表 7-2　国外尼龙废料化学回收主要厂商及规模

| 开发公司 | 回收工艺 | 废料名称 | 产能/(t/a) | 装置所在地 |
|---|---|---|---|---|
| Zimmer A. G. | 酸解聚 | PA6 地毯 | 20000 | 德国 Fronkfurt |
| BASF | 酸解聚 | PA6 | 20000 | 美国 |
| | 酸解聚 | PA6 | 20000 | 加拿大 |
| | 碱解聚 | PA66 产业废弃物 | 24000 | 德国 Ludwigshaten |
| | 酸解聚 | PA6 地毯 | 590 | 加拿大 |
| 罗拉普朗克 | 碱解聚 | PA66 | 5000 | 法国 |
| 杜邦 | 甲醇醇解 | PA66 地毯 | 230 | 美国 Glasgow |

### 7.3.2.1 尼龙酸解聚回收工艺

废旧尼龙 6 用酸催化解聚生成其单体——己内酰胺。将切碎的尼龙 6 废料加入连续的反应器中进行解聚反应，并用蒸汽汽提，蒸馏出己内酰胺，再进行浓缩除去己内酰胺中水分，用高锰酸钾氧化去掉杂质，过滤后得到回收的己内酰胺。将其加入聚合工艺中不会影响聚合物产品的质量。

式(7-1) 为废旧尼龙 6 的酸解反应式，采用磷酸作为催化剂可有效地促进尼龙 6 的酸解。图 7-4 是尼龙 6 酸解工艺流程。

$$\sim C(=O)-N(-)-(CH_2)_5-COOH \xrightarrow[\text{蒸汽}]{H_3PO_4} \text{己内酰胺(NH, C=O)} + \sim\sim COOH \quad \text{酸解} \qquad (7\text{-}1)$$

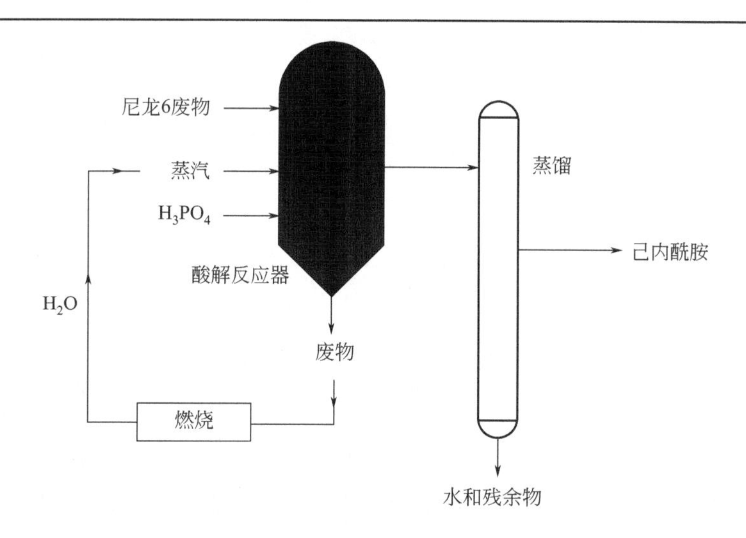


■ 图 7-4　尼龙 6 酸催化降解工艺流程

酸解过程存在的缺点：①聚合物中的填料和织物增强剂能够与酸催化剂反应，降低了该过程的效率；②催化剂的成本较高；③副产物和废水的处理费用较高。这些缺点限制了其工业使用。

#### 7.3.2.2 尼龙水解回收工艺

尼龙 6 在高压蒸汽反应器中解聚的专利由 Snider of Allied 化学公司申请。尼龙 6 在水中高压下水解解聚，得到己内酰胺的收率高达 60%～70%，其化学反应式如式(7-2)～式(7-4) 所示。该反应水与聚合物比例为 10：1，在 250℃的氮气中进行。虽然该反应过程中不使用催化剂，但在产品提纯时需要除去己内酰胺中的水，能耗高，所以成本相对也较高。

**(1) 氨端基的尼龙 6 水解成 6-氨基己酸**

$$\sim\!\!\sim\!\!\sim \underset{\text{H}}{\text{N}}-\overset{\text{O}}{\overset{\|}{\text{C}}}\!\left(\text{CH}_2\right)_5\text{NH}_2 + \text{H}_2\text{O} \rightleftharpoons \sim\!\!\sim\!\!\sim \text{NH}_2 + \text{HO}-\overset{\text{O}}{\overset{\|}{\text{C}}}\!\left(\text{CH}_2\right)_5\text{NH}_2 \qquad (7\text{-}2)$$

**(2) 酸端基的尼龙 6 水解成 6-氨基己酸**

$$\sim\!\!\sim\!\!\sim \overset{\text{O}}{\overset{\|}{\text{C}}}-\underset{\text{H}}{\text{N}}\!\left(\text{CH}_2\right)_5\text{COOH} + \text{H}_2\text{O} \rightleftharpoons \sim\!\!\sim\!\!\sim \text{COOH} + \text{HO}-\overset{\text{O}}{\overset{\|}{\text{C}}}\!\left(\text{CH}_2\right)_5\text{NH}_2 \qquad (7\text{-}3)$$

**(3) 6-氨基己酸转化成 $\varepsilon$-己内酰胺和水**

$$\text{HO}-\overset{\text{O}}{\overset{\|}{\text{C}}}-(\text{CH}_2)_5-\text{NH}_2 \rightleftharpoons \text{(己内酰胺环，C=O，NH)} + \text{H}_2\text{O} \qquad (7\text{-}4)$$

图 7-5 显示了水解过程中反应温度对己内酰胺收率的影响。反应温度高时能够提高己内酰胺的收率，但也会使反应体系的压力升高，因此，要使己内酰胺的收率超过 70%，必须提高反应压力，这势必要增加设备投资成本。

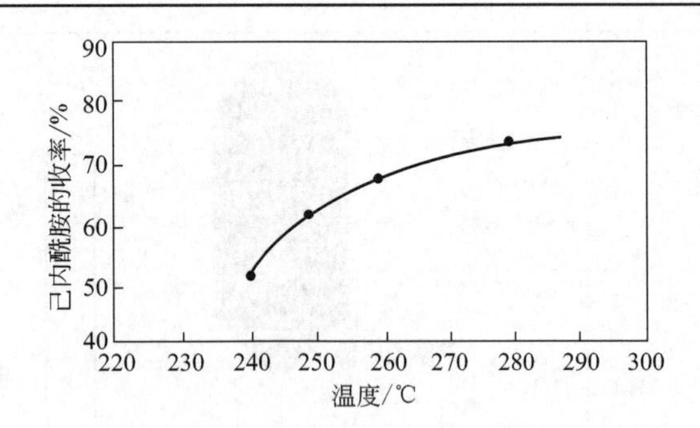


■ 图 7-5 反应温度对己内酰胺产率的影响
（水：尼龙 ＝ 10：1，反应时间＝5h，没有催化剂）

图 7-6 是己内酰胺的收率和水与聚合物比例的关系。图中可以看出，己内酰胺的收率随着反应混合物中水的含量增加而增加，当水与聚合物的比例大于 12：1 时，己内酰胺的收率几乎不变，因此，在水与聚合物的比例约为 10：1，可达到最佳的转化率和最低的水含量。

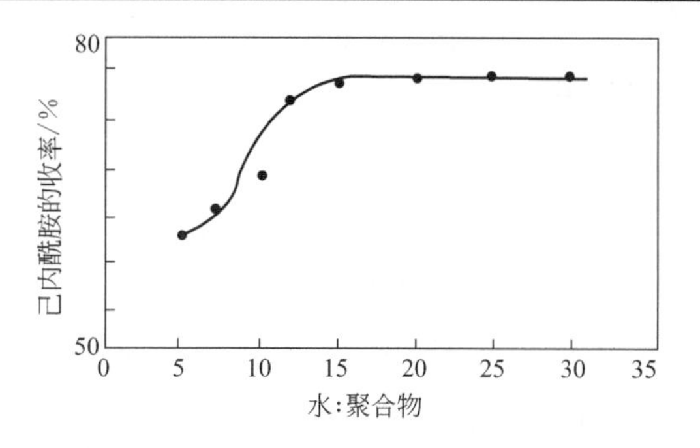


■ 图 7-6　己内酰胺的产量与（水：聚合物）的关系

### 7.3.2.3 尼龙氨解回收工艺

DuPont 公司认为，回收旧地毯的最佳解聚方法是氨解工艺。1994 年 DuPont 公司申请了氨解工艺的专利，在该工艺中，尼龙地毯与氨和磷酸盐催化剂反应生成聚酰胺单体：己内酰胺、己二胺、己二腈、6-氨基己腈等。

回收的废旧地毯必须分离 PP 衬里、尘土和其他杂质，分离的示意如图 7-7 所示。

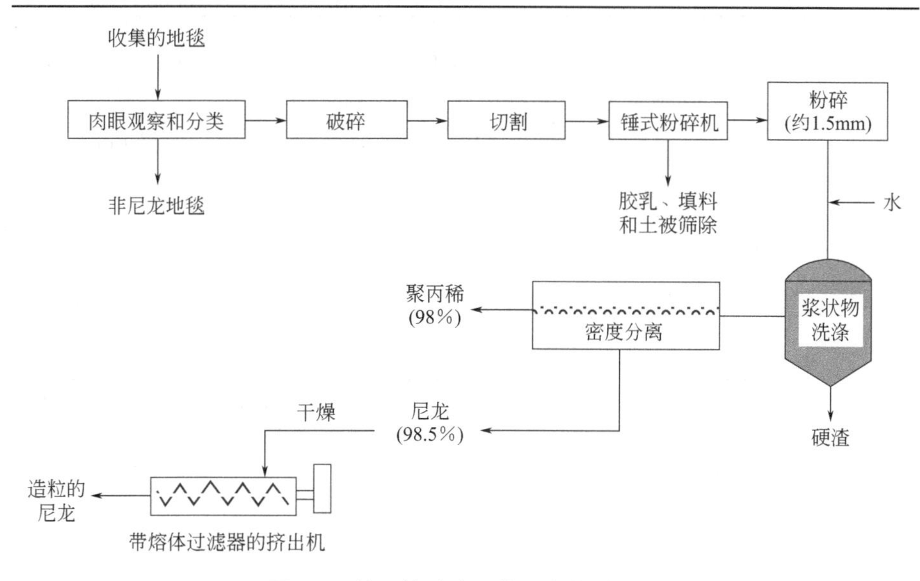


■ 图 7-7　从旧地毯中回收尼龙的过程示意

废旧地毯通过锤式粉碎机切碎、过筛，然后碾成平均粒径为 1.5mm 的粒子，将粒子加到水中形成浆状物，然后根据密度分离组分，分离得到的尼龙（纯度达到 98.5%）送到氨解聚反应器中。

在氨解反应器中，尼龙与氨气和磷酸盐催化剂混合（图 7-8），在 330℃ 和 7MPa 的压力下反应。蒸馏反应混合物并回收氨，除去氨基甲酸盐副产

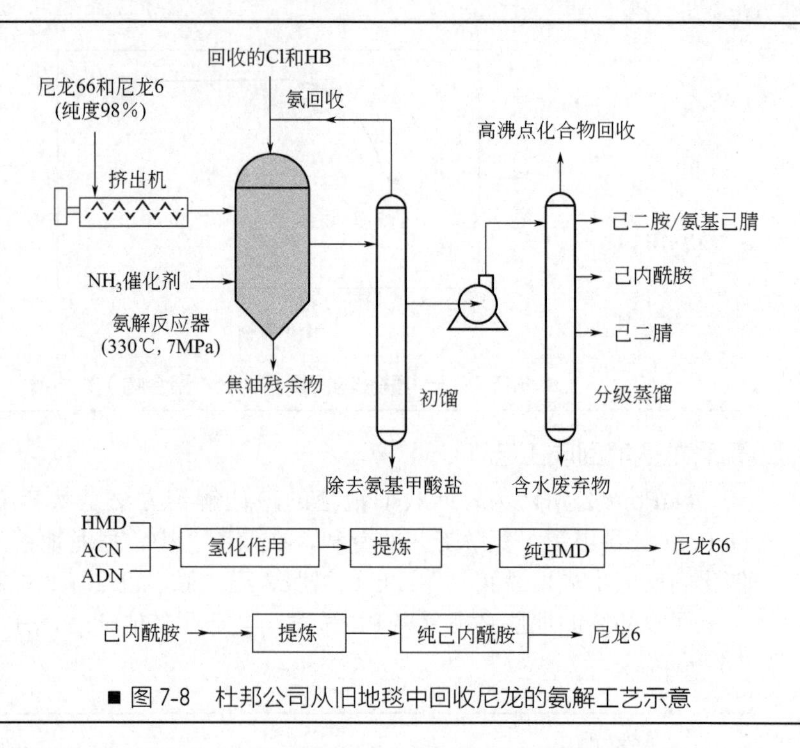


■ 图 7-8 杜邦公司从旧地毯中回收尼龙的氨解工艺示意

物。粗尼龙单体可分级蒸馏成 3 个部分：己内酰胺（CPL）、己二胺（HMD）和 6-氨基己腈（ACN）、己二腈（ADN）。

ACN 和 DAN 可以加氢生成高纯 HMD，而己内酰胺可以进一步氨化成 ACN 或者直接提纯为高纯己内酰胺。该工艺生产 HMD 的纯度可达 99.8%。主要杂质氨甲基环戊基胺（ACM）和 1,2,3,4-四氢-5-氨基吖啶（THA）的含量在采用大型蒸馏塔的工厂装置中可大大降低。表 7-3 为杜邦公司氨解工艺回收的 HMD 的质量与参比样 HMD 进行的比较。

■表 7-3 杜邦公司氨解工艺 HMD 的质量对比　　单位：mg/kg

| 杂质名称 | 标样 HMD | 回收 HMD |
|---|---|---|
| 亚胺 | 25 | <10 |
| 1,2,3,4-四氢-5-氨基吖啶 | 60 | 120 |
| 二氨基环己胺 | 25 | <20 |
| 氨甲基环戊基胺 | 25 | 213 |
| 己二腈 | 25 | 26 |
| 己内酰胺 | 0 | 49 |

## 7.3.3 能量回收

任何物质都以分子结构形式储存能量。在有机物中碳原子由单键、双键或叁键相互连接，可以通过焚烧破坏其化学键，回收其放出的能量。

#### 7.3.3.1 聚酰胺废料的焚烧

焚烧是垃圾处理的方法之一。对于不具备工业化回收处理价值的废旧尼龙制品，通常可作为垃圾进行焚烧回收能量。

聚酰胺焚烧时产生氮氧化物，因此应采用合理的方法回收，避免污染环境。

#### 7.3.3.2 聚酰胺废料制成燃料

高分子废料可直接制成固体燃料，用于燃烧；也可先液化成油类，再制成液体燃料。这些利用废弃物制成的燃料称为废弃物燃料（refuse-derived fuel，RDF）。

含有部分废塑料的RDF具有较高的能量，其热值可达22MJ/kg。RDF也可以与煤混合后在栅炉中燃烧。当热塑性塑料单独燃烧，或固体RDF中热塑性塑料含量比较多时，在燃烧过程中熔化塑料会从格栅上滴下来，造成燃烧不完全，一般采取与其他废料混合后燃烧，也可用旋转窑炉焚烧器来燃烧解决这一问题。

### 7.3.4 聚酰胺回收利用实例

#### 7.3.4.1 尼龙6废料回收利用方法

**(1) 尼龙6生产中己内酰胺低聚物残渣的直接回收利用** 在尼龙6生产中，从原料己内酰胺到产物尼龙6切片的产率一般在90%左右，剩余原料则含在单体萃取水及聚合物废块中。尼龙6生产的几个主要步骤均可能产生废料，如图7-9所示。

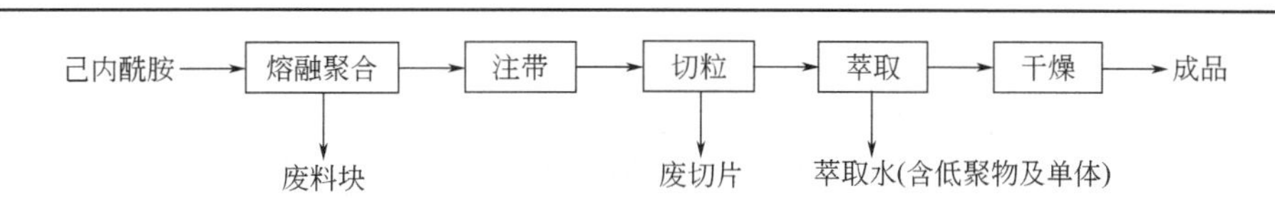


■ 图7-9 尼龙6生产中废料的来源

目前尼龙低聚物回收一般采用碱或酸作催化剂，使低聚物解聚回收己内酰胺单体。采用酸作催化剂，对设备要求较高，设备投资较大；采用碱作催化剂，设备要求虽然比较低，投资少，但单体回收率不高。而且，不管是酸解聚还是碱解聚都存在工艺过程比较繁琐，能耗高，并会产生一定的二次污染等问题，不是一种最理想的方法。因此将低聚物直接聚合生产尼龙6工程塑料，是最好的处理方法。

将低聚物加入熔融釜中，熔融温度为210～230℃，熔融6h，利用液位差，使熔融液体通过过滤器，除去机械杂质后进入聚合釜。再加入一定量的蒸馏水、热稳定剂、抗氧剂，在聚合温度280℃，压力1.5MPa下聚合6h

后，泄压并抽真空 4h。然后注带、切粒、萃取和干燥，得到成品。

与己内酰胺单体聚合不同之处在于利用低聚物聚合时所用的稳定剂不同。如果在低聚物直接聚合中采用己二酸作稳定剂，则所得聚合物的分子量较小，黏度偏低，性能也不稳定。同时在聚合过程中必须添加合适的抗氧化剂，避免低聚物中的少量易氧化性杂质参与反应降低产品质量。

**(2) 利用回收尼龙 6 制备多孔尼龙粉末** 一般采用机械粉碎法和高温高压法制备尼龙粉末。机械粉碎法能耗大且效率低，粉末为不规则球状，表面积小，用途有限。高温高压法有两种方式，一是在高温高压下接枝以改变尼龙结构，再重新结晶成粉，产品多用做热熔胶或高分子粉末冶金原料；二是溶解法，用乙二醇、丙二醇、脂肪族酮水溶液或盐酸溶液作溶剂，在一定温度压力下将尼龙溶解，再结晶或沉淀精制得到多孔尼龙粉末，粒径 0.01～0.50mm，孔径 4nm 左右，具有吸附性能，用于天然植物有效成分的提纯。

所用原料见表 7-4 所列。先将无机盐回流溶于低级醇中，然后加尼龙继续回流并搅拌使之溶解，完全溶解呈透明膏状黏稠液后高速搅拌同时滴加过量醇-水混合溶剂，使尼龙从溶液中结晶沉淀出来。用布氏漏斗过滤，再用 40～50℃温水洗涤，必要时用丙酮洗。湿粉在 60～80℃热风干燥箱中干燥 2～3h，脱除多余的水分和醇，得到干燥的多孔尼龙粉末。

■表 7-4 生产粉末的主要原料

| | |
|---|---|
| 废尼龙 | 尼龙 6 等，主要用帘子布厂和针织厂的尼龙 6 废丝(块)，白色透明体 |
| 无机盐 | 无水氯化钙，工业级 |
| 低级醇 | 甲醇、乙醇，工业级 |

采用上述溶剂体系时各种组分的配比见表 7-5 所列。根据不同的尼龙品种和孔径大小，可有多种配比。所得产品经 X 射线小角光散射研究分析表明，大部分孔为针形状，孔与孔交错相连。

■表 7-5 各组分配比

| 原 料 | 废尼龙 | 无机盐 | 低级醇 | 醇-水(体积比为 1∶3～1∶5) |
|---|---|---|---|---|
| 组成/% | 8～15 | 10～15 | 35～40 | 40～50 |

用废尼龙制的多孔尼龙粉末因其吸附性能而获得多种用途。如尼龙粉末可作为稳定剂用于啤酒、葡萄酒和果汁的脱酚处理。在成品啤酒、葡萄酒中残存少量多酚化合物，这些化合物经氧化会造成低度酒混浊和变质，利用多孔尼龙粉末的吸附性能可将多元酚含量降低 3/4（表 7-6），存放期可延长 2 倍以上，处理成本低。

此外多孔尼龙粉末可用于吸附烟草的尼古丁、多酚类和焦油，作为有机物固相萃取载体可于制药工业吸附天然有机甙原物质。

多孔尼龙粉末使用失效后可以再生。需要回收再生时可先用水洗，再用 0.1mol/L 的氢氧化钠溶液洗涤至无颜色后再用水洗，随后依次用丙酮或乙醚洗涤，真空抽滤并干燥后即可再使用。

■表 7-6　多元酚吸附试验结果

| 吸附试样 | 多元酚含量 | 对比结果 |
|---|---|---|
| 1# | $30\times10^{-6}$ | 100mL 啤酒加 1g 试样，搅拌放置 5min，测清液 |
| 2# | $85\times10^{-6}$ | |
| 空白 | $121\times10^{-6}$ | |
| 2# | $5.2\times10^{-6}$ | 100mL 白葡萄酒加 1g 试样，搅拌放置 5min，测清液 |
| 4# | $19.5\times10^{-6}$ | |
| 空白 | $37.3\times10^{-6}$ | |
| 3# | $52\times10^{-6}$ | 将试样与 9 倍纸浆做成片材，将啤酒以 1200mL/（$m^2\cdot h$）的速度滤过 |
| 4# | $85\times10^{-6}$ | |
| 空白 | $100\times10^{-6}$ | |

注：1#、2#、3# 试样为尼龙 66 废丝分别在 $CaCl_2$-醇、LiCl-醇和 $Ca(NO_3)_2$ 体系中制得；4# 为直接将尼龙 66 废丝以气流粉碎至 120 目以上之细粉。

**(3) 尼龙 6 废料碱解聚回收单体用于聚合工艺**

① 回收己内酰胺生产 MC 尼龙　以废尼龙 6 为原料，经碱解聚，过热蒸汽吹洗，蒸馏后，再经碱性聚合得到 MC 尼龙。具有工艺流程短、成本低等特点。

在聚合釜中加入废尼龙 6，再加入废尼龙质量 3%的 KOH，在真空下解聚，向上述熔体中加入 0.1%～1%的己二胺，搅拌 1h，再将物料导入专用吹洗塔中，维持塔温 110～120℃，以 150～200℃的过热蒸汽充分吹洗 2h 后，再加入 0.1%～0.5%的 NaOH，在 140℃、0.67kPa 绝压下减压蒸馏得到活性己内酰胺（CPL）。以该熔体为原料，再按常规方法加入 NaOH 和0.002～0.003mL/kg(CPL) 的三苯基甲烷三异氰酸酯为助催化剂进行聚合，即可制得机械强度好的 MC 尼龙，分子量可达 3.5 万～7 万，收率 75%～80%。

② 尼龙废料碱解聚生产聚合级己内酰胺　将尼龙的各类废料如废丝（无油和有油）、废塑料或开停车废料、蒸馏低聚体残渣（包括不清洁的），除去机械杂质后加入熔融锅，在 300℃下熔融，再加入物料重量 3%左右的碱，在压力为 0.09MPa，温度为 300～350℃的条件下解聚，将解聚得到的 CPL 单体吸入吸收塔中用水喷淋吸收，用硫酸中和以后在萃取塔中用三氯乙烯萃取水溶液中的 CPL，然后再用软化水在第二个萃取塔中将 CPL 萃取回水中，经二次萃取将能溶于有机溶剂和水中的杂质除掉，精制得到较纯的 CPL 水溶液，送 CPL 回收系统蒸发。此法在解聚和两次萃取中 CPL 单体损失较大，总收率仅为 60%～70%，但所得 CPL 单体质量能达到聚合生产要求。

**(4) 尼龙 6 废料酸解聚回收己内酰胺**　首先将尼龙废料溶解在磷酸中，再用 160～250℃、0.5～1.4MPa 的高压蒸汽加热 1～4h，连续送入解聚釜中。从解聚釜底部导入 350℃的高压蒸汽，将物料加热到 220～275℃，得到的 CPL 单体随蒸汽蒸出解聚釜，含量 80%（质量）。连续降解中，磷酸的用量为 100 份（质量分数）固体聚合物加入 0.1～1 份，间歇法则为 0.1～5 份。当磷酸用量过小时，降解过程中会失去催化活性物；用量过大则会降低 CPL 回收率，同时会加大对设备的腐蚀。表 7-7 为不同条件下 CPL 回收率比较，图 7-10 是德国 Lurgi 公司的酸催化解聚流程。

■表 7-7 不同条件下 CPL 回收率

| 条件 | | A | B | C |
|---|---|---|---|---|
| 回收 CPL 浓度/% | | 55 | 55 | 55 |
| 蒸汽流量/(g/h) | | 300 | 360 | 720 |
| 蒸汽温度/℃ | | 400 | 400 | 400 |
| 解聚温度/℃ | | 360 | 340 | 320 |
| 磷酸用量/%(质量) | | 1.8 | 2.4 | 3.0 |
| CPL 产物流量/(g/h) | | 367 | 440 | 880 |
| 重金属含量/(mg/kg) | | | | |
| | Cu | 10 | — | 70 |
| | Mn | 20 | 20 | 50 |
| | Sn | — | 10 | — |
| 回收效率/% | | 98 | 94 | 93 |

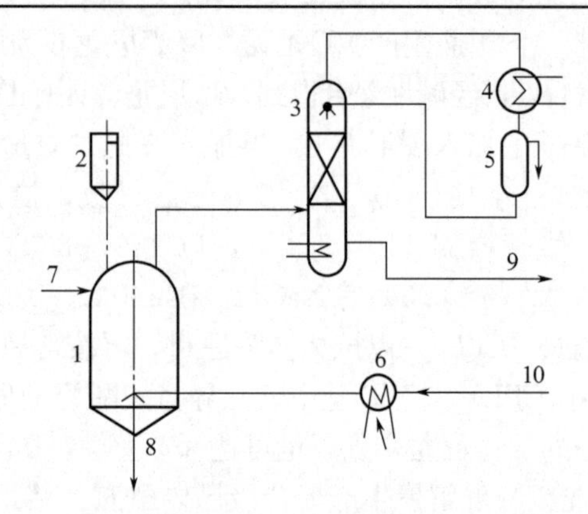


■ 图 7-10 德国 Lurgi 公司的酸催化解聚流程

1—解聚釜;2—磷酸槽;3—冷凝塔;4—冷凝器;5—回流槽;6—电加热器;
7—废料;8—残渣;9—CPL 水溶液;10—蒸汽

**(5) 尼龙 6 废地毯回收技术** 聚酰胺回收利用最成功的实例就是尼龙废旧地毯回收利用,特别是美国和德国都有工业化回收生产装置,并研究出高效便捷的分析废旧地毯成分的检测仪器。

Allied Signal 和 DSM 公司开发出了两种新仪器用于鉴定地毯织物的成分,从而提高地毯回收操作的效率。利用这种仪器可以准确地区分聚丙烯和尼龙 6 地毯。这种仪器成本低廉,且能在 10s 之内准确鉴定地毯的表面织物成分,因此显著地降低了地毯分类的成本。

手持式熔点地毯鉴别仪有两个热探针,一个探针的温度设定为 255℃,另一个为 180℃,分别略高于尼龙 6 和聚丙烯的熔点。热探针压在与样品表面接触的一小块铝箔上。如果地毯有尼龙 6 织物,则探针会在地毯的表面留下一个标记。如果地毯含有聚丙烯织物,则地毯表面留下两个熔融痕迹。如果地毯表面的织物是聚酯、尼龙 66、羊毛或丙烯酸酯,则地毯表面不会留下标记。为了将尼龙 66 和聚酯从羊毛和丙烯酸酯区分开,可在该仪器中加入第三个探针，温度设定为 280℃，该探针只会在尼龙 66 和聚酯上留下标记。但因尼龙 66 和聚酯有着相近的熔融温度，该仪器不能区分这两种织物。

加外一种更精密的地毯织物鉴定仪器是根据近红外（NIR）反射系数制成。该仪器最近由 LT Industries（Rockville，MD）出产，能在不到 10s 内鉴定出地毯的表面织物成分，并能准确地鉴定尼龙 6、尼龙 66、聚酯、羊毛或聚丙烯。

近红外探测仪有一个手提式的 NIR 探测器，探测器直接放在地毯表面，得到的 NIR 谱图与谱图库中含有的 300 多张从新地毯到各种旧地毯的样品谱图进行对比。大量样品的谱图可使该仪器快速、可靠地鉴定出地毯的成分（即使用防护剂处理过的地毯）。

手提式 NIR 探测器连在纤维光学电缆上（6m 长），并有一个彩色的 LED 板使操作者用一个按钮快速、便捷地鉴定地毯表面（图 7-11）。该仪器在波长为 1200～2400nm 的范围内每分钟扫描 5 次，分辨率为 1nm。尽管尼龙 6 和尼龙 66 的 NIR 光谱非常相似，但它们的次级衍生光谱可以很容易地将两者区分开来。

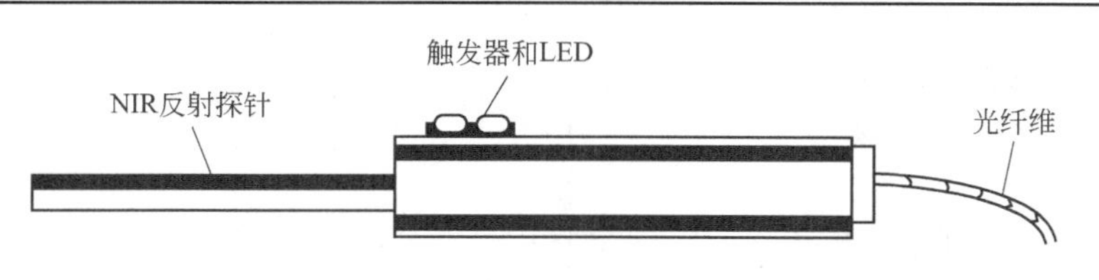


■ 图 7-11　近红外反射探针鉴定旧地毯表面织物的示意

中国专利公开了 DSM 公司从废尼龙 6 地毯中回收己内酰胺的方法，美国专利公开了 BASF 公司的一种尼龙 6 地毯解聚的方法。

在中国专利中，着重申明了使用烷基酚作为解聚产物的萃取剂的权利。首先将尼龙 6 废料于 200～400℃的高温下溶解在水中以进行解聚，解聚时间约为 1h，得到含有 CPL、低分子量低聚物（两者质量比约 4∶1）的混合物。解聚过程并不要求有催化剂或促进剂，但使用合适的解聚催化剂或促进剂如 Lewis 酸、布朗斯特酸则有利于控制反应速率和选择性，也可以使用碱性催化剂如氢氧化钠、氢氧化钾、碳酸钠等，催化剂的用量为尼龙 6 的 0.1%～5%。

萃取出的有机相中含有不高于 50%（质量）的 CPL 和 0～15%的水分，环状低聚物一般低于 5%，线型低聚物一般低于 0.1%。进一步通过蒸馏等分离操作可以从有机相中回收纯 CPL。

在美国专利中，特别声明了解聚条件为温度 200～350℃，压力 2～10MPa，同时使用氢氧化钠为解聚催化剂，水解时间为 3～6h，加水量为废尼龙的 10%～20%。尼龙 6 水解的转化率不低于 60%，所得产物是 CPL 单体及其低聚物或其他不溶物（如 PP 等）的混合物，再采用非水溶性的有机溶剂将 CPL 从解聚混合物中分离出来，经蒸馏得到纯 CPL。

#### 7.3.4.2 尼龙 66 废料回收利用方法

**(1) 尼龙 66 废丝再纺工业用丝** 在尼龙 66 帘子布原丝生产过程中会有一定量的废丝产生，将这部分废丝经过造粒、真空转鼓烘干、螺杆熔融挤压纺丝、卷绕成形等工序生产“再纺工业用长丝”，该再纺丝可以用来织轮胎子口布及其他工业用帆布。另外，尼龙 66 废丝也可经造粒生产各种尼龙 66 工程塑料。

尼龙 66 废丝再造粒一般有两种方法。一种方法是熔融废丝造粒，其工序是：干丝挑选和油丝洗涤干燥后切断，再熔融挤出、冷却、切粒、分级、烘干得到成品。该方法生产的切片由于经过较高的熔融温度（264℃），使尼龙链受热断裂，分子量分布较宽，造粒前废丝相对分子质量为 22000，造粒后切片相对分子质量约为 18000 左右。这种切片再纺丝时，可纺性差，断头率增多，物理性能指标下降，具体数据见表 7-8 所列。

■表 7- 8 熔融法造粒尼龙 66 切片测试结果

| 性 能 | 测试方法 | 测试结果 |
|---|---|---|
| 熔点/℃ | | 252～256 |
| 密度/（g/cm³） | GB 1033 | 1.14 |
| 相对分子质量 | | 18000 |
| 收缩率/% | | 1.5～2.0 |
| 抗张强度/MPa | GB 1040 | 50～60 |
| 弯曲强度/MPa | GB 1042 | 95～110 |
| 伸度率/% | GB 1042 | 50～60 |

另一种方法是尼龙 66 废丝再造粒采用德国 Condux 公司生产的压搓造粒工艺。其原理和特点是，造粒时不用外部加热，而是靠压搓摩擦生热，将尼龙 66 废丝在 180℃左右压搓成条状，再粉碎成粒子。

其生产工序是：废丝经挑选、切断后进入压搓机成条、粉碎、分选得成品。由于压搓造粒避免了热降解，高聚物的分子量在加工过程中变化很小。具体数据见表 7-9 所列，纺丝结果见表 7-10 所列。

■表 7-9 压搓造粒尼龙 66 切片测试结果

| 性 能 | 测试方法 | 测试结果 |
|---|---|---|
| 熔点/℃ | | 254～256 |
| 密度/（g/cm³） | GB 1033 | 1.36 |
| 相对分子质量 | | 18000～20000 |
| 收缩率/% | | 1.5～2.0 |
| 抗张强度/MPa | GB 1040 | 55～60 |
| 弯曲强度/MPa | GB 1042 | 100～110 |
| 伸度率/% | GB 1042 | 55～60 |

■表 7-10 不同回收料纺丝情况对比

| 原 料 | 可纺性 | 原丝强度/[cN/(dtex)] |
| --- | --- | --- |
| 熔融回收切片 | 较差 | 5.3～5.6 |
| 压搓造粒切片 | 较好 | 6.4～6.6 |
| 30%熔融切片+70%造粒 | 一般 | 5.7～6.1 |

**(2) 尼龙 66 废料碱解聚回收单体** 尼龙 66 废料来源于化纤、纺织厂废品（包括：块、条、无油丝、油丝等），对其分类包装、使泥土和机械杂物、水分控制在 5%以下，尼龙 66 成分占 95%以上，在 30%的 NaOH 存在下碱解聚，再经萃取、分离、酸化、过滤得到成品。其反应原理如下：

$$HO[OC(CH_2)_4CONH(CH_2)_6NH]_nH \xrightarrow{NaOH} nNH_2(CH_2)_6NH_2 + nNaOOC(CH_2)_4COONa$$

$$NaOOC(CH_2)_4COONa + H_2SO_4\ (或\ HCl) \longrightarrow HOOC(CH_2)_4COOH + Na_2SO_4\ (或\ NaCl)$$

将洗净、干燥的尼龙 66 废料与配好的碱液放到水解釜内，在反应温度为 150～240℃，压力为 0.8～1.6MPa 下进行水解，反应完成过滤后送至水解液贮罐。将配好的混合溶剂和水解液按 1∶1 的配比投入萃取釜，在 40～80℃条件下搅拌一定时间后，送入静态分离器，有机相进入蒸馏塔进行蒸馏，回收己二胺。

将水相（己二酸钠水溶液）送入酸化釜，在冷却、搅拌下缓慢地将定量硫酸或盐酸加入酸化釜，进行酸析反应，当反应液达到酸化终点时，己二酸成结晶态析出，经过滤、洗涤得己二酸粗品。之后再用活性炭脱色。脱色后的液体送结晶釜冷却、结晶、离心、干燥，得己二酸精品。

己二酸平均收率为 85.36%，外观呈白色结晶或粉状物；水分≤0.5%；含量 99.51%；熔点≥150℃；灰分≤0.02%；色度（铂钴）≤40#；铁≤0.0008%。

己二胺平均收率 92.43%，外观呈无色片状结晶；水分≤1%，含量 99.49%，凝固点≥39.5℃，铁≤0.0008%。

如果工艺中采用盐酸为酸析剂，己二酸收率可以提高约 6.4%，是由于硫酸钠与氯化钠在水中的溶解度不同。

**(3) 尼龙 66 废料酸解聚回收单体** 辽宁天成化工有限公司与沈阳工业大学合作就尼龙 66 废料回收申请了一项中国专利。专利权要求：将 1000kg 废尼龙 66、2kg12-磷钨酸催化剂、1000kg 自来水加入水解反应器内，加热使水解反应器温度达到 100℃，搅拌反应 6.5h，冷却至 25℃过滤，使固体物和液体物分离，得固体物粗己二酸和液体物 A。将固体物粗己二酸加入自来水 1000kg、加入工业用活性炭 25kg，加热至 90℃，搅拌 2.5h，过滤滤除活性炭，滤液冷却至 25℃，析出产品己二酸，产品质量达到 SH/T 1499 己二酸工业一级标准。

在固液分离得到的液体 A 中，按重量比（0.2～1）∶（0.02～0.6）∶

(0.4～0.6)(液体物 A：碱性中和剂：自来水)，中和至中性，搅拌均匀后得到液体混合物 B，将 B 加入回转炉内，在 133～3990Pa 压力、温度150～220℃条件下进行蒸馏，塔顶馏出物液体 C，经精馏截取 133～2660Pa/220℃馏分得己二胺。工艺流程如图 7-12 所示。

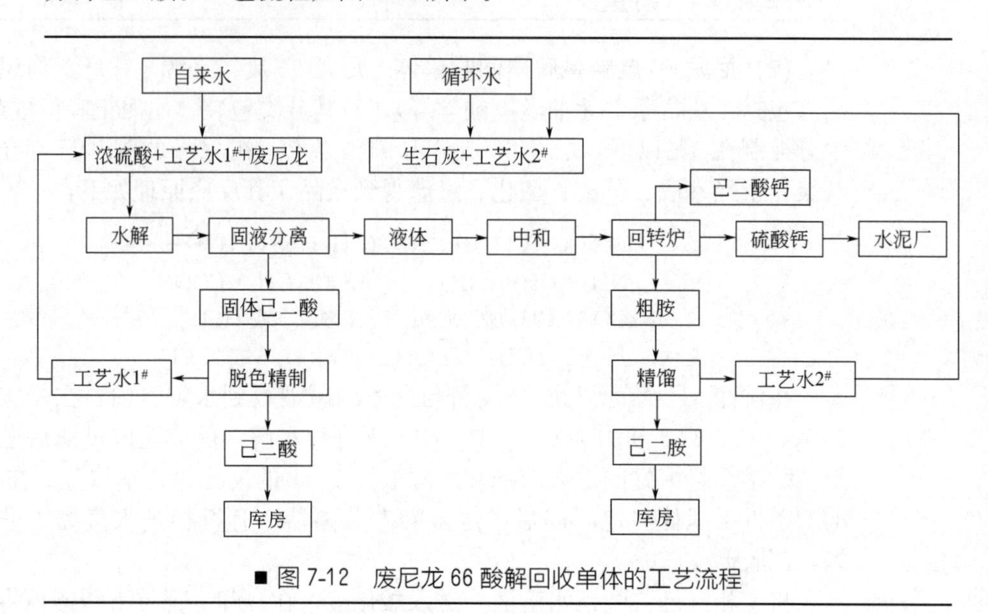


■ 图 7-12 废尼龙 66 酸解回收单体的工艺流程

## 7.4 小结

废旧 PA 制品的回收利用目前主要采用物理或机械回收的工艺，虽然此方法简单方便，能够延长 PA 的使用周期，但循环多次后会由于高分子链的大量断裂不能继续采用此方法回收，因此通过解聚工艺直接回收单体的化学回收工艺将是未来发展的必然趋势，随着技术进步和回收系统的完善，可以显著降低化学回收的投资和运行成本，提高工业生产效益，吸引更多投资进入，最终形成完整的 PA 循环回收产业链。

国外因高度重视环境污染，对聚酰胺废料化学回收的研究开发比较早，特别是对废旧尼龙地毯的化学回收研究较深入，已经形成规模化的产业。而国内聚酰胺废料以物理回收为主，化学回收虽然有很多单位在开发，但还没有形成规模化的产业，除生产技术原因之外，国家政策的引导力度还有待加强。

### 参 考 文 献

[1] 魏丹毅，王邃，张振民等．废旧尼龙制品的循环利用．广东化工，2008，35 (2)：58-61.

[2] 黄海滨，刘锋李，丽娟等．塑料回收利用与再生塑料在建材中的应用．工程塑料应用，2009，(37) 7：56-59.
[3] 关成，姜子波，何松元等．中国塑料回收行业现状分析及发展前景．塑料，2009，(03)：36-38.
[4] Corina M，Dinyar K，et al. Recycling of nylon from carpet waste. Polymer Engineering and Science，2001，41 (9)：1457-1470.
[5] Raimund Schwarz. Polyamide and polyester recycling-twin-screw extrusion and its application. Chemical Fibers International，2007，57 (5)：272-273.
[6] Joachim Seelig，Martin Steinbild，et al. Raw Material Recycling of Nylon 6 Carpets. International Fiber Journal，2003，18 (5)：48-49.
[7] 刘玉莉，钱以宏．国内地毯业的现状及 PTT 地毯产品前景分析．合成纤维，2002，14 (5)：14-17.
[8] 丁明洁 陈新华．我国废旧塑料回收利用的现状及前景分析．中国资源综合利用，2004，(6)．
[9] 肖朝辉，刘浩，陈庆等．聚酰胺 6 纤维浓缩液直接聚合工艺初探．化工进展，2005，24 (3)：319-321.
[10] Marzouk O Y，Dheilly R M，Queneudec M，et al. Valorization of post-consumer waste plastic in cementitious concrete composites. Waste Management，2007，27：310-318.
[11] Ismail Z Z，AL-Hashmi E A，et al. Use of waste plastic in concrete mixture as aggregate replacement. Waste Management，2007，28：2041-2047.
[12] Phaiboon Panyakapo，Mallika Panyakapo，et al. Reuse of thermosetting plastic waste for lightweight concrete. Waste Management，2008，28：1581-1588.
[13] Dweik H S，Ziara M M，Hadidoun M S，et al. Enhancing concrete strength and thermal insulation using thermoset plastic waste. International Journal of Polymeric Materisls，2008，54 (11)：635-656.
[14] 李智范．用废旧尼龙 6 生产己内酰胺的方法 [P]. 中国专利：CN 1374 296A.
[15] 戚嵘嵘，周宁，周持兴等．回收 PET/PA66 复合材料的研究．工程塑料应用，2006，34 (10)：4-6.
[16] 约翰·沙伊斯著．聚合物回收：科学、技术与应用．纪奎江，陈占勋等译．北京：化学工业出版社，2004：216-226.
[17] DSM 公司．美国专利：6111099，2000-08-29.
[18] Goto M，Sasaki M，Hirose T，et a1. Reactions of polymers in supercritical fluids for chemical recycling of waste plastics. J MATER SCI，2006，41：1509-1515.
[19] Davis，Darrell D，Wilhoit，et a1. Nitric acid hydrolysis of polyamids [P]. US Patent：5750791.
[20] 横内满，安田武夫．工程塑料最新动向和今后预测．プテスチックス，2009，60 (4)：8-16.
[21] 程欣，许绍东，贺光亮等．一种废尼龙回收利用的生产方法 [P]. 中国专利：CN 200410020535. 1.
[22] 张振民．一种用尼龙 66 解聚生产己二酸、己二胺的工艺 [P]. 中国专利：CN 200310102234. 9.
[23] Michael W，Duch，Alan M，et al. Deactivation of nitrile hydrogenationcatalysts：New mechanistic insight from a nylon recycle process. Applied CatalysisA：General，2007，318：190-198.
[24] 尼内谦治．聚酰胺．プテスチックス，2009，60 (1)：60-65.
[25] Masuda T，Kushino T，Matsuda T，et a1. Chemical recycling of mixture of waste plastics using a new reactor system with stirred heat medium particles in steam atmosphere. Chemical Engineering Journal，2001，82：173-181.
[26] 黄发荣，陈涛，沈学宁，高分子材料的循环利用．北京：化学工业出版社，2000：303-312.
[27] 汪志勇，王官武，Albert S M，等．绿色化学导论．北京：中国石化出版社，2006.
[28] Wan J K S，et al. J. Appl. Polym. Sci.，1994，54：25.

[29] 井上笃人．聚酰胺．化学经济（日），2009，56（4）：121-122.
[30] 彭治汉，施祖培．塑料工业手册：聚酰胺．北京：化学工业出版社，2001.
[31] 何友宝，詹世平，王景昌等．超临界流体技术解聚废旧塑料的研究．科技咨询导报，2007，(13)：96-97.
[32] 刘爱学，孟令辉，张泓喆等．高温高压水条件下尼龙 6 的分解及其动力学研究．工程塑料研究，2004，32（10）：47-49.
[33] Fuchs H，Neubauer G，Ritz J，Priester C U. (BASF). US 5359062. 1994.
[34] Moran，J. Separation of nylon-6 from mixtures with nylon-66. US Patent 5280105. 1994.

# 附录　PA66 牌号与性能

| 生产企业 | 商品名称或牌号 | 典型用途 | 填充剂/% | 密度(ISO1183)/(g/cm$^3$) | 拉伸强度(ISO527)/MPa | 断裂伸长率(ISO527)/% | 弯曲模量(ISO178)/MPa | 缺口冲击强度(ISO 180/IA)/(kJ/m$^2$) | 热变形温度(ISO75 1.8MPa)/℃ | 阻燃性(UL94) | 其他 |
|---|---|---|---|---|---|---|---|---|---|---|---|
| 聚隆科技 | ANOT | 机械零件、电子器件、连接器、接插件等 |  | 1.14 | 80 | 30 | 3000 | 4 | 70 | HB |  |
| 聚隆科技 | AG10 | 机械零件齿轮、轴套等和电器绝缘件 | GF，50 | 1.56 | 220 | 2 | 13000 | 16 | 250 | HB |  |
| 聚隆科技 | AG6I | 汽车零部件、电动工具、铁路配件 | GF，30 | 1.34 | 155 | 4 | 7800 | 22 | 240 | HB |  |
| 聚隆科技 | AR0G8BK-S01 | 交流电接触面板及壳体、低压电器护板 | GF，40；红磷阻燃 | 1.52 | 155 | 2 | 8100 | 12 | 245 | V-0 |  |
| 聚隆科技 | AROBK | 电子电器、接插件 |  | 1.18 | 75 | 6 | 3300 | 3.5 | 65 | V-0 | 无卤阻燃剂 |
| 聚隆科技 | AM8 | 机械壳体、骨架材料 | M，40 | 1.48 | 80 | 3 | 6200 | 6 | 200 | V-0 |  |
| 中平能化 | 2720G | 中等刚性的机械部件、护罩、电绝缘制品 | GF | 1.28 | 130 | 6.68 | 3550 | 17.4 | 245 | HB | 增强 |
| 中平能化 | 2130G | 机械部件、护罩、风叶、汽车冷却水箱、齿轮、线圈骨架、机床附件 | GF | 1.36 | 165 | 6.6 | 5300 | 14.8 | 247 | HB | 增强 |

续表

| 生产企业 | 商品名称或牌号 | 典型用途 | 填充剂/% | 密度(ISO1183)/(g/cm³) | 拉伸强度(ISO527)/MPa | 断裂伸长率(ISO527)/% | 弯曲模量(ISO178)/MPa | 缺口冲击强度(ISO 180/IA)/(kJ/m²) | 热变形温度(ISO75 1.8MPa)/℃ | 阻燃性(UL94) | 其他 |
|---|---|---|---|---|---|---|---|---|---|---|---|
| 中平能化 | 2750G | 军工制品、结构件、高速齿轮 | GF | 1.55 | 200 | 6.5 | 7900 | 19.6 | 253 | HB | 增强 |
| 中平能化 | 2703T | 铁路挡板座、管件、运动器材 |  | 1.12 | 50 | 26.5 | 1140 | 63.3 | 73.1 |  | 增韧 |
| 中平能化 | 2103T | 铁路挡板座、管件、运动器材 |  | 1.12 | 50 | 26.2 | 1400 | 63.9 | 66.4 |  | 增韧 |
| 中平能化 | 2720E | 纺织配件、机床附件 |  |  | 48 | 24.1 | 1440 | 14.4 | 69.5 |  | 增韧 |
| 中平能化 | 2107H | 铁路套管、体育器材、齿轮、线圈 |  |  | 150 | 8.4 | 4500 | 17.2 | 238.5 |  | 增强增韧 |
| 中平能化 | 2700F | 工业电器、家用电器和其他电气设备 |  |  | 72 | 5.5 | 2000 | 5.1 | 74.1 |  | 阻燃 |
| 中平能化 | HW46 | 高铁专用料 |  | 1.32 | 175.3 | 8.2 |  | 29.1 | 247 |  |  |
| 南京立汉 | A100 | 机器零部件、日用消费品 |  | 1.13 | 80 | 25 | 2700 | 3.4 | 65 | V-2 |  |
| 南京立汉 | A601 | 纺织器材、铁路部件、运动器材、扎带 |  | 1.09 | 55 | 40 | 2100 | 20 | 60 | HB | 增韧 |
| 南京立汉 | A2030 | 汽车轮罩、机械壳体 | M, 15 | 1.24 | 65 | 10 | 3000 | 12 | 82 | HB | 增强 |
| 南京立汉 | A3053 | 汽车风扇 | M, 25; GF, 15 | 1.45 | 140 | 3 | 8000 | 7.5 | 250 | HB | 复合增强 |
| 南京立汉 | A706 | 汽车散热器水室专用料 | GF, 30 | 1.36 | 180 | 3 | 8250 | 11 | 250 | HB | 增强 |
| 南京立汉 | A9705P | 低压电器接插件 | GF, 25 | 1.35 | 145 | 1.5 | 7000 | 6.5 | 250 | V-0 | 阻燃增强 |
| 南京立汉 | A705EXBK | 密封条 | GF, 25 | 1.29 | 90 |  | 4000 | 7.5 |  | HB |  |
| Rhodia | A205FNat | 电子电器 | — | 1.14 | 85 | 4 | 2900 | 4.5 | 75 | V-2 |  |
| Rhodia | A218V30BK34NG | 汽车 | GF, 30 | 1.37 | 190 | 3 | 9000 | 10 | 250 | HB |  |

续表

| 生产企业 | 商品名称或牌号 | 典型用途 | 填充剂/% | 密度(ISO1183)/(g/cm³) | 拉伸强度(ISO527)/MPa | 断裂伸长率(ISO527)/% | 弯曲模量(ISO178)/MPa | 缺口冲击强度(ISO 180/IA)/(kJ/m²) | 热变形温度(ISO75 1.8MPa)/℃ | 阻燃性(UL94) | 其他 |
|---|---|---|---|---|---|---|---|---|---|---|---|
| Rhodia | A30H1V25Nat | 电子电器 | GF，25 | 1.54 | 95 | 2.5 | — | 9.8 | 220 | V-0 | |
| Rhodia | A50H1Nat | 连接器 | — | 1.16 | 75 | 21 | 3700 | 3 | 85 | V-0 | |
| Rhodia | A60G1V25 | 电子电器 | GF，25 | 1.43 | 133 | 3.1 | — | — | 225 | V-0 | |
| 金发科技 | PA66-RPG25 | 电子电器 | GF，25 | 1.37 | 150 | 3 | 8300 | 9 | 245 | V-0 | 红磷阻燃 |
| 金发科技 | PA66-NPG30 | 连接器 | GF，30 | 1.43 | 135 | 2.5 | 9600 | 8.5 | 245 | V-0 | 无卤无红磷 |
| 金发科技 | PA66-RG301 | 电子电器 | GF，30 | 1.6 | 165 | 2.6 | 9500 | 11.5 | 240 | V-0 | 溴系阻燃 |
| 金发科技 | PA66-G30 | 铁路交通、电动工具、汽车、电子电器 | GF，30 | 1.38 | 190 | 2.7 | 9000 | 13.5 | 250 | HB | |
| 金发科技 | PA66-C112 | 玩具、电动工具、运动器材 | | 1.07 | 50 | 75 | 1700 | 80 | 62 | HB | 超韧尼龙 |
| 上海日之升 | A6G02 | 电动工具，汽车配件 | GF，30 | 1.36 | 185 | 2 | 9300 | 11.2 | 247 | HB | 高表面 |
| 上海日之升 | A9G01 | 电动工具 | GF，40 | 1.47 | 215 | 1.6 | 13050 | 13.1 | 250 | HB | 高强度 |
| 上海日之升 | A6G7401 | 散热器水箱上下盖 | GF，30 | 1.37 | 187 | 3 | 9534 | 12 | 255 | HB | 耐水解，高强度 |
| 上海日之升 | A6G7404 | 散热器水箱上下盖 | GF，30 | 1.35 | 175 | 3 | 8598 | 12 | 255 | HB | 耐水解，高表面 |
| 上海日之升 | A6G7406 | 散热器水箱上下盖 | GF，30 | 1.37 | 180 | 3 | 9555 | 13 | 255 | HB | 耐水解，高韧性 |
| 上海日之升 | A015（850） | 碳刷架，低压电器 | GF，30 | 1.62 | 150 | 3 | 9500 | 14 | 245 | V-0 | 高 GWIT，高 CTI，耐热氧老化 |
| 上海日之升 | AST320 | 汽车零件，运动器材 | — | 1.08 | 48 | >100 | 1600 | 70 | 150 | HB | 超韧，耐热，耐 UV |
| 上海日之升 | A6G10 | 漏电保护器 | GF，30 | 1.63 | 138 | 3 | 8500 | 10 | 205 | V-0 | 无卤阻燃增强 |
| 上海日之升 | HFA010 | 连接器 | — | 1.18 | 77 | 9 | 3000 | 8 | 95 | V-0 | 无卤阻燃 |

续表

| 生产企业 | 商品名称或牌号 | 典型用途 | 填充剂/% | 密度(ISO1183)/(g/cm³) | 拉伸强度(ISO527)/MPa | 断裂伸长率(ISO527)/% | 弯曲模量(ISO178)/MPa | 缺口冲击强度(ISO 180/IA)/(kJ/m²) | 热变形温度(ISO75 1.8MPa)/℃ | 阻燃性(UL94) | 其他 |
|---|---|---|---|---|---|---|---|---|---|---|---|
| 上海日之升 | A6G66 | 矿山、纺织部件 | GF，30 | 1.33 | 185 | 2 | 8700 | 8 | 248 | HB | 抗静电 |
| 上海日之升 | A6G05 | 耐热、抗紫外部件 | GF，30 | 1.36 | 185 | 2 | 9500 | 12 | 250 | HB | 抗老化 |
| 上海日之升 | A300 | 大型薄壁部件 | | 1.14 | 82 | 60 | 2600 | 5 | 80 | HB | 高流动，中低黏度 |
| BASF | Ultramid® A3K | 接线端子、电缆连接器、插座 | | 1.13 | 85 | 5 | 2900 | 5.5 | 75 | V-2 | |
| BASF | Ultramid® A3W | 汽车扎带、连接器 | | 1.13 | 85 | 4.4 | 2900 | 5.5 | 75 | V-2 | |
| BASF | Ultramid® A3EG3 | 机械部件和护罩 | GF，15 | 1.23 | 130 | 3 | 5500 | 5.5 | 250 | HB | |
| BASF | Ultramid® A3EG6 | 插座外罩、冷却风扇、汽车冷却系统水室 | GF，30 | 1.36 | 190 | 3 | 8600 | 11.5 | 250 | HB | |
| BASF | Ultramid® A3EG7 | 灯座外罩、冷却风扇 | GF，35 | 1.41 | 210 | 3 | 10000 | 14 | 250 | HB | |
| BASF | Ultramid® A3EG10 | 高刚性工业部件 | GF，50 | 1.56 | 240 | 2.5 | 15000 | 13 | 250 | HB | |
| BASF | Ultramid® A3HG2 | 轴承保持架 | GF，10 | 1.2 | 100 | 2.8 | 4600 | | 210 | HB | |
| BASF | Ultramid® A3HG5 | 线圈架、轴承保持架、电绝缘制品 | GF，25 | 1.32 | 170 | 3 | 7600 | 9.5 | 245 | HB | |
| BASF | Ultramid® A3WG3 | 机械部件和护罩 | GF，15 | 1.23 | 130 | 3 | 5500 | 5.5 | 240 | HB | |
| BASF | Ultramid® A3WG10 | 高耐热和高刚性机械部件及护罩 | GF，50 | 1.55 | 230 | 2.5 | 15000 | 13 | 250 | HB | |
| BASF | Ultramid® A3X2G5 | 红磷阻燃 | GF，25 | 1.34 | 140 | 3 | 7100 | 12 | 250 | V-0 | |
| BASF | Ultramid® A3X2G7 | 红磷阻燃 | GF，35 | 1.45 | 160 | 3 | 9200 | 13 | 250 | V-0 | |
| BASF | Ultramid® A3UG5 | 非卤无磷阻燃 | GF，25 | 1.39 | 145 | 3 | 9500 | | 245 | V-0 | |
| BASF | Ultramid® A3Z | 耐热变形的原件和外壳 | | 1.07 | 50 | 5 | | ＞90 | 60 | HB | |
| BASF | Ultramid® A3WGM43 | 高刚性、高尺寸稳定性 | GF，25；M， | 1.48 | 160 | 2.3 | 10100 | 9.5 | 225 | HB | |
| BASF | Ultramid® Aqua UV | 高刚性、抗 UV、耐水解可用于水表 | GF，35 | 1.42 | 170 | 2.5 | 9700 | | 235 | | |

注：GF为玻璃纤维，M为矿物。